U0175056

Report of International Science and Technology Development

2022
国际科学技术发展报告

中华人民共和国科学技术部　著

科学技术文献出版社
SCIENTIFIC AND TECHNICAL DOCUMENTATION PRESS

·北京·

图书在版编目（CIP）数据

国际科学技术发展报告 = Report of International Science and Technology Development 2022. 2022 / 中华人民共和国科学技术部著. —北京：科学技术文献出版社，2022.7
ISBN 978-7-5189-9399-4

Ⅰ.①国…　Ⅱ.①中…　Ⅲ.①科学发展—研究报告—世界—2022　Ⅳ.①N11

中国版本图书馆CIP数据核字（2022）第129814号

国际科学技术发展报告·2022

策划编辑：张　丹　　　责任编辑：王　培　　　责任校对：王瑞瑞　　　责任出版：张志平

出　版　者	科学技术文献出版社	
地　　　址	北京市复兴路15号　　邮编　100038	
编　务　部	(010) 58882938，58882087（传真）	
发　行　部	(010) 58882868，58882870（传真）	
邮　购　部	(010) 58882873	
官 方 网 址	www.stdp.com.cn	
发　行　者	科学技术文献出版社发行　全国各地新华书店经销	
印　刷　者	北京地大彩印有限公司	
版　　　次	2022年7月第1版　2022年7月第1次印刷	
开　　　本	710×1000 1/16	
字　　　数	483千	
印　　　张	25.75	
书　　　号	ISBN 978-7-5189-9399-4	
定　　　价	98.00元	

前　言

　　《国际科学技术发展报告》从 20 世纪 80 年代开始发布延续至今，已经有 40 多年的历史了。报告由科学技术部国际合作司与中国科学技术信息研究所共同组成专题研究组，在我国驻外使领馆科技外交官的配合下，对当年世界各国科技发展的最新趋势和动向进行全面调研和分析，是国内介绍世界科技新发展的重要报告之一。

　　《国际科学技术发展报告·2022》共分四部分。第一部分主要对 2021 年的国际科学技术发展动向进行综述，包括世界科技创新的发展趋势和科技竞争合作新态势，各国政府的综合性科技创新战略部署和各重点领域的布局，政府的科技投入及科技创新人员培养和使用政策等。第二部分主要选择一些重点科技领域的国际发展状况进行较深入的分析，包括碳中和、清洁能源、生命科学与生物技术、人工智能及半导体等。第三部分介绍了美国、加拿大、墨西哥、哥斯达黎加、巴西、欧盟、英国、法国、德国、西班牙、葡萄牙、爱尔兰、瑞典、芬兰、丹麦、意大利、比利时、瑞士、荷兰、奥地利、捷克、波兰、匈牙利、罗马尼亚、保加利亚、克罗地亚、希腊、塞尔维亚、俄罗斯、乌克兰、日本、韩国、印度、新加坡、泰国、马来西亚、印度尼西亚、缅甸、以色列、埃及、阿拉伯联合酋长国、乌兹别克斯坦、巴基斯坦、澳大利亚、南非、肯尼亚等国家和地区2021年的科技发展概况。第四部分提供了最新的科技统计数据。

本书第一部分和第二部分由课题组成员进行撰写，程如烟负责统稿工作。第三部分的素材由驻外使领馆科技外交官提供，课题组成员对其进行了凝练和整理，孙浩林等负责第三部分的统稿工作。第四部分由孙浩林负责整理。

在撰写本书的过程中，我们参阅了大量的政府机构、国际组织及知名研究机构的公开报告，也引用了国内外许多期刊的资料。由于涉及资料很多，报告中未一一列出被引用文献的名称，谨表歉意。此外，由于时间和编写人员水平所限，本书难免有疏漏之处，敬请读者批评指正。

《国际科学技术发展报告》课题组

第一部分 国际科技创新动向

第二部分　国际科技重点领域追踪与分析

第三部分　主要国家和地区科技发展概况

第四部分　附　录

第一部分
国际科技创新动向

本部分主要对2021年国际科学技术发展动向进行综述，包括世界科技创新的发展趋势和科技竞争合作新态势，各国政府的综合性科技创新战略部署和各重点领域的布局，政府的科技投入及科技创新人员培养和使用政策等。

全球科技创新呈现新的发展趋势

2021 年，全球已基本适应新冠肺炎疫情常态化，并将更多精力投向疫后经济复苏，科技创新作为推动高质量发展的核心支撑加速展开。在以人工智能为代表的新一代信息技术的推动下，开放科学进程不断加速，对微观世界的调控能力显著增强，数字化不断走向纵深，元宇宙为人类未来生产和生活形态提供了全新的可能，技术交叉融合推动各领域取得群体性突破，引发人类生产和生活方式的深刻变革。同时，新兴前沿技术的发展呈现高度复杂性和不确定性，科技监管与治理重要性凸显，各国围绕技术主权和关键供应链安全的战略博弈也日趋紧张。

一、开放科学进程加速，数据开放日益成为全球共识

随着全球化趋势和大数据时代的来临，开放科学趋势而兴，它是建立在学术自由、科研诚信和科学卓越基础上的新的研究范式，旨在通过提高科学研究内容、工具和进程的开放性，实现研究的可重复、透明、共享与合作，进而推动科学事业的发展。当前，开放科学理念已成为各国和地区政产学研各界的普遍共识，认为只有实现科学知识的开放、共享、互操作和重用，才能在更大程度上释放科学研究的潜力。特别是在人工智能等新一代信息技术飞速发展的时代背景下，科学研究被赋予更强的驱动力，AI for Science（人工智能服务科学发展）将推动科学发现大大提速。基于海量的数据和强大的算力，人工智能正推动试验过程更加智能化和自动化，助力科学研究从劳动密集的实验数据分析转向智力密集的科学规律发现，加速科研产出，提供科研效率，同时人工智能也能提出科学假设，解决复杂场景下的科学难题，帮助科学家突破长久以来的研究瓶颈，抵达更远的无人区。目前，人工智能已经在生物和化学领域进行了广泛应用，据阿里巴巴达摩院预测，未来 3 年人工智能将在应用科学中得到普遍应用，在部分基础科

学中也将开始成为科学家的生产工具。

在这一背景下，各国都在加速开放科学进程，并且特别强调各类科研相关数据的开放，以形成大规模的知识聚集，打造知识大数据，为 AI for Science 奠定基础。这些科研相关数据包括科研论文、专利、研究数据（包括过程数据、元数据）、算法、源代码、软硬件、开放式教育资源等。例如，欧盟在第八和第九研发框架计划中都将开放科学列为关键支柱之一，要求及早在线免费开放科研出版物和科研数据，同时还大力部署"欧洲开放科学云"，汇聚并充分发挥海量数据的科研潜能。法国制定《2021—2024 年数据、算法与源代码政策路线图》，推动行政、高等教育、研究与创新领域的数据、算法与源代码成为公共财产，为所有人服务。日本《科学技术创新基本计划（2021—2025 年）》提出要建立新型研究体系，推进开放科学与数据驱动型研究。芬兰设有"研究数据计划"和"开放科学与研究计划"，将公共资金资助的研究成果和数据全部公开，同时明确开放方式并开发数字化服务，为研究人员提供指南和支持，并为开放获取和长期存储元数据创建模型和工具。美国国立卫生研究院要求科研机构和科研人员在拨款申请中需添加"数据管理和共享（DMS）"计划，并在获得资助后最终要公开研究数据。联合国教科文组织发起"开放科学"倡议并制定《开放科学建议书》，旨在帮助国际社会制定公平且包容的开放科学政策，推动科学知识成为一种全球的共同利益。

二、微观世界科学研究从认知时代走向调控时代，调控能力显著提升

随着理论、科研分析仪器与方法的不断进步，科学家对物质、生命结构和规律的认识将越来越深入，能够在原子和分子层面（微观世界）对其进行精确观测的基础上，越来越多地开始操纵基本粒子并修改基因，相关科学研究将从认知时代开始走向调控时代，这将为信息、能源、材料及生物等领域的科技进步和产业发展提供新的理论基础和技术手段。

在原子层面，随着理论和实验手段的进步，科学家已经能够观察和定位单个原子，并在低温下可以利用探针尖端精确操纵原子。2012 年的诺贝尔物理学奖就授予了测量和操纵单个量子系统的突破性试验方法。近年来，量子调控成为最重要的应用方向和竞争前沿，其中量子计算和量子通信是研究热点，国际竞争非常激烈。以量子计算为例，已有多家企业和研究机构宣布实现"量子优越性"，即实现了对 50 个以上量子比特的精准调控。从近期发展目标来看，IBM、Google、PsiQuantum 等量子研发巨头都计划在 2025 年左右开发出百万位量子比

特级（量子比特数为 100 个左右）的量子计算机。从中期发展目标来看，英国、瑞典、法国等国家希望能够在 2030 年左右创建出基于逻辑门的有噪声中型量子计算机（NISQ）。从长远来看，专家预测未来 15 ~ 50 年或将实现通用量子计算机。

在分子层面，随着对基因、细胞、组织等的多尺度研究不断深入，以及基因测序、基因编辑、冷冻电镜等新技术的进步，大大提升了生物大分子结构研究的效率，生命科学领域研究正在从"定性观察描述"向"定量检测解析"发展，并逐步走向"预测编程"和"调控再造"。分子生物学、基因组学、合成生物学等领域成果不断涌现，全面提升了人类对生命的认知、调控和改造能力。例如，基因工程就是要寻找目的基因，通过对其进行剪切、剔除、连接、重组等操作，实现对生命体的调控。合成生物学通过设计多种基因控制模块，能够组装具有更复杂功能的生物系统，甚至创建出"新物种"。未来科学家对分子的调控能力将得到持续进步，推动世界进入"生物学世纪"，深刻变革生命科学、材料学及医疗健康相关技术和解决方案。

三、新一代信息技术继续迭代跃升，数字化走向纵深

进入 21 世纪以来，以人工智能为主导的新一代信息技术展现出前所未有的颠覆性潜能，大大提升了创新的速度、深度和广度。2021 年，人工智能在基础研究、模式识别及智能信息处理等具体技术领域取得显著进展；量子技术亮点频出，突破性成果不断涌现。例如，谷歌公司推出超级语言模型 Switch Transformer，拥有 1.6 万亿个参数，在自然语言处理能力上表现出色；哈佛大学与麻省理工学院等联合开发出 256 位量子模拟器，可模拟的量子态数量超过太阳系中的原子数量；IBM 公司推出 127 位量子计算机 Eagle。这些新一代信息技术的不断迭代、跃升正在推动全球数字化走向纵深。未来，新一代信息技术将塑造"智能泛在"新时代。

人类社会现实世界将实现超级互联。在人工智能技术的驱动下，具有高价值的海量大数据将成为关键生产要素与基础战略性资源；量子计算、神经形态计算和可计算存储技术等全新计算模式将推动新一代信息技术的核心——计算技术发生深度变革；5G 和未来网络将提供超大容量、超高速度、超低时间延迟的先进信息传输通道；区块链有望完全颠覆交易流程和信息保存方式。这些新一代信息技术将合力推动现实的物理世界实现超级互联，网络化、自动化和智能化将无处不在。从人类生产与生活空间来看，智能工厂、智能园区、智慧城市将陆续

涌现并成熟应用；从应用场景来看，智能制造、智能交通、智慧医疗、智慧能源（智能电网）等将不断展示出广阔前景，极大提高各行各业的效率。例如，智能制造是基于新一代信息技术的先进制造工艺、系统和模式，贯穿于整个设计、生产、管理、服务等制造活动，具有信息深度感知、智能优化和自我决策等功能，能够实现精确控制和自我执行。智慧能源是信息技术推动的能源生产、传输、存储、消费及能源市场深度融合的能源产业发展新形态，通过打造能源互联网，实现多种形式能源系统互联互通，提高能源转换与利用效率。

人类社会将加速向"非实体化"迈进，能够在虚拟的数字世界和物理的现实世界无缝串联。2020年，突然袭来的新冠肺炎疫情加速了人类社会的数字化和虚拟化进程，线上生活由原先的短时期例外状态成为常态，由现实世界的补充变成了与现实世界的平行世界。随着线上与线下打通，人类的现实生活开始大规模向虚拟世界迁移，人类成为现实与数字的两栖物种。随着虚拟增强现实技术的快速发展，以及其他信息技术、生物技术、材料技术的持续进步，现实世界的"数字孪生"世界（如"数字孪生"工厂、"数字孪生"城市、"数字孪生"地球等）、自然人类的"虚拟化身"将成为现实，推动人类在虚拟的数字世界和物理的现实世界中进行高质量交互与无缝串联，进而将人类从身体、头脑、时间、空间等制约中解放出来，极大地扩展和增强人类的能力。2021年，元宇宙迅速破圈，成为全球企业和资本争相进军和博弈的全新舞台，为人类未来生产和生活形态提供了全新的可能，或将推动人类数字化生存时代的到来。目前，针对元宇宙还没有清晰明确的概念，但整体来看，元宇宙是整合多种新技术而产生的新型虚实相融的互联网应用和社会形态，它基于虚拟与增强现实技术提供沉浸式体验，基于数字孪生技术生成现实世界的镜像，基于区块链技术搭建经济体系，能够将虚拟世界与现实世界在经济系统、社交系统、身份系统上密切融合。为推动元宇宙发展，各国加快在虚拟与增强现实领域进行布局。美国平台大企业纷纷开启"元宇宙"进行布局；日本"登月型"研发计划提出要构建人类虚拟替身，计划到2030年开发出一人针对一项任务控制10个虚拟替身的技术，到2050年开发出多人远程操作多个虚拟替身和机器人执行大规模复杂任务的技术；韩国先后出台《实感资讯产业发展战略》《虚拟融合经济发展战略》《元宇宙产业先导战略》，夯实优化和普及虚拟增强现实的技术基础，并计划到2030年成为全球第五大元宇宙市场。

四、技术交叉融合推动各领域取得群体性突破，引发人类生产和生活方式的深刻变革

当前，新一代信息技术日益成为推动其他前沿技术发展的基础性技术，加速向生物、能源、材料、制造等领域渗透，并不断与这些领域的创新技术交叉融合汇聚，引发一系列群体性突破，进而助力各领域取得变革性进展，推动人类经济与社会进一步转型。例如，人工智能、大数据与生物技术相结合，将有助于开辟新药设计新路径，开发出生物计算、生物传感器、生物 DNA 存储器等新应用，并实现有目的的基因改造；人工智能、大数据和材料技术相结合，将有助于设计具有独特物理性质的新材料。

新材料与先进制造技术将推动高质量制造得到长足发展。随着纳米材料、高温超导、石墨烯、生物活性材料的持续进步，新材料将为新的先进制造系统奠定重要基础，这二者将合力推动高质量制造的快速发展，更经济、更便捷、更充分地满足人们的个性化、高品质、多层次需求。例如，基于合成生物学改造或设计出的全新高性能材料及生物材料将大力支持增材制造、3D/4D 打印和可穿戴设备等走向成熟。2021 年，主要国家和地区都高度重视新材料技术和先进制造技术领域的部署。例如，美国白宫科技政策办公室和国家纳米技术协调办公室发布《2021 年国家纳米技术倡议战略计划》，提出未来 5 年的具体目标和行动，确保美国在纳米材料发现、转化、相关产品制造方面继续处于世界领先地位；美国国家科学基金会启动"新兴量子材料与技术"5 年期研究计划；日本发布《材料创新力强化战略》，提出到 2030 年将重点支持以数据为基础的材料研发平台，构建材料创新生态系统。

生物技术的持续进步将引发生命与健康革命。随着人工智能、大数据、材料科学等的快速进步，生物与生命科学相关技术正在以惊人的速度发展，更长的寿命、更高的生活质量将变为现实。面向未来，可穿戴设备、脑机接口等人类增强技术能够显著改善人类能力，使人类在生理、社交、神经方面实现突破正常水平的表现；个性化医疗、基因编辑、再生医学、器官再造等生物医疗技术有望彻底颠覆医学研究与治疗的面貌；合成生物学有望催生新的自然界中不存在的有机分子、无法直接制造的新材料或全新的生物制造范式，大大提升人类对生命的认识和改造能力。例如，AI+ 生物领域在 2021 年取得多项突破，德国德累斯顿工业大学首次开发出用于早期检测和治疗疾病的植入式 AI 系统；美国斯坦福大学设计出可精准预测 RNA 三维结构的 AI 算法 ARES，成为继 AlphaFold 后又一结构预测里程碑；英国格拉斯哥大学开发出可预测病毒基因组人畜共患病潜力的机器学习模型，将更有效地识别应密切监控并优先开发疫苗的罕见病毒。

新能源技术将掀起新的能源与动力革命。能源是人类生存、生活与发展的动力基础。为实现各国提出的碳中和目标,化石能源已很难满足高质量且绿色发展的需求,氢能与燃料电池、太阳能、核能等新能源技术应用前景广阔。例如,氢能有望在重型卡车、火车、船舶等交通领域及钢铁、水泥生产等工业领域成为主要动力来源;小型模块化反应堆技术和受控核聚变技术有望不断提高核能利用的安全性和竞争潜力,特别是国际热核聚变实验堆(IRER)计划于2041年完成,如果成功,将实现"人造太阳",为人类带来取之不尽用之不竭的廉价能源。因此,实现能源供给多元化是近期各国的政策优先事项。英国"绿色工业革命"十点计划提出重点发展海上风能、氢能、核能、零排放喷气式飞机、碳捕集、利用与封存等绿色技术。日本《绿色发展战略》提出大力发展海洋风电、新一代太阳能、氢能、核能、碳回收资源循环等绿色产业。此外,日本、韩国、澳大利亚、欧盟、英国、加拿大、俄罗斯等国家和地区专门制定了国家层面的氢能发展战略;美国、英国、法国、加拿大、韩国等国家提出小型模块化核反应堆发展计划。

五、新兴及前沿技术发展呈现高度复杂性和不确定性,科技监管与治理重要性凸显

科学技术是一把"双刃剑",新兴及前沿技术发展更是呈现出高度复杂性和不确定性,在带来生产方式变革、生产效率提高并推动社会进步的同时,也存在挑战现有法律法规、技术滥用等新问题,对传统的道德伦理准则提出挑战,并冲击现有的政府监管和治理。因此,预防、纠正或缓解新兴前沿技术的负面影响变得愈加重要。

人工智能伦理与规范问题继续受到高度重视。美国国防创新委员会发布《负责任的人工智能指南》,为人工智能企业和国防部利益相关者提供了一个循序渐进的框架,确保其人工智能项目开发周期的每一步都遵循公平、问责和透明的原则。欧盟发布《欧洲适应数字时代:人工智能监管框架》与《2021年人工智能协调计划》政策提案,寻求监管与发展的平衡,前者提出要根据风险分级管理的监管框架,推行动态更新清单、全生命周期监控、监管沙盒等"适应未来"的监管方法,并通过高额罚金和欧洲人工智能委员会建立严格而一体化的监管标准;后者提出要制定《人工智能伦理指南》和《数据应用指南》,并修改欧盟《机械指令》《一般产品安全指令》《无线电指令》等,以适应人工智能带来的变化。英国发布《国家人工智能战略》,将"有效管理人工智能"作为支柱之一,旨在建立全球最值得信赖和支持创新的人工智能治理体系,主要措施包括试建人工智能

标准中心以协助英国政府参与制定全球规则，更新适用于人工智能的道德原则和安全指南，创建实用工具以确保人工智能技术的使用符合道德规范。俄罗斯发布首份人工智能道德规范，要求开发和实施人工智能的公司遵循以人为本、非歧视、确保数据和信息安全、与人交流时可被识别并尊重人的意愿、对使用人工智能的后果负责等原则。联合国教科文组织正式通过首份 AI 伦理全球框架协议——《AI 伦理问题建议书》，用以指导 193 个成员国建立必要的法律框架，确保 AI 技术的良性发展，并预防潜在风险，涉及伦理影响评估、伦理治理、数据政策、发展与国际合作、环境与生态系统、性别、文化、教育与研究、信息与通信、经济与劳动力、健康与福祉等十一大领域。

两用性生物技术风险监管力度加大。基因编辑技术、合成生物学技术、转基因技术等两用性生物技术，在为人类健康和社会发展带来福祉的同时，也伴随一系列潜在风险，一旦被误用、谬用和滥用，将给人类、动植物和生态环境带来重大危害，并对国家安全造成威胁。世界卫生组织下属专家委员会发布《人类基因组编辑管治框架》和《人类基因组编辑建议》，前者将基因组编辑分解为"出生后体细胞人类基因组编辑""子宫内体细胞人类基因组编辑""可遗传的人类基因组编辑""人类表观遗传编辑""增强某些性状的基因编辑"五大领域，并在每个领域都提出假设情形，说明潜在监督机制应如何发挥作用；后者呼吁建立全球机构来追踪"任何形式的基因操作"，并构建一种能够引起人们对不道德或不安全研究的担忧的揭发机制。俄罗斯实施《俄罗斯生物安全法》，要求聚焦生物安全领域的主要风险，完善生物安全风险防控体制机制，并规定了一系列旨在保护居民和周围环境免受危险生物因素的影响、预防生物威胁及建立和开发生物风险监测系统的配套措施。

网络与数据安全规制加强。2021 年，全球黑客攻击向大规模、有组织的趋势发展，如勒索软件 LockBit 2.0 入侵全球 11 个国家的 50 多个组织；BlackMatter 黑客组织宣布组建勒索病毒生态联盟，使黑客攻击呈现全链条协作趋势。日益猖獗的网络攻击活动，给各国带来巨大风险和挑战，如美国约有 4000 万人的健康数据被泄露；以色列约有 650 万选民的在线信息被泄露。对此，主要国家和地区不断推出网络安全和数据安全保护新举措。美国拜登政府发布《国家安全战略临时指南》，将"网络安全和数字威胁问题"确定为美国和全球安全的重中之重。欧盟理事会宣布成立"欧洲网络安全工业、技术和研究能力中心"，以协调欧盟成员国的网络安全行动、共享威胁情报。欧盟委员会提议将欧盟 27 个国家的资源和专业知识汇集起来，成立一个联合网络部门，以打击网络犯罪。德国出台《联邦数据战略》，要求负责任地使用数据，并统一州级个人保护法规，修改《反限制竞争法》以遏制市场上的数据滥用行为。俄罗斯修订《个人数据法》，禁止任何企业将数据传输给第三方。日本发布《综合数据战略》，提出要制定数据治理规则，形成数据平台信用规定，确保数据安全和高效利用。

对科技巨头的监管成为各国要务。随着通信技术和互联网平台的迅猛发展，全球范围内涌现出一批有着显赫跨国影响的科技巨头，它们在对经济社会发展带来巨大的促进作用的同时，也引发垄断、侵犯隐私、影响国家安全等一系列监管挑战。因此，各国政府进行了诸多监管努力，力图在最大程度上降低科技巨头带来的负面影响。美国将网络平台监管纳入反恐范畴，认定在线平台在"将暴力思想带入主流社会"方面发挥关键作用。澳大利亚与加拿大对谷歌垄断网络广告的行为表达了不满，有意通过立法加以遏制。俄罗斯颁布一项联邦法律，要求在俄罗斯日均活跃用户超过 50 万的外国互联网公司必须在俄设立办事处。日本将亚马逊、谷歌、苹果、雅虎日本、乐天等企业列为《有关提高特定数字平台透明性及公正性的法律》的适用对象，规定上述企业有义务公开合同条件等，力争与客户企业的交易透明化。韩国通过《电气通信事业法》修正案，禁止苹果和谷歌等应用商店提供商强迫软件开发商使用其支付系统并收取高额佣金。

六、技术主权和关键供应链安全继续受到重视，成为各国疫后复苏的核心发力点

随着新兴技术的飞速迭代，其对经济、社会和国家政治影响力的颠覆性影响加速显现，各国对技术自主可控的诉求迅速上升，技术主权在不少国家（特别是欧洲国家）成为核心议题之一。德国是最早提出"技术主权"概念的国家，并发布《技术主权塑造未来》文件，全面论述技术主权的内涵和实现路径。文件指出，德国追求技术主权将兼顾经济、技术、安全和价值观等多重目标，将通过能力评估、对关键技术领域进行有针对性的投资、培育跨国跨行业合作和创新网络等路径实现技术主权。德国的技术主权将主要聚焦应用范围广、创新潜力大、与经济竞争力和国家重大问题密切相关的关键技术，包括新一代电子产品、通信技术、软件与人工智能、数据技术、量子技术、价值链塑造、循环经济、创新型材料技术、电池技术、绿色氢能技术和疫苗研发技术等 11 个重点领域。德国对技术主权的强烈呼吁也深刻影响了欧盟及其他欧洲国家。欧盟委员会开始在各类文件中强调战略自主，例如，在《数字罗盘 2030：欧洲的数字十年之路》中，提出要将"数字领域"视为推动其实现技术主权的重点领域；在《数字欧洲计划》中，高度强调数字主权。法国在《第四期未来投资计划》中，提出要制定实施《5G 等未来通信网络技术加速战略》，以维护双重国家主权，其中之一为技术主权，旨在围绕法国电信网络开发各种技术解决方案；在《国家量子技术战略》中，将量子技术视为事关国家主权的新兴技术；在《国家网络安全战略》中，提出要加

速网络安全主权建设；在法国作为欧盟轮值主席国期间，马克龙提出要确保欧洲在欧洲太空领域的技术主权和竞争力。

当前，新冠肺炎疫情的影响叠加贸易保护主义进一步抬头，导致全球供应链遭遇严峻挑战，深刻影响疫后各国经济复苏。因此，主要国家和地区都在加强关键供应链审查，及时识别潜在供应风险，努力确保关键供应链安全和韧性。美国拜登总统签发 14017 号行政命令《美国供应链》，指示联邦政府部门分别评估半导体制造和先进封装、大容量电池、关键矿产和材料、药品及活性药物成分等关键产品供应链的风险，并提出应对建议；100 天后，白宫发布《构建弹性供应链、振兴美国制造业、促进广泛增长：基于 14017 号行政命令的百日审查报告》，指明了上述 4 种关键产品供应链的风险，并建议政府立即采取行动，建立公平和可持续的工业基地，制定加强美国供应链弹性的长期战略，保障美国供应链安全。欧盟更新《欧洲工业战略》，提出要对进口产品进行"自下而上"的依赖度分析，减少在关键产品和关键技术领域的战略依赖；增加单一市场的弹性，在受到不公平侵害时自主采取行动，通过加快产品供应和加强公共采购合作等应对关键产品短缺。日本推出《经济安全保障推进法案》，将"强化供应链"作为四大内容之一，把因新冠肺炎疫情暴露出脆弱性的半导体、医药品、稀有矿物指定为"特定重要物资"，为相关企业确保稳定供应链的投资和采购计划提供公共资金支持，以实现供给来源的多元化，或引入新技术改善供应网络。澳大利亚出台《主权制造能力计划》，对生物制药（药物）、农用化学品、个人防护装备、半导体、水处理化学品、电信设备的关键产品供应链情况进行了审查，确定了澳大利亚在这些领域的关键产品及支持举措，并启动"供应链弹性计划"，提供总额为 5000 万澳元的第一轮资助，塑造供应链弹性。

（执笔人：张丽娟）

世界主要国家围绕科技创新展开激烈博弈

2021 年，世界主要国家受到新冠肺炎疫情沉重打击的经济社会发展在一定程度上有所恢复，中国、美国、印度等国家的 GDP 增速均创近年新高，体现出全球经济向好发展的态势。然而，新冠肺炎疫情仍在全球肆虐，不断刷新各国感染和死亡人数记录，其对全球化生产秩序和各国间正常交流往来的破坏尚未得到显著缓解，各国仍在努力寻找突破疫情影响的新经济增长点。在这一背景下，世界主要国家围绕科技创新的竞争愈演愈烈，均希望抢占新兴和关键科技领域的战略制高点，技术、人才、供应链等成为各国开展战略博弈的热点。同时，以美国为首的西方国家开始以"价值观"为名义组建技术联盟，围绕重点科技的研发及其标准和规则的制定进行合作，并致力于扩大自身影响。全球科技竞合态势呈现出新的发展特点。

一、全球经济增长疲软，科技成大国竞合热点目标

全球经济增长疲软，尚未找到有效的新增长动能。1926 年，俄国经济学家康德拉季耶夫提出了著名的"康波周期"理论，其认为发达商品经济中存在一个由技术创新引发的为期 50 ～ 60 年的长周期，经济从复苏、繁荣、衰退最后至萧条，不断重复：以创新性技术变革为起点，前 20 年左右是繁荣期，在此期间新技术不断颠覆，经济快速发展；接着进入 5 ～ 10 年的衰退期，经济增速明显放缓；再之后的 10 ～ 15 年是萧条期，经济缺乏增长动力；最后进入 10 ～ 15 年的复苏期，下一次重大技术创新开始孕育出现（图 1–1）。现阶段，全球经济正处于第五轮康波周期（1999 年至今），以信息技术为标志性技术创新。有研究认

为，以美国繁荣的高点——2007 年为康波繁荣的顶点，第五次康波的繁荣期为
1991—2007 年。自 2008 年的金融危机开始，全球经济就相继进入康波周期中
的"衰退期"和"萧条期"，多年以来一直保持缓慢增长状态。2008—2020 年，
OECD 国家一直维持 4% 以下的低增长率，发展中国家除个别新兴经济体，经济
增长均有所放缓，如中国的 GDP 增长率已从最快发展期的超过 10% 降至如今的
6% 左右（图 1-2）。新冠肺炎疫情的暴发更是加快了全球经济走向衰退的步伐，
2020 年世界经济萎缩 4.3%，影响是 2009 年全球金融危机的两倍多。虽然 2021
年世界经济增速明显反弹，据国际货币基金组织（IMF）的预测将达到 5.9%，且
在已经公布 2021 年经济成绩单的主要国家中，多国 GDP 增速都创下了近年来的
新高，如中国增长 8.1%、印度增长 8.1%、美国增长 5.6%，但大多数国家的经济
并没有恢复到疫情之前的水平，例如欧盟 2020 年经济萎缩了 6.2%，2021 年仅同
比增长 5.3%，且部分国家的经济增长实际上源于为刺激经济增发货币而造成的
通货膨胀，经济发展水平并未得到实质性的提高。总体来看，世界经济进入下一
个"繁荣期"的信号尚未显现。

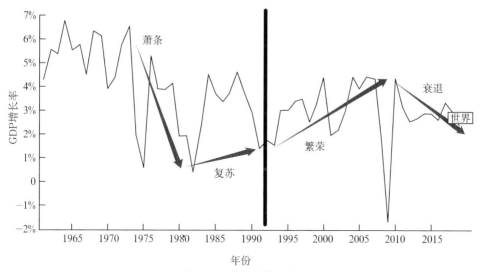

图 1-1　康波周期示意

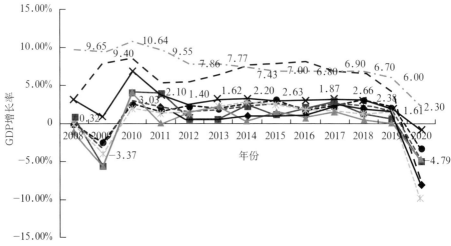

图 1-2　2008—2020 年世界主要国家 GDP 增长率

（数据来源：世界银行）

注：图中显示的具体数据分别为中国和 OECD 国家平均 GDP 增长率。

　　科技成为各国开展博弈的热点目标，大国竞合关系错综复杂。在经济下行周期和新冠肺炎疫情的双重影响下，当前世界主要国家均在寻找推动经济增长的新"爆点"。而根据康波周期理论，历史上经济的快速增长是由新技术的大量采用带来的，因此各国普遍将下一次经济腾飞的希望寄予于新一轮科技革命。即使在新冠肺炎疫情沉重打击了各国经济发展的情况下，世界主要国家仍在着力强化重点科技创新领域的发展，不断增加自身对科技创新的投入，以寻求率先实现突破。2021 年，主要国家均提出要增加未来的科技预算，如日本 2022 年的科技预算申请额同比增加 8%，达到近 4.5 万亿日元；法国于 2021 年 1 月发布第四期《未来投资计划》，将面向研究与创新投入 200 亿欧元，在 9 月公布的 2022 年财政预算案中，高等教育、研究与创新的预算也将增加 7.17 亿欧元；美国参议院于 2021 年 6 月通过《2021 年创新和竞争法案》，提出联邦政府将在未来 5 年内为法案中的相关措施提供 2500 亿美元资金，其中科技创新相关部分约 1600 亿美元。各国对科技创新的日益重视使得国家间的科技竞合关系变得错综复杂：美国、欧盟国家等传统科技创新强国面对新的挑战和竞争，正在不遗余力地采取各种方式维持自身的领先地位；中国、印度等新兴科技大国不甘示弱，也希望通过科技创新实现自身地位的跃升，由此展开的全球科技创新竞争与合作愈演愈烈，地缘经济、技术格局面临重新洗牌。

二、主要国家围绕技术、人才和供应链展开激烈竞争

2021 年，世界主要国家在科技创新领域的竞争持续发酵，确保战略性技术自主、获得更多科技创新人才及保障关键科技产品和原材料供应链安全是各国开展竞争的焦点。

（一）确保战略性技术自主

圈定战略性和关键技术范围，提供长期支持。经历了中美博弈和新冠肺炎疫情危机，世界主要国家均认识到了战略性和关键技术在当前国家竞争中的重要地位。很多国家在加强重视的基础上开展了具体的审查研究工作，划定了对自身具有战略性意义的关键技术范围，并针对这些技术采取了多项支持措施。韩国政府将半导体、二次电池、疫苗三大领域指定为国家战略技术，为设备投资提供 2 万亿韩元以上的融资支持，并立法提供税务、金融支持，争取创造 15 万个以上工作岗位；澳大利亚发布"关键技术蓝图"，提出重点发展和保护包含疫苗、能源、自动驾驶汽车、人工智能、量子技术、遥感技术等在内的 63 项"涉及国家安全的"关键技术，其规则将适用于高校合作、关键技术和国防出口管制及关键基础设施安全；日本政府提出将于 2022 年新设立一项规模达 1000 亿日元的基金，助力半导体、蓄电池、人工智能、量子技术等与经济安全直接相关的重要技术的研发工作；美国在《无尽前沿法案》中也提出了可能对国际科技竞争格局产生重大影响的十大关键技术领域，即人工智能与机器学习、高性能计算、量子计算和信息系统、机器人、灾害预防、先进通信、生物技术、先进能源技术、网络安全和材料科学，并投入 1000 亿美元聚焦技术研发。

制定重点技术领域发展规划，争夺和确保竞争优势。从各国圈定的战略性和关键技术领域上看，疫苗、碳中和、半导体、人工智能、量子信息技术、新材料、新能源、新兴数字技术、航空航天、新一代通信技术、网络安全等得到了多数国家的重视。各国集中在这些重点领域发力，出台相应的发展规划或支持政策（表 1-1），且都设置了雄心勃勃的目标。特别是美国、英国、德国、日本、韩国等传统的科技创新强国，近年来愈发频繁地制定和发布此类规划或政策，表现出其追求技术领先和自主、保持领导地位的强烈愿望。

表 1-1　2021 年各国在重点技术领域发布规划或政策的情况（不完全统计）

领域	发布国家或地区	规划或政策数量 / 个
航空航天	美国、英国、韩国、日本、加拿大、德国、澳大利亚、欧盟等	8+

领域	发布国家或地区	规划或政策数量 / 个
人工智能	美国、意大利、法国、英国、俄罗斯、澳大利亚、德国、韩国、巴西等	10+
半导体	美国、欧盟、日本、韩国等	10+
新兴数字技术	日本、韩国、俄罗斯、法国、德国等	10+
新能源	美国、英国、日本、韩国、澳大利亚、俄罗斯、东盟等	9+
新材料	美国、韩国、日本、英国等	5+
新一代通信技术	韩国、日本、德国等	4+
量子信息技术	美国、法国、德国、韩国、加拿大、欧盟等	6+
网络安全	美国、法国、德国等	3+

注：统计范围为各国政府发布的规划或政策；本表为不完全统计，"+"表示当年实际发布数量多于表中数字。

加强关键技术出口管制及科研审查，严防技术外流。除了着力促进本国关键和前沿技术持续进步，世界主要国家还不断加强针对此类技术的出口管制政策，甚至对位于前端的科研活动也加大了审查力度，严防本国的先进科研成果外流。在出口管制方面，除美国继续严控关键技术向中国等非盟友国家出口外，欧盟新修订的"两用物项出口管制条例"也于2021年9月9日开始生效，这是欧盟为回应2019年发布的最新版《瓦森纳协定》所做出的配套性修改，主要包括三方面的新内容：一是在管制物项中新增"网络监视物项"及大规模杀伤性武器的关联物项；二是将"技术援助"行为归入管制行为，扩大和细化了"出口"定义及内容；三是增加"技术援助提供者"为管制对象，并明确将管制对象"出口商""中间商"的范围扩大到外国主体并提出"内部合规计划"要求。《欧盟两用物项清单》中共包含十大类关键和敏感产品及相关的软件和技术，如特种材料及相关设备、电子、计算机、电信和信息安全产品等，本次做出的三方面修改实际上就是收紧了此类技术产品向欧盟境外出口的渠道，且两用物项的出口、中介服务、技术援助、过境和转让等行为都将受到管制。在科研审查方面，美国、日本、澳大利亚等技术领先国家不断加大对关键技术领域科研合作和外国留学生的审查力度，对非盟友国家间正常的学术交流设置更多障碍。例如，澳大利亚发布的"关键技术蓝图"中提出"澳政府将确保国内关键技术研究人员、开发人员和用户有能力评估并管控其行为（如科研合作、知识产权转让等）可能引发的风险"，并有权阻止此类合作行为；日本政府提出将更加严格地审查赴日本的留学生，接收留学生的日本高校必须向日本政府提交关于留学生的详细资料，甚至包括"学生回国后是否计划在军工企业工作"，若日本政府判定存在"可疑情况"，将不予颁发签证，此举的主要目的就是防止高端技术外流。

（二）获得更多科技创新人才

出台全方位支持政策，培养和获取优秀科技创新人才。充足的人才是实现一国科技创新进步的根本保障，也是推动经济发展的重要力量。根据美国科技政策研究所（STPI）的研究，普通 STEM 工作者（包括国外出生的 STEM 工作者）在2019年人均为美国 GDP 贡献了13.96万美元的附加值。因此，世界主要国家普遍将人才视为保证自身持久竞争力的关键，并开启了激烈的人才"争夺战"。

多措并举，培养更多国内科技创新人才。为获得更多的本国科技创新人才，各国都制定了从中小学到高校再到继续教育等各年龄阶段的培训和教育计划，重点是加强 STEM 教育，培养更多具有未来技能的专业人才，同时在各重点科技领域的专项规划中突出人才培养的重要意义。如在美国拜登政府的《美国就业计划》中，1000亿美元将用于人力资源培养和建设，特别是对 STEM 人才教育的投入；韩国政府于2021年2月发布第四期《科学技术人才培养与支持基本计划（2021—2025）》，致力于"培养具备应对未来变革能力的人才"，提出针对学生、青年研究人员和科研人员的多项培养计划，在《K-半导体战略》等专项规划中也提出要加大专才培养，如在半导体领域设立系统半导体专业，培养14 400名学士人才、7000名半导体硕博士人才，以及13 400名实操型人才等；意大利出台《人工智能高层次人才培养国家计划》，着力培养本国高水平的人工智能人才。

筑巢引凤，吸引更多国外科技创新人才。当前，各国普遍面临关键核心领域人才不足的问题，吸引国外人才为己所用也成为各国开展科技竞争的主要目标，一些国家通过提供签证便利、制定面向海外研究人员的资助计划、吸引外国 STEM 留学生等方式面向全球引才。美国拜登政府上台后放宽了特朗普时期限制中国留学生来美学习的相关政策，增加了 STEM 人才获得美国绿卡的专业领域，且根据其在2022年1月出台的最新法案，STEM 领域的博士甚至可以在毕业后直接获得绿卡，这些政策将吸引更多的优秀学生和人才赴美学习与工作，并长期留在美国；英国于2021年正式引进了一个新的签证类别——"全球人才签证"，旨在为全世界科技行业的专业人才提供快速获得来英国工作、生活和安家落户的广阔机会；韩国为吸引海外创新人才，提出要设立服务于海外人才的专业机构，向赴韩国进行技术创业的海外人才提供早期研发资金等一系列优惠政策。

（三）保障关键科技产品和原材料供应链安全

开展供应链审查，降低关键科技产品和原材料对单一国家的依赖。在国家间科技创新竞争日益激烈、新冠肺炎疫情对全球供应链造成的不确定性越来越大的背景下，保障基础性技术产品和关键原材料的供应安全成为各国政府的普遍关切。美国、欧盟、澳大利亚等国家和地区在 2021 年纷纷对自身的关键供应链开展了审查工作，并根据调查结果提出了应对建议。美国拜登政府于 2 月 24 日发布行政命令，指示美国商务部、能源部、国防部和卫生与公共服务部等部门分别评估半导体制造和先进封装、大容量电池、关键矿产和材料、药品及活性药物成分等 4 种关键产品供应链的风险，并在 6 月发布了《百日审查报告》，提出加大对国内外关键产品和原料生产的投资、加强与盟友和合作伙伴在供应链上的合作、建立公平和可持续的工业基地等应对措施；欧盟于 3 月在国防、可再生能源及机器人、无人机和电池等领域，划定了 30 种"关键性工业原材料"，着手开展保证这些材料自给自足或找到替代品的相关研究。此外，美国、欧盟、日本等都把稀土作为未来重点保护和开发的对象，并在积极寻找降低依赖的方法。

三、全球性科研合作和基于价值观的"小圈子"合作并存

2021 年，世界主要国家在科技创新领域的合作更加频繁，其中既包括以应对共同挑战为主要目的的全球性合作，也包括以"价值观"为基础，面向关键技术、标准和监管政策等重点领域的少数国家间的合作。

在应对气候变化、新冠肺炎防治等全球性挑战方面开展全球合作。气候变化、传染病防治、粮食危机、区域贫富差距拉大等是世界各国当前乃至未来长期面临的问题和挑战，这关乎整个人类社会的存续和各国人民的福祉。而在所有的解决方案中，科技创新的突破和应用都是不可缺少的一环，此类科技创新成果很难由单一国家完成，必须汇聚全球的科研力量，共同寻找最佳的解决方案。如今，世界主要国家已就此达成了广泛共识，美国和中国也赞成在公益性研究领域开展合作。美国国务卿布林肯在 2021 年提及中美关系时称，要"在该竞争时竞争，能合作时合作，必须对抗时对抗"，而主要的合作领域就是气候变化、全球卫生安全、军控及核不扩散等全球性议题。在 11 月的联合国气候变化大会期间，世界各国集中发布本国开展节能减排以实现零碳排放目标的相关规划和路线图，中美两国也共同发布了《中美关于在 21 世纪 20 年代强化气候行动的格拉斯哥联合宣言》，共同承诺在未来 10 年加强应对气候变化的措施、减少甲烷排放、逐步淘汰煤炭使用和保护森林，并根据不同国情，各自、携手或与其他国家一道加强并加速旨在缩小差距的气候行动与合作，包括加速绿色低碳转型和气候技术创新。

在关键技术和标准领域，以"价值观"为基础构建合作联盟。2021 年，世界主要国家——特别是西方国家开始热衷于以"价值观"为基础构建科技联盟，

共同开发新兴和关键技术，并在新技术标准和监管政策上统一口径。首先，以美国为首的西方发达国家不断渲染科技的价值观属性，将不同国家人为划分成不同科技阵营，并提出更多地与遵循"民主价值观"的国家开展合作。七国集团外长在 2021 年的会议（G7 峰会）上通过《G7 研究协定》，其中提出 G7 国家将"致力于推进基于自由、自主、开放、对等和透明的国际研究合作"，并称"开放、对等和合作"是 G7 国家共同的价值观，国际科研合作的基本原则应是"尽可能开放的同时保证必要的安全"。其次，被认为拥有相同"价值观"的国家之间频繁开展关键科技领域的研发合作。2021 年，美英、美欧、美澳、美日、美韩、美印、韩法等国家之间纷纷在量子技术、半导体、下一代通信技术等关键技术领域建立起开展研发和供应链合作的双边机制，同时也升级或新成立了多个诸如美日印澳四方安全对话（QUAD）、美英澳安全伙伴关系（AUKUS）等以技术和安全为主要合作领域的多边机制，这些合作机制基本限制在以美国为首的西方发达国家组成的联盟内部。最后，相同"价值观"国家尝试在新兴技术标准和监管政策上达成共识。例如：G7 国家就数字贸易和跨境数据使用原则达成一致；美澳签订第二份《澄清境外合法使用数据法案》协议，推进跨境数据共享；英国公布全球数据计划，拟与美国、澳大利亚、韩国等签订新数据传输协议；日本宣布与美国联手制定 6G 通信标准下的无人技术国际标准。

瞄准发展中国家基础设施建设，扩大自身技术影响力。2021 年，美国、英国、欧盟等发达国家和地区开始效仿中国的"一带一路"倡议，相继发布在发展中国家投资建设数字、能源和气候保护等领域基础设施的大型计划。英国在《联合国气候变化框架公约》第 26 次缔约方大会上提出了总额约为 30 亿英镑的"清洁绿色倡议"，计划帮助发展中国家推行太阳能等新能源技术、提供绿色金融融资手段，以更环保的方式进行基础设施建设；欧盟委员会于 2021 年 12 月公布了一项名为"全球门户"的计划，拟在 2027 年前在全球范围内投资 3000 亿欧元，主要投资基础设施、数字经济和气候等领域的项目；美国计划在 2022 年推出"重建更好的世界"全球基础设施计划，将在多个发展中国家投资多达 10 个大型基础设施项目。美英欧提出此类计划一方面是为了加强在数字经济和绿色经济领域与发展中国家的合作，提升自身在这些国家的技术影响力；另一方面也是为了确保科技、新能源产业的供应链安全，从支援国家获得更多关键原材料和能源。

四、美国对华科技战略竞争持续升级

在美国的带领下，2021 年全球科技发展的"阵营化"趋势愈发明显，与中国在科技创新领域开展战略性竞争已成为西方国家的普遍共识。特别是美国拜登政府上台后依然没有改变特朗普政府时期的对华强硬路线，继续通过各种措施限制、打压中国科技创新发展，并联合盟友共同遏华。

"小院高墙"，精准打压和限制中国科技企业和人才。美国特朗普政府时期对中国科技创新的无差别打压也让自身承受了巨大的损失，因此拜登政府上台后迫于压力放松了对部分技术领域的限制，但采取了更加精准的打击措施，对关键技术领域的审查和管控更为严格，并持续推进国内关键领域的"去中国化"进程。首先，拜登政府继续在各类管制清单中添加中国实体，制裁目标聚焦半导体、数据安全、生物医药等关键科技领域。1年间，美国商务部工业和安全局（BIS）在实体清单（Entity List）上增列了82个中国实体，总制裁实体近500个；在最终军事用户清单（MEU List）中增加了1个中国实体；美国财政部海外资产控制办公室（OFAC）在特别指定国民名单（SDN List）中新增18个中国实体[①]，制裁范围持续扩大。其次，拜登政府在国内针对中国企业开展了大范围审查，并在敏感行业禁用中国设备。美国虽然撤销了对微信、TikTok等中国应用程序的禁令，但授权商务部对外国应用程序展开广泛审查，以保护美国敏感数据不受外国对手威胁，这为未来美国进一步压制相关企业的行为提供了合法性。另外，拜登还于2021年11月签署《2021年安全设备法》，以所谓的"安全威胁"为借口，禁止美国联邦通信委员会（FCC）对包括华为、中兴在内的中国公司颁发新的设备牌照，使其设备无法再接入美国的通信网络。最后，在留学生和学术交流方面，拜登政府恢复对中国留学生的签证审批，但继续收紧高科技领域专业审批限制，对涉及敏感研究领域的研究生签证审查更加严格。同时，拜登政府虽然对特朗普时期打压美国大学中华裔学者的"中国行动计划"[②]有所收敛，但仍然严防中国通过学术交流的方式获得美国关键技术，甚至提出将禁止参与中国人才计划的学者获得联邦资助。

广结盟友，统一科技领域"抗中"战线。前文提到，西方国家在2021年热衷于以"价值观"为基础广结科技联盟。拜登政府上台后一改特朗普政府的"单打独斗"风格，牵头举办了多个所谓"民主国家峰会"，并与盟友国家结成众多联合机制，其目的不仅是要共同发展关键和新兴技术，保障自身供应链安全，更是要在国际上形成对中国的"科技包围圈"，阻止中国进一步扩大自身的影响力。例如，美欧在2021年6月共同成立了美国—欧盟贸易和技术委员会（TTC），目标包括促进美欧之间的创新与投资、强化供应链，并且避免不必要的贸易障碍。双方在9月29日的TTC首次会议上达成联合声明，同意共同推动形成符合西方民主价值观的针对关键技术的规则和标准，并在若干科技创新领域的关键问题上

---

① 数据来源：中国人民大学经济外交研究中心《全球秩序重组与国际制度竞争的回归——2021年中国经济外交形势分析》。

② 该行动计划已于2022年年初终止，但其中的大部分工作仍将继续。

开展协作，这实际上就是美欧共同构建的一个排华技术联盟。另外，美国一年中两度主持召开 QUAD 峰会，并促使与会四国共同成立关键与新兴科技工作组，以加强相关技术标准的协调与技术供应链合作，形成在印太地区与中国开展科技竞争的核心机制。而在 2021 年年底举办的"民主峰会"上，拜登政府邀请全球 111 个所谓"民主"国家或地区参会，并同澳大利亚、丹麦、挪威发布出口管制与人权倡议的联合声明，称未来一年内将建立一个自愿的、不具约束力的行为准则，志同道合的国家将围绕该准则，承诺使用出口管制工具来防止软件和其他技术的扩散。

（执笔人：孙浩林）

各国加强科技创新战略部署，推进"数字""绿色"转型

2021年，世界步入动荡变革期，新冠肺炎疫情加速大国力量对比调整，全球竞争日趋激烈。为在日益激烈的竞争中占据优势，很多国家都加强了科技创新综合部署，推进"数字"和"绿色"转型，在未来重点领域进行专门部署，同时推进科技管理改革，提升科技创新的效能。

一、出台综合性科技创新战略规划，系统谋划未来发展

2021年，很多国家都出台了综合性科技创新战略规划，对国家科技发展进行总体部署，系统谋划未来发展，以期在新一轮科技创新中掌握主动权和占据竞争优势。

（一）美国通过立法对科技创新进行整体部署

拜登就任美国总统之后，注重夯实自身科技实力，谋求巩固其在全球范围内的科技优势和领导地位。2021年，美国联邦政府尽管没有出台新的创新战略，但参议院却于6月通过了《2021年创新和竞争法案》，对美国未来5年的科技发展进行了规划。法案提出要在2022—2026财年投入1200亿美元左右，以系统支持美国科技发展和应对中国竞争。在国内科技布局方面，法案提出了系统措施：一是对重点技术领域给予大力度资助，其中290亿美元用于支持前沿和新兴技术研发，重点包括人工智能、高性能计算、量子信息科学、生物技术等10个关键技术领域；169亿美元支持关键能源技术和供应链领域的研发活动；约100亿美元支持太空探索、科学、航空等研发活动和技术性任务。二是加强区域创新

能力建设，5 年内投资 100 亿美元，打造 10 ～ 15 个"区域技术中心"，推动区域成为关键技术研发和制造的中心地带。三是强化制造业创新，包括设立"白宫首席制造官"，领导"制造和产业创新政策办公室"的工作，制定"美国国家制造业和产业创新战略"；设立制造业和产业创新联邦战略与协调委员会，成员包括总统、副总统、商务部长、教育部长、能源部长等各联邦部门的负责人，对美国的制造业和产业创新进行协调。四是解决半导体供应链短缺问题。

与之相对应，美国众议院也通过了一系列科技相关法案，包括《国家科学基金会未来法案》《能源部科学未来法案》《美国国家标准与技术研究所未来法案》《国家科技战略法案》《区域创新法》等，涉及国家科技战略制定、国际科技领导力、基础和新型领域研发、气候变化和清洁能源、区域创新、产业发展等，计划未来在科技领域投入巨资来巩固美国科技领导地位。2022 年 2 月，美国众议院通过了《竞争法案》，综合了多项众议院之前推出的相关议案。未来一段时间，美国参议院、众议院还将就法案的具体细节进行协商，最终内容还会有修改，但《2021 年创新和竞争法案》能够反映美国科技创新的总体思路和未来方向。

（二）欧盟正式启动"地平线欧洲"（2021—2027）计划

欧盟主要通过研发框架计划对科技创新进行整体部署。2021 年，欧盟正式启动第 9 个研发框架计划——"地平线欧洲"，并出台了《"地平线欧洲"2021—2024 战略计划》，明确了欧盟前 4 年的科技创新重点。

"地平线欧洲"计划资金总投入为 955 亿欧元，围绕欧盟"绿色"和"数字"双转型战略与科技创新支撑欧盟疫后复苏的目标，设立了"卓越科学"、"全球挑战和欧洲产业竞争力"和"创新型欧洲"三大支柱，加强欧盟基础研究、应用研究和产业创新。"卓越科学"的资金预算为 250 亿欧元，旨在提升欧盟的科学竞争力。"全球挑战和欧洲产业竞争力"的资金预算为 535 亿欧元，用于支持应对社会挑战和加强技术及产业能力的研究。"创新型欧洲"的资金预算为 136 亿欧元，旨在建设创新型欧洲。此外，"地平线欧洲"还提出要扩大参与和加强欧洲研究区（ERC），资金预算为 34 亿欧元。

2021 年 3 月，欧盟出台了《"地平线欧洲"2021—2024 年战略计划》，明确了未来 4 年欧盟科技创新的战略方向。一是引领关键数字技术、使能和新兴技术的发展。具体包括：开发更安全、更可信、更有效和负担得起的医疗技术和数字化解决方案，加强疾病预防、诊断、治疗和监测；构建更具竞争力和可持续的健康产业，确保欧洲在基本医疗用品和数字化医疗方面实现战略自主；构建、部署和管理富有韧性的关键数字和物理基础设施；提升网络安全产业能力；支持开发和掌握新一代数字技术和关键使能技术；提供更清洁、更具竞争力的能源和交通运输解决方案及数字化服务。二是恢复欧洲生态系统和生物多样性，可持续地管理自然资源，确保粮食安全，构建清洁健康的环境。三是推动交通、能源、建筑业和制造业领域向数字化转型，使欧洲在世界上率先实现循环、气候中性和可持续的经济。具体包括：大力发展数字化技术和突破性技术，提供创新型解决方案，推动欧盟工业转型，到 2050 年实现气候中性并具有全球竞争力；确保以更低成本提供更清洁的能源，更智能地将工业设施与能源系统连接起来，并开发更智能、更安全、更清洁和更具有竞争力的交通运输解决方案；支持循环产业、零碳产业和以自然资源为基础进行创新，包括节能环保和可持续的农业、林业和生物基产业；大力发展蓝色经济，包括水产养殖业、渔业和海洋生物技术；减少土地、水、空气和海洋污染，加强资源循环利用。四是构建更具弹性、更包容和更民主的欧洲社会，做好准备应对各类威胁和灾难，解决不平等问题。

（三）英国出台《创新战略》，提出到 2035 年要成为全球创新中心

2021 年 7 月，英国发布主旨为"创造未来，引领未来"的《创新战略》，其愿景是到 2035 年使英国成为全球创新中心。这一愿景包括两大目标：一是实现以创新为导向的增长。为此，英国政府将为所有企业提供开展创新创造合适的条件，激励私营部门投资创新；部署重大任务并支持关键战略性技术发展，为未来增长创造新的动力。二是重塑英国全球科学超级大国地位。为此，英国政府将构建世界上最好的创新生态系统，为世界领先的科学发现和思想转化为公共利益提供解决方案。《创新战略》明确了四大支柱：在企业层面，要为所有想要创新的企业赋能，向其提供充足的投融资支持和灵活的监管框架；在人才层面，要使英国成为全球最具吸引力的国家；在机构与区域层面，要确保英国研究、开发和创新机构能够满足本国企业和地区发展的需求；在重大任务与技术层面，要激发创新，提升关键技术能力，应对英国和世界面临的重大挑战。此外，《创新战略》还明确了未来英国将要重点发展的七大关键技术群，分别为：先进材料与先进制造；人工智能、数字化与先进计算；生物信息学与基因组学；生物工程；电子、光子与量子；能源与环境技术；机器人和智能机器。

（四）日本实施第六期科技创新基本计划，细化"社会 5.0"愿景

2021 年 3 月，日本通过了《科学技术创新基本计划（2021—2025 年）》，这是日本政府出台的第六期科技基本计划。为了凸显创新对当今时代发展的重要性，日本政府将第六期科技创新基本计划命名为"科学技术创新基本计划"，而不再沿用前五期计划所采用的"科学技术基本计划"。在第五期《科学技术基本计划》中，日本政府提出构建"社会 5.0"的愿景。第六期科技创新基本计划则进一步细化了"社会 5.0"愿景，提出日本未来 5 年要实现"确保国民安全安心的可持续的强韧性社会"和"人人都能实现多样化福祉的社会"。为通过科技创

新政策实现"社会5.0"的目标，日本政府未来5年将投资30万亿日元，并以此带动民间投资，使全国研发投资总额达到120万亿日元。

在第六期科技创新基本计划中，日本政府明确了四大核心任务。一是建设韧性社会，确保安全舒适的生活和可持续发展。具体措施包括：推动利用大数据、人工智能等技术解决全球问题；深化发展循环经济，2050年实现碳中和；以社会需求为导向，推动初创企业发展；推动跨领域合作、任务导向型研发等。二是强化研究能力。具体措施包括：构建与完善创新研究的科研环境，拓宽博士人才职业发展路径，构建新型研发体系，深化大学改革等。三是培养人才，增强人才实力。具体措施包括：从小学、初中阶段培养学生的好奇心和对数理化课程的兴趣，在大学阶段通过个性化课程满足个人多样化的学习需求；强化终身学习理念，鼓励兼职等灵活的人才流动方式。四是强化鼓励科技创新的政策体制。具体措施包括：提高研发资金管理的灵活度；官民合作共同推进战略性研发活动；强化综合科学技术创新会议（CSTI）的核心领导职能。

此外，其他一些国家在2021年也出台了综合性科技创新战略或规划，如巴西政府在7月发布《国家创新战略》，规划了未来4年国家科技战略的重要目标、战略举措和具体的行动计划。印度科技部2021年年初发布《科技创新政策2020（草案）》，聚焦发展自主技术，计划利用新兴颠覆性技术促进各领域发展。

二、围绕数字、绿色、健康进行科技部署

近年来，数字技术的快速发展、气候变化的不断加剧、新冠肺炎疫情的大流行，使得世界各国均把数字经济、绿色发展、生命健康作为重中之重。在此背景下，各国围绕这三大主题进行科技创新部署。

（一）数字经济

为推进数字经济的发展，各国近年来进行了一系列部署，涉及领域主要包括数字经济的硬件基础——芯片，数字经济的驱动力——人工智能、量子技术等，数字经济的基础设施——5G/6G等新一代通信技术、云设施等。

1. 数字经济的硬件基础——芯片

芯片是构建数字经济的核心基石，2021年，受新冠肺炎疫情带来的线上需求激增、技术升级迭代芯片用量翻倍、停工停产导致的产能供应不足等影响，主要国家和地区都把芯片作为战略资源，纷纷采取措施加大对芯片研发和制造的支持。

美国的《2021 年创新和竞争法案》提出，要紧急拨款 500 多亿美元支持芯片的研发和生产。其中，390 亿美元用于加强国内先进半导体生产和供应链安全；105 亿美元用于实施半导体研发项目，以保持美国芯片技术领先优势；20 亿美元用于汽车用芯片等成熟半导体生产。

欧盟 2022 年 2 月公布了《芯片法案》，将投资 430 亿欧元支持芯片生产、试点项目和初创企业，其中，110 亿欧元将用于加强现有的研究、开发和创新，以确保部署先进的半导体工具及用于原型设计、测试的试验生产线等。该法案提出，欧盟在全球的芯片生产份额要从目前的 10% 增加到 2030 年的 20%。

日本 2021 年 6 月发布的《半导体数字产业战略》提出，要确保尖端半导体的研发和生产能力。为此，日本将联合研发前沿半导体制造技术、引进国外半导体工厂、强化前沿逻辑半导体的设计研发。与此同时，要强化日美供应链及重要技术合作、建设日欧产业联盟等。

韩国 2021 年 5 月发布的《K- 半导体战略》的目标是巩固韩国存储芯片在全球的领先地位，同时引领全球系统芯片市场，在 2030 年成为综合半导体强国。该战略提出，将在京畿道和忠清道规划全球最大规模的半导体产业集群，集半导体设计、原材料、生产、零部件、尖端设备等为一体。未来 10 年，韩国企业将在本土半导体业务上投入 4510 亿美元，这些资金将来自政府支持一揽子计划、税收优惠和企业投资承诺的组合。

2. 数字经济的驱动力——人工智能、量子计算

数字经济的基础生产要素是数据，而数据要产生价值，离不开数据分析技术，人工智能及量子计算因其强大的数据分析能力成为数字经济的强大驱动力。

（1）人工智能

近年来，很多国家都出台了人工智能发展战略、规划和计划。2021 年，各国采取多种措施，继续推进人工智能发展。

——出台或更新人工智能战略规划。英国 2021 年 9 月发布《国家人工智能战略》，提出未来 10 年英国要成为人工智能超级大国。其三大战略愿景包括：英国人工智能领域重大发现的数量和类型显著增长，并在本土进行商业化和开发；英国要从人工智能带来的最大经济和生产力增长中获益；英国要建立世界上最值得信赖和支持创新的人工智能治理体系。继 2018 年公布了人工智能发展战略后，法国 2021 年 11 月出台人工智能发展战略第二阶段计划，力争在未来 5 年成为人工智能领域的科研创新强国、全球人才聚集地，并营造先进的监管和商业环境。澳大利亚政府 2021 年 6 月发布《人工智能行动计划》，旨在使澳大利亚成为开发和应用可信、安全和负责任的人工智能的全球领导者。

——加强人工智能的统筹协调。美国《2021 财年国防授权法案》提出，要加强美国联邦政府对人工智能的领导和协调，科技政策办公室（OSTP）下设国家人工智能倡议办公室，加强对人工智能技术发展的领导；同时，白宫要组建国家人工智能研究资源工作组（NAIRR），发挥咨询委员会职能，为美国人工智能发展制定路线和计划。

——加大对人工智能的资金投入。欧盟 2020 年发表的《人工智能白皮书》提出，10 年内每年在欧盟吸引 200 亿欧元的资金，10 年共计 2000 亿欧元，支持人工智能的技术研发和应用。2021 年，欧盟通过"地平线欧洲"和"数字欧洲"向人工智能的研发投入了 10 亿欧元资金。法国提出，未来 5 年拟再增加投入 22.2 亿欧元的资金。德国联邦政府计划到 2025 年对人工智能的资助从现在的 30 亿欧元提高至 50 亿欧元。

——成立人工智能研究中心。美国《2021 财年国防授权法案》提出，国家科学基金会（NSF）要新成立 11 个国家人工智能研究所；德国提出，要持续加强人工智能研究能力中心建设，密切与所在地经济界进行联系，在面向未来的应用领域，建立具有国际吸引力的 AI 生态系统，同时提高对顶尖研究人员和年轻人才的吸引力。

——加强对人工智能的监管。2021 年 4 月，欧盟推出了全球首个人工智能监管框架——《人工智能法案》，对人工智能技术进行风险分级，规范技术及其应用发展，为人工智能创新创造监管条件。

（2）量子计算

量子计算是一种遵循量子力学规律，进行高速运算、存储、信息处理的新型计算。虽然量子计算机仍处于创新进程的初始阶段，但在精确模拟化学反应方面却有巨大的潜力。近年来，各国都高度重视量子信息技术，尤其注重推进量子计算机的研发。2021 年，各国及地区继续出台量子信息政策文件，加大对研发的投资，推动建立量子生态系统，赢得量子技术发展先发优势。

加紧研发和生产量子计算机，率先实现超越经典计算的实用量子优势。美国在量子计算上的优势明显，谷歌计划投入数十亿美元，在 10 年以内完成"量子门"方式的量子计算机的研发；IBM 提出将在今后两年实现量子位数量达到 1000 个以上的量子计算机。除了企业大力投资量子计算之外，美国政府也高度重视量子技术。2021 年 6 月，参议院通过的《2021 年创新和竞争法案》就把包括量子计算在内的高性能计算列为十大关键技术领域。欧盟 2021 年出台的"欧盟数字罗盘 2030"战略提出，到 2025 年，要生产出欧盟首台量子计算机，到 2030 年要处于量子领域前沿。法国 2021 年 1 月启动的"量子技术国家战略"指出，未来 5 年拟投入 18 亿欧元，到 2023 年使法国成为首个拥有第一代通用量子计算机完整原型机的国家；在量子技术的低温或激光技术路线方面成为世界领先的国家之一。

打造量子互联网。量子互联网是一种运用量子力学原理传输信息的互联网，能够使绝对安全的网络通信成为可能。荷兰、加拿大、日本、韩国、俄罗斯等国及欧盟都在加紧部署量子网络建设。2020年7月，美国能源部提出，未来10年内建成与现有互联网并行的第二互联网——量子互联网。2021年1月，美国国家科技委员会（NSTC）发布《量子网络研究协同路径》报告，对如何协同构建量子网络进行了部署。一是继续研究量子网络应用场景；二是优先考虑能产生多重效益的量子网络核心组件，随后再扩展到更专业的组件开发，这会产生最大效益；三是提升现有技术能力以支持量子网络，包括通信、时间传输协议、光子学、电子学和软件等技术；四是利用"规模适中"的量子网络测试平台，以避免过早投入高昂的成本。

3. 数字经济的基础设施——5G/6G等新一代通信技术、云设施

数字经济的基础设施是数字经济发展的基础，当前，主要国家都对5G/6G、云等重点数字基础设施进行了布局。

一是重点布局5G/6G等新一代移动通信技术。数字经济的发展需要高速的数据传输网络系统。新一代移动通信技术（如5G/6G）具有高速率、低时延和大连接等特点，是实现人机物互联的网络基础设施。为此，主要大国在开启5G商用的同时，积极抢先布局后5G和6G发展。欧盟2021年11月提出要设立欧洲智能网络和服务伙伴关系，计划2021—2027年投入9亿欧元，促进欧盟5G部署，并启动6G研究与创新计划，在2025年实现6G概念和标准化，2025年年底为早期市场采用6G技术做准备。法国2021年7月发布《5G和电信网络未来技术国家战略》，未来5年拟投入17亿欧元，用于支持法国和欧洲电信设备制造商资助开发5G网络、资助未来技术尤其是6G技术的研发、资助5G在工业及健康等领域的应用等。到2025年，法国本土5G市场规模要达到150亿欧元。英国在《创新战略》中提出，将投入50亿英镑构建国家千兆宽带网络，大力推动4G和5G网络部署，另外还投入2亿英镑实施5G测试和试验计划。日本提出要更新完善5G等通信基础设施，支持光纤、海底电缆、5G研发战略、新型信息通信等技术的研发活动，发展高级设施基站、低轨卫星等新型基础设施。韩国继2020年发布《引领6G时代的未来移动通信研发战略》后，2021年6月公布"6G研发计划"，提出未来5年韩国将投资2200亿韩元（约合1.9亿美元），力争在2028年实现6G商用化。值得注意的是，发达国家在研发和部署5G的同时，还在同步发展开放式无线电接入网（O-RAN）。O-RAN是指通过众多的供应商和运营商联盟，通过开源软件集成和共享5G基站输出信号，达到效率最大化及成本最低化的目

的。美国在《2021 年创新和竞争法案》中提出，要紧急拨款支持 O-RAN 技术的研发。此外，全球 30 多家技术和电信企业成立了"开放无线接入网政策联盟"，旨在开发"开放并可互操作"5G 无线系统。

二是布局云基础设施。海量数据需要依赖云来存储和处理，因此，很多国家都提出要大力发展云基础设施。2020 年 7 月，欧洲议会发布《欧洲数字主权》报告，正式表态欧盟要减少在云基础设施和服务中对外国技术的依赖，并增加对托管、处理和使用数据的基础设施的投资。为此，欧盟决定与德国和法国的GAIA-X 云计划合作以推进上述目标。2020 年 10 月，欧盟 27 个成员国签署了谅解备忘录，表示愿意共同努力创建安全、高效、可互操作的云服务。2021 年5 月，法国政府发布《云技术国家战略》，提出"可信赖云"、"以云为中心"和"产业政策"三大支柱。11 月，发布《云产业支持计划》，将在未来 4 年投入约18 亿欧元，到 2025 年实现以下目标：云产业营业额翻倍；推出 5 个安全、可信赖的新的解决方案；使采用可信赖云解决方案的大公司数量翻倍；创建 25 个新的行业数据空间。日本在《半导体数字产业战略》中提出，要在政府管理、产业发展等领域推广"优质云"服务，根据应用场景和服务类型构建有针对性的服务。

（二）绿色发展

为应对日益严峻的碳排放及其引发的气候变化问题，很多国家和地区提出了"零碳"或"碳中和"的气候目标。根据 Energy & Climate 情报组的净零排放跟踪表，截至 2021 年年底，已实现净零排放的国家有 2 个，已就净零排放进行立法的国家和地区有 14 个，发布了净零政策的国家有 30 个，发表了净零声明的国家有 15 个。在已经立法和发布政策的国家中，德国、瑞典和葡萄牙提出的碳中和时间为 2045 年，日本、法国、英国、韩国、加拿大、西班牙、爱尔兰、丹麦、匈牙利、新西兰、美国和意大利提出的碳中和时间为 2050 年，中国和巴西提出的碳中和时间为 2060 年。

为达到碳中和目标，很多国家出台了相关战略，系统部署相关措施。

拜登政府高度重视气候变化问题，并做出了二氧化碳减排承诺：2030 年较2005 年减排 50% ～ 52%，2035 年实现电力行业零碳排放，2050 年在整个经济范围内实现净零排放。为加强美国政府对气候变化的统筹协调，美国设立总统气候特使、白宫国内气候政策办公室、白宫国家气候工作组等，并设立气候变化支持办公室以加强气候变化国际合作。2021 年 11 月，美国联邦政府发布《迈向 2050年净零排放的长期战略》，阐述五方面减排技术途径，包括电力脱碳、电气化与使用清洁燃料、降低能耗、甲烷等非二氧化碳温室气体减排、扩大二氧化碳消除规模等。电力脱碳是美国双碳战略的核心，美国提出要加紧在清洁能源发电领域寻求关键技术突破，降低太阳能和风能发电的大规模部署成本。

欧盟于 2021 年 7 月提出一系列立法措施，对未来 10 年的减排计划进行了部署，以达到 2030 年温室气体净排放量比 1990 年减少 55% 的目标。主要措施包括：修订欧盟排放交易体系（EU ETS）立法；明确排放交易收入全部用于气候和能源相关项目；修订《减排分担条例》，强化减排目标；制定欧盟整体自然汇碳去除目标，到 2030 年减少 3.1 亿吨二氧化碳排放，到 2035 年在土地利用、林业和农业行业实现气候中和；制定可再生能源生产目标，到 2030 年欧盟 40% 的能源生产来自可再生能源；修订《能源效率指令》，从欧盟层面减少能源使用；强化严控车辆排放标准，要求新车从 2030 年起平均排放量比 2021 年的排放量减少 55%，加强对航空和海运燃料排放控制；推进能源税收改革；等等。

德国《气候保护法》修订案于 2021 年 8 月 31 日正式生效。修订后的《气候保护法》提高了减排的目标：2030 年温室气体排放量比 1990 年减少 65%（修订之前为 55%），到 2045 年实现碳中和（修订之前为 2050 年）。为了实现新的目标，德国政府 2021 年 6 月通过了气候保护投资方案，将提供约 80 亿欧元的资金为工业去碳化、绿色氢气、建筑节能、气候友好型交通及可持续林业和农业提供短期措施与总体措施。此外，还制订了气候保护一揽子计划，除引入国家碳排放交易机制外，还对工业、能源、交通、农业、林业及建筑等六大领域的转型进行了具体部署。

英国政府 2021 年 10 月发布《净零战略》，阐述了其实现 2050 年净零排放承诺的主要举措。①在电力行业，结合储能、碳捕集与封存（CCS）、氢能等技术，实现到 2035 年英国电力系统完全脱碳。②在氢能领域，设立"工业脱碳和氢收益支持"计划，资助新的氢能和工业碳捕集商业模式。③在工业领域，设立"CCS 基础设施基金"和"工业能源转型基金"。到 2030 年部署 4 个碳捕集、利用与封存工业集群，每年可捕集 2000 万～3000 万吨二氧化碳。到 2035 年实现炼钢产业净零排放。④在交通领域，实施零排放汽车（ZEV）授权，开启道路交通转型。⑤在温室气体方面，投入 1 亿英镑支持温室气体去除相关技术创新，并探索监管监督措施，实现对温室气体去除的监测、报告和验证等。

为实现 2050 年碳中和的目标，日本政府 2021 年 10 月 22 日正式发布第六版能源基本计划，提出要以尽可能低的成本实现稳定的能源供应。该计划提出，优先发展可再生能源，并将 2030 年可再生能源发电所占比例从此前的 22%～24% 提高到 36%～38%，到 2030 年天然气和煤炭发电占比分别降至 20% 和 19%。10 月 27 日，日本经产省发布钢铁业脱碳发展技术路线图，引导钢铁业的脱碳转型，提倡钢铁业在高炉、电炉、连铸、轧制等不同工序深挖节能潜力，同时规划了高炉制铁和直接还原制铁中"以氢代煤"为主线的技术路线图，2040 年开始采用"100% 氢直接还原"制铁技术。

俄罗斯 2021 年 11 月批准了《到 2050 年前实现温室气体低排放的社会经济发展战略》，提出在实现经济增长的同时达到温室气体低排放目标，2050 年前俄罗斯温室气体净排放量在 2019 年该排放量水平上减少 60%，在 2060 年前实现碳中和。该战略指出，俄罗斯计划支持低碳和无碳技术的应用和拓展，刺激二次能源使用，调整税收、海关和预算政策等。同时，俄罗斯还将发展绿色金融，采取措施保护和提高森林及其他生态系统的固碳能力，提升温室气体回收利用技术。

（三）生命健康

2020 年发生的新冠肺炎疫情及其给经济社会带来的严重冲击，凸显了生命健康技术的重要性。2021 年，世界主要国家在聚焦应对新冠肺炎疫情的同时，更加关注对于生命科学与生物技术领域的布局和推动。

欧盟筹划启动"创新健康计划"。2021 年 11 月，欧盟理事会通过单一基础法案，决定在"地平线欧洲"下面设立"创新健康计划"（IHI）。IHI 的目标是创建一个健康研究和创新生态系统，促进科学知识转化为创新，涵盖疾病的预防、诊断、治疗等所有环节。IHI 的资金总额为 24 亿欧元，其中 12 亿欧元来自"地平线欧洲"，10 亿欧元来自合作伙伴，包括欧洲卫生保健贸易协会（COCIR）、欧洲制药工业和协会联合会（EFPIA）、欧洲生物技术工业协会（EuropaBio）、欧洲医疗技术工业协会（MedTech）和欧洲疫苗协会（Vaccines Europe）等相关企业，2 亿欧元来自其他机构。

法国 2021 年 7 月发布《2021—2030 年健康创新战略》，总投入将达 70 亿欧元，以提升法国的健康创新能力。其中，向生物医学研究投入 10 亿欧元，提升研究能力；向生物疗法和生物生产、数字健康、新发传染病及核放射、生化威胁防护等未来健康领域投入 20 亿欧元，覆盖从研究到产业化全价值链；提升临床试验水平，简化、加速新药上市流程；支持卫生健康产品在法国本土的产业化；成立"健康创新署"，对健康领域的创新进行战略指导和统筹协调。

英国 2021 年 7 月发布了《生命科学愿景》，明确了英国未来 10 年生命产业发展方向和目标，重点提出七大重大疾病领域：提高神经退行性疾病和痴呆症的治疗能力；实现早期诊断和治疗，包括癌症疫苗等免疫疗法；保持英国在新型疫苗发明、开发和制造方面的地位；治疗和预防心血管疾病及肥胖等主要危险因素；降低呼吸系统疾病的死亡率和发病率；解决衰老的潜在生物学问题；增加对心理健康状况的了解。

韩国 2021 年 8 月公布《脑科学研发投资战略》，提出重点在脑功能、脑部疾病、大脑工程等核心技术领域加大投入，推进大脑地图等各类挑战性重大攻关研究项目，打造脑科学研究与产业生态体系，完善项目体系并加强研究开发投入的战略性。该战略提出的目标是，到 2024 年韩国将建成融合型研究生态体系，到

2030 年韩国脑科学技术将处于国际领先地位。

三、推进科技管理改革和完善政策措施，提升科技创新的成效

随着科技的不断发展、国内外环境的不断变化，面对科技创新政策开展和执行过程中存在的问题，各国都在不断调整科技管理体制机制，完善科技创新政策，从而激发科研主体的活力和创造力，更好地提升科技创新体系的整体效能，以更好地促进科技发展。

（一）强化政府对科技创新的统筹协调

为更好地应对科技领域的激烈竞争和发展需求，一些国家加强了科技管理的顶层设计，以提升政府对科技创新的统筹协调。

美国进一步强化了科技创新决策咨询体系。一是拜登政府历史性提升白宫科技政策办公室的政治地位。任命遗传生物学家埃里克·兰德担任白宫科技政策办公室（OSTP）主任（总统科技顾问），并首次将该职务列入内阁序列，突显了本届政府对科技工作的重视。二是拓宽国家科技委员会职能范围。拜登政府在国家科技委员会（NSTC）以往架构的基础上，增设科技诚信工作组，对联邦机构的科技诚信政策有效性进行审查，以期构建起值得信赖的科学体系，进一步拓宽 NSTC 职能。

英国建议成立首相牵头的中央内阁科技委员会。2021 年 7 月，英国科学技术委员会向首相提交的《加强英国全球科技超级大国地位》的政策报告建议，成立中央内阁级别的科技委员会，专注于长期科技优势，协调科学和创新的战略方向。

俄罗斯成立俄联邦科技发展委员会。2021 年 3 月，俄联邦科技发展委员会作为联邦政府的一个常设机构成立，负责协调、规划和管理国家科技政策，协助规划国家研发预算，每年定期向总统科教委员会提供关于国家科技政策的信息。副总理担任主席，科教部部长任副主席，委员会成员包括主要部门负责人、俄国科学院院长、议会两院代表和国有企业负责人，共计 46 人。

（二）采取措施提升研究水平和能力

研究水平和能力是国家科技创新能力的根基，美国、欧盟、日本、俄罗斯等国家和地区都把开展卓越研究作为国家科技创新的重要任务。2021 年，各个国家和地区都在采取措施，以提升本国或本地区的研究水平和能力。

出台基础研究专门规划。近年来，创新型国家都高度重视基础研究，以提升科技创新的原动力。如美国、日本等在综合性科技创新战略或计划中都提出要大力加强基础研究，韩国则出台了专门的基础研究振兴综合计划。2021 年，俄罗斯制定了基础科学研究 2021—2030 年长期发展规划，提出联邦政府将在 10 年内提供超过 2.1 万亿卢布的经费支持，以获取更多有关人类、社会及自然的构建规律、功能及发展的新知识，促进国家科技、社会经济及文化稳定发展，维护国家安全，确保俄罗斯长期在世界科技秩序中处于科技强国地位。

强化大学的研究能力。大学是科学研究的执行主体，近年来，一些国家正在加强大学的力量，以促进其产出更多高质量的科研成果。2021 年 3 月，日本文部科学省宣布将新设"大学基金"计划，基金总规模将达到 10 万亿日元（约合人民币 6000 亿元），通过基金的运营收益为大学提供长期稳定支持，创造更稳定的研究环境，使日本大学具备世界顶级的研究水平。6 月，俄罗斯高等教育与科学部正式启动为期 10 年的新一轮大学发展长期计划——"2030 优先计划"，未来 10 年俄罗斯政府将累计至少投入 1000 亿卢布支持 100 所大学的发展，使其成为世界一流的研究型、创新型大学。

塑造良好的环境，激发研发人员的活力。一个良好的科研环境能够让研究人员潜心开展研究，从而促进高水平研究成果的产生。日本在第六期科技基本计划中提出，要提高博士研究生的待遇，拓宽博士人才的职业发展道路，吸引更多的优秀人员进入博士行列；确保青年研究人员的岗位，到 2025 年实现日本不满 40 岁教员在大学教员总数中占到 30% 以上；确保科研人员的研究时间等。

加强研究设施建设。现在科学研究越来越依赖于研究设施，很多国家都非常重视研究设施的布局和建设。英国研究和创新署正在投入 5000 万英镑支持 10 多个跨学科、跨研究和创新领域的基础设施项目，以巩固英国作为科学超级大国的地位，2021—2022 财年，将投资于世界最大和最灵敏的射电望远镜、碳捕集技术、航空研究实验室、数字研究基础设施等最紧迫的项目。俄罗斯政府正着力推动四大国际大科学装置建设，包括"PIK"高通量中子束流反应堆、"NICA"基于超导重离子加速器的离子对撞机、第四代特种同步辐射光源和西伯利亚环形光源。

（三）设立新型资助机制，促进颠覆性技术创新

当前，很多国家都意识到，颠覆性技术对本国的未来发展非常重要，需要加大对其的支持。然而，以同行评议为主的传统项目管理机制不利于颠覆性技术的产生，因此，一些国家设立了专门的机构和计划，采取特殊的项目遴选和管理机制，选择有希望产生颠覆性技术创新的申请方案给予资助和管理。鉴于美国国防高级研究计划署（DARPA）资助模式对于颠覆性技术创新非常成功，美国近

年来在其他领域也设立了类似机构，如在能源领域设立的能源高级研究计划署（ARPA-E），在情报领域设立的情报高级研究计划署（IARPA）。其他国家也仿照DARPA设立了相关机构或制订了相关计划，如德国2019年成立了"跨越式创新资助机构"，日本2018年推出了登月型研究开发计划，法国2018年设立了创新与工业基金等。2021年，一些国家和地区提出了促进颠覆性技术创新的新措施。

美国政府2021年提出要在更多领域设立颠覆性技术资助机构。在卫生健康领域，拜登提出要设立健康先进研究计划署（ARPA-H），专注于癌症、传染病、糖尿病、阿尔茨海默病等领域的突破性研发。根据美国国会批准的2022财年预算，ARPA-H 2022年的预算资金为10亿美元。在气候变化领域，拜登提出要设立气候先进研究计划署（ARPA-C），专注于气候变化的减缓、适应和应对领域的突破性研发。

为培育颠覆性技术，欧盟2018年启动了欧洲创新理事会（EIC）试点。经过两年试点运营，2021年欧洲创新理事会全面正式启动。欧洲创新理事会旨在对欧盟颠覆性技术实现全创新链支持，包括颠覆性技术研发、成果转化及企业对颠覆性技术的推广。欧洲创新理事会设立了三大计划，其中探路者计划（EIC Pathfinder）主要支持处于研发早期的高风险、高回报的颠覆性技术；成果转化计划（EIC Transition）主要支持实验室科研成果转化的创新活动；加速器计划（EIC Accelerator）主要支持中小企业研发和推广颠覆性技术。

英国着手设立"先进研究与创新署"（ARIA）。2021年3月，英国政府表示将仿照美国国防高级研究计划署，设立"先进研究与创新署"（ARIA）的新资助机构，专注于支持可能产生变革性技术或科学领域范式转变的项目。ARIA将实行项目经理制。项目经理有权动态分配项目资金，有权调整项目目标和关键节点。ARIA可能会使用小额、快速"种子资金"来支持项目经理提出的强有力的初步建议。除了快速启动项目外，项目经理还可以快速停止项目，并根据不断变化的研究需求重新分配资金和资源。ARIA的资金将贯穿整个研发生命周期，既包括前期的科学和技术发展，也包括探索以获得商业成功。

（四）促进技术转移，支持企业主导的创新

面对当今全球经济增长速度放缓的严峻形势，各国都在大力促进技术转移，支持企业主导的创新，推动科技成果能够尽快产生经济价值。

加强产学研深度融合，促进公共研究成果的商业化。公共研究成果离市场应用还有很长的距离，为此，很多国家采取措施，加强产学研深度融合，以促进成果的商业化。美国《2021年创新和竞争法案》指出，要在国家科学基金会中设立技术与创新局，聚焦关键技术领域的研究，并迅速将其推向市场；要建立与产业界密切合作的大学技术转移中心和创新中心，为有前景的技术提供试验平台

等。英国《创新战略》提出，英国政府将继续通过"连接能力基金（CCF）"鼓励大学在研究成果商业化方面与企业开展合作；英国研究和创新署要设计一个商业化资助框架，减少繁文缛节和申请流程，通过提供长期的或阶段性的资金支持，将新型的和改进的技术、产品或服务快速商业化。爱尔兰则通过贸易与科技局设立的 8 个技术中心，构建企业与学术界的合作生态系统。此外，爱尔兰贸易与科技局支持在全国各地建立技术门户网络，向企业提供科研人员、专业设备和设施及创新解决方案。日本提出要强化产学官共创体系，到 2025 年大学和国立研发法人从企业获得的共同研究收入比 2018 年增加 70%。

为企业创新提供融资支持，促进企业主导的创新。一是政府通过直接资助和税收减免加大对创新型企业的支持，如英国创新署 2020—2021 财年对处于早期阶段的创新型企业给予了 9.86 亿英镑的资金支持，爱尔兰 2021 年 1 月发布的《国家中小企业和创业增长计划》提出，要实施创新券、小企业创新研究、研发基金等计划及企业研发税收减免政策，持续对企业创新创业予以支持。二是通过银行对创新型企业进行支持，如英国商业银行 2021 年启动生命科学投资计划，投入 2 亿英镑应对英国生命科学企业面临的成长阶段的资金缺口；此外，英国商业银行还投入了 3.75 亿英镑启动未来突破性基金，与私营部门共同投资于高增长的研发密集型企业，支持其加速部署颠覆性和突破性技术。三是推动创新型企业上市，从资本市场获得大量资金。如英国在《创新战略》中提出，未来英国将依托其强大的金融市场，鼓励更多的高增长创新型企业在英国上市。

创建灵活监管制度，确保创新成果的应用。一个设计良好的监管体系有助于激励创新，建立消费者信心，促进新产品应用。当前，面对新兴技术快速发展的形势，过去的一些监管制度已经成为技术应用的制约。当前，很多国家正在建立创新友好的灵活监管体系，以促进创新成果的应用。英国在《创新战略》中提出，要不断修正欧盟时期采用的过度监管的原则，确保英国拥有世界上最灵活的监管框架，加快创新和变革的步伐。为此，英国将成立监管地平线扫描委员会，专注于不断涌现的新技术和新产品，向政府提出监管改革建议，确保英国监管环境能够适应创新，同时又安全可行。为加快数据应用与创新，英国 2021 年 7 月公布的《数字监管计划：推动增长和促进创新》提出，要制定有助于创新的数据监管框架，使数据在整个经济中都能被适当访问和应用。

（执笔人：程如烟）

全球研发投入呈现出前所未有的韧性

2020 年以来的新冠肺炎疫情全球大流行对人类的生命健康、生产生活方式和经济社会发展产生了深刻的影响。全世界普遍认识到生命科学、生物安全、数字技术等领域对维系公共卫生安全的重要性。新冠肺炎疫情大流行加速了科技创新的步伐，最新的数据和研究显示，2020 年全球的科技创新效率显著高于过去 10 年的平均水平，而全球研发投入更是展现出前所未有的韧性。

一、全球研发投入的基本态势

（一）新冠肺炎疫情大流行对全球研发投入的影响小于预期

在过去几十年里，全球研发投入增速一直高于经济的增长速度，并在新冠肺炎疫情暴发前达到了历史最高点——2019 年全球研发投入实际增速高达 8.5%，相比之下 GDP 仅增长了 2.4%。2019 年研发投入前 5 位的经济体分别是美国（10.9%）、中国（11.1%）、日本（-0.4%）、德国（2.3%）和韩国（4.8%）。这 5 个经济体自 2011 年以来一直是全球主要的研发投入国。此外，作为全球研发支出的最大组成部分，企业研发支出 2019 年实际增长了 7.2%，亦高于 2018 年 4.6% 的增速。

2020 年年初暴发的新冠肺炎疫情对社会经济活动产生了深远的影响。抗击疫情的遏制措施导致总体需求下降、供应链断裂、金融市场不确定性激增，2020 年全球 190 多个国家中实现正增长的只有 30 多个，全球经济平均增长率为 -3.3%。历史上，研发支出通常与 GDP 同步发展，经济的下降会直接导致研发投入的削减。然而，根据现有的最新数据测算，全球研发支出在世界经济遭受重创的情况下并未同以往情况显示的那样随之下降，而是呈现继续增长的趋势，更具弹性和活力。经合组织地区的研发支出在 2020 年实际增长了 1.8%，虽然与前几年每年 5% 的增速相比意味着大幅放缓，但这是有记录以来首次全球经济衰退并未转化为研发支出的下降。究其原因，此次危机的性质与以往的宏观经济危机（如 2008 年的国际金融危机）不同，新冠肺炎疫情对不同行业产生的影响完全不同，各行业不会像 2008—2009 年金融危机期间那样出现整体放缓的情况，某些行业，如个人防护设备、医疗卫生产品和消费电子产品等实际上经历了需求的增加；此外，科技创新是对抗大流行病及控制其影响的核心手段，研发投入本身已经成为应对危机的重要组成部分。

（二）全球研发投入地域分布仍主要集中于亚美欧三大洲

大多数国家 2021 年的研发支出官方统计数据要到 2023 年才能发布，不过根据美国《研发世界》杂志的最新预测，随着全球经济相较 2020 年的逐渐复苏，2021 年全球研发总支出增长 6%，达到 2.348 万亿美元（按购买力平价计算），2022 年预计增长 5.45%（高于全球经济增长率 4.7%），达到 2.476 万亿美元。

2022 年，全球研发投入仍主要集中于亚洲、北美洲和欧洲，这 3 个地区所占的份额预计分别为 41.8%、29.2% 和 21.6%。不同地区在研发投入上的差异进一步扩大，亚洲新兴国家占全球研发总投入的份额继续增加，北美洲所占份额因美国占比提高得以巩固，欧洲国家所占份额继续下降，而经济低迷的南美洲和非洲地区将进一步陷入研发"份额漏洞"。一般而言，总体经济规模小、GDP 年增长较低的地区，其研发投入的增长也较小；总体经济规模越大，其研发投入规模也越大。

新冠肺炎疫情并没有对全球研发投入的分布和各国研发排名产生显著的影响。2022 年，研发投入最多的 5 个国家仍然是美国（占全球的 27.5%）、中国（22.3%）、日本（7.4%）、德国（5.8%）和韩国（4.3%）。50 多年来，美国研发投入一直领先于其他国家，中国的高研发投入增长率将继续缩小与美国研发投入的差距，并加大相对其他国家的领先优势。日本仍为全球第三大研发投入国，但其过去 10 年的经济低迷可能导致其排名在未来两三年下滑。俄乌冲突可能导致两国 GDP 下降，进而对两国研发投入产生负面影响（表 1-2）。

表 1-2　主要地区和国家在全球研发投入中的占比

地区和国家	2020 年	2021 年	2022 年
北美（12 个国家）	29.1%	29.2%	29.2%
亚洲（24 个国家）	41.3%	41.3%	41.8%
欧洲（34 个国家）	21.7%	21.7%	21.6%
南美（10 个国家）	2.0%	2.0%	1.9%

续表

地区和国家	2020 年	2021 年	2022 年
中东（13 个国家）	2.3%	2.2%	2.2%
非洲（18 个国家）	1.2%	1.2%	1.1%
俄罗斯 / 独联体（5 个国家）	2.3%	2.3%	2.3%
美国	27.1%	27.4%	27.5%
中国	20.7%	21.6%	22.3%
日本	8.0%	7.5%	7.4%
德国	5.9%	5.8%	5.8%
韩国	4.3%	4.3%	4.3%
合计（116 个国家）	100.0%	100.0%	100.0%

（三）多数国家研发强度的提高主要源于 GDP 的下降

2020 年，已有数据的几个研发大国的研发支出均较 2019 年有所增长，不过只有中国（10.2%）、韩国（8.8%）和美国（6.2%）的研发支出依然保持了较大的增幅，法国增长了 3.1%，日本和欧盟都只增长了百分之一点多，德国甚至出现了 2.1% 的下降。若按不变价计算，则德国、法国、日本和欧盟的研发支出均呈负增长，因此，经合组织地区 1.8% 的实际增长率主要是由美国的增长所驱动。企业研发支出下降是导致欧盟研发总量下降的主要原因，因为欧盟的企业研发更集中在那些受新冠肺炎疫情负面影响较大的行业。中国研发支出在 2020 年增长了 10.2%，这个数字与之前的几年相当。

2020 年，很多国家的研发强度（研发支出占 GDP 的比重）显著上升，美国从 3.18 上升到 3.45%，中国从 2.23% 上升到 2.40%，韩国从 4.63% 上升到 4.81%，法国从 2.19% 上升到 2.35，就连实际研发支出呈现负增长的日本和欧盟也分别从 3.21% 和 2.11% 上升到 3.27% 和 2.20%。这在很大程度上是因为这些国家 GDP 的增幅相较研发支出幅度更小。因此，对于大多数国家来说，研发强度的提高主要是源于 GDP 的下降，而非研发支出的增长。例如，经合组织地区整体研发强度从 2019 年的 2.5% 上升到 2020 年的近 2.7%，这一增长是研发支出实际增长（+1.8%）和 GDP 大幅下降（-4.5%）的综合结果。德国研发强度（3.14%）变化很小，是因为其研发支出和 GDP 同步下降，几近相同的降幅相互抵消。因此，在新冠肺炎疫情危机背景下，需要客观理性地理解各国研发强度的变化。

二、全球产业研发投资趋势

（一）全球企业研发投资在疫情重创下仍增长 6%

根据欧盟发布的《2021 年欧盟产业研发投入记分牌》，尽管受到新冠肺炎疫情的重创，营业利润、净销售额和资本支出大幅下降，但 2020 年全球企业研发投资总额仍然保持增长，延续了前 10 年的增势，与 2008—2009 年经济大萧条下研发投资整体下降 1.9% 的情形形成了鲜明的对比。入选记分牌（研发投资门槛为 3650 万欧元）的 2500 家企业的研发总投入为 9089 亿欧元，同比增长 6.0%（尽管低于此前 9% 的增幅）。这表明，很多企业着眼长远，为保持和提高竞争能力，在销售额和利润下降的情况下仍然确保其研发投资。

全球企业研发投资仍然主要集中在 4 个行业领域：信息通信技术（ICT）制造（占 22.9%）、医疗卫生（占 20.8%）、ICT 服务（占 18.6%）和汽车（占 15.2%），但其增长主要由 ICT 服务和医疗卫生行业推动，这两个行业的研发投资相较 2019 年分别增长 15.5% 和 12.8%，其次是 ICT 制造业同比增长 5.7%。其他大多数行业的研发投资均出现了下降，尤其是受疫情影响较大的航空航天、汽车和化工行业，研发投资同比分别下降了 17.0%、4.7% 和 3.4%。

愈演愈烈的全球技术竞赛正在重塑世界产业研发投入格局，而新冠肺炎疫情对于不同产业的影响加速推动了这一格局的演变。在信息通信技术和医疗卫生两个行业均具有强大研发实力的美国以 3436 亿欧元的企业研发总投资位居世界第一，深受汽车、航空航天等行业研发投资下降影响的欧盟仍位居第二（1841 亿欧元），但首次出现了负增长；中国在 ICT 和建筑业等大多数行业的研发投资都以两位数的增速持续增长，2020 年达到 1410 亿欧元，有望在未来两三年超过欧盟。

（二）主要技术产业研发出现重大结构性变化

根据经合组织对大型企业研发投资的初步监测，2021 年企业研发投资出现恢复正常的迹象，预计 2021 年企业研发的增长幅度将大于危机前的水平。另据《研发世界》的最新预测，2022 年全球主要技术领域的六大研发投资行业是信息通信技术、生命科学、汽车、先进材料和化学品、航空和国防、能源。其中，研发投资最多的前 5 家企业依然是亚马逊、Alphabet/ 谷歌、微软、苹果和英特尔五大 ICT 企业，预计其研发支出总额将超过 1415 亿美元。排名第一的亚马逊公司自 2010 年以来每年都将研发预算增加 40% 以上，2022 年将达到 460 亿美元。像这样长期持续的研发投资是这些科技巨头拥有巨大市场和主导地位的基石。新冠肺炎疫情加速了生命科学和生物技术领域的研发，并使得新冠疫苗和病毒诊断检测产品销售额及研发投资大幅增加。罗氏、强生、默克、诺华、辉瑞等15家最大的生物制药企业在2021年的研发投资达到1330亿美元，较之2016年增加了45%。辉瑞和莫德纳公司的mRNA技术改变了疫苗研发过程，并使美国更加重视吸引生物制药业的回流，很多生物制药企业目前正处于建设美国药物制造基地的早期阶段。汽车行业的研发继续集中在电动汽车和自动驾驶领域。很多汽车制造商都投入数十亿美元用于支持电动汽车产品，建造新的装配厂和电池生产厂。为了解决芯片短缺的问题，一些汽车制造商还试图建立自己的半导体工厂。

总体而言，产业研发的重大结构性变化将在全球范围内发展，其中包括：①传统汽车行业向电动汽车转型；②新冠肺炎疫情期间mRNA技术的成功开发和应用将推动制药业研发的持续扩张；③日益数字化的世界导致半导体元器件的长期需求和短缺；④航空航天和国防产业中更具创新性、自主性和尖端性的发展。这些在20世纪80年代和90年代曾被西方发达国家推向海外的全球性技术产业将在这些国家新的回流政策的引导下更加本土化。

三、主要国家政府研发投入走势

（一）政府研发预算经历2020年的大幅上升和2021年的大幅修正

政府一直是各国研发投入的主要来源之一，特别是在经济下行、企业营收下降、企业研发投资减少的时期，为研发提供更为强劲的公共支持尤为重要。2020年年初暴发的新冠肺炎疫情带来新一轮的公共卫生、经济和社会挑战。科技创新成为应对流行病、克服挑战、复苏经济的核心手段，很多国家都实施了紧急财政支出计划，加大公共卫生领域的疫苗、药物等创新研究支出。现有数据表明，2020年，经合组织地区的政府研发预算拨款大幅增长了18%，相较往年的增幅提高了10多个百分点，研发预算的增长主要集中在医疗卫生领域。2021年该地区的政府研发预算估计会比2020年减少5.3%，虽然减少的额度不足以抵消2020年增加的资金，但它预示着在企业研发投资正在恢复的时候政府研发支持的缩减。

（二）创新大国着眼长远设定长期研发投入计划和目标

在新冠肺炎疫情肆虐和新一轮科技革命与产业变革交织演进的背景下，科技创新已成为应对经济社会挑战的最重要手段。研发投入作为科技创新发展的根本保障，也是应对世纪疫情、百年变局和国家未来发展的战略性投资。为此，很多国家和地区都在科技创新战略计划中对政府研发投入做出了部署，确保和加强科技创新投入。欧盟2021年1月开始正式实施其有史以来规模最大、总预算高达

955 亿欧元的 "地平线欧洲" 框架计划; 法国《2021—2030 年研究规划法》明确规定未来 10 年法国政府将新增 2500 亿欧元的科研投入; 英国后疫情时代的《英国研究与发展路线图》提出, 到 2027 年将英国研发支出占 GDP 的比重提高至 2.4%; 日本第六期《科学技术创新基本计划（2021—2025）》提出 5 年内日本政府投入 30 万亿日元支持研发, 并使官民投资总额达到 120 万亿日元; 美国《2021 年创新和竞争法案》提议美国政府大幅增加科技创新投资, 未来 5 年内投入 2500 亿美元用于实施法案中的相关措施。

（三）北约国家未来可能加大军事技术研发投入

在整个经合组织地区, 2020 年国防研发预算估计占 GDP 的 0.15%。若假设北大西洋公约组织（NATO）的军事研发支出也达到 GDP 的 0.15%, 则按照经合组织的比例计算, NATO 防务预算总额应达到 GDP 的 7.5%。OECD 各成员国之间的军事研发预算差异很大。美国是国防研发预算支持占 GDP 比重最大的经合组织国家, 其次是韩国、法国和英国。如果去除通货膨胀, 大多数经合组织国家（美国、韩国、爱沙尼亚、立陶宛除外）近年来的国防研发预算实际上是在下降。

2022 年年初爆发的俄乌冲突使各国更加关注科学技术在国防中的作用, 因为发现、开发和利用先进的知识和尖端系统是保持防御和威慑目的的技术优势的根本。美国总统拜登向国会提交的总额为 5.79 万亿美元的联邦政府 2023 财年预算申请中, 国防预算申请数额高达 8133 亿美元, 再度刷新历史纪录。而其中的国防研发经费达到创纪录的 1301 亿美元, 比 2022 财年的 1120 亿美元增长了 16%, 是国防预算总增幅的近 3 倍。这些国防研发预算将重点投向基础性技术、微电子技术、人工智能技术、军用 5G 技术等领域。美国历年来国防开支的不断推高和俄乌冲突有可能引发新一轮的军备竞赛。德国已经决定将其 2022 年度的防务开支由历年占国内生产总值的 1.2% 左右提高到 2% 以上。欧盟也已启动了一项单独的 79 亿欧元的国防计划, 其中 27 亿欧元将用于研究。此外, 欧盟成员国还在 2021 年为欧洲防务局（EDA）运营的联合能力和研究技术项目提供了 4.2 亿欧元, 比 2020 年增加了 5000 万欧元。

（执笔人：姜桂兴）

疫情下全球人才流动受阻，但国际人才竞争依然激烈

2021 年全球经济在新冠肺炎疫情反复下艰难复苏。疫情控制的不确定性，导致国际人员交流受到了极大的限制，尽管数字技术、人工智能、机器人技术在疫情中得到了快速应用，使知识交流在一定程度上得到了补充，但仍然不能完全填补科技领域人员流动的需求，特别是对于国际流动学生而言，疫情使他们的留学规划受到了巨大干扰，很多新生都选择了延期入学，但从 2021 年秋季所表现出的数据来看，国际流动的大趋势不变，流动的需求仍然十分强烈。

中美科技和经济摩擦的升级导致美国采取了诸多逆全球化措施，中美间科技合作受阻，人才交流也在一定程度上受到了阻碍。2021 年，拜登政府延续了特朗普时期的路线，加紧了对中国科技发展、人才交流的遏制和打压，同时美国也联合其盟国加大了对中国的围堵力度，中国与欧美间关键领域的人才循环通道可能被切断。

此外，出生率下降、人口老龄化加剧、全球性问题的不断涌现，加剧了人们对人才短缺的担忧。这导致各国积极推动加强本国在全球人才竞争力的政策，持续加强创新人才的培养和使用，同时强化对国际优秀人才的争夺。

一、疫情导致全球流动学生数量减少，但流动的趋势不变

近年来，国际学生的流动性受到各国政府的高度关注。接受过国际高等教育的毕业生与国际化的劳动力市场更接近，就业能力更强，也更容易融入劳动力市场，为创新和经济发展做出贡献。

对于接收国而言，吸引流动的国际学生，特别是如果他们能够永久留下的话

将是十分有利的，一方面可以利用外国人才来弥补本国人才不足的问题；另一方面也是一种减轻人口老龄化对未来技能供应造成影响的方式。

对于生源国而言，流动的学生可能被视为人才流失。然而，流动的学生可以为本国的知识吸收、技术升级和能力建设做出贡献，并能使他们的祖国融入全球知识网络。前提是他们在学业结束后回国或与本国国民保持密切联系。

2020—2021 年，为控制新冠肺炎病毒的传播，世界各地的高等教育机构纷纷关闭，这可能影响到数百万名在全球流动的国际学生。强制实施的封锁影响了学生学习的连续性和高等教育机构的课程提供方式，同时也影响了学生对学位价值的理解和学生对接收国对其安全和福祉关注能力的认知。这些变化都有可能会在未来几年对国际学生流动产生一定的影响。

从当前国际流动学生的数据来看，2019—2020 学年受到的影响并不是很大，全球仍有 610 万名流动的国际学生；但是 2020—2021 学年，出于控制疫情的需要很多国家加强了出入境管控，学生出入境受到了巨大影响。根据美国国际教育研究所的统计数据，2019—2020 学年，在美国大学注册的国际学生数量仅比前一学年减少了不到 2 万人，仍有 1 075 496 人；但是在 2020—2021 学年注册学生数量下降到 914 095 人，减少了约 16 万人，降幅达 15%，人数下降的主要原因是疫情下新生的延期入学。各国赴美学生数量都有所减少，但是降幅差别较大，降幅最大的国家是德国，可达 42%；也有降幅很小的国家如加拿大，只有 3.3%。中国赴美学生数量从上一年度的 372 532 人下降到 317 299 人，降幅为 14.8%。不过根据粗略估算，到秋季学年时，随着疫苗的普及，流动学生数量有了 4% 的反弹，这可能预示着 2021—2022 学年国际流动学生数量会有一个较好的表现。在加拿大同样经历了国际学生的下降，2020—2021 学年的降幅为 17%。在澳大利亚，到 2020 年年底，高等教育部门的入学人数比前一年下降了 5%。然而 2021 年 3 月国际学生入学数据显示，自 2020 年起国际学生数量进一步下降了 12%。不过到了 2021 年 5 月，澳大利亚政府的一份简报指出，澳大利亚境外入学人数的增长抵消了澳大利亚入学人数的下降。在英国，新冠肺炎疫情的暴发与英国脱欧同时发生，因此，两个因素可能对国际学生入学率同时产生了影响。英国内政部 2021 年的报告称，2020 年发给国际学生的学习签证比前一年减少了 21%。虽然这显示了国际学生的入学情况，但不包括在英国境外在线学习的学生。相比之下，德国 2020—2021 学年的国际学生入学人数预计将增加到 33 万多人，尽管新国际学生入学人数下降了 1%，其中包括入学并参加线下或在线课程的学生。

主要留学目的地报告的 2021—2022 学年国际学生申请人数增加，进一步表明了各国的学生对于海外学习仍保持很大的兴趣。约 43% 的美国机构表示，自 2020 年起，其申请数量有所增加。英国各机构报告，2021 年秋季国际学生申请人数也有所增加。这说明，未来随着疫情逐渐得到平息，国际流动学生的数量也会逐步增加，流动的态势仍将持续。

二、美西方国家对中国人才发展给予打压，关键人才环流的通道可能会被切断

近年来，随着中国经济和科技实力的提升，以美国为首的美西方国家在"中国威胁论"的认知下加大了针对中国经济、科技的遏制和打压。作为科技遏制和打压的重要手段，自2018年以来，美国以中国学生和学者窃取其科技机密为由，联合其盟友加强了对中国科技人才的围堵和精准打击。美西方国家试图通过一些打压政策切断中国的人才环流通道，放缓中国的发展速度，保持自身的领先地位。其主要手段包括以下两个方面。

一是通过签证政策加强对赴美英敏感专业学生和学者的精准控制。

2018年6月，美国国务院收紧了在机器人、航空、高科技等领域的中国学生的留学签证，以往5年的签证改为1年。2020年5月，特朗普总统发布《关于暂停部分中国留学生和研究人员以非移民身份入境的公告》（Proclamation on the Suspension of Entry as Nonimmigrants of Certain Students and Researchers from the People's Republic of China）（简称《公告》），宣布来自中国的留学生（研究生）和访问学者如与解放军或军民融合机构有关，将被禁止入境；这些政策对于来自中国13所被列入美国商务部实体清单的大学的学生赴美攻读学位形成了阻碍；此外，也使那些被判定为与中国军民融合相关机构的研究人员赴美受阻。根据美国乔治敦大学安全与新兴技术中心（CSET）的一份研究报告，《公告》可能导致每年有3000～5000名中国学生被禁止入境。

英国于2021年5月更新了其从2013年起实施的《学术技术批准计划》（the Academic Technology Approval Scheme，ATAS），该计划适用于所有受英国移民管制并打算在某些敏感学科进行研究生水平学习或研究的国际学生和研究人员。其中提及的敏感学科指那些可用于开发先进常规军事技术、大规模毁灭性武器或其运载工具的学科、研究领域。这些敏感学科的研究人员和学生必须申请到学术技术批准计划证书，才能在英国学习或开展研究。来自欧盟国家、欧洲经济区、澳大利亚、加拿大、日本、新西兰、新加坡、韩国、瑞士或美利坚合众国的学生和研究人员不需要学术技术批准计划证书。包括中国在内的其他国家的研究人员和学生要想进入敏感学科领域学习，必须申请学术技术批准计划证书。

二是加强对大学和科研机构科研人员参与外国人才计划和开展科研合作的管理。

　　2018 年 11 月美国司法部推出了"中国行动计划"，目的是应对中国对美国国家安全形成的威胁。之后能源部、国家科学基金会、国立卫生研究院、国防部等纷纷推出相关政策，加强了对所属职员参与外国政府人才计划情况的审查和管理。2019 年 1 月，能源部发布了一份政策备忘录，要求其员工、承包商、研究员、实习生和受资助者全面披露并在必要时终止与外国政府支持的人才招募项目的所有关联。2019 年 6 月，能源部发布了一份备忘录，宣布将限制其员工、承包商人员和受资助人员参与由"敏感"国家运作的人才招募项目。2019 年 7 月，国家科学基金会发布人事政策，禁止国家科学基金会人员和 IPA 雇员参与外国政府人才招募计划；《2019 财年国防授权法案》《2020 财年国防授权法案》要求国防部制定相关政策，禁止参与了外国人才计划的科研人员和机构承担其项目。《2021 财年国防授权法案》要求相关部门限制参与了外国政府人才招募计划的机构和个人获得的研究资金，并通过收集参与了外国政府人才招募计划的机构和人员名单对相关情况保持关注。此外，2021 年 1 月特朗普在其执政的最后阶段发布了《美国政府支持国家研发安全政策》（NSPM–33）巩固其对外国政府人才招募计划的打压立场。NSPM–33 要求参与美国政府支持的研发项目的人员披露参与外国政府人才招募计划的信息；禁止联邦机构人员参与外国政府的人才招募计划；还要求国务院和国土安全部加强对外国学生和学者签证的审查。拜登上台后，延续了特朗普任期的政策，通过"中国行动计划"对参与外国政府人才计划的人员进行了持续调查。此外，2021 年 6 月参议院通过的《2021 年创新和竞争法案》延续了特朗普签署的 NSPM–33 中外国政府人才招募计划相关规定，提出禁止参与外国人才计划，并且对不披露相关情况的行为予以刑事处罚。

　　在美国一再聒噪的中国恐惧症的影响下，英国于 2021 年 5 月在商业、能源和产业战略部（BEIS）下设立了研究合作咨询小组，其目的是防止英国受到"干扰、不公平合作和间谍活动"的影响，进而在科学合作和英国国家安全之间寻求平衡。做出这样判断的依据是英国智库 Civitas 的一个观点：英国教育部门不仅越来越依赖来自中国的收入，而且与中国军方有关联的大学或公司的关系也越来越密切。Civitas 提出了两个证据：一是 2019 年，超过 1/3 的英国非欧盟学生是中国人，这些学生给英国带来的净价值约为 37 亿英镑。据《每日邮报》报道，即使在受到疫情影响的 2020 年，学费收入也达到了 21 亿英镑。二是国家基础设施保护中心（Centre for Protection of National Infrastructure）强调了与中国进行学术合作的后一种风险，即这种接触可能会促进中国的军事、商业和威权主义利益。Civitas 认为，一些最敏感的合作涉及"两用"技术，如面部识别、无人机或航空航天技术，这些技术既可以用于民用，也可以用于军事。Civitas 还提到了中国与英国在这些敏感技术上的两种主要联系方式，即通过大学间的合作，以及在敏感项目中录取中国学生。该智库还研究发现，中国学生在英国学习的军事敏感科目包括核物理、航空航天工程和高科技材料科学。

基于上述原因，研究合作咨询小组将主要针对英国的机构和研究人员开展与中国开展合作研究时，特别是对与部分具有国防背景的院校的合作时提供相关的建议。这将对航空航天、核物理、无人机、机器人等关键学科领域里的一些中英科技人才交流产生影响。

此外，加拿大、日本、澳大利亚等国家也先后出台了一些政策，对于与中国科技人员开展交流情况进行了规范管理。

三、发达国家不断加强人才培养和使用的同时，争夺全球人才，以强化本国人才竞争力

在打压中国人才赴海外学习、交流的同时，美西方国家也在不断加强本国人才的培养和使用能力，并瞄准全球的高端人才，调整优化移民签证政策，设立多层次多种类科技人才引进计划，吸引中国及其他国家更多的科技人才到欧美学习，并尽可能把他们留住。

美国在讨论来自中国的风险时，最棘手的被认为是如何管控中国在美国的 STEM 领域学生和研究人员带来的风险问题。一方面，美国担心来自中国的 STEM 人才为其经济和科技发展带来潜在的损失；另一方面，中国的 STEM 人才长期以来已经融入美国的科技经济建设中，成为美国科学与工程领域的重要劳动力，为美国的经济繁荣和科技发展做出了重要贡献。如何在关键技术领域脱钩与利用好那些优秀人才之间形成平衡是美国正在努力寻求的方案。美国一方面加强对来自中国人才的风险管控，避免敏感人员入境；另一方面也将积极吸引和留住那些最优秀的中国人才。根据美国驻华使馆 2021 年 8 月底发布的消息，自 5 月重新开启边境开始签发签证以来，已经发放了 8.5 万个学生签证，其中新获批的学生签证有 6 万个。这表明，美国仍然欢迎大批中国学生赴美留学。同时，为了留住那些在美国获得 STEM 相关学位的毕业生，从 2016 年起还延长了 STEM 领域毕业生在美国的选择性实习（OPT）时间，从原来的 12 个月延长至 36 个月，让他们有充分的时间找到合适的职位，继而留在美国。根据美国国际教育研究所的统计，即便是在新冠肺炎疫情最严重的 2021 年，留在美国的 OPT 人员也达到了 203 885 人，仅比上一年度减少了不到 2 万人。此外，美国也在积极加强本国 STEM 人才的培养能力。在教育部联邦 STEM 5 年教育战略的基础上，2021 年国防部发布了《2021—2025 财年的 STEM 战略计划》，提出将关注未来 STEM 人才教育，在培养 STEM 人才的同时，通过职业机会吸引更多人才进入 STEM 领域。美国国家科学基金会则在 2021 年 8 月宣布将投资 5000 万美元，以构建 5 个新的

联盟，促进代表性不足群体参与 STEM 教育，强化全国范围内的 STEM 教育的包容性和多样性。

2021 年 12 月 31 日脱欧过渡期结束后，英国将面临欧洲人才无法自由进入英国的问题。为此，英国也采取了诸多措施以吸引全球人才、加强对本国人才的使用和培育来弥补其人才缺口。2020 年 2 月，英国政府启动了全球人才签证（Global Talent Visa）计划，为有才能、有前途的人员到英国工作提供新路径。2021 年 7 月，英国商业、能源和产业战略部发布了《英国创新战略：创造未来引领未来》，提出将向世界上最优秀的创新者开放边界，使英国成为世界上顶尖创新人才最容易进入的国家。英国将利用 2020 年成立的"人才办公室"向创新者宣传在英国安家落户的好处，协调配合各类机构招聘关键优先领域的顶尖外国人才。此外，英国还将积极为那些想要创新的企业提供动力，推出高潜力人才签证（High-potential Individual Visa），以引进那些毕业于全球顶尖大学的人才。根据新的制度，2021 年夏季及以后完成博士学位课程的国际学生将可以在毕业后留在英国生活和工作 3 年；成功完成本科和硕士学位课程的学生将可以在毕业后继续留在英国 2 年。为了吸引和留住更多的高潜力人才，英国将不再要求那些毕业于世界顶尖大学的申请者有录用函，让人们可以灵活地工作、更换工作或更换雇主及为英国经济做出贡献。这条路线还允许有资格的个人只要满足具体要求，就延长他们的签证，并在英国定居。为了给科研人员营造良好的科研环境，英国还为研究人员专门制定了减少研究体系中繁文缛节的方案；为研究人员建立充满活力、多样化和可持续的职业发展道路，以及允许跨系统流动的发展路径，促进研究人员在学术界、商业和服务部门、公共部门之间流动。在培养理工人才方面，英国政府将通过 STEM 大使计划和 CREST 奖励计划来改变青年人对 STEM 学科的态度，促进他们进入 STEM 领域，加强相关人才培养。英国政府还将通过工程与物理科学研究理事会和英国皇家学会，在 2021—2025 年，向牛顿数学科学研究所（INI）、英国国际数学科学研究中心（ICMS）和海尔布劳恩数学研究所（HIMR）投入 3500 万英镑，加强数理科学领域高端人才的教育和培训。

法国在 2020 年对其《2021—2030 年研究规划法》进行了审议，并从 2021 年开始实施这一多年期规划。为确保法国科研职业的吸引力，政府计划在 10 年内投入 250 亿欧元以改善科研类职业的总体待遇，具体包括：提高博士生的收入，到 2027 年，使其薪金提高 30%，达到 2300 欧元；在现有博士生招生数量基础上扩充 20%，并确保所有博士生都能够获得国家资助；新设最长可达 6 年的博士后合同制，为博士后提供更好的待遇与更稳定的保障，提高他们未来步入正式科研职业的机会；将已获得正式职位的高校与科研机构的青年研究人员的待遇提高至法定社会最低工资（SMIC）的 2 倍以上；新设初级教授席位制度，以容纳那些按照传统标准不能进入高校研究序列的人才，同时为避免对已经较为狭窄的副教授升迁路径产生冲击，每雇用 1 名初级教授，高校就应增加至少 1 个正教授席位；计划在未来 10 年内增设 5200 个科研辅助类工作人员岗位；新设研究居留合同制度，通过更具吸引力的奖学金、研究资助、工作与社保待遇吸引留学生和海外学者在法国开展研究和生活。

自 2021 年开始欧盟将进入"地平线欧洲"计划的实施期。欧盟将在 2021—2027 年为"伊拉斯谟 + 计划"投入 262 亿欧元，在促进欧盟范围内青年人的留学、研修、交流，促进青年人才技能提升的同时，加强对第三国人才的吸引。

德国为了吸引和留住卓越的外国人才，从 2020 年开始实施了《专业人才移民法》。对于德国这样一个至今尚无真正意义上的移民法的国家来说，这可谓标志性事件。近年来，德国一直受到人才短缺问题的制约，企业方面强烈要求政府设立新的移民法案。据德国联邦政府估计，《专业人才移民法》今后每年将为德国补充 25 000 名左右的专业及技术人才。

韩国政府于 2021 年 2 月公布了其第 4 个 5 年期的《科技人才培养与支持基本计划（2021—2025）》，提出在着力培养未来人才、青年人才，保障科研人员职业生涯的连续性和稳定性的同时，加大人才系统的开放性和流动性建设，促进对海外人才的吸引和增强人才在创新系统中的流动。韩国政府多年来一直通过实施全面的人才战略来提升本国的人才竞争力。

日本从 2021 年起开始执行第六期《科学技术创新基本计划（2021—2025年）》。为开拓知识前沿、形成多样化的卓越研究成果，持续应对社会挑战和全球性问题，日本将在未来 5 年中，积极参与全球人才竞争，持续推进 STEAM 领域人才的融合发展；提高博士后的待遇、拓展博士人才的职业道路；为青年研究人员和女性营造充分发挥其能力的环境；推动国际合作交流，设立新的"国际先到研究"项目，支持一流的国际研究团队，促进青年人走出国门参与到国际合作中的同时，也吸引国际学者来日本工作，促进国际人才的循环。

展望 2022 年，疫情虽尚未平息，但现有数据已经显示，全球人才流动状况会逐渐恢复；同时地缘政治问题可能会导致部分人才的交流、合作和流动受到阻碍；但人才在全球培养、在全球流动、被全球争夺的整体趋势不会改变。各国参与全球人才竞争的积极性会更高，举措也会更加多样化。

（执笔人：乌云其其格）

第二部分

国际科技重点领域追踪与分析

本部分主要选择一些重点科技领域近几年尤其是2021年的国际发展状况进行较为深入的综合分析与阐述，包括碳中和、清洁能源、生命科学与生物技术，人工智能及半导体等。

🌀 全球探索迈向碳中和之路

气候变化是事关人类前途命运的一项重大挑战，需要全球各国人民携起手来共同应对。据国际能源署统计，2021 年随着世界经济从新冠肺炎疫情中复苏，且严重依赖煤炭为经济增长提供动力，全球能源相关二氧化碳排放量同比增加了 6%，达到 363 亿吨，创历史最高水平。另据经合组织统计，截至 2020 年年底，全球有 54 个国家实现碳达峰，约占全球碳排放量的 40%。在全球排名前 15 位的碳排放国家中，美国、俄罗斯、日本、巴西、印度尼西亚、德国、加拿大、韩国、英国和法国均已实现碳达峰。中国、墨西哥、新加坡等国家承诺在 2030 年前实现碳达峰。经合组织的预测结果显示，到 2030 年全球将有 58 个国家实现碳达峰，占全球碳排放量的 60%。在此背景下，科技创新对于实现碳达峰、碳中和（简称"双碳"）目标的支撑引领作用备受瞩目。很多国家的政府部门都围绕实现碳达峰、碳中和发布了战略规划、技术路线图和具体措施，以求如期实现温室气体减排目标，为应对气候变化做出贡献。总体来看，各国政府的政策关注点大致集中在以下几个方面。

一、明确绿色低碳循环发展目标

据有关统计，截至 2020 年年底，全球共有 44 个国家和经济体通过政策文件或立法程序正式宣布了碳中和目标。其中，英国是温室气体减排的积极行动者，也是第一个通过立法形式明确 2050 年实现碳中和目标的发达国家，承诺到 2030 年温室气体排放量比 1990 年减少 68%，到 2035 年减少 78%，到 2050 年实现温室气体净零排放。美国总统拜登 2021 年上任伊始就宣布重返《巴黎协定》，提出到 2030 年美国温室气体排放量较 2005 年减少 50% ~ 52%，到 2035 年实现 100% 无碳的清洁电力系统，到 2050 年实现温室气体净零排放。俄罗斯政府 2021 年 11 月发布的《俄罗斯到 2050 年前实现温室气体低排放的社会经济发展战略》中提出，在经济可持续增长的同时实现温室气体低排放，到 2030 年实现碳达峰，到 2050 年温室气体排放量比 2019 年减少 60%，比 1990 年减少 80%，并在 2060 年前实现碳中和。为此，俄罗斯将支持低碳和无碳技术的应用和拓展，刺激二次能源使用，调整税收、海关和预算政策，同时发展绿色金融，采取措施保护和提高森林及其他生态系统的固碳能力，提升温室气体回收利用技术。

欧盟在其 2021 年 5 月颁布的《欧洲气候法》中明确提出，欧盟到 2030 年碳排放比 1990 年至少减排 55%，力争在 2050 年前实现碳中和。欧盟各成员国也据此制定各自的减排目标并出台相应举措。其中，德国政府提出的目标是到 2030 年比 1990 减少 65% 的碳排放，并争取最早到 2045 年实现碳中和；法国政府积极推动《巴黎协定》的签署及实施，提出到 2030 年碳排放量减少 40%，并以法令形式明确到 2050 年实现碳中和；瑞典议会 2021 年审议通过的《瑞典气候政策框架》中提出，到 2045 年实现温室气体零排放的长期减排目标及 2020 年减少 40%、2030 年减少 63%、2040 年减少 75% 的阶段性目标；爱尔兰政府 2021 年发布了《气候行动计划》，重申《2021 年气候行动和低碳发展（修正案）法案》确定的减排目标，即 2050 年前实现温室气体净零排放，2030 年前减排 51% 的温室气体。

在亚洲，中国 2020 年正式对外宣布，努力争取 2060 年前实现碳中和。日本国会参议院 2021 年 5 月审议通过修订后的《全球变暖对策推进法》，以立法形式确定了日本政府提出的到 2050 年实现碳中和，到 2030 年温室气体排放比 2013 年减少 46%、力争最高减少 50% 的目标。韩国总统文在寅 2021 年 10 月在 2050 碳中和委员会第二次全体会议上表示，韩国政府决定将 2030 年国家自主贡献目标从原来的 26.3% 上调至 40%，以此向国际社会彰显韩国实现碳中和的坚定决心。印度总理莫迪 2021 年 11 月在 COP26 气候峰会上承诺，印度将在 2070 年实现碳中和，到 2030 年实现一半的电力使用可再生能源，并将二氧化碳排放量减少 10 亿吨。

二、确定实现"双碳"目标的技术路径

为如期实现"双碳"目标，世界各国政府部门纷纷发布相关战略计划和技术路线图，聚焦电力、交通、建筑、农业、工业等领域，增加研发投入，加快能源系统转型升级，促进技术创新，推动便宜、可靠、能效更高的清洁技术和基础设施的大规模部署。

美国白宫发布的《美国长期战略：2050 年实现净零温室气体排放的路径》中提出了美国实现"双碳"战略目标的途径：电力脱碳；推行电气化与清洁燃料；降低能耗；减排甲烷等非二氧化碳温室气体；扩大二氧化碳消除规模。为此，美国能源部在电力领域加快氢燃料燃气轮机研究，降低可再生能源技术的应用成本，扩大地热能、风能和太阳能等可再生能源发电应用规模；在建筑节能领域，推动低碳建筑技术商业化，促进建筑供暖制冷系统清洁化，借助智能建筑技术增效减排；在交通领域，推动中型和重型卡车等多种车型电动化，加速生物燃料技术商业化，为重型交通工具提供动力，同时支持互联和自动化车辆技术研发，推动轻型车增效减排，并且开展燃油与发动机共同优化研究；在工业领域，支持碳捕集技术研发与示范，开展藻类固碳技术研究，促进工业废料回收再利用。2021年2月美国先进能源研究计划署宣布投资1亿美元实施"OPEN 2021计划"，支持高风险、高影响的变革性、颠覆性清洁能源技术的研发。同年11月美国能源部启动了"负碳攻关计划"，目标是在2050年前从大气中去除数十亿吨二氧化碳，并以每吨净二氧化碳当量100美元的价格将其长久储存，至少可在100年内进行监测、报告和验证。此外，美国能源部还拨款1.99亿美元资助25个清洁汽车和卡车项目，以提高中重型卡车的效率并减少货运碳排放，目标是到2030年零排放汽车占美国汽车销售量的一半。

英国政府2020年11月发布了《绿色工业革命十点计划》，对重点领域的绿色技术进行了部署，以期在2050年前实现温室气体净零排放目标。基于该计划，2021年11月英国政府出台了《净零战略》，提出促进温室气体减排相关技术创新，减少剩余排放，加快向清洁能源和绿色技术转型，逐步实现净零排放目标。具体措施包括到2035年英国电力系统在保证供应安全的前提下，完全由清洁电力供电，实现完全脱碳；到2030年部署40吉瓦海上风电及更多陆上风电、太阳能和其他可再生能源，采用最新的并网技术最有效地整合低碳发电和需求；部署5吉瓦制氢设施，将石油和天然气的碳排放量减半；投资10亿英镑设立"CCS基础设施基金"部署4个碳捕集、利用与封存技术（CCUS）工业集群，每年捕集2000万～3000万吨二氧化碳；投入2.4亿英镑设立"净零氢能基金"，2022年完成氢能商业模式和低碳氢标准的制定；支持投资零碳汽车，到2030年停止销售新的汽油和柴油汽车，到2035年所有汽车实现零排放；投入6.2亿英镑建设零排放汽车补贴和电动汽车基础设施，重点推进街道住宅充电；通过"农业投资基金"和"农业创新计划"支持低碳农业和技术创新；到2050年恢复英格兰约28万公顷的泥炭地，使英格兰造林率增加2倍，达到3万公顷/年；投入7500万英镑进行自然资源、废物和含氟气体的净零相关技术研发；投入至少15亿英镑支持净零创新项目等。

法国政府也出台多项战略和计划，投入巨资大力发展低碳能源、低碳交通、低碳建筑、低碳农业、低碳工业及循环经济。2020年6月法国政府宣布实施《更加绿色、更具竞争力的航空产业支持计划》，提出未来3年投入15亿欧元支持低碳飞机研发，目标是通过开发颠覆性技术、减少油耗、转向使用绿色能源，使法国成为清洁飞机技术最先进的国家之一。同年9月，法国政府发布的《国家氢能战略》中提出，投资72亿欧元进行技术研发，促进产业化发展，目标是到2030年建设6.5吉瓦的可再生电解槽，使绿氢年产量达到60万吨，碳减排超过600万吨。与此同时，法国科研署启动了《"氢能应用"优先研究计划》，支持氢能电池、储能氢、电解槽等关键技术研发，同时发展氢能工业和氢能交通，包括在金属冶炼等工业领域替代化石能源，研发特殊用途车辆和长途公路货运等重型车辆、氢能船舶、氢能飞机。2021年8月法国政府颁布了《气候与恢复力法案》，以改善大城市的空气质量，支持建筑改造，促进电动出行。根据该法案，自2023年1月1日起，法国新的商业和工业建筑及超过500平方米的仓库和飞机库、超过1000平方米的办公楼都必须实现30%表面的太阳能供能；自2024年1月1日起，超过500平方米的新建停车场必须实现50%表面的太阳能供能，如该区域有车库则应为100%。

日本经济产业省联合相关省厅2021年发布了《2050年碳中和绿色增长战略》，提出政府必须采取举措加速推进能源及产业结构转型，大胆投资促进民营企业创新创造。该战略基于日本2050年实现碳中和面临的挑战，围绕今后产业发展潜力巨大的海上风电、太阳能和地热能、氢与燃料氨、下一代热能等14个重点领域确定了碳中和行动计划。每个领域的"行动计划"包含现状与问题分析、相关研究开发与实证需求、特定年限应实现的目标和"工程表"。"工程表"从"研究开发""实证验证""扩大推广与降低成本""商业化"4个阶段明确了各个领域碳中和的实现路径及需要研发的关键技术。日本政府将协调推进该战略与其他基于革新性技术创新创造和实际应用的各项战略举措，如"革新性环境创新战略""绿色粮食系统战略""半导体与数字化产业战略""区域性减碳路线图"和"国土交通绿色挑战"等，确保上述各重点领域行动计划顺利实现。

为早日实现"双碳"目标，韩国政府制定了技术研发战略和路线图，加速核心技术攻关。2021年3月韩国政府出台《碳中和研发战略》，提出通过引进人工智能、大数据等智能信息通信技术，加强碳捕集利用和封存技术、新一代锂电池等核心技术攻关；推进建筑物能效优化研究，实现碳纤维、石墨烯等创新型材料替代钢铁和塑料。同年11月，韩国产业通商资源部发布了《碳中和工业和能源研发战略》，提出分阶段支持工业和能源领域的碳中和相关技术研发。韩国将加快无碳发电技术研发，大规模推广太阳能、风能等清洁能源发电。到2030年，韩国将在能源领域研发混合氢及分散式电源氢燃气涡轮发电技术、15兆瓦级风涡轮发电技术及8兆瓦级浮式海上风力发电技术、蓝色氢气生产技术（日产2吨）及高效氨氢气生产技术；在工业领域研发降低钢铁焦炭热量的无碳燃料、石化生物轻汽油制造技术及废塑料回收技术；在运输领域通过推广环保汽车来减排；在公共领域全面推进可再生资源循环技术、年400万吨规模的碳捕集封存技术研发。到 2050 年，韩国将扩大无碳发电普及率，开发新工艺；在能源领域开发将燃气机燃料 100% 转换为氢气、氨气等清洁燃料的商用化技术及氢燃料三重热电系统；在工业领域重点研发氢气还原制铁商用化工艺、石化电加热分解工艺、环保型水泥浇筑工艺等技术；在公共领域研发低成本碳捕集封存技术，推动机器人、无人机等新兴产业发展。此外，韩国政府将设立"碳中和技术创新基金"，开发碳中和技术价值评价模型；隔年实施碳中和技术人才实态调查，加快培养碳中和技术创新人才；支持碳中和标准化认证并设立"碳中和明星企业"，鼓励中小型及中坚企业的技术创新。

三、确保碳中和相关资金投入

各国政府促进绿色低碳循环发展、实现碳中和目标需要巨额投资。这些资金不能仅靠政府投入，还需要市场来弥补缺口。因此，各国需要不断完善绿色金融政策体系，引导和鼓励金融体系以市场化的方式支持绿色投融资活动。例如，英国政府与私营部门共同设立了一个绿色风险投资基金，支持英国绿色清洁技术发展。英国商业能源产业战略部为此出资 2000 万英镑，撬动相应的私人资本加入。此外，英国工业能源转型基金（IETF）宣布投资 6000 万英镑支持提高能源效率或减少排放的研究、项目和计划。英国商业、能源和工业战略部 2021 年 5 月宣布投资 9200 万英镑为储能、海上风能和生物质生产等创新绿色技术提供支持，助力英国向清洁、绿色能源系统转型。同年 10 月，英国商业、能源和工业战略部通过先进推进中心（APC）合作研发竞赛向牛津 BMW–UK–BEV、伯明翰 CELERITAS 等 4 个项目资助 9170 万英镑，支持开发创新低碳汽车技术，减少交通行业碳排放。

美国拜登政府力推的《基建法案》和《重建更好法案》都为气候议题设置了巨额财政预算。例如，《重建更好法案》计划在减少温室气体排放方面投资 5550 亿美元。美国能源部 2021 年 10 月宣布未来 3 年内向 13 个科研机构提供 3000 万美元资助，开发对清洁能源至关重要的关键材料新技术，以确保供应链安全。此外，美国能源部还投资 300 万美元支持电力部门部署碳减排和储能技术，推进发电设施＋储能技术一体化建设。美国能源部清洁技术研发等领域的 2022 年财政预算同比增长了 30% 以上。2022 年 1 月，美国能源部宣布向分布在美国各地的能源前沿研究中心（EFRC）提供 4.2 亿美元资助，支持清洁能源技术、先进和低碳制造及量子信息科学等领域的早期研究，寻求气候变化解决方案，以求实现2050 年净零排放目标。

加拿大创新、科学和经济发展部 2021 年 3 月宣布投资 5510 万加元支持企业开发用于能源、农业和资源部门的净零排放清洁技术，涉及能源勘探与生产、能源利用、发电、废物管理和农业 5 个领域，为建立更强大、绿色和弹性的经济奠定技术基础。

为实现碳中和目标，欧盟长期预算（2021—2027 年）和"下一代欧盟"预算中至少 30% 用于气候相关项目。《欧盟气候与环境行动计划（2021—2027 年）》总预算为 54 亿欧元（按当前价格计算），其中 35 亿欧元用于环境活动，19 亿欧元用于气候活动。在"地平线欧洲"（2021—2027）计划预算的谈判中，欧洲议会为该计划额外争取到 40 亿欧元，用于资助数字和绿色转型，特别是帮助行业脱碳，减少对化石燃料的依赖，在经济复苏中优先考虑气候问题。其目标是到 2030 年建立 100 个气候中和城市，加快过渡并成为气候中立和更具韧性的欧洲。此外，欧盟创新基金是世界上最大的低碳技术示范项目资助工具，旨在推动欧洲工业化脱碳解决方案的市场化，2020—2030 年总预算为 100 亿欧元，重点资助能源密集型行业的创新性低碳技术和工艺，包括替代碳密集型产品的产品、碳捕集与利用、碳捕集与封存的建设与运营、创新的可再生能源发电和储能技术。创新基金重点资助促进欧洲大幅减排的创新技术和大型旗舰项目，与项目发起人共担风险。

法国政府 2021 年发布了聚焦高等教育、科研和创新的第 4 期《未来投资计划（PIA4）》。该计划作为法国投资科技优先领域的重大计划，未来 5 年投资 200 亿欧元，其中 1/3 用于生态转型领域，涉及低碳能源、可持续交通运输、负责任的农业和未来城市规划，这充分显示了法国实现低碳转型发展的决心。

意大利政府将气候变化和碳中和作为其生态转型的核心议题。意大利政府计划未来 5 年投资 800 亿欧元用于脱碳，以实现 2030 年减排 55% 的目标，重点领域包括氢能、钢铁产业可持续转型、可持续交通、可持续农业等。意大利政府发布了《国家复苏与韧性计划》，投资总额高达 2351 亿欧元，确定了三大战略支柱：数字化与创新、生态转型和社会融合。其中，生态转型与绿色发展是此轮改革与投资的重点领域，约占投资总额的 40%，包括 4 个子任务：大力发展可再生能源、氢能、智能电网与可持续交通；提高建筑能效并推进建筑节能改造；加强土壤和水资源保护并提高气候韧性；促进循环经济与可持续农业发展。

澳大利亚政府 2021 年 11 月发布了《未来燃料与车辆战略》，将未来燃料基金增资至 2.5 亿澳元，聚焦公共电动汽车充电和氢燃料加注基础设施、重型和长途车辆技术、商业船队及家庭智能充电 4 个领域，努力降低低排放和零排放汽车的成本，增加消费者的选择，以求到 2050 年实现净零排放。与此同时，澳大利亚政府宣布成立 10 亿澳元的低排放技术商业化基金，加大对澳大利亚企业的投资力度，重点开发牲畜饲料减排、低排放钢铁和电池改进等技术。澳大利亚政府承诺到 2030 年低排放技术公共投资超过 210 亿澳元。澳大利亚政府的投资将撬动私营部门和其他各级政府投资，使投资总额达到 840 亿～ 1260 亿澳元。

韩国产业通商资源部计划 2022 年将碳中和研发预算增至 1.2 万亿韩元（约合 10.1 亿美元），2023 年后进一步将其 30% 以上的研发预算投向碳中和领域。韩国政府的目标是到 2025 年在民官层面投资 94 万亿韩元（约合 792 亿美元）推动碳中和，并提供 35 万亿韩元（约合 295 亿美元）规模的政策金融支援。

四、加快推进产业结构转型升级

近几年，各国政府为早日实现"双碳"战略目标，迅速、广泛地部署低碳技术，深度调整产业结构，促进相关产业向清洁高效转型升级。总体来看，其调整部署主要集中在电力、交通运输、建筑、工业、农林业及自然保护等产业。

根据美国总统拜登 2021 年 12 月签署的《通过联邦可持续发展促进清洁能源产业和就业行政令》，美国联邦政府要求各部门率先垂范，改变建设、采购、电力和车辆使用等运营方式，转向清洁零排放技术，从而促进清洁能源产业投资，为美国人创造安全、公正和公平的未来。该行政令提出七大目标：一是到 2030 年实现 100% 无碳电力；二是到 2035 年实现 100% 采购零排放车辆，到 2027 年 100% 采购零排放轻型车；三是到 2045 年所有建筑实现净零排放，到 2032 年实现减排 50%；四是到 2030 年联邦运营产生的一类和二类温室气体排放比 2008 年减少 65%；五是联邦采购实现净零排放，实行"清洁购买（Buy Clean）"政策推动使用低排放的建筑材料；六是推动基础设施和运营方式具备气候适应性；七是培养一支关注气候和可持续性的联邦人员队伍。

英国政府出台了一系列激励企业提高能效、减少碳排放的政策，为英国发展低碳技术和服务市场提供了有力支撑。英国政府聚焦电力、燃料供应及氢能、工业、供热及建筑、交通及自然资源等产业，提高资源和能源使用效率，转向清洁、低成本电力和燃料供应，努力实现净零排放目标。2021 年 3 月英国政府发布《工业脱碳战略》，提出到 2035 年将工业二氧化碳排放量至少减少 2/3，到 2050 年至少减少 90%。为此，英国将重点研究部署氢和 CCUS 技术等关键技术，其主要措施包括：支持在集群中的工业现场部署 CCUS，到 2030 年每年捕集和封存约 300 万吨二氧化碳；支持在 21 世纪 20 年代将越来越多的燃料转换为低碳氢，将燃料转换为工业电气化。英国政府将考虑气候变化委员会的建议，为到 2035 年实现接近零排放的矿石炼钢设定目标；与水泥部门合作，探索在分散地点进行脱碳方案；确保土地规划制度适合建设低碳基础设施；加强脱碳与环境政策之间的协调，以求实现可持续发展。

韩国政府 2020 年发布了《2050 年碳中和推进战略》，围绕推进经济结构低碳化转型、构建低碳产业生态系统、公平公正推进碳中和社会转型三大核心板块，确立了培育低碳新兴产业、构建循环生态体系等十大课题，在兼顾各阶层利益的基础上，有序推动高碳产业转型升级，实现经济社会全面绿色发展。2021年12月韩国政府发布了《工业与能源碳中和大转型愿景与战略》，确立了成为"引领低碳经济的世界四大工业强国"之一的雄伟目标，致力于在能源供应、流通、消费等全过程实现清洁能源转型。为此，韩国政府将增加在氢能、可再生能源、电网等领域的基础设施投资，为无碳电能和清洁氢能的供应打下基础，目标是到2050年将可再生能源在电力供应中的占比提升至70.8%[约为2018年（3.6%）的20倍]，清洁氢自给率提升至60%（2018年为0），产业领域的环保和高附加值项目占比达到84.1%[是2018年（16.5%）的5倍]，制造业碳集约度降至68吨二氧化碳/10亿韩元（比2018年减少86%）。韩国计划到2034年淘汰24座老旧煤炭发电机组，将煤炭发电配额制度向民间领域推广，通过这些努力争取到2050年全面淘汰煤炭发电。此外，韩国政府将与公营企业合作，扩大对碳中和项目的投资，并带领民间领域增加碳中和投资。

五、不断完善碳排放交易体系

碳排放交易体系是指以控制温室气体排放为目的，以温室气体排放配额或温室气体减排信用为标的物的交易体系。其利用市场机制以较低的社会成本控制和减少温室气体排放，是各国政府推动绿色低碳发展、应对气候变化的制度创新。1997年，全球100多个国家签署了《京都议定书》，使碳排放权成为一种商品。据统计，截至2021年1月31日，全球共有24个正在运行的碳排放交易体系，其所处区域的GDP总量约占全球GDP总量的54%，人口约占全球人口的1/3，覆盖了全球16%的温室气体排放量。当前，全球主要碳排放交易体系有欧盟碳市场、美国区域温室气体减排倡议（RGGI）、英国和德国碳市场等。

欧盟碳交易机制（EU ETS）是世界上第一个多国参与的排放交易体系，也是全球最大的碳排放总量控制与交易体系。据统计，2020年全球碳市场交易规模达2290亿欧元，同比上涨18%，碳交易总量创纪录新高，达103亿吨。其中，欧盟碳市场交易量约占全球碳交易总额的90%。欧盟碳排放交易体系在欧洲减少温室气体排放中发挥了重要的基础作用。2021年欧盟推出碳市场改革举措，将欧盟碳排放交易体系覆盖范围从电力和工业领域扩展到建筑和交通运输领域，欧盟碳市场交易空前活跃，碳价一路上涨，屡屡刷新历史纪录，突破90欧元/吨。在此背景下，欧洲针对碳边境调节税的呼声日益高涨。2021年7月欧盟公布碳边境调节机制，开始对碳密集型的进口产品征收碳关税，以保护面临更高碳成本的欧洲制造商。与此同时，欧盟发布了《"减碳55"计划》，提出的目标之一就是改革碳排放交易系统，进一步降低碳市场覆盖产业的排放上限，要求欧盟成员国将所有源自碳市场的收入用于气候和低碳能源项目。

英国碳交易市场于 2021 年 5 月 19 日正式"上线"后争议不断，其与欧盟碳交易机制最大的区别在于启动了碳交易底价保证机制，即设定每吨碳价不低于 22 英镑的底价，然后逐年上调，到 2030 年将增至 70 英镑，在此期间如果碳价上涨过快，英国政府可以通过成本控制机制（CCM）进一步释放碳排放配额，即增加许可证供应量来确保碳市场平稳运行。英国政府 2021 年发放了超过 3900 万吨的免费碳配额，以鼓励更多竞争。但是，与欧盟相比，英国需要碳排放许可证的工业和电力企业数量明显少得多。据彭博社估算，2021 年英国将拍卖 8300 万张碳排放许可证，而欧盟的拍卖数量则有望超过 7 亿张。英国目前设定的碳排放配额上限为 1.56 亿吨，而实际需求量约为 9700 万吨。大批英国和欧洲行业组织代表建议英国政府将英国碳交易市场与欧盟体系联系起来，以便让企业和机构拥有更多选择权，可以根据自身业务情况、价格情况自行选择在英国或欧盟进行碳交易，从而降低风险。如果英国和欧盟可以将各自碳市场"适当融合"，实现双向交易，英国碳市场很快会成为继欧盟之后第二高价值的碳市场。

美国地方政府在促进碳排放交易方面表现得较为积极。例如，美国加州政府针对电力等行业和化石燃料经销商，制定了温室气体排放限额和交易计划，目标是到 2030 年将加州温室气体排放量降至 1990 年水平的 40%。美国 11 个州参与的区域碳污染减排计划（RGGI）制定了电力系统二氧化碳排放总量控制和交易计划，目标是到 2030 年将 11 个州的电力二氧化碳排放量降至 2020 年水平的 30%。2020—2021 年美国 RGGI 碳市场价格呈上升趋势。RGGI 碳市场初始配额发放以拍卖为主，每个季度举行一次拍卖。

日本也在加紧酝酿全国性碳交易市场。日本经济产业省 2021 年提出，2022—2023 财年启动国家示范性碳信用额度交易市场，大力推动碳减排货币化，鼓励更多本土企业自主减排，同时向跨国企业开放，预计将有 400～500 家企业参与其中。日本政府将建立碳信用交易系统并开发碳足迹监测基础设施，以更好地管理和处理碳信用额度交易。迄今，越来越多的日本企业开始实施内部碳定价或引入碳中和产品，这为日本构建全国碳信用额度交易市场提供了支撑。全球第二大碳纤维生产商日本帝人株式会社 2021 年年初引入内部碳定价。日本综合化学工业集团可乐丽株式会社计划 2022 年 3 月引入内部碳定价。但是，日本政府在碳定价机制方面存在分歧，虽然在国家层面实验了自愿碳排放交易体系 JVETS、排放信碳用体系 J-Credit、联合信用机制等多种机构牵头的碳排放交易和碳抵消项目体系，但效果参差不齐。此外，日本经济团体联合会、日本石油协会等行业团体普遍质疑碳交易机制的有效性，认为碳排放交易或碳税都是基于污染者付费原则，将污染成本转嫁给污染者，增加了企业负担，间接拉低了日本工业制造业的全球竞争力。

（执笔人：王　玲）

清洁能源在全球能源转型中发挥关键作用

2021 年，尽管新冠肺炎疫情使全球能源需求量有所下降，但考虑到日益紧迫的气候变化问题，各国政府仍以创纪录的速度推进可再生能源生产计划，加快向清洁能源过渡转型。这一过程不仅需要充足的煤电、天然气发电、核电作为过渡阶段的供给保障，还需要建立稳定的可再生能源供应能力，同时加强内部能源市场建设。清洁能源在全球能源转型中将发挥关键作用。

一、可再生能源成为全球重要"电源"

根据国际能源署（IEA）发布的《电力市场报告》，2021 年受经济复苏和极端天气影响，全球电力需求同比增长 6%，是 2010 年以来的最大增幅。从电力结构来看，2021 年虽然煤电满足了全球一半以上的电力需求增长，但全球可再生能源发电量增长强劲，与 2020 年相比增长了 6%。各国政府都在采取行动加紧转向可再生能源事业赛道，加大对可再生能源、核电等低碳能源技术的投资，建设更智能、更强大的电网，以履行减少温室气体排放量的义务。据国际能源署估算，2021 年全球新安装的太阳能电池板、风力涡轮机和其他可再生能源设备将达到创纪录水平；2021 年新增可再生能源装机容量约为 290 吉瓦（GW），超过 2020 年创下的 280 吉瓦的纪录；可再生能源发电量将在未来几年加速增长，到 2026 年占到全球发电量增幅的近 95%。另据国际可再生能源署（IRENA）发布的《2022 年可再生能源装机数据》显示，2021 年全球新增可再生能源装机容量为 257 吉瓦，其中 60% 来自亚洲。中国新增装机容量 121 吉瓦，是全球新增可再生能源装机容量最大的贡献国。欧洲和以美国为首的北美分别位居第二和第三，分别新增 39 吉瓦和 38 吉瓦；截至 2021 年年底全球可再生能源累计装机容量为 3064 吉瓦，同比增长 9.1%。

从欧洲地区来看，欧盟委员会修订了《可再生能源法》，提出到 2030 年将欧盟可再生能源发电量在其电力供应中的占比从目前的 32% 提高到 40%，以便推动可再生能源的利用。欧盟竞争监管机构修订了欧盟国家援助规则，允许欧盟国家对可再生能源项目提供最高达 100% 的补贴。2021 年 7 月，欧盟委员会根据此项规则批准了法国 305 亿欧元支持可再生电力生产的援助计划，帮助法国实现其可再生能源的目标。此外，欧盟还援助希腊 22.73 亿欧元发展可再生能源，帮助其实现到 2030 年将可再生能源发电量在电力供应中的占比从 2020 年的 29% 提升至 61% 的目标。德国具有里程碑意义的《可再生能源法案》（EEG-2021）于 2021 年 1 月 1 日正式生效。根据该法案，德国计划将太阳能光伏发电量增至 100 吉瓦（目前约 52 吉瓦）、陆上风电增至 71 吉瓦（目前 55 吉瓦）、海上风电增至 2 吉瓦、生物质发电量增至 8.4 吉瓦，以求到 2030 年将可再生能源发电在其电力总需求中的占比从 65% 提高到 80%。德国政府 2021 年还宣布自 2022 年 1 月 1 日起，德国消费者用电费支付的可再生能源消费税降至 0.0372 欧元 / 千瓦时，降幅之大前所未有。德国政府计划在 3 年内完全取消这一税收。

在亚太地区，日本政府 2021 年 10 月发布第六期《能源基本计划》，首次提出"最优先"发展可再生能源，并确定到 2030 年将可再生能源发电量占比从此前的 22%～24% 提高到 36%～38%。韩国政府计划到 2034 年将可再生能源发电量占比从 2020 年的 15% 增至 40%。印度尼西亚政府计划通过实施其国家能源战略，到 2025 年将可再生能源在其能源消耗中的占比提升至 23%，到 2050 年提升至 31%。

在中东地区，沙特进一步加强清洁和可再生能源资产组合，计划到 2030 年在可再生能源项目上投资 3800 亿里亚尔（1 美元约合 3.75 里亚尔），实现 50% 的电力来自清洁和可再生能源。阿联酋政府在其《2050 年能源战略计划》中提出，到 2050 年至少投资 6000 亿迪拉姆（1 美元约合 3.67 迪拉姆）将可再生能源在其能源消耗中的占比从目前的 25% 提升至 50% 以上。土耳其可再生能源发电量预计在 2021—2026 年将增长 53%（26 千兆瓦），其中太阳能和风能发电量将增长 80%。

二、太阳能发电蓬勃发展

在技术进步的带动下，太阳能发电的成本持续下降，未来 10 年太阳能发电行业将迎来显著增长。根据国际可再生能源署发布的《2022 年可再生能源装机数据》，截至 2021 年年底，全球太阳能累计装机容量为 849 吉瓦，占全球可再生能源累计装机容量的 28%。据 Fitch Solutions 公司预测，到 2030 年全球太阳能累计装机容量将从 2020 年年底的 715.9 吉瓦增至 1747.5 吉瓦，增幅高达 144%，太阳能在全球总发电量中的占比将从 2020 年的 3.3% 增至 9.0%。

亚洲有望成为推动太阳能光伏发电增长的核心力量及全球光伏发电的领导者。中国是世界最大的太阳能市场，到 2030 年太阳能累计装机容量有望从 2020 年年底的 253.4 吉瓦增至 690.3 吉瓦。日本政府在其第六期《能源基本计划》中提出，继续部署安装屋顶式先进太阳能光伏设施，扩大太阳能光伏发电规模，稳步落实太阳能光伏技术标准，到 2030 年将太阳能发电占比提高到 14% ～ 16%。印度 2021 年新增太阳能光伏装机容量达到创纪录的 10 吉瓦，比 2020 年增加了 210%，这得益于印度政府的融资机制、税收激励、净计量制度等一系列监管激励措施。澳大利亚凭借低廉的安装成本和充足的阳光成为世界屋顶太阳能电池板的领导者。澳大利亚可再生能源署（ARENA）2021 年投资 4000 万澳元用于支持太阳能光伏技术的研发，以实现太阳能"303 030"目标，即到 2030 年太阳能电池板转换效率达到 30%，同时大型光伏电站成本降低到每瓦装机 30 澳分。柬埔寨也在加速发展太阳能发电站，截至 2021 年 3 月有 4 个太阳能发电站竣工后并入国家电网，装机容量为 155 兆瓦，预计到 2023 年柬埔寨太阳能发电项目装机容量将达到 495 兆瓦。

美国是仅次于中国的第二大太阳能市场，2020 年美国太阳能光伏新增装机容量创下 15 吉瓦的新纪录。在可观的存量项目、支持性政策和强劲需求的带动下，美国太阳能发电量 2023—2030 年预计将以年均 12.2 吉瓦的速度增长，到 2030 年美国太阳能累计装机容量有望达到 420 吉瓦，是 2020 年的 4 倍以上。

欧洲光伏产业协会发布的《2021—2025 年欧盟太阳能市场展望》报告指出，2021 年欧洲大约有 25.9 吉瓦的光伏装机容量并网，比 2020 年（19.3 吉瓦）增长了 34%。该报告预测欧洲太阳能将继续强劲增长，2022 年新增装机容量有望达到 30 吉瓦，到 2025 年累计容量将达到 327.6 吉瓦，到 2030 年将达到 672 吉瓦，这意味着欧盟太阳能光伏装机容量将在 4 年内翻一番。希腊和丹麦光伏装机容量在 2021 年达到吉瓦规模。德国继续在光伏累计装机容量方面处于领先地位，到 2021 年年底累计装机容量可达 5.3 吉瓦。德国众议院 2021 年 6 月通过了《柏林太阳能法案》，要求自 2023 年起德国柏林的所有新建筑都必须安装光伏系统，至少覆盖屋顶面积的 30%。德国计划到 2030 年将太阳能光伏装机容量从 100 吉瓦提高到 200 吉瓦。法国政府 2021 年出台了 10 项政策鼓励发展光伏发电产业，预计到 2025 年法国将在公共用地上建设 1000 个光伏发电项目，到 2028 年法国太阳能发电量将是目前的 3 倍。总体来看，欧盟成员国有望在 2030 年或更早之前实现其太阳能发展目标。爱沙尼亚和拉脱维亚已经实现 2030 年太阳能发展目标，而波兰、爱尔兰和瑞典将在 2022 年实现。

三、风电继续保持高速增长

据国际可再生能源署统计，截至 2021 年年底全球风电累计装机容量达 825
吉瓦，约占全球可再生能源累计装机容量的 27%。另据全球风能理事会（GWEC）
发布的《全球风能报告 2022》，2021 年全球风电装机容量新增 93.6 吉瓦，较
2020 年减少了 1.8%；截至 2021 年年底全球风电累计装机容量达 837.5 吉瓦，同
比增长 12.3%。从国别来看，中国、美国、巴西、越南、英国排名位居 2021 年
全球风电新增装机容量前五，分别占 2021 年全球风电新增装机容量的 51%、
14%、4%、4% 和 3%。全球风能理事会预测，2022—2026 年全球风电装机容量
将新增 557 吉瓦，复合年均增长率为 6.6%。

从不同风电类别来看，2021 年全球陆上风电新增装机容量为 72.5 吉瓦，其
中，中国新增最多，约占 42%，美国占 18%，巴西占 5%，越南占 4%，瑞典和德
国各占 3%，澳大利亚、印度、土耳其和法国分别占 2%。总体来看，中国和美国
的陆上风电新增装机容量有所下降，但欧洲、拉丁美洲、非洲及中东等地区的陆
上风电新增装机容量纷纷创下历史新高，分别增长了 19%、27% 及 120%。截至
2021 年年底全球陆上风电累计装机容量为 780.3 吉瓦，其中，中国占 40%，美国
占 17%，德国占 7%，印度占 5%，西班牙占 4%，巴西和法国各占 3%，加拿大、
英国和瑞典分别占 2%。全球陆上风电累计装机容量约占全球风电累计装机容量
的 93.2%，在全球风电装机中占据主导地位。

2021 年全球海上风电新增装机容量为 21.1 吉瓦，是 2020 年的 3 倍多，创
造了历史最好成绩。其中，中国增量惊人，占比高达 80%；英国排名第二；约
占 11%；其后依次是越南、丹麦和荷兰，占比分别为 4%、3% 和 2%。截至 2021
年年底，全球海上风电累计装机容量为 57.2 吉瓦，其中，中国占 48%、英国占
22%、德国占 13%、荷兰占 5%、丹麦占 4%。中国超越英国成为全球海上风电累
计装机容量最多的国家。日本、韩国等国家制定了雄心勃勃的海上风电目标，亚
太地区在推动海上风电行业增长方面发挥着越来越重要的作用。日本政府在其第
六期《能源基本计划》中提出，加快海上风力发电技术创新，到 2030 年将风电
占比提高到 5%。韩国政府计划投资 36 万亿韩元在蔚山市海岸建设世界上最大的
海上浮动式风力发电场，预计 2030 年建成，装机容量 6 吉瓦。越南工贸部计划
到 2030 年将海上风电装机容量提高到 4 吉瓦；到 2035 年将海上风电装机容量
增至 10 吉瓦；到 2040 年增至 23 吉瓦；到 2045 年增至 36 吉瓦。澳大利亚议会
2021 年通过了《海上电力基础设施法案 2021》，为该国发展海上风电项目提供了
法律框架和途径。

除亚太地区外，美洲和欧洲国家也在大力发展海上风电。美国能源部计划

到 2030 年部署 30 吉瓦海上风电机组，推进美国海上风电行业发展，助力解决气候危机并创造就业机会；到 2050 年建设 110 吉瓦海上风电机组，提供 13.5 万个工作岗位。为此，美国政府通过"第 17 号创新能源贷款担保计划"提供高达 30 亿美元的贷款担保，以促进海上风电等可再生能源技术市场化，同时投资 800 万美元支持 15 个新的海上风能研发项目，推进风能技术研发。2021 年 11 月，耗资 23 亿美元的美国首个大型海上风电项目 Vineyard Wind 1 正式破土动工，预计 2023 年开始并网发电，可满足 40 多万户家庭的电力需求。美国有望成为越来越重要的海上风电市场。在欧洲，英国政府出台了有史以来最大规模的差价合约（CfD）计划以增加可再生能源装机容量，其中，海上风电成为最大受益者，获得 2 亿英镑投资部署 7 吉瓦海上风电机组，建成后可为近 800 万户家庭供电。西班牙政府 2021 年发布的《西班牙海上风能和海上能源发展路线图》中提出，到 2030 年安装 300 万千瓦的浮式海上风电机组，以达到欧盟 2030 年 700 万千瓦目标的 40%。为此，西班牙政府拨款 2 亿欧元进行浮式海上风电技术研发和测试，并鼓励开展发行绿色债券等相关融资项目。据彭博新能源预测，到 2035 年全球海上风电累计装机容量将达到 400 吉瓦，比 2020 年增长 11 倍。

四、生物燃料需求旺盛

近年来，由于低碳排放、政府支持、汽车工业的发展、原油价格的波动和上涨，生物燃料变得越来越重要，需求量不断增加。一些国家利用麻疯树和藻类等新饲料原料生产生物柴油，利用纤维素原料生产生物乙醇，从而扩大生物燃料产量。国际能源署和国际可再生能源署都认为，未来 30 年全球能源供应中需要大幅增加生物能源和生物燃料的使用，以满足世界前所未有的能源需求增长，并与长期气候目标保持一致。美国、巴西的生物燃料产量位居世界前二，占到世界生物燃料总产量的一半以上，其次是欧盟和中国。生物燃料的主要净进口国是中国、加拿大和法国。

美国政府计划扩大可再生燃料标准法案（RFS）项目允许的可再生燃料生产工艺种类，以便提高先进生物燃料的产量，其中包括可再生柴油和可持续航空燃料等低碳产品。美国能源部 2021 年 9 月宣布投资 3400 万美元用于支持废弃物和藻类生物能源转化技术研发，以便生产生物燃料和生物基产品。美国农业部 2021 年 12 月宣布通过《冠状病毒援助、救济和经济安全法案》授权的新生物燃料生产商计划提供 8 亿美元支持生物燃料生产商和基础设施，恢复受疫情影响的可再生燃料市场。据美国可再生燃料协会统计，2020 年美国燃料乙醇总产量达 139.26 亿加仑（约合 529 亿升），占全球产量的 53%，超过了其他国家产量的总和。

巴西政府在 2021 年设立了《未来燃料计划》，旨在通过整合现有公共政策，如生物燃料革新、生物柴油生产和使用计划、国家车辆标签计划和 2030 年路线图等，促进可持续低碳燃料在巴西各个领域的应用。据统计，2020 年巴西燃料乙醇总产量为 79.3 亿加仑（约合 301 亿升），约占全球总产量的 30%。

欧盟是全球最大的生物燃料产区，棕榈油、菜籽油及废弃食用油都是其生物燃料来源。欧盟计划到 2030 年将交通用燃料中可再生燃料的占比提升至 25%。荷兰参议院 2021 年正式通过了《环境管理法案（修正案）》，将《欧盟可再生能源指导Ⅱ》纳入荷兰法律，计划 2023 年后逐步淘汰棕榈油制生物燃料，到 2030 年彻底禁止棕榈油在生物燃料领域的使用。法国从 2020 年 1 月开始逐步淘汰生物燃料中棕榈油的使用，奥地利和比利时也将分别在 2021 年 7 月和 2022 年 1 月开始执行棕榈油生物燃料淘汰工作。另外，德国作为欧盟地区最大的生物燃料生产国，也宣布将从 2023 年 1 月开始逐步淘汰棕榈油制生物燃料。

英国能源转型委员会的研究报告认为，全球高涨的生物燃料需求很可能超过了环境可持续供应的临界点，各国应控制生物燃料使用范围，仅在难以用其他方式进行脱碳的领域使用生物燃料；电力、交通等多个高碳排放领域需要控制生物燃料消费量，尽量降低因过度依赖生物燃料而带来的风险。

澳大利亚可再生能源署（ARENA）2021 年 11 月发布首份"未来 10 年生物能源发展路线图"，投资 3350 万澳元用于支持先进可持续航空和海洋生物燃料的研究、开发和部署，发展澳大利亚的生物能源产业。

印度尼西亚政府计划到 2024 年将其基于棕榈油的生物柴油的生物含量提高到 40%，以实现其可再生能源目标。印度尼西亚正在推行一项强制性的生物柴油计划——"B30"指令，即将 30% 的棕榈油燃料混合到生物柴油中，减少燃料进口并提高国内棕榈油产量。印度尼西亚能源部预计 2022 年生物柴油消费量将增加 1000 万千升。

五、氢能被寄予厚望

国际能源署 2021 年发布的《全球氢能评估报告》认为，在全球能源转型过程中，氢能将发挥重要作用；到 2030 年需投资 1.2 万亿美元构建全球氢能市场，实现全球净零排放；各国需制定氢能战略 / 路线图，发展低碳制氢技术，推进氢能生产装置、基础设施和示范工厂的投资建设，加速技术创新和商业化，构建配套的认证、标准和监管体系。据统计，全球现有 16 个利用碳捕集、利用和封存（CCUS）技术制氢项目投入运行，每年可生产 70 万吨氢气。全球正在开发的 350 个电解水制氢项目到 2030 年有望实现超过 800 万吨的氢供应量。

迄今，全球有 20 多个国家发布并开始执行氢能战略或发展路线图，增加了氢能相关投资。美国能源部 2021 年 7 月启动了"氢能攻关计划"，投资 5250 万美元资助 31 个氢能项目,以推进下一代清洁氢能技术,目标是未来 10 年使清洁氢成本降至 1 美元 / 千克,以加速氢能技术创新并刺激清洁氢能需求。

在欧洲地区,德国是率先启动氢战略的国家之一。为有效落实《国家氢战略》,德国联邦教研部 2021 年 1 月宣布投资 7 亿欧元启动 3 个氢先导研究项目——"H2Giga""H2Mare""TransHyDE",分别探索水电解器批量生产、海上风能制氢和氢气安全运输问题,以求降低大量生产和运输氢的成本;同年 2 月,德国联邦教研部发布"绿氢国际未来试验室"科研资助指南,吸引该领域国际顶尖人才到德国工作;3 月,德国联邦教研部推出"绿氢国际研究合作"框架,资助 1500 万欧元推动德国在绿氢研发领域的国际合作;5 月,德国联邦经济部和交通运输部拨款 80 亿欧元从氢的生产、运输到工业应用中选定 62 个大型项目予以资助,带动 200 多亿欧元私人投资加强氢技术的研发和应用;8 月,德国国家氢委员会发布《德国氢行动计划(2021—2025)》提出了包括绿氢获取在内的 80 项措施;11 月,德国社会民主党、绿党和自由民主党达成一项联合协议,其中包括增加对氢气的投资,将德国的绿氢产能目标翻一番,到 2030 年达到 10 吉瓦。

法国政府 2021 年正式成立国家氢能委员会,立志成为氢能发展的全球领军者。法国政府计划 2022 年投资 20 亿欧元、到 2030 年投资 70 亿欧元推动氢能生产与应用。法国两大能源巨头道达尔和恩吉公司宣布合作投建法国最大的绿色制氢项目 Masshylia,预计 2024 年投产运营,实现日产"绿氢"5 万吨。

英国商务能源与产业战略部 2021 年 8 月发布的《国家氢能战略》中提出,氢能将在英国化工、炼油厂、电力和重型运输等高污染、能源密集型行业脱碳方面发挥重要作用。英国计划到 2030 年实现 5 吉瓦的氢气产能用于工业、交通和供暖;到 2050 年英国 20% ~ 35% 的能源消耗将以氢为基础,最终为英国 2035 年减少 78% 排放、实现 2050 年净零排放目标做出贡献。为此,英国政府将推进 10 亿英镑投资计划,促进低碳氢经济发展。

捷克政府 2021 年 7 月发布的《国家氢能战略》中提出,在第一阶段(2021—2025 年)优先在运输部门使用,特别是推动短途公共汽车或卡车使用氢能,开发氢能汽车生产技术,支持地方政府和企业购买氢能汽车,支持相关基础设施建设,开发利用可再生能源的低碳氢制造方法,通过混合气体管道开始氢气供给法的测试;在第二阶段(2026—2030 年)开始工业利用的实证实验,建设与电解设施直接相连的大规模太阳能、风力发电站,开始规划氢气管道,测试家庭氢气供应,生产氢能汽车;在第三阶段(2031—2050 年),开始建设氢气管道,在家庭中使用氢气代替天然气的实证试验,开启工业利用的商业化。到 2050 年捷克的低碳氢消费量预计将增至 172.8 万吨,其中约 50% 用于运输部门,以氢为燃料的汽车数量将达到 60 万辆。

挪威政府根据《国家氢能战略 2020》，在 2021 年发布了氢能"路线图"，提出短期内通过与私营部门合作，在 2025 年前建立 5 个氢燃料中心，以支持氢能在海上运输领域的应用；到 2030 年将氢作为海洋交通运输部门的燃料替代品；到 2050 年在挪威形成开发和应用氢能的完整市场。

俄罗斯政府 2021 年发布了一份关于氢能发展构想的文件，提出分 3 个阶段发展氢能产业，建成集生产、出口为一体的氢能项目产业集群，计划到 2024 年使氢气供应量达到 20 万吨。俄罗斯政府将为氢能产业集群和电动汽车充电基础设施建设等提供资金补贴和技术支持。

在亚太地区，日本政府在其第六期《能源基本计划》中提出，到 2030 年将氢 / 氨发电占比提高到 1%，以实现清洁能源多元化。为此，日本一方面构建长期稳定的国外廉价氢能供应链，利用国内资源建立氢气生产基地，以提供高性价比的氢 / 氨燃料；计划到 2030 年实现制氢成本从目前的 100 日元 /Nm³ 降至 30 日元 /Nm³，到 2050 年降至 20 日元 /Nm³；氢气供应量到 2030 年实现 300 万吨 / 年，到 2050 年实现 2000 万吨 / 年。另一方面，日本努力扩大氢能在能源终端消费领域的应用范围：在发电领域，推进 30% 氢 / 天然气共燃发电技术应用；在交通运输领域，战略性建设加氢站，进一步部署燃料电池汽车和卡车；在工业领域，开发氢还原炼铁技术、大型高性能氢锅炉等生产工艺设备；在建筑领域，推广纯氢燃料电池等固定式燃料电池，进一步降低制造成本。

韩国政府 2021 年 10 月发布了旨在发展氢能产业的"氢能领先国家愿景"，致力于打造覆盖生产、流通、应用的氢能生态环境，力争到 2030 年构建产能达 100 万吨的清洁氢能生产体系（2050 年达 500 万吨），并将清洁氢能占比提升至 50%，主导全球氢能源市场。同年 11 月，韩国政府召开第四次氢经济委员会会议，确定了韩国氢能基础设施建设规划，即 2025 年前主要由政府扶持建设加氢站，2026—2040 年由民间主导扩建加氢站。韩国政府计划 2022 年建设 310 个加氢站；到 2025 年在全国建设 450 个；到 2030 年在主要城市实现 20 分钟车程内即可寻到加氢站，加氢站总数达到 660 个；到 2040 年实现 15 分钟车程内即可寻到加氢站，总数量将达到 1200 个；到 2050 年建成 2000 个以上加氢站。与此同时，韩国政府还发布了《第一期氢经济发展基本规划》，提出建设大型绿色氢生产基地，到 2050 年通过国内生产和国外引进，每年供应 2790 万吨氢，将清洁氢自给率提高到 60% 以上；到 2030 年每年生产 75 万吨蓝色氢，到 2050 年每年生产 200 万吨蓝色氢，构建 40 条氢气供应链；持续推广氢能汽车，到 2030 年将氢能汽车的性能提升到内燃机车水平，并将氢能应用于船舶、无人机、有轨电车等各种移动应用，到 2050 年氢能汽车增至 526 万辆；到 2030 年韩国将培育 30 家以上全球性氢动力领域的领军企业，实现 390 万吨的氢气使用量。

澳大利亚政府 2021 年开始试行《氢气源头保证计划》，目的是明确当地生产的氢气及其衍生物的源头。澳大利亚将评估并跟踪制氢产生的排放及用于制取氢气的技术类型，确保制取绿色氢气的整个过程环保无污染。澳大利亚政府可能将此类计划推广到世界各地。此外，澳大利亚政府承诺拨款4.64亿澳元推动昆士兰州的格拉德斯通（Gladstone）、维多利亚州的拉特罗布山谷（La Trobe Valley）等7个优先地区氢气中心的发展。

在中东和非洲地区，阿联酋2021年加入国际氢能委员会，其阿布扎比国家石油公司宣布每年将生产30万吨氢。科威特国家石油公司完成了耗资160亿美元的加氢裂化装置工作，每年可生产约45.4万吨清洁燃料。沙特启动了一个价值70亿美元的绿氢项目，预计2025年建成后绿氢年产能达120万吨。阿曼政府在2021年8月成立了国家氢能联盟，由13家政府部门、石油和天然气运营商、科研单位及港口等机构组成，以加快实现其在"2040愿景"经济转型计划中提出的能源多元化目标。埃及政府2021年6月宣布投资40亿美元生产绿氢，该试点项目由西门子公司主导，目前仍处于研究阶段。

六、核电在争议中前行

国际原子能机构（IAEA）2021年7月发布的《国际核电状况与前景》报告指出，过去10年，全球核电装机容量呈现逐步增长趋势，截至2020年年底，全球在运核反应堆有442座，总装机容量为392.7吉瓦。其中，约89.5%是轻水慢化冷却堆，6%是重水慢化冷却堆，2%是轻水冷却石墨慢化堆，其余2%是气冷堆。

欧洲国家因对发展核能的态度不同而分为两个阵营。

一方是法国、芬兰、捷克、波兰等国家支持将核能列为绿色能源，这些国家较为依赖核电，其中法国核电占比高达70%，为全球最高。法国政府2021年10月宣布投资10亿欧元建设小型核反应堆，并在未来几年内重启第三代核反应堆（EPR）建设。捷克政府计划加快建设核电站和扩大核电使用范围，以便到2038年淘汰煤炭。捷克杜库凡尼核电厂新建机组预计2036年投产。白俄罗斯奥斯特罗韦茨核电厂的首台机组已于2021年6月投入运行，装机容量为110万千瓦；第二台机组将于2022年投入运行；到2024年核电在白俄罗斯总发电量中的占比将达到35%以上。俄罗斯也在发展核能，2021年俄罗斯核电同比增长3.3%，俄罗斯库尔斯克二号核电厂的两台机组（每台装机容量125万千瓦）将在2024年投入运行。

另一方是奥地利、卢森堡、西班牙、德国等国家反对发展核能，这些国家或是没有核电站，或是正在逐步关停核电。德国新政府仍然坚持在2022年年底前关闭所有在运行的6座核电站。比利时政府也曾承诺到2025年逐步淘汰现有核电站。俄乌冲突爆发后，全球能源价格大幅上涨，比利时政府2022年3月决定将全面退出核能的时间延后10年。英国将在2022—2024年陆续关闭欣克利角B、亨特斯顿B和哈特尔普尔核电站，该国核发电量预计每年将下降7%。英国商业、能源与产业战略部2021年11月宣布投资2.1亿英镑支持首批小型模块化反应堆（SMR）设计，罗尔斯·罗伊斯[简称"罗罗"公司（Rolls-Royce）]为此提供了2.5亿英镑的配套资金。

美国能源部2021年6月宣布投资6100万美元支持在全美新遴选的核能研究项目，整合高校、企业和国家实验室的研究力量联合开发先进的核能技术，以推进美国电力和能源系统的清洁低碳转型，助力拜登政府实现2035年100%清洁电力目标和2050净零排放愿景。本轮资助的研究项目涵盖两大主题领域：一是改造升级美国核能反应堆设施，提高核废料存储的安全性；二是提高核能反应堆设施的耐用性。

在亚太地区，为应对电力需求增长和气候挑战，很多国家在发展核电。例如，截至2021年11月印度有7台在建核电机组，总装机容量为520万千瓦。国际能源署预计未来几年印度核发电量将持续增长；到2022年，核电将超过天然气，成为印度继煤炭和可再生能源之后的第三大电力来源。日本核发电量也在快速上涨，随着核电机组重启，到2024年其涨幅将超过可再生能源发电量涨幅（21%）。日本政府在其第六期《能源基本计划》中提出的核电发展目标是，到2030年核电在其电力结构中的占比达到20%～22%。为此，日本将在保持公众对核电信任、确保核电安全的前提下，促进核电稳定发展；推进建造临时储存核废料设施，减少放射性废料危害；通过公私合作实现核燃料循环利用，进一步推广铀钚混合氧化物（MOX）核燃料的应用；通过国际合作开发小型模块化反应堆技术；建立高温气冷堆制氢相关组件技术；通过国际合作开展核聚变技术研发。韩国有4台新的核电机组即将投入运行，预计2022—2024年其核发电量每年将增长5%。

在中东和非洲地区，由于阿联酋巴拉卡核电站的两台机组于2021年4月和9月投入运行，中东地区核发电量较2020年同期翻了一番。预计到2024年中东地区核发电量将是2020年的6倍以上，核电在阿联酋电力结构中的占比将由2021年的7%上升至25%。土耳其装机容量为120万千瓦的首台核电机组——阿库尤1号机组将于2023年或2024年投入运行。埃及将于2026年建成装机容量为480万千瓦的埃尔达巴核电站。南非2021年重启了已停运整修的科贝赫核电厂，核发电量较2020年略有增加，非洲核发电量将在未来几年内保持稳定。

（执笔人：王　玲）

生命科学与生物技术受到各国高度关注

2021—2022 年，全球仍处于新冠肺炎疫情大流行阶段，生命科学和生物技术仍是主要国家政府、科学界、产业界共同关注和部署的领域。海外主要国家围绕重点领域技术研发、生物安全、公共健康等方面展开部署；在新冠肺炎治疗、基因科学、RNA 技术、新靶点抗肿瘤药物、细胞治疗、人工智能解构生物质等前沿、重点领域不断取得突破。

一、主要国家与地区的部署

（一）美国

1. 持续增加生命科技研发投入

美国联邦政府在生命科技领域持续部署高额的研发投入，年均研发投入占联邦非国防研发支出的 50% 以上，是美国最大的政府研发支出领域。其研发支出的主要载体是国立卫生研究院（NIH），自 20 世纪 90 年代至今 NIH 的研发经费一直保持增长态势，2020 年以来年拨款额均超过 400 亿美元，其中 2020 年为 416.9 亿美元、2021 年为 429.4 亿美元、2022 年为 451.8 亿美元。2022 年 3 月，拜登总统向国会提交了 2023 年财年为 NIH 拨款 625 亿美元的预算请求，重点增加了卫生高级研究计划局（ARPA-H）的 50 亿美元和应对大流行疾病的 120.5 亿美元。

（1）设置新型研发机构部署生命科技领域变革性技术的研发

2021 年 NIH 提出建立高级健康研究计划局（The Advanced Research Projects Agency for Health，ARPA-H），作为新型研发组织方式以推动生命科技研究领域的变革性创新，采用非传统和灵活的方法进行高风险研究，利用新型公私合作伙伴关系，通过项目经理、快速资金决策支持以结果为导向、有时效性的研发项目，从而投资于相关领域。ARPA-H 推动的变革性研究的潜在领域包括：mRNA 疫苗技术、可穿戴传感器技术、人工智能技术的个体照护技术及疾病早期预测技术等。2022 年 3 月国会通过公共法（Public Law）117-103 号法案授权美国卫生与公众服务部（HHS）启动 ARPA-H 建设，并在 2023 财年总统预算申请中为 ARPA-H 拨款 50 亿美元。

（2）持续部署系列研发计划

发布《NIH 拓展战略规划（2021—2026）》。2021 年 12 月，NIH 为进一步推进《21 世纪治愈法案》，发布了整体层面的宏观战略规划《NIH 拓展战略规划 2021—2026》（*NIH-Wide Strategic Plan 2021—2026*）。新规划部署了生物医学与行为科学研究领域、研究能力提升、研究设施建设 3 个优先发展目标；提出了若干重点主题，包括改善少数族群健康、减少卫生不平等、促进妇女健康、回应生命全过程的公共卫生挑战、促进科学合作及发挥数据科学对生物医学研究的推动作用等方面的重点任务。

BRAIN 计划进入 2.0 发展阶段。"创新性神经技术大脑研究"计划（Brain Research through Advancing Innovative Neuro-technologies，BRAIN）于 2013 年启动，其初始目标是寻找难治性脑疾病的治疗方案、探索人脑工作原理；2021 年该计划进入第二阶段（BRAIN 2.0），重点是对"脑细胞类型多样性、绘制多尺度脑图谱、理解脑活动神经回路机制、探索脑结构与功能关联、开发脑研究的理论和数据分析工具、创新神经科学研究技术、整合新技术解析脑活动"等 7 个优先领域的进展进行评估，并提出未来研究目标。截至 2021 年年底，NIH 已经为其拨款 24 亿美元，其中 2021 年达到最高，为 5.4 亿美元。

重启癌症登月计划。旨在攻克癌症的"癌症登月计划"（Cancer Moonshot）于 2016 年启动，重点部署 4 个研究领域：一是分子诊断，包括基于基因组学的癌细胞突变位点和治疗靶点研究，基于癌细胞蛋白标志物的诊断、靶标、免疫治疗研究；二是防控教育，致力于普及预防、早筛等教育工作；三是集合数据助力研究；四是研发新药。根据 2016 年《21 世纪治愈法案》，在 7 年内为癌症登月提供 18 亿美元的资金支持；此后 2017—2021 财年分别拨款 3 亿美元、3 亿美元、4 亿美元、1.95 亿美元、1.95 亿美元。拜登总统于 2022 年 2 月宣布重启"癌症登月计划"，提出要在总统行政办公室内设立白宫癌症登月计划协调员、依托美国国家癌症研究所（NCI）增加癌症筛查、由 NCI 牵头研究和评估癌症检测方法、强化 HPV 疫苗接种等多方面，采取措施推动减少癌症的影响。

延续 I 型糖尿病研究特别计划。I 型糖尿病研究特别计划（Special Statutory Funding Program for Type 1 Diabetes Research）始于 1997 年美国国会《平衡预算

法》（*The Balanced Budget Act*），并在 2016 年《21 世纪治愈法案》中进一步部署。总体围绕 I 型糖尿病的预防、治疗和治愈部署相关研究和研究网络。该计划 1998—2019 年共投入 27.6 亿美元，2021 财年该计划支持经费 1.5 亿美元。

延续 NIH 共同基金战略计划，调增部分重点领域的研发资金。2004 年 NIH 推出定位于前沿探索的 Roadmap 计划，该计划于 2006 年改为"NIH 共同基金战略计划（NIH Common Fund Strategic Plan）"，聚焦前沿、新兴、交叉学科领域，动态支持 30 个左右的研究领域。当前该计划每年研发经费在 6 亿美元左右，其中 2020 年为 6.39 亿美元、2021 年为 6.48 亿美元。其中，人类生物分子图谱计划（HuBMAP）、体细胞基因组编辑（SCGE）关注度较高，年度研发经费呈上升趋势。人类生物分子图谱计划（HuBMAP）重点部署通过生物组和质谱技术将 DNA、RNA、蛋白质和代谢物等各种生物分子信息整合形成图谱，推动从组学到生物学功能的研究，目标旨在绘制约 37 万亿个人体细胞图；该计划 2022 年预算经费为 3667.6 万美元，高于 2021 年的 2841.6 万美元。体细胞基因编辑（SCGE）研究旨在推进基因编辑治疗技术的成熟，进一步清除基因编辑疗法走向市场过程中可能存在的障碍，以加速基因组编辑新疗法的开发，提高基因编辑技术的有效性和特异性，改善安全性；该计划 2022 年项目预算经费为 5043.3 万美元，高于 2021 年的 3990.1 万美元。

2. 发布系列生物安全相关战略部署

2021 年 1 月，美国两党生物防御委员会发布《阿波罗生物防御计划：战胜生物威胁》报告，建议美国政府紧急实施"阿波罗生物防御计划"，制定《国家生物防御科技战略》，每年投入 100 亿美元，力争在 2030 年前结束新冠肺炎等大流行病造成的威胁，消除美国应对生物攻击的脆弱性。

2021 年 10 月，美陆军作战能力发展司令部生物与化学中心启动"DaT（Dial-a-Threat）计划"，旨在开发全方位、稳定、具有高度适应性的生物威胁检测技术，减少对传统冷链供应的依赖；该计划将用合成生物学方法开发快速检测传染病和生物威胁的基因电路，并利用《冠状病毒援助、救济和经济安全（CARES）法案》资金研发新冠病毒检测方法。

2021 年 12 月，美国国防部发布《生物防御愿景》备忘录，提出大力支持生物防御工作，通过开展全面的生物防御态势评估，建立新的生物防御政策；部署强化协作统一生物防御工作，同步开展生物防御政策和《国防战略》，与盟友共同开展生物防御工作等方面任务。

3. 围绕新冠肺炎推动公共健康相关战略部署

2021 年 3 月，美国国防高级计划研究局（DARPA）启动了全球随需应变核酸（Nucleic acids On-demand Worldwide，NOW）计划，旨在通过开发移动生产制造平台，在几天内快速生产数百人份的基于核酸技术的疫苗和治疗药物。2021年8月，DARPA启动了为期5年的免疫记忆评估（Assessing Immune Memory，AIM）计划，用于评估疫苗免疫保护效力，研究确定宿主接种疫苗后长期免疫形成的机制，其中第一阶段"免疫记忆路线图"目标是确定免疫反应的细胞和信号传导机制，第二阶段"路线图的推演与验证"聚焦免疫反应评估工具的整合与验证，预测免疫保护效果及持续时间。

2021年9月，美国拜登政府在"美国大流行病准备工作：改革我们的能力"计划中公布了一项653亿美元的计划，用于改善疫苗、治疗药物及公共卫生基础设施，提高国家的实时监测能力。该计划致力于为下一次大规模传染病发生做准备。

（二）欧盟

1. 部署生命科技相关计划

2021年2月，欧盟发布《战胜癌症计划》，旨在提供癌症预防、治疗和护理方面的新方法。该计划总投资高达40亿欧元，部署癌症预防、早发现、诊断和治疗、改善生活质量等技术的研发，重点关注数字技术、影像技术、生物诊疗技术等新技术的研发和应用。

2021年2月，欧盟启动实施"地平线欧洲"（2021—2027）计划科研资助框架，总投资额955亿欧元，部署开放科学、全球性挑战与产业竞争力、开放创新三大支柱。2021年3月，欧盟委员会发布了《"地平线欧洲"2021—2024年战略计划》，主要对标全球性挑战与产业竞争力部分明确了第一阶段战略投资的优先方向，重点围绕六大领域部署，其中健康位居第一，提出开发更为安全、可信、有效和可负担的医疗相关工具、技术和数字化解决方案，加强疾病预防、诊断、治疗和监测，构建更具竞争力和可持续的健康产业，确保欧洲在基本医疗用品和数字化医疗方面的自主可控。2021年9月，欧盟启动"地平线欧洲"框架计划下的"重大任务"（EU Mission），其中包括抗击癌症，该重大任务旨在开发预防和治疗癌症的技术，改善患者生活质量，重点部署了加深对癌症的理解和认识、筛查和早期发现、诊疗过程优化、提高患者生活质量等4个方面的重点任务。

2. 积极应对生物安全与公共健康

2021年3月，欧盟宣布提供51亿欧元的财政预算实施《健康欧盟计划（2021—2027）》，旨在增强欧盟有效应对未来卫生危机的能力，通过建立更强大的卫生系统应对跨境健康威胁，促进人口健康。

2021年5月，欧盟发布《新冠肺炎治疗药物战略》，旨在加强新冠肺炎药物的研发与供应，重点部署药物研发、临床试验审批加速、候选药物筛选等方面的重点任务。同月，欧盟委员会审议通过了启动第四期健康计划——"EU4Health"计划，拟资助51亿欧元用于支持欧盟国家、卫生组织和非政府组织的相关活动，通过加强卫生安全、促进创新来提高卫生系统应对跨境健康威胁及未来卫生危机的韧性和危机管理能力，促进欧盟卫生联盟的实现。

2021年9月，欧盟委员会建立欧洲卫生应急准备和响应管理局，以预防、检测和快速应对卫生紧急情况，并启动名为"HERA孵化器"的欧洲生物防御准备计划，监测分析病毒新变种，研发生产更有效的疫苗，开启对抗冠状病毒的新阶段。

（三）其他国家的重点部署

英国部署成为全球生命科学中心。2021年7月，英国发布《生命科学愿景》，旨在充分利用英国在疫苗研发、基因组学、健康数据领域的优势，进一步释放生命科学领域的潜力，助力其应对健康领域的重大挑战并恢复英国科学超级大国的地位，其确立的四大领域分别为：①应对未来潜在重大医疗健康挑战；②基于基因组学和健康数据推动创新性成果的研发；③加速创新性技术和产品的获取和应用；④优化商业和监管环境，推动生命科学产业发展。

法国制定未来投资计划和医疗创新战略，重视推动数字医疗和生物医学发展。2021年1月，法国政府发布第四期《未来投资计划》，资助125亿欧元用于包括数字医疗、生物制造药物、生物燃料在内的15个"未来领域"的创新。2021年7月，法国高等教育、研究与创新部发布了《2021—2030年医疗创新战略》，提出到2030年成为"欧洲医疗主权与创新领域领导者"的愿景，总投入高达70亿欧元，其主要部署的重点任务包括：①设立医疗创新署，指导推动医疗创新；②推动生物医学研究；③重点领域加强投资，如生物疗法与生物制药投资8亿欧元、数字医疗投入6.5亿欧元、传染病"一体化健康"预防技术投入7.5亿欧元；④推动法国成为欧洲临床试验领跑者；⑤资助本土初创医疗企业的发展，并配套以相关的支持政策。

俄罗斯部署生物安全法。2020年12月30日，俄罗斯总统普京签署《俄罗斯生物安全法》，部署了系列预防生物威胁及建立和发展国家生物风险监测系统的配套措施。该法为确保俄罗斯生物安全奠定了国家法规基础，规定了一系列旨在保护民众和周围环境免受危险生物因素影响、防范生物威胁（危险），以及构建和发展国家生物风险监测体系的配套措施。

二、前沿科技领域研发持续突破

（一）生命科学国际重点奖项陆续发布

国际重点生命科学系列奖项较为清晰地反映出重点前沿领域。

——诺贝尔奖关注神经受体与化学合成。2021 年 10 月，诺贝尔生理学或医学奖授予了 David Julius 和 Ardem Patapoutian 在感受受体 / 触觉受体领域的突出贡献；化学奖授予了 Benjamin List 和 David W.C. MacMillan 在有机小分子不对称催化领域的贡献，其对于化药生产具有重要促进作用。

——生命科学突破奖聚焦 mRNA 技术、DNA 测序技术、阿尔茨海默病机制研究等方面。2021 年 9 月公布的 2022 年度生命科学突破奖授予了发现 mRNA 治疗技术的 Katalin Karikó 与 Drew Weissman，开发二代 DNA 测序技术的 Shankar Balasubramanian、David Klenerman 和 Pascal Mayer，以及探索神经退行性疾病分子基础的 Jeffery W. Kelly。

——拉斯克奖聚焦 mRNA 技术、光遗传及 RNA 病毒相关研究。2021 年 9 月，拉斯克（The Lasker Awards）临床医学研究奖授予了同时获得生命科学突破奖的 Katalin Karikó 与 Drew Weissman；基础医学研究奖授予了在光遗传学研究中发现能够激活或抑制单个大脑细胞活动的光敏微生物蛋白，并且用它们开发出光遗传学技术的 Dieter Oesterhelt、Peter Hegemann 和 Karl Deisseroth；医学科学特殊成就奖授予了病毒反转录酶研究者 David Baltimore。

——盖伦奖聚焦镰状细胞病、心衰治疗、人工晶体、数字医疗等方面。2021 年 10 月，盖伦奖（Prix Galien USA Awards）最佳生物技术产品奖授予了靶向血红蛋白聚合创新疗法 Oxbryta（voxelotor），最佳药品奖为心衰药物 Entresto（沙库巴曲 / 缬沙坦，诺欣妥），最佳医疗技术产品奖授予了多焦点人工晶体系统，最佳数字健康产品奖授予了远程患者监测（Remote Patient Monitoring Platform）解决方案。

（二）抗新冠病毒药物快速研发成功

新冠病毒口服特效药和治疗性抗体药物快速研发并成功上市，治疗性药物的上市将改变新冠防控模式。在广谱新冠治疗性抗体方面，2021 年 5 月，Vir Biotechnology 和葛兰素史克（GSK）公司联合开发的单克隆抗体疗法 Sotrovimab 在美国上市，该抗体对目前受到关注的新冠突变病毒株均保持活性，是广谱性新冠病毒治疗性抗体。

口服新冠抗病毒药物入选 *Science* 2021 年度十大科学突破。辉瑞和默克公司口服抗新冠病毒药物陆续上市，辉瑞的抗病毒药物 Paxlovide 可减少 89% 的住院率，默克的抗新冠病毒药物 Molnupiravir 可将未接种疫苗的高风险个体的住院或死亡风险降低 30%。

（三）基因科学领域持续新发现

随着测序技术的发展，尤其是第三代长基因测序技术的逐渐应用，对于人类基因组的解析成果持续出现。2021 年 2 月，*Science* 发表了美欧联合研究团队采用长读测序技术和链特异性测序方法，以高分辨率完成了来自 32 个个体的人类基因组测序，这份功能更全面的参考数据集代表了世界各地 25 个不同的人类种群，可以更好地反映来自不同人群的遗传差异，以及个体与参考序列之间的遗传差异。此后的 2022 年 4 月，*Science* 发表了"端粒到端粒"联盟（T2T）国际科研团队新的人类参考基因组（T2T-CHM13）图谱，该图谱是采用长读长测序技术完成的无间隙人类参考基因组，包括所有 22 条常染色体和 X 染色体的无缝组装，其序列包含 30.55 亿对碱基，在过去的基础上增加了近 2 亿对碱基的遗传信息，解析了人类基因组中结构最为复杂的一些区域，还纠正了过往基因组序列上的许多错误。

（四）RNA 药物持续新进展

作为一种全新的治疗路径，RNA 干扰技术逐渐从单基因遗传病、罕见病治疗向更为广泛的心血管疾病、传染病治疗拓展。目前，RNAi 药物可以实现高胆固醇血症的治疗，初步实现高血压治疗和乙肝的功能性治愈。

2021 年，Alnylam 与诺华联合开发的治疗高胆固醇血症的 RNAi 药物 Leqvio（inclisiran）在美国上市（2020 年在欧盟上市），其针对高血压开发的靶向血管紧张素原（angiotensinogen）的 RNAi 疗法 ALN-AGT 在 I 期临床试验结果中显示可持续降低患者的血压，取得较好进展。2021 年 6 月，Vir 公司和 Alnylam 联合开发的乙肝病毒 RNAi 疗法 VIR-2218 临床研究数据显示，通过构建 siRNA 可实现乙肝病毒表面抗原表达的抑制，通过快速降低血清中的乙肝病毒表面抗原（HBsAg）实现乙肝的功能性治愈。

mRNA 技术平台仍在持续快速发展。随着 COVID-19 mRNA 疫苗的上市和广泛使用，mRNA 技术平台在 2020 年取得重大突破后持续受到各界的高度关注，如聚焦 mRNA 技术的德国 Moderna 公司的市值在 2020 年 1 月至 2021 年 9 月拉升了 20 倍。目前，mRNA 技术平台的应用性研发持续拓展，聚焦传染病、肿瘤等领域已开发了系列预防性疫苗、治疗性疫苗和治疗性药物，在艾滋病疫苗、流感疫苗、呼吸道合胞病毒疫苗、肿瘤相关药物等方面的研发持续推进。

（五）体内基因编辑治疗技术初获成功

基因编辑治疗技术已从体外编辑向体内编辑发展。2021 年 6 月，在体内 CRISPR 基因编辑治疗技术公布了首个临床试验结果，由 Intellia Therapeutics 公司和再生元（Regeneron）联合开发的 NTLA-2001 在治疗转甲状腺素蛋白淀粉样变性（ATTR）I 期临床试验中获得积极结果，且安全性良好，该研究表明，通过静脉输注 CRISPR 编辑系统在患者体内精准编辑靶细胞治疗遗传疾病的技术已初步成功。随后的 2021 年 9 月，Editas Medicine 公司公布了其体内基因编辑疗法 EDIT-101 治疗 Leber 先天性黑蒙 10（LCA10）的 1/2 期临床试验，结果显示，接受中等剂量治疗的患者均获得显著临床疗效，且试验未观察到严重不良事件和毒性。

（六）细胞疗法持续拓展新靶点和种类

全球细胞治疗研究活跃度持续升高，2021 年，细胞治疗临床试验数量同比增长 43%，远高于 2020 年的 24%，重点聚焦在 CAR-T（嵌合抗原受体 T 细胞免疫疗法）、TCR-T（工程化 T 细胞）和 TIL（肿瘤浸润淋巴细胞）细胞疗法。当前的进展主要体现在新型细胞治疗技术、新靶点细胞治疗技术的成功。

2022 年 1 月，Immunocore 公司的葡萄膜黑色素瘤细胞疗法 Kimmtrak（tebentafusp-tebn）在美国上市，这是全球首个 TCR（工程 T 细胞受体）细胞疗法，同时也是全球首个获批的实体瘤细胞疗法，具有里程碑式的意义。

随着第四款 CD19 靶点的 CAR-T 治疗药物 Breyanzi（lisocabtagene maraleucel；liso-cel）的上市（2021 年 2 月，BMS），新靶点 CAR-T 疗法也陆续上市，2021 年 3 月，百时美施贵宝（BMS）和蓝鸟生物针对 BCMA（B 细胞成熟抗原）靶点的 CAR-T 细胞疗法 Abecma（idecabtagene vicleucel）获批用于治疗多发性骨髓瘤，成为首个 BCMA 靶点 CART 疗法；2022 年 3 月，强生和传奇生物合作开发的 BCMA 靶点 CAR-T 疗法西达基奥仑赛（cilta-cel）随后获批成为第二个靶向 BCMA 的 CAR-T 疗法。

（七）新靶点抗肿瘤药物陆续成功

1. 针对 *KRAS*、p53 等既往"不可成药"靶点的抗肿瘤药研发逐渐成功，广谱抗肿瘤药物陆续上市

KRAS 基因突变是癌症患者中最常见的致癌基因突变之一，也是著名的"不可成药"靶点，90% 的胰腺癌、30% ～ 40% 的结肠癌、15% ～ 20% 的肺癌中都存在 *KRAS* 基因突变。2021 年 5 月，安进（Amgen）公司开发的 Lumakras （sotorasib）在美国上市，用于治疗携带 *KRAS G12C* 突变的非小细胞肺癌，标志着 *KRAS* 靶点药物的成功。此外，Mirati Therapeutics、勃林格殷格翰（Boehringer Ingelheim）、礼来（Lilly）、诺华（Novartis）等多家公司的 *KRAS* 靶点药物陆续处于开发阶段。

p53 是肿瘤研究中最难开发的靶点之一，超过 50% 的癌症都带有 p53 蛋白突变，该靶点对于癌症治疗具有重要意义，目前的研究重点是恢复 p53 蛋白的功能、阻断 p53 的降解等方面。2021 年，美国临床肿瘤学会（ASCO）报告显示，一系列 p53 靶点药物取得快速进展，如 Aprea Therapeutics 公司的 p53 靶向药 APR-246、勃林格殷格翰（Boehringer Ingelheim）的 MDM2-p53 拮抗剂 BI 907828 等。

2. 第三类新靶点免疫检查点抑制剂上市

在肿瘤免疫检查点抑制剂靶点方面，既往 PD-1/PDL-1、CTLA-4 均获得成功，2022 年 3 月，百时美施贵宝（BMS）靶向 LAG-3（Lymphocyte-activation gene 3，淋巴细胞活化基因）的创新疗法 relatlimab 在美国上市，其与抗 PD-1 疗法 Opdivo（nivolumab）联合，用于治疗黑色素瘤。这是首个 LAG-3 抗体，也是癌症免疫疗法领域首个靶向全新免疫检查点的疗法。

3. 溶瘤病毒、双抗、抗体偶联药物等管线陆续有新药上市

溶瘤病毒技术趋于成熟，作为肿瘤免疫治疗领域的重要分支和发展方向，溶瘤病毒已在多种癌症治疗中取得阶段性成果。2021 年 6 月，日本第一三共公司溶瘤病毒疗法 Delytact（teserpaturev/G47Δ）在日本获批用于治疗恶性胶质瘤。其他溶瘤病毒技术，如阿拉巴马大学治疗儿童胶质瘤的 HSV-1 G207 溶瘤病毒、杜克大学胶质母细胞瘤治疗药物 PVSRIPO、DNAtrix 公司治疗胶质母细胞瘤的溶瘤腺病毒 DNX-2401 等均有不同程度的研发进展。

在抗体偶联药物（ADC）方面，2021 年，首款靶向 CD19 的抗体偶联药物 Zynlonta 及首个肽偶联药物 Pepaxto 获批上市。此外，2021 年 FDA 首次批准了靶向不同肿瘤抗原的双特异性抗体疗法 Rybrevant，这是一种人源化 EGFR/MET 双特异性抗体，可以在阻断 EGFR 和 MET 介导的信号传导的同时，引导免疫细胞靶向携带 EGFR/MET 突变的肿瘤。

（八）阿尔茨海默病治疗性药物里程碑式突破

阿尔茨海默病是老龄化社会重要的疾病负担，世界卫生组织（WHO）估计，全球 65 岁以上老年人群阿尔茨海默病的患病率为 4%～7%。既往阿尔茨海默病的相关药物均围绕改善患者的症状，未有针对患病机制的治疗，因而不能减轻病理变化、逆转或减缓疾病进程。2021 年 6 月，渤健（Biogen）和卫材（Eisai）公司治疗早期阿尔茨海默病的新药 Aduhelm（aducanumab，阿杜卡玛单抗）在美国获批上市，该药通过选择性地与 β- 淀粉样蛋白沉积结合，通过激发免疫系统清除沉积的蛋白斑块。Aduhelm 是第一种针对阿尔茨海默病基本病理生理学并对其产生影响的疗法，在阿尔茨海默病治疗领域具有里程碑的意义。同样类似的药物，如礼来公司抗体疗法 donanemab、渤健（Biogen）和卫材（Eisai）的抗体疗法 lecanemab 均有持续的进展。

（九）AI 技术在解构生物质和新药研发方面持续突破

AI 在解构和精准预测蛋白、RNA 结构方面的能力持续提升。① 2021 年 7 月，DeepMind 发布的新版 AlphaFold2 解析蛋白结构的速度比之前快约 16 倍。此后，DeepMind 和欧洲生物信息研究所（EMBL-EBI）合作发布了由 AlphaFold 预测的蛋白结构数据库（AlphaFold Protein Structure Database），该蛋白 3D 结构数据库包含了由 AlphaFold 人工智能系统预测的约 35 万个蛋白结构，覆盖人类及 20 种生物学研究中常用模式生物，对 98.5% 的人类蛋白的结构做出了预测。2021 年 7 月，华盛顿大学蛋白设计研究所构建了名为 RoseTTAFold 的软件系统，在解析蛋白质 3D 结构方面与 AlphaFold2 可实现协同，该工具可以预测由两个或者多个蛋白构成的复合体的构象，可以直接由蛋白序列推测出不同蛋白相互结合的结构模型。2021 年 11 月，DeepMind 的 AlphaFold 联合 RoseTTAFold 根据氨基酸序列准确地预测出蛋白质的三维结构，预测出的真核生物蛋白质复合体的三维结构准确率达到 80% ~ 90%。②在 RNA 结构预测方面，2021 年 8 月，*Science* 发表了斯坦福大学 AI 技术对于 RNA 结构的预测，通过机器学习算法（ARES 网络）显著改善对 RNA 结构的预测，该方法可准确识别 RNA 结构模型，在盲 RNA 结构预测中表现出较高水准。

AI 技术在药物研发领域应用的广泛性持续提升。《麻省理工科技评论》将 "AI 药物分子发现" 列为 2021 年十大突破性技术。2021 年 3 月，麻省理工学院开发出快速计算药物分子与靶蛋白间亲和力的 DeepBAR 技术，可以快速计算候选药物与其靶标之间的结合亲和力，其计算速度较以前提升近 50 倍；2021 年 4 月，Facebook AI 研究实验室与德国环境健康研究中心共同开发了预测药物组合和基因删除等干预措施效果的 AI 模型。

（十）脑机接口的应用效果持续提升

脑机接口是将脑电信号直接转化为计算机输出信号的新兴技术，这方面的进展主要体现在通过优化微电极介入技术结合计算机算法，将大脑的"想法"转化为计算机信号变得更为精准、便捷。2021 年 4 月，美国布朗大学开发出使用高带宽无线脑机接口技术，可以实现以单神经元分辨率和全宽带保真度传输脑信号。2021 年 4 月，马斯克创办的神经连接公司实现了猴子通过脑机接口系统 LINKV0.9 玩电子游戏的场景，该系统具有体积小、排异反应小、信号采集通道数量多等特点。2021 年 5 月，斯坦福大学研发出可将人类大脑中想象的"笔迹"转为屏幕文本的脑机接口，准确率超过 99%。

三、生物医药产业持续高速发展

（一）新技术产品占比持续升高

生物医药是技术驱动型产业，在全球持续快速增长。自 1983 年首款抗体药 OKT3 上市以来，FDA 累计批准了 106 款抗体新药，其中 71 款是 2014 年以后上市的。近 10 年间，抗体药物市场规模稳步增长，从 2012 年的 642 亿美元增至 2020 年的 1585 亿美元，预计 2021 年将达到 1800 亿美元。

新药获批数量和创新疗法仍居历史高位。2021 年，美国 FDA 共批准了 50 款新药，数量居近 10 年的第 3 位（仅少于 2018 年 59 款和 2020 年的 53 款），仍处于历史高位。其中，"first-in-class"创新疗法占新药比例持续提升，2021 年共有 27 款，占新药总数的 54%，该比例是 2015 年以来的最高值。在创新疗法方面，2021 年共有 4 款新疫苗（COMIRNATY、TicoVac、VAXNEUVANCE 和 PREVNAR 20）、2 种 CAR-T 细胞疗法（Breyanzi、Abecma）、2 种新路径疗法（StrataGraft、RYPLAZIM）和 3 种等离子体。欧洲药品管理局（EMA）2021 年共授权 84 款药品上市，其中包括 49 款新活性物质药（NAS），在新药数量和新活性物质药物数量方面相较于 2020 年的 75 款、33 款，2019 年的 61 款、25 款均有持续提升。

（二）投融资与研发投入高度活跃

硅谷银行（Silicon Valley Bank，SVB）医疗健康领域投融资报告显示，2021 年，全球医疗健康领域的公司获得超过 860 亿美元的资金，比此前创纪录的 2020 年高出了 30%。其中，平台型公司（如神经科学、抗传染病领域）2021 年总融资额位居第一，达到 28 亿美元；健康科技（HealthTech）领域与 2020 年相比增加了 157%；医疗器械领域的投资比 2020 年也增加了 53%。

企业研发端显示，2021 年由于全球新冠肺炎大流行，全球主要药企研发投入均大幅升高。根据 Fierce Biotech 发布的 2021 年全球十大研发投入药企数据显示，主要医药企业研发预算均大幅升高，其中罗氏研发预算 148 亿瑞士法郎（合 161 亿美元，同比增加 14%），强生研发预算 147 亿美元（同比增加 21%），辉瑞研发预算 138 亿美元（同比增加 47%），阿斯利康研发预算 97 亿美元（同比增加 62%），葛兰素史克研发预算 53 亿欧元（合 72 亿美元，同比增加 4%），艾伯维研发预算 71 亿美元（同比增加 8%），礼来研发预算 70 亿美元（同比增加 15%）。

四、进一步加强新技术监管

2021 年 7 月，世界卫生组织（WHO）发布了针对人类基因编辑的监管和推荐建议《人类基因编辑监管框架》（*Human genome editing：a framework for governance*）和《人类基因编辑的监管倡议》（*Human genome editing：recommendations*），指出人类基因编辑的风险来自对人类生殖系细胞的改变及可能造成的可遗传的性状改变，以及扩大国家之间和国家内部的健康不平等的可能，并基于此提出了对人类基因组编辑的安全性、有效性和伦理方面的监管建议。

世界卫生组织对出生后体细胞人类基因组编辑、子宫内体细胞人类基因组编辑、可遗传的人类基因组编辑、人类表观遗传编辑和增强某些性状的基因编辑 5 个领域提出了在不同社会价值观、道德观、财务能力情况下的监管建议。此外，世界卫生组织对于人类基因组编辑的注册、国际研究、医疗旅行，以及相关技术的教育等方面给出了建议，期望通过提供管理框架、管理工具与场景，在所有国家实现确保安全、有效、符合伦理的人类基因组编辑。

（执笔人：贾晓峰）

人工智能成为各国科技竞争的制高点

2021 年以来，AI 技术不断取得突破性进展，全球面临 AI 技术拐点的重大机会窗口，AI 产业规模在未来 10 年将进入高速增长期。为此，各国将人工智能作为决胜未来的战略制高点，陆续出台或完善人工智能发展战略布局与顶层设计。截至 2021 年 12 月，全球至少有 60 多个国家和地区已经制定了人工智能专项战略，同时，各国围绕资金、组织、人才、支撑要素、应用及治理等推出人工智能发展具体举措。从全球人工智能竞合态势看，各国一方面加强与盟国在伦理治理、研究开发等方面的协调合作；另一方面围绕人才、关键技术展开竞争，呈现竞合交织的阶段性特征。

一、主要国家加强战略布局

2021 年以来，主要经济体将人工智能发展作为国家战略优先事项，持续加强或完善人工智能战略布局，并相继出台人工智能专项战略规划和相关配套政策。2021 年，有 10 余个国家或地区制定或更新了人工智能战略文件。

（一）美国通过立法完成人工智能战略的顶层设计

2016 年 2 月，白宫发布人工智能研发战略并于 2019 年 6 月更新，2021 年 1 月，白宫发布《国家人工智能倡议法案》，将人工智能战略提升到国家法律层面给予制度保障，标志着美国政府逐步完成人工智能顶层设计，加速推进人工智能战略实施。政府自上而下建立起体系化专职机构，强化政府干预与统筹，分别于 2021 年 1 月和 9 月成立国家人工智能行动办公室、人工智能咨询委员会和人工智能机构间委员会。国防部、商务部及能源部等各联邦部门纷纷成立人工智能专职机构。

（二）英意澳等国制定完成人工智能战略规划

2021 年，英国、意大利、澳大利亚、巴西、埃及、土耳其等国正式启动实施国家人工智能战略，明确了未来一段时期内本国人工智能发展的目标、方向，以及为此需要采取的政策措施。

英国分别于 2021 年 1 月和 9 月制定了《人工智能路线图》和《国家人工智能战略》，明确了在未来 10 年内保持其作为人工智能和科学超级大国地位的最终目标，并围绕创新生态系统、实际应用、有效治理三大行动方向提出了一系列政策措施。创新生态系统方面主要围绕人才、创新体系、数据与算力、国际投资与贸易等问题展开，具体措施包括培育和引进最优秀的人工智能人才、启动新的国家人工智能研究和创新计划、开展国际研究与创新合作、推动数据开放共享、加强数据基础设施建设、支持国内芯片设计产业、加强外国投资审查力度等；实际应用方面侧重于推动人工智能在商业、医疗和社会保障、能源、国防等领域的应用；有效治理方面，英国政府提出的核心目标是建立世界上最值得信赖和支持创新的人工智能治理体系，确保在鼓励创新和投资的同时保护公众安全和英国的基本价值观，主要措施包括更好地参与国际人工智能标准制定、发展人工智能鉴证工具和服务、加强人工智能安全性研究等。

意大利于 2021 年 11 月发布国家人工智能战略《2022—2024 年人工智能战略计划》，提出了六大目标、11 个优先发展事项及 24 条政策举措。六大目标分别是加强人工智能基础和应用前沿研究、增强人工智能研究网络的协作、发展以人为本和可信赖的人工智能、推动基于人工智能技术的创新和人工智能技术本身的开发、提供人工智能驱动的政策和服务、培育和引进人工智能人才；11 个优先发展事项分别是人工智能与制造业、农业、医疗卫生、环保、基础设施、金融、公共管理、智慧城市、国家安全等 9 个领域的融合，以及人工智能教育体系和信息技术整体水平的提升；主要措施包括博士生扩招、加强 STEM 教育、打造国家级的人工智能研究数据和软件平台、资助人工智能创新应用、支持初创企业成长、建立人工智能产品认证体系等。

澳大利亚政府于 2021 年 6 月发布《澳大利亚人工智能行动计划》，围绕技术开发应用、人才引育、利用尖端人工智能技术应对国家挑战、反映本国价值观四大方向，分别从人工智能发展专项措施、关键技术和数字技能整体水平、基础性政策 3 个维度提出了 39 条具体措施。主要措施包括构建"国家人工智能中心""人工智能和数字能力中心"，吸引和培养人工智能领域的实操型人才，增加新兴技术领域的奖学金，资助人工智能技术在医学研究、国防领域的应用，在国际社会推广澳大利亚的人工智能价值观等。

巴西政府于 2021 年 4 月发布《国家人工智能战略》，指导巴西围绕研究、创新和相关技术开发采取行动。埃及于2021年4月发布《埃及国家人工智能战略》，提出了两大目标和十大重点任务。土耳其于2021年8月发布《国家人工智能战略2021—2025年》，明确了2021—2025年土耳其人工智能发展的7个目标、6个优先事项和119项政策措施。越南于2021年1月发布《人工智能研究、开发和应用国家战略》，明确未来10年越南发展人工智能的两大阶段性目标、5个战略方向和17个政府部门的主要任务分工。爱尔兰于2021年7月发布国家人工智能战略，围绕建立公众对人工智能的信任、利用人工智能实现经济和社会效益、人工智能发展的驱动因素3个方面，提出了8个重点任务，并明确了每个任务下的目标和行动措施。智利于2021年10月发布《国家人工智能政策和行动计划》，作为未来10年发展人工智能的指导性文件。

（三）欧盟、日本和法国等更新人工智能战略文件

欧盟、日本和法国等国家和地区结合技术发展趋势和内外部环境变化，对既有人工智能战略进行了更新或补充，以适应人工智能技术发展及内外部环境变化。

欧盟委员会在吸收第一版《人工智能协调计划》与《人工智能白皮书》意见的基础上，于2021年4月发布《人工智能协调计划（2021年修订版）》，通过协调各成员国行动，实现欧盟人工智能全球领导地位的目标。文件围绕四大发展方向提出了40条关键行动计划。一是创造能够推动人工智能发展与应用的使能环境，主要行动计划包括制定《数据法案建议稿》，建立欧洲产业数据、边缘计算与云联盟，制定《人工智能处理器的设计、制造与部署路线图》等；二是确保人工智能创新链各个环节有序衔接，主要行动计划包括构建欧洲人工智能、数据与机器人伙伴关系，征集测试与验证设施项目，依托欧洲数据创新枢纽网络为企业提供人工智能数字创新"一站式服务"等；三是确保人工智能以人为本，主要行动计划包括制定《人工智能伦理指南》与《数据应用伦理指南》，征集人工智能技能培训项目，推动全球人工智能标准制定等；四是确保欧洲在具有重大影响的领域占据战略领导地位，主要行动计划包括在人工智能世界中确保欧洲的机器人领导地位，推动公共部门成为应用人工智能的探路者，将人工智能应用于气候与环境领域，利用人工智能推动可持续农业发展等。

日本于2021年3月发布《人工智能战略（2021年版）》，对2019年的国家人工智能战略进行更新。更新版战略立足于近两年人工智能发展趋势的最新变化、日本人工智能相关政策的实施进展情况及新冠肺炎疫情下日本经济社会暴露出的问题，更加注重人工智能的落地应用，加速人工智能与经济社会的融合。

法国于2021年11月发布《国家人工智能第二阶段发展战略（2021—2025年）》，总结了2018—2021年法国人工智能发展的积极进展，并明确了2021—

2025 年的核心任务和主要措施。法国将在 2021—2025 年向人工智能领域投入 22.2 亿欧元（包括 15 亿欧元的公共资金和 5.06 亿欧元的私人资金），并实现三大目标：提高人工智能从业人员的技能水平，推动法国成为嵌入式人工智能和可信人工智能领域的领导者，加速人工智能与经济社会的融合应用。

（四）多国加快推进人工智能战略起草工作

阿根廷、新西兰等国家已进入人工智能战略起草的最后阶段。阿根廷教育、文化、科学和技术部于 2019 年启动《国家人工智能计划》制订工作，通过一系列战略任务部署推动阿根廷在人工智能领域成为区域性领导者。新西兰数字经济和通信部部长在 2021 年新西兰人工智能论坛上公布了该国人工智能战略的愿景和核心任务，即在公平、可信赖、可访问的基础上建立一个繁荣的人工智能生态系统。

二、主要国家多措并举全面发力人工智能创新

2021 年，主要经济体围绕资金、机构、应用及治理等人工智能发展的关键环节，推出了一系列支持性政策措施。

（一）加大人工智能领域国家研发投入

美国国防 AI 联邦预算远高于非国防 AI 联邦预算。2018—2020 财年，美国人工智能军事研发投入预算申请分别为 26.9 亿美元、38.6 亿美元和 50.6 亿美元，同比大幅攀升，2021 财年预算申请为 49.9 亿美元。联邦政府非国防人工智能研发投入 2019 财年和 2020 财年实际发生额分别为 11.1 亿美元和 14.3 亿美元，2021 财年最终批准额为 15.3 亿美元。欧盟 2022 财年继续加大对人工智能领域的投资，承诺向该领域拨款 33.3 亿欧元，与 2021 财年的 31.8 亿欧元相比，上涨约 4.4%。韩国在 2022 年国家研发预算中新增下一代人工智能核心技术等领域，2022 年的预算为 29.8 万亿韩元，比 2021 年的 27.4 万亿韩元增加 8.8%。法国 2021 年投向人工智能创新项目的公共资金达 11.8 亿欧元，约为 2020 年（6 亿欧元）的 2 倍、2018 年（1.7 亿欧元）的 7 倍。

（二）设立人工智能研究机构

2021 年，全球主要经济体纷纷设立人工智能研发机构，打造新的人工智能研究力量。7 月，美国国家科学基金会共投资 2.2 亿美元新建 11 个国家人工智能研究院，开展时间跨度长、跨学科、面向特定应用的人工智能基础研究。这项投

资是继 2020 年第一轮 7 个人工智能研究机构的第二轮投资。10 月，美国国家科学基金会启动第三轮国家人工智能研究院招标程序。

德国加大对人工智能研究中心的资金支持。10 月，德国联邦教育和研究部和部分州政府发表联合意向声明，宣布今后每年将额外提供 2200 万欧元支持德国人工智能研究中心发展，加快人工智能研发成果向创新产品、服务和初创企业的转移。

英国新建哈特利国家数字创新中心。6 月，英国科学技术设施委员会和 IBM 共同建立哈特利国家数字创新中心，其核心工作是利用人工智能、高性能计算、数据分析、量子计算等技术，针对材料、生命科学、环境和制造等领域的实际问题开发创新解决方案。

韩国打造汇集 215 家产学研机构研究力量的人工智能创新中心，该中心由高丽大学牵头，首尔大学、延世大学等国内顶尖大学，三星电子、LG 电子等 100 多家韩国企业，以及谷歌、脸书等海外企业等共同参与。其核心目标是整合国内外最优质的研究网络和基础设施，面向人工智能领域高风险、高挑战性的难题开展研究，并建立有效的人工智能教育体系。

澳大利亚建立国家人工智能和数字能力中心。2021—2022 年，澳大利亚将投入 5380 万澳元构建国家人工智能中心和 4 个人工智能和数字能力中心。其中，国家人工智能中心的主要职责是从国家层面协调本国在人工智能领域的专业知识和能力，推动人工智能的商业化；人工智能和数字能力中心主要负责向中小企业提供尖端的人工智能技术和专家咨询服务，帮助其应用人工智能技术。

（三）推动公共数据开放共享和有效利用

为最大限度地发挥数据的价值，美国、英国、爱尔兰等国家持续推动公共数据的开放共享。韩国、日本等国家则制定数据战略，对数据的生产、开发、利用等关键环节进行系统布局。

美国相关政府部门陆续推出促进公共数据开放和私营部门数据共享的政策。白宫成立国家人工智能研究资源工作组，就政府数据进行统筹规划并编写路线图，以扩大人工智能研究人员获取研究数据和更强计算能力的机会。美国国家地理空间情报局发布新数据战略，明确提出将增强该部门数据资产的可访问性和可用性，并改进数据管理与共享方式。

英国注重营造有利于数据安全共享的制度环境，积极推动数据跨境流动。2021 年 8 月，英国公布全球数据计划，将与美国、澳大利亚等 10 余个国家建立全球数据合作伙伴关系，达成新的数据传输协议，以完善数据跨境流动治理框架，降低国际数据传输成本。一是积极推动数据跨境流动。同月，英国公布全球数据计划，将与美国、澳大利亚、新加坡等国家建立全球数据合作伙伴关系，达成新的数据传输协议，以完善数据跨境流动治理框架，降低国际数据传输成本。二是探索构建数据保护框架。9 月中旬，英国数字、文化、媒体和体育部就英国数据保护制度改革开展公众咨询，重点讨论数据保护框架如何在更广泛的人工智能治理背景下发挥作用。三是充分发挥政府在推动数据共享中的引导作用。根据英国国家人工智能战略，英国将继续公开权威的、机器可读的公共数据，并于近期发布一项政策框架，明确政府在促进数据可用性方面的作用。

日本发布数字战略，打造世界数据中心。6 月，日本政府发布《综合数字战略》，构建数据安全保障机制，将日本打造成世界数据中心。9 月，日本内阁新设数字化厅，统筹推动数据战略，全面领导行政工作数字化改革相关工作。

韩国致力于推动数据产业发展。11 月，韩国政府发布《数据产业振兴和促进基本法》，以推动未来数据核心产业发展，提升数据生产、分析、结合和利用等技术水平，加强相关领域的人员培训和国际合作。

（四）加强治理引导人工智能健康有序发展

美国初步建立人工智能问责和风险管理框架。美国政府问责局于 2021 年 6 月正式出台《人工智能：联邦机构和其他机构的问责框架》，确保相关技术和系统的公平、可靠、可追溯和可治理，并引导美国政府和所有参与设计、开发、部署和持续监测人工智能系统的机构与企业负责任地使用该技术。该框架分为治理、数据、性能和监测 4 个部分，包含关键做法、关键问题和问责程序等内容。2020 年 11 月，美国管理和预算办公室向联邦机构发布了关于何时及如何监管私营部门使用人工智能的指导意见，要求政府部门在进行监管时首先要进行"监管影响评估"，即监管风险和成本效益评估，确保人工智能创新的良性发展。

英国明确人工智能医疗器械监管原则和重点任务。英国较重视解决人工智能在医疗领域应用出现的新问题。为保证人工智能医疗器械的安全性，英国药品和保健产品监管局相继发布了相关监管工作计划和指导原则。9 月，更新了人工智能医疗器械监管工作计划。10 月，又和美国、加拿大的相关管理部门联合发布了利用机器学习开发医疗器械的 10 项指导原则，为后续相关监管政策和指南的制定确定基本立场。

欧盟启动联合创新项目以加强执法机构的人工智能技能。2021 年 10 月，欧盟启动总预算为 1880 万欧元（其中 1700 万欧元由欧盟资助）的创新项目"星光"，以增强欧盟执法机构对人工智能相关法律和道德的广泛理解，解决全欧洲所有执法机构面临的高优先级威胁。

三、人工智能全球竞争与合作交织

2021 年以来，人工智能已经成为国际竞争的焦点及大国博弈的主阵地。一方面，各国依托国际组织和已有的盟友关系，加强与伙伴国在伦理治理、研究开发等方面的协调合作；另一方面，国家间的人才"争夺战"和关键技术"保卫战"更加激烈。

（一）国际组织积极协调各成员国行动

联合国发布多份人工智能相关指南和倡议，以更好地在国家、区域和国际层面协调人工智能战略、政策、伦理。世界卫生组织发布首份人工智能医疗应用全球报告《人工智能应用于医疗保健领域的道德原则和管理》，列出六大指导原则。经合组织发布研究报告《经合组织人工智能原则的实施状况：来自国家人工智能政策的见解》，分析各成员国人工智能战略政策的制定和实施情况，并就如何执行 OECD 人工智能原则提出了 5 项建议。北大西洋公约组织发布首个北约人工智能战略，将人工智能作为北约盟国优先考虑的 7 个技术领域之一。

（二）主要国家联盟强调价值观的统一

人工智能治理问题逐渐成为大国博弈的工具。为争夺国际人工智能治理的话语权，部分国家联盟以共同价值观为纽带，持续加强彼此间的对话合作。

七国集团反复重申人工智能治理要符合共同的民主价值观，发布数据和隐私保护会议公报，强调建立体现人权、民主、自由等价值观的人工智能治理框架，承诺各国数据保护和隐私管理机构将就人工智能发展应遵循的原则开展对话。美国、澳大利亚、丹麦、挪威四国签署出口管制和人权倡议并发表联合声明，拟建立自愿的书面行为准则，欢迎"志同道合"的国家围绕该准则进行政治承诺，使用出口管制工具防止可能损害人权的软件和其他技术的扩散。

（三）各国积极开展人工智能研发合作

为获得更大的技术突破，各国积极开展国际科技合作，共同促进人工智能的技术发展。

美国自拜登总统就任以来，进一步加强与加拿大、以色列、欧盟、日本、韩国、澳大利亚、印度等盟友的人工智能合作，其主要意图之一是将中国排除在其技术生态圈之外，保持人工智能全球领导力。英国在国家人工智能战略中强调要落实美英人工智能研发合作宣言，促进两国人工智能研发合作。在军事领域，英美于 2020 年 12 月建立"自主和人工智能合作"伙伴关系协定，主要目标是加快美英联合开发，促进人工智能技术和能力共享，涵盖从人工智能算法的基础研究到测试验证、推进两国联合全域指挥和控制能力的联合实验等内容。韩国推进与法国、瑞典等欧洲国家的人工智能研发合作。越南与澳大利亚于 2021 年 8 月启动越澳人工智能合作网络。法德加大对人工智能合作研究的资助力度。

（四）各国加强对人工智能关键技术的保护

全球各主要国家都已将人工智能视为与国家安全高度相关的战略性领域。美国、英国、澳大利亚等国家通过收紧出口管制、加强外资审查等方式，加强对本国人工智能领域关键技术的保护，以保障国家安全。

美国加紧人工智能技术出口管制并加强多边协调机制。2018 年以来，美国不断调增人工智能领域关键技术出口管制清单。2018 年 11 月，美国商务部发布了受管制的新兴技术清单，其中人工智能领域涉及 11 项具体技术；2020 年 1 月，对基于深度卷积神经网络的地理空间图像自动分析软件实施出口管制；2020 年 10 月，新增计算光刻软件等 6 项技术；2021 年 10 月，就脑机接口技术纳入出口管制向公民征求意见。美国还联合欧盟加强人工智能的出口管制，在美欧"跨大西洋贸易和技术理事会"首次会议上，美欧双方表示将针对敏感两用技术制定联合管制方法。此后不久，美国商务部工业安全局针对美欧联合开展出口管制合作的领域及优先事项公开征求意见，标志着美欧在协调出口管制多边机制方面迈出实质性步伐。

英国在国家人工智能战略中提出，要对人工智能领域的外国投资进行有效审查，以保护国家安全。2021 年 4 月，英国颁布《国家安全和投资法案》，列出了 17 个重点行业，其中不仅包括人工智能核心技术，还涵盖了高端机器人、通信、计算机硬件、数据基础设施等与人工智能密切相关的技术。法案要求，这 17 个重点行业的收购活动需遵守强制申报要求，且必须经过英国政府相关国务大臣的批准，在获批之前进行收购将构成违法。

澳大利亚《关键技术蓝图》提出，针对人工智能等与国家安全密切相关的关键技术，将制定并出台《外商投资改革法》，加强对敏感领域投资的审查，特别是会给国家安全带来风险的敏感投资，以保护关键基础知识产权和资产。

（五）全球人工智能人才竞争愈发激烈

人工智能竞争的本质是人才竞争，尤其是在人工智能人才全球性短缺的背景下，人工智能人才竞争将更为激烈。当前，实行更为开放的人才引进政策已经成为各国的共识。

美国人工智能国家安全委员会的最终报告建议，美国国会应该推行针对高技能移民的综合性移民战略，通过新的激励政策，以及为技术移民在办理签证、绿卡及寻找工作方面提供便利等举措，鼓励更多人工智能人才在美国学习、工作和定居。而美国参议院5月投票通过的《无尽前沿法案》更是让科研人员未来不得不"选边站队"。该法案严格规定限制与中方有联系的科学家参与美国科研项目，只要是涉及中国、俄罗斯、朝鲜或伊朗资助项目的研究人员，都将被明令禁止担任联邦新研究项目的主要研究员。英国的国家人工智能战略明确提出要引入新的签证政策，提高英国对全球人工智能人才的吸引力。法国正通过一系列政府资助的计划，不断提升大学的教学水平和国际影响力，以吸引更多海外人才。

而从实际情况看，随着其他国家提高对海外归国人才的重视，美国对全球人工智能人才的吸引力虽然依旧遥遥领先，但已有所下降。据加拿大人工智能企业Element AI的跟踪调查，与5年前相比，有更多国家抵御住了美国的强吸引力，人才流失率有所下降。领英研究也表明，美国已成为中国人工智能人才最主要的回流来源地。

（执笔人：张　东）

半导体产业链供应链安全成为全球关切

新冠肺炎疫情暴发后，受需求上升和部分供应链中断等影响，全球经历芯片短缺危机。叠加中美战略竞争、俄乌冲突等复杂国际局势，半导体产业链供应链安全受到全球关注，主要国家和地区纷纷制定半导体产业发展规划，强调对基础研究、设计、前端制造、后端封测及材料等全产业链进行布局，特别是要在本土打造自主可控的生产制造设施，确保供应链韧性。国际合作仍被各国和地区视为确保半导体供应链安全的重要途径，但欧美国家更强调同盟间合作，并严防核心技术和人才外流。

一、全球半导体市场格局

过去 30 年间，全球半导体产业快速增长，并产生了巨大的经济影响。根据 2021 年 6 月世界半导体贸易统计局（WSTS）发布的报告，2020 年，全球半导体销售额达到 4404 亿美元，比 2019 年增长 6.8%，预计 2021 年将大幅增长至 5270 亿美元，2022 年将进一步增长至 5730 亿美元。从全球主要国家或地区市场份额（企业总公司所在地）来看，2020 年，美国占全球半导体市场产出的 47%，韩国占 20%，日本占 10%，欧洲占 10%，中国台湾地区占 7%，中国大陆占 5%。从半导体消耗（使用量）来看，美国占全球总产量的 25%，中国大陆占 24%，欧洲占 20%，日本占 6%，世界其他地区占 22%。

从半导体价值链增加值来看，美国占全球半导体价值链增加值的 38%，韩国占 16%，日本占 14%，欧洲占 10%，中国大陆占 9%，中国台湾地区占 9%。从细分领域来看，在电子设计自动化（EDA）与核心知识产权（IP）、逻辑半导体、DAO（分立器件、模拟前、光电与传感器）、存储器和制造设备等研发密集型领域，相关价值链增加值主要被美日欧等国家和地区获得；在材料、晶圆制造等资本支出密集型领域，全球主要国家和地区获得的增加值比较均衡，但总体主要集中在中日韩 3 个亚洲国家；在组装、封装和测试这一资本支出和劳动密集型领域，相关价值链增加值主要集中在中国和韩国（图 2-1）。

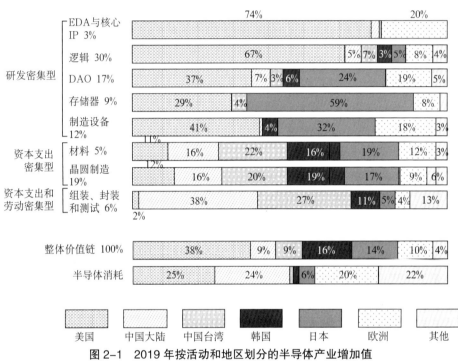

图 2-1　2019 年按活动和地区划分的半导体产业增加值
（数据来源：美国半导体行业协会《2021 年美国半导体产业现状》）

从半导体生产制造能力来看，全球分布极不均衡，亚洲地区拥有全球 75% 的生产能力，欧美地区严重落后。以最为重要的逻辑半导体为例，10 纳米以下先进制程全部位于亚洲地区，其中 92% 位于中国台湾地区，8% 位于韩国；10 ～ 22 纳米制程主要位于美欧和中国台湾地区，其中 43% 位于美国，28% 位于中国台湾地区，12% 位于欧洲；28 ～ 45 纳米制程主要位于中国，其中 19% 位于中国大陆，47% 位于中国台湾地区；45 纳米以上制程主要位于亚洲地区，其中 23% 位于中国大陆，31% 位于中国台湾地区，10% 位于韩国，13% 位于日本（图 2-2）。

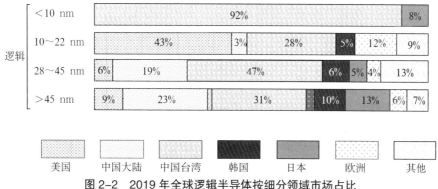

图 2-2　2019 年全球逻辑半导体按细分领域市场占比

（数据来源：美国半导体行业协会《2021 年美国半导体产业现状》）

二、主要国家和地区纷纷制定半导体产业规划

新冠肺炎疫情暴发后，全球消费电子需求大增，由于预期不足叠加疫情影响，全球经历缺芯危机。同时，半导体是驱动人工智能、物联网、云计算、量子计算机、智能电网、智慧城市等数字化未来的核心动力，各国都开始高度重视半导体产业链供应链自主可控，纷纷出台半导体产业发展规划，推动全球半导体产业链进入深刻调整阶段。

（一）美国

美国是半导体研发大国和全球最大的半导体市场，但其在全球半导体产能中的份额已从 1990 年的 37% 降至 2019 年的 13%，预计到 2030 年还将进一步下降至 10%。美国政府担心这将为疫后经济复苏及军事和关键基础设施能力的提升带来不利影响，欲加大投资确保美国在研发和生产制造方面都能继续保持领先。为此，美国国会两党议员于 2020 年 6 月合作推出《美国芯片法案》，此后被先后纳入参议院《2021 年创新和竞争法案》（2021 年 6 月）和众议院《美国竞争法案》（2022 年 1 月），成为这两项法案的核心投资内容。2022 年 4 月，美参众两院已就这两项创新立法提案开启协商进程。

若通过，《美国芯片法案》将为半导体行业提供 520 亿美元的拨款和补贴。主要内容包括：5 年内拨款 495 亿美元设立芯片基金，用于提供研发及投资税收抵免，提升美国在半导体制造和芯片研发领域的实力，第一年的拨款将高达 240 亿美元；拨款 20 亿美元设立美国芯片法案国防基金，用于支持国防部门与私营部门、大学和其他联邦机构合作，开展研发、测试、评估和其他相关活动；拨款 5 亿美元设立开放式无线电接入网和美国芯片法案国际技术安全与创新基金，主要通过美国国际开发署、美国进出口银行和美国国际开发金融公司与外国政府及合作伙伴合作，确保美国通信技术安全和半导体供应链安全。

此外，美国国会两党议员还于 2021 年 6 月合作推出《促进美国半导体制造法案》，旨在为美国国内制造半导体提供有针对性且合理的激励，如能通过，将为半导体生产设备的制造及生产设施的建设提供 25% 的投资税收抵免。

（二）欧盟

欧盟在 20 世纪 90 年代占全球半导体产能的 20% 以上，目前这一比重仅为 10% 左右，且不具备 22 纳米以下芯片生产制造能力，在设计、封装和测试方面也严重依赖国外厂商。为加强半导体生态系统，减少外部依赖，欧盟委员会于 2022 年 2 月公布《欧洲芯片法案》，提出将在 2030 年前充分调动公共和私营部门资金，投入 430 亿欧元支持半导体领域的发展。主要举措包括：公共投入 110 亿欧元实施"欧洲芯片计划"，全面加强欧盟在芯片研究、设计、生产制造和封装方面的能力；设立规模为 20 亿欧元的"芯片基金"，重点支持半导体价值链上的中小企业和初创企业；对具有"首创性"的先进芯片生产制造设施进行补贴；深入了解全球半导体供应链，通过永久性监测和危机时特定举措，预测和应对潜在的短缺危机；加强与志同道合的国家构建半导体伙伴关系，就共同关心的倡议制定合作框架，并寻求危机时期供应链的稳定性。

（三）德国

德国是欧洲最强工业国和汽车王国，芯片需求巨大。近年来，德国高度重视半导体产业发展，一方面加强基础研发；另一方面大力吸引芯片制造厂商赴德建厂。

在研发方面，德国投入大量资金以提高本国及欧洲半导体产业的创新能力和竞争力。2018 年 12 月，德国与法国、英国和意大利共同发起微电子联合研究与创新综合计划，德国承诺在 2019—2020 年投入 10 亿欧元，重点支持节能芯片、功率半导体、智能传感器、先进光学设备和复合材料五大领域的攻关。2020 年 11 月，德国政府出台《微电子研究框架计划（2021—2024）》，投入 4 亿欧元支持微电子研究，以推动德国成为开发和生产可靠且可持续微电子产品的全球重要竞争者。借此，德国将大幅提高在电子设计自动化（EDA）、专用处理器、新型智能互联传感器、高频电子、电力电子、微电子制造设备等领域的关键技术能力，并实现半导体在人工智能、高性能计算、通信技术、智能健康、自动驾驶、工业 4.0、智能能源转换等应用场景的高效利用。

在生产制造方面，德国推出优惠补贴政策积极吸引各大半导体厂商在德国建厂。2022 年 3 月，世界芯片巨头英特尔宣布将投资 170 亿欧元在德国马德堡建设两个新工厂，生产 2 纳米以下芯片，新工厂预计 2023 年上半年开工，2027 年量产。英特尔在德国建厂不仅将生产自己的芯片，还将为英飞凌、博世等德国大型整合设备制造商提供代工服务。

（四）日本

日本曾是半导体生产制造强国，20 世纪 80 年代后期占全球半导体产能的 50% 以上，但在激烈竞争中不断萎缩，近年来已降至 10% 左右，且仅能生产低端半导体产品。日本政府于 2021 年 6 月出台《半导体数字产业战略》，旨在摆脱"失落的 30 年"，提升本国半导体生产制造能力。日本将重点支持的半导体领域包括：中高端逻辑半导体、微处理器、存储器（DRAM、NAND）、功率半导体、传感器、模拟半导体、半导体生产制造"后期处理技术"（如 3D 封装）。为实现上述目标，日本提出四大方面的具体措施，包括：加强先进半导体制造技术开发，保障生产能力；加大数字领域投资，强化逻辑半导体设计与开发能力；促进绿色创新；优化半导体产业布局，增强产业韧性。

同时，日本正在制定《经济安全保障推进法案》，2022 年 4 月已在众议院通过。此举旨在为强化半导体等重要物资供应链提供法律依据。基于该法案，日本将对半导体供应链上的关键企业提供公共资金支持，以完善重要物资及其生产必要原材料等相关生产基础，或引入新技术改善供应链网络。若法案通过，日本政府将为台积电和索尼合资设立的晶圆厂提供至少一半补贴。据悉，该厂初期资本投资约 86 亿美元，计划于 2024 年投产，新工厂将专注于较成熟的 22/28 纳米和 12/16 纳米工艺。

（五）韩国

半导体是韩国支柱产业，韩国政府高度重视通过政策部署支持其发展。2021 年 5 月，韩国发布综合性国家半导体规划——《K 半导体战略》，计划未来 10 年投入 510 万亿韩元（约合 4500 亿美元）支持半导体领域发展，旨在使韩国成为全球最大的半导体制造基地，引领全球半导体供应链，特别是要在存储半导体和系统半导体方面成为世界第一。对此，韩国政府提出四大方面的措施，包括：构建"K- 半导体产业带"，提升 7 纳米及以下工艺产能，强化材料、零部件和设备的生产及封装能力；加大半导体基础设施建设，将半导体列为"核心战略技术"，提供更多研发和设备投资相关税收优惠；夯实半导体技术发展基础，培养半导体人才，加强产业间内部合作；提升半导体产业危机应对能力，强化车用半导体供应链，防止半导体核心技术外流。

2021 年 11 月，韩国政府发布《半导体研发生态和基础设施建设优化方案》，旨在进一步提高未来竞争力。具体措施为：明确中长期半导体研发投资方向，制定系统的技术开发路线图，以使基础研究和商业化进程联动；构建半导体研发跨部门协商体系，协调跨部门政策与项目；制订"国家半导体研究室支持项目"计划，使其能够在最长 10 年的时间里集中研究一个领域，以获得半导体关键原创技术；成立半导体产学研研究协商会，引导产学研共同开展大型研究项目；制订"半导体国际共同研发项目"计划，支持国际共同研究；制定半导体人才培养路线图，掌握半导体人才供需情况，培养专业人才。

（六）中国台湾地区

中国台湾地区是全球半导体价值链供应链的重要一环，特别是在芯片制造和封测等中下游产业链上拥有无法撼动的地位。但台湾地区在生产制造设备、材料和设计软件领域严重依赖进口。为此，2021 年 4 月，台湾地区出台《半导体中长期综合发展计划》，旨在构建自主可控的半导体生态系统，维持和提高台湾地区半导体产业的国际竞争力。对此，台湾地区将在半导体制造、人才、技术和资源三大方面采取措施。一是夯实半导体制造基础，包括：扩大半导体生产制造集群，加强集群间联系；通过退税和降低税率等制度性优惠政策，支持拥有先进技术和设备的台湾地区企业回巢，减少关键制造设备和材料的对外依赖。二是加强半导体技术和关键设备材料的竞争力，到 2030 年使 1 纳米先进制程成为现实，并大力支持人工智能芯片和量子芯片的研发与制造。三是稳定供应专业人才，政企合作出资设立产业界和学术界高度协作的高级人才培养项目和平台，增加半导体、机械和材料领域的人才供应。

（七）其他国家

2021 年年底，印度政府公布一项 100 亿美元的激励计划，旨在吸引半导体厂商在印度设立生产制造基地，并将最多提供项目成本 50% 的补贴，以为印度高科技产业提供支撑。目前，印度正与全球芯片制造商英特尔、格罗方德和台积电等进行谈判。

2022 年 3 月，加拿大政府宣布将向半导体产业投入 2.4 亿加元，其中 1.5 亿加元用于设立半导体挑战基金以支持半导体研发与制造，9000 万加元用于支持加拿大光子学制造中心。

2022 年 4 月，西班牙总理桑切斯宣布，将投入 110 亿欧元发展芯片与半导体产业，旨在应对西班牙汽车行业芯片短缺问题，使西班牙成为工业与科技发展的先锋。

同月，荷兰政府宣布将向光子集成电路产业投入 11 亿欧元，支持初创企业开发基础技术，培育专门人才，扩大制造设施，探索光子芯片新应用，并计划到 2030 年使荷兰形成完整的产业链生态系统，拥有每年 10 万片以上的晶圆生产能力。

另外，俄乌冲突导致俄罗斯被全球主要国家和地区断供芯片，为满足本国需求，据塔斯社 2022 年 4 月报道，俄政府正在制订芯片制造计划，将投入 3.19 万亿卢布（约合 384.3 亿美元）支持本国半导体生产技术与芯片研发、数据中心基础设施建设及人才培养，到 2030 年实现 28 纳米工艺的大规模本地制造能力。

三、主要国家和地区半导体全产业链布局加速

半导体设计和生产涉及的产业链供应链非常复杂，主要由基础研究、设计（含 EDA 和核心 IP）、前端制造、后端封测、材料等环节组成。在 30 多年的发展过程中，主要国家和地区已经形成了相互配合、相互依赖的全球化格局，但在主要国家和地区最新出台的半导体产业政策中却出现了"逆全球化"趋势，大多提出要对全产业链进行布局。

（一）基础研究与设计

竞争前基础研究是实现大规模商业化制造的前提。在半导体供应链中，竞争前基础研究占整个行业研发支出的 15% ～ 20%。同时，一个芯片从最初的想法到最终的电子系统和电路需要经过复杂的设计，芯片设计是半导体产业的关键一环，占整个行业研发支出的 65% 左右。

欧盟提出，要确保到 2030 年实现欧洲在芯片研究、创新和设计方面的领导地位，将对芯片价值链上的大中小企业及研究机构进行资助，重点支持其进行 2 纳米及以下芯片制造技术、人工智能领域的颠覆性技术、超低功耗节能处理器、新兴设计解决方案（如开源 RISC-V 计算架构）等方面的基础研究。在芯片设计方面，欧盟将在现有和新设计库的基础上，部署遍布欧洲的虚拟平台，集成大量尖端新技术，支持用户设计新型组件和系统，展示新的功能（如低能耗、安全性）及新的系统集成和 3D 封装能力等。

德国将致力于确保电子设计自动化（EDA）领域的技术主权，在 EDA 研发时不仅针对单个芯片，而是要考虑电子系统的整体性能，如高度集成的各电路模块间的相互作用、能源使用效率、功能可靠性和安全性等。主要研发方向包括：为设计小批量专用芯片提供模块化的知识产权（IP）、相应工具和硬件设备开发平台，如开源的指令集架构 RISC-V 等；软硬件共同设计；在 EDA 中应用人工智能；在设计时考虑可测试性等。

日本将重点进行融合半导体技术（CPU、存储器等）、光电集成技术（光电

混合装置）、先进人工智能逻辑半导体及节能环保型绿色功率半导体的研发，同时将重点提升逻辑半导体设计能力，包括构建基于 RISC-V 架构和 EDA 工具的开发平台，支持利用自旋电子技术进行半导体设计和验证等。

韩国将重点研发新一代功率半导体、神经网络处理器、新一代人工智能半导体（第三代神经形态芯片）及绿色半导体。同时，为了弥补设计能力的不足，将设立系统半导体设计支持中心、人工智能半导体创新设计中心和新一代半导体融合型园区，构建芯片设计厂商集群，对芯片设计厂商提供从创业到发展的一揽子支持，并将特别加强人工智能半导体设计能力。

（二）生产制造

新冠肺炎疫情叠加产业数字化转型升级，将半导体生产制造置于全球半导体产业发展的核心。恢复生产制造能力、确保半导体供应安全成为主要国家特别是发达国家的核心诉求。

美国芯片法案虽尚未正式通过，但政策的利好趋势已经显现。多个大型半导体厂商已宣布赴美或在美新建工厂。2020 年 5 月，台积电宣布将投资 120 亿美元在亚利桑那州兴建一座先进工厂，采用 5 纳米制程工艺，预计 2024 年实现量产。2021 年 7 月，格芯表示将投资 10 亿美元在纽约州建设第 2 家工厂，解决全球芯片短缺问题。9 月，英特尔投入 200 亿美元在亚利桑那州启动建设 2 家新工厂，为其他企业代工生产芯片。11 月，三星宣布投入 170 亿美元在得克萨斯州新建一座工厂，预计 2024 年下半年投产。

欧盟为实现半导体产业供应链安全，对先进芯片生产制造设施进行补贴。根据要求，受补贴的生产制造设施应具有"首创性"，最多可获得其资金缺口 100%的补贴，即在欧洲部署相关设施所需的最低金额。欧盟确定的潜在受补贴的生产设施领域涉及前沿节点工艺生产制造设施，碳化硅和氮化镓等基板材料，具有更好的性能、更高的技术工艺，以及能效和环境效益的创新型产品等。

日本提出要构建牢固且稳定的供应链，主要措施包括：灵活应用供应链补贴，保障日本国内制造设备、材料与零部件等半导体产业供应链上重要产品的生产；加强与海外企业合作，支持在日本国内建设中高端逻辑半导体生产基地，满足汽车、工程机械、家用电器等行业的需求；重组国内现有的半导体厂商，综合利用研发税制、投资促进税制及金融支持等手段扩大相关企业在微处理器、存储器、传感器、功率半导体、模拟半导体领域的设备投资，增强制造能力，并通过提供代工服务激发企业活力，保障半导体稳定供给。

韩国为进一步巩固生产制造优势，将加大税收优惠力度，促进半导体产业资本投资。具体来看，韩国将在现行税收优惠制度的基础上，新设"核心战略技术"类别，并将半导体领域纳入其中，以对半导体领域的设备投资活动提供更大的税收优惠，大企业将减税 6%，中坚企业将减税 8%，中小企业将减税 16%。同时，韩国将新设 1 万亿韩元（约合人民币 57 亿元）规模的"半导体设备投资特别资金"，以低息向半导体产业内的设计、材料、零部件、制造等行业相关企业提供贷款。

（三）测试与封装

测试是半导体系统安全可靠的保证，从设计到制造，再到最终的验证环节都需要相应的测试方法。封装是晶圆制造后的流程，旨在将通过测试的晶圆按照产品型号及功能需求进行加工，得到独立的芯片。

欧盟高度重视下一代芯片原型试验线部署，将在现有原型试验线的基础上，构建能够将新型先进技术提升到更成熟水平的基础设施，使欧洲能够对新的突破性技术（如量子、人工智能或神经形态计算），以及有关安全性和能效的新功能进行测试和验证。其中，欧盟重点支持 10 纳米及以下 FDSOI（全耗尽绝缘体上硅）工艺的测试，以开发出高效节能芯片。在封装方面，欧盟也有意成为全球领导者，一方面，在芯片设计时高度重视新型系统集成和 3D 封装能力的探索；另一方面，在原型测试方面也不断进行 3D 异构系统集成和封装测试。

德国在测试领域确定的重点研发方向包括便于测试的设计方案、测试方法和设备、各类组件测试设备的全球互联、测量方法和设备、通过标准化简化组件检测流程等。在封装领域的目标是将越来越多的功能和组件集成到一个系统中，重点研发方向为新型复杂系统的封装技术。

日本提出要大力推动逻辑、存储、传感等多个芯片的 3D 集成。一方面，实现封装面积的小型化；另一方面，通过缩短芯片间的布线距离实现高速化和低耗电，进而通过堆叠多个封装实现多功能化。

韩国强调封装技术的全方位发展，包括倒装芯片（Flip chip）、晶圆级封装（WLP）、面板级封装（PLP）、系统级封装（SIP）和 3D 封装等五大尖端封装技术，同时致力于培养封装技术方面的专业人才。

（四）材料

材料支撑芯片从制造到封测的每一个环节，是半导体行业重要的物质基础。特别地，随着新的制造流程和更加复杂的系统集成技术的应用，对半导体材料的性能要求也不断提高。因此，主要国家和地区都高度重视先进半导体材料的研发与制造。

日本是半导体材料主要供应国，具有绝对垄断地位。在其半导体发展规划中，高度重视半导体材料的先导研究，以继续扩大领先优势。具体来看，日本将大力研发和生产先进半导体前端制造工艺中的材料（如纳米半导体材料、配线材料、绝缘材料）、后端处理过程中的材料（如密封剂、晶圆凸块、3D 封装基板）及碳纳米管等。

韩国是半导体大国，对半导体材料需求极大。特别是在高端半导体材料方面，韩国严重依赖日本进口。2019 年，日本宣布对韩实施光刻胶、高纯度氟化氢、含氟聚酰亚胺出口管制，严重动摇了韩国半导体材料供应链，迫使韩国不得不加紧寻找替代品，并加大投入强化自主研发。2019 年 8 月和 2020 年 7 月，韩国先后出台《材料、零部件和设备研究开发投资战略与创新对策》和《材料、零部件和设备 2.0 战略》，支持关键半导体材料的研发与供应，主要举措包括：提供研发税收激励与补贴，鼓励大中小及初创企业加大下一代核心材料技术研发力度；构建材料创新 AI 平台，减少新材料开发过程中的人力物力投入；支持供需企业间合作研发等。在《K- 半导体战略》中进一步明确，要聚集大型半导体晶圆厂与材料企业，构建专业化产业园区，推进需求企业和供给企业合作研发核心材料，缩短研发周期，确保材料供给安全。

中国台湾地区也高度重视打造独立自主的本土战略性半导体材料供应链。鉴于美国对华出口管制、日本对韩出口管制等，中国台湾地区大力支持台湾地区企业优先开发被美日列入管制清单的半导体材料，包括深紫外光刻机材料、光敏电阻材料、前驱体材料、晶圆基板材料、晶圆保护材料等。同时，对于非管制材料，如光敏电阻原料、晶圆加工化学机械抛光相关材料、封装材料、高纯度硅等，中国台湾地区企业也在积极开展自主研发。

四、半导体人才培养重要性凸显

长期以来，人才短缺都是半导体行业发展的重要挑战之一。随着近两年主要国家和地区对扩大半导体产能的追求，人才资源将更加紧张。因此，主要国家和地区都高度重视半导体人才的培养和吸引。

欧盟提出将开展相关教育、培训、技能提升和再培训项目，支持学生参加微电子学研究生课程、短期培训课程、就业 / 实习和见习、先进实验室培训等。此外，还将构建遍布欧洲的能力中心网络，提供在半导体领域的技术专长和试验设施，帮助企业（特别是中小企业）获得和提高芯片设计和开发的能力。

韩国将进一步加强半导体人才培养，并提高核心人才的社会地位。主要举措包括：设立系统半导体专业，培养 14 400 名本科人才；实施产学共同研发项目和"企业参与型"课程，培养 7000 名半导体硕博士人才；向在半导体领域做出杰出贡献的产学研各界人才提供奖励，提高核心人才的经济和社会地位；支持企业退休人员开展再就业和创业活动，最大限度地利用优秀人力资源。

中国台湾地区半导体人才缺口巨大，且面临人才外流的巨大风险。为此，台湾地区提出了每年培养 1 万名半导体人才的目标。具体措施包括：政企共同出资设立产学相连接的高级人才培养项目和平台，以培养半导体高级人才和博士人才，如半导体研发中心和大学重点领域研究学院等；实施《外国专业人才延揽及雇用法》，完善签证、就业、居住等相关规定，同时实施保险、税收等方面的优惠政策，吸引外国半导体人才到台湾地区就业；创造优厚条件吸引优秀海外学生来台就读，如减免学费和其他费用、提供奖学金、设立双专业或多专业学制等，并完善外国大学毕业生就业规定，使优秀毕业生更容易在台湾地区就业。

五、国际合作仍是确保半导体供应链安全的重要途径

尽管当前半导体产业的全球竞争正在加剧，但在长期发展过程中，半导体供应链已实现真正的全球化，全球主要国家和地区在产业链的不同环节展现着不同的优势，并且互相依赖。构建一国独立自主的半导体产业生态系统不仅需要巨额投资，对全球半导体产业也会带来巨大损失。因此，国际合作仍是各国确保半导体供应链安全的重要途径，但欧美国家更强调同盟间合作。

美国正在与日本、韩国分别开展基于同盟利益的双边半导体合作。2021 年11 月，美国和日本建立"贸易和产业伙伴关系"，将推动在半导体等先进技术产业方面的创新及确保供应链弹性；2022 年 5 月，两国又发布关于推进半导体领域合作的声明，提出将合作构建最尖端半导体（2 纳米以下先进制程）供应链，并防止技术外流。2021 年 5 月，美国和韩国举行首脑会谈，宣布将在半导体等最尖端技术和产品领域相互弥补供应链的不足。同时，美国还正在打造多边层面的半导体联盟。例如，2021 年 9 月，美国与欧盟成立贸易与技术委员会，双方同意加强半导体供应链的跨大西洋合作。同月，美日印澳四边安全对话（QUAD）举行首次领导人线下会面，宣布启动半导体供应链倡议，重点确保半导体及稀土等矿产资源方面的供应链安全。2022 年 3 月，美国政府还提议韩国、日本联合中国台湾地区等在全球芯片市场中占据主导地位的国家和地区组成芯片四方同盟。

欧盟提出需要与志同道合的国家建立平衡的半导体伙伴关系，就共同关心的倡议制定合作框架，并寻求危机时期供应链的稳定性。欧盟认为，其潜在合作伙伴是美国、日本、韩国、新加坡和中国台湾地区等。

日本提出将立足半导体供应链的复杂性，加强与美国、欧洲国家在提高半导体生产与供应能力方面开展战略合作；将构建能够实现信息共享的国际合作框架，在发生影响半导体生产与供应的突发状况下，通过国际合作，将影响降至

最小。

在加强同盟间国际合作的同时，半导体产业领先国家和地区也高度重视防止核心技术外流。美国主要通过出口管制、外国投资审查等机制防止核心半导体技术外流。特别是其出口管制具有域外效力，凡是使用美国设备、技术或软件制造的产品或开发的服务都会受到美国出口管制条例的约束。日本提出将依据《外汇法》实施出口管制和投资管制，并加强政府各部门间合作，把握本国半导体重要技术的优劣势，根据技术外流路径，综合制定防止技术外流的对策。韩国提出要加强制度建设，防止半导体核心技术外流。一是加强政府跨部门合作，共享国家核心技术相关专利分析结果，共同开发技术泄露监测预警系统，并加强对企业、高校和公共研究机构的技术保护力度，严防技术泄露。二是加强对掌握国家核心技术人才的管理，如进行出国管理、签订竞业禁止协议等。

（执笔人：张丽娟）

第三部分

主要国家和地区科技发展概况

　　本部分主要介绍了美国、加拿大、墨西哥、哥斯达黎加、巴西、欧盟、英国、法国、德国、西班牙、葡萄牙、爱尔兰、瑞典、芬兰、丹麦、意大利、比利时、瑞士、荷兰、奥地利、捷克、波兰、匈牙利、罗马尼亚、保加利亚、克罗地亚、希腊、塞尔维亚、俄罗斯、乌克兰、日本、韩国、印度、新加坡、泰国、马来西亚、印度尼西亚、缅甸、以色列、埃及、阿拉伯联合酋长国、乌兹别克斯坦、巴基斯坦、澳大利亚、南非、肯尼亚等国家和地区2021年的科技发展概况，包括最新出台的科技创新政策、举措与计划，科技投入，重点发展领域与产业动向，以及国际科技合作政策等。

美　国

百年未有之大变局在科技领域不断演进，在深刻重塑中美科技关系的同时，也深刻影响了美国政府的科技政策方向，当前，美国国内财政赤字攀升、产业空心化加剧、科技创新实力相对下滑的危机持续发酵。与此同时，中国的经济、科技实力正稳步提升。美国政界、战略界普遍将中美两国截然不同的发展势头进行对比，认为中国已对美国全球霸主地位构成战略威胁。为加强对中国的科技竞争，同时为迎合国内政治需要，美国已将压制中国科技发展、维持美国科技霸权作为当前阶段政府科技政策的主线，不因总统更替而动摇。

执政首年，拜登政府继承前政府对华科技打压的总体框架，提升科技在国家整体治理体系中的地位和作用，系统推出科技大政方针，加速重点科技领域部署，在气候变化等热点科技问题上大幅转向，积极寻求国际领导地位。

一、科技创新整体实力

2021 年，美国整体科技实力全球第一，科技实力优势突出，相对科技优势有所下降，但仍为全球第一科技强国。

（一）研发投入保持全球第一

美国科技财力雄厚，总体研发投入仍居全球第一。据经济合作与发展组织（OECD）统计：2019 年，按购买力平价（PPP）计算，美国研发投入总额达6575 亿美元，继续蝉联全球第一，研发强度首次突破 3%，达到历史最高水平的3.1%。

（二）高端科技人才优势突出

2018 年，美国研究人员总量为 155 万人年（按折合全时工作量计算），位居中国和欧盟之后。但美国科技人力资源质量优势明显，科睿唯安的 2021 年度高被引科学家榜单显示，全球发表论文被引频次位于相同学科前 1% 的 6602 名科学家中，美国科学家占比达 39.7%，排名第一。2021 年诺贝尔科学奖 7 名获奖者中美国占 4 名，累计获诺贝尔科学奖人数已达 299 人，彰显出其在高端科技人才领域的绝对实力。

（三）研发产出优势明显

科睿唯安的《G20 国家 2021 年度科研表现记分卡》显示，2020 年美国共发表 SCI 收录论文 57.74 万篇，居世界第一位，仅以 0.61 万篇的微弱优势领先排名第二的中国。在物理学、临床医学和基础生命科学等领域，其科研产出的数量和影响力仍牢牢占据领先地位。《世界知识产权指标 2021》显示：2020 年，美国专利商标局（USPTO）受理的发明专利申请数量为 59.7 万件，全球排名第二；美国居民申请海外专利的数量为 22.6 万件，保持全球领先；美国目前保有的有效专利数量也最多，为 330 万件。

（四）高端产业优势稳固

据世界银行统计：2020 年，美国航空航天、计算机、制药、科学仪器和电机等高技术产业产品和服务的出口额为 1435 亿美元，比 2019 年下降了 8.1%，仍排名全球第一；2020 年，美国知识产权出口额为 1140 亿美元，比 2019 年下降了 2.9%，也排在全球首位。

美国全球最大知识和技术密集型（KTI）产业产出国地位仍然稳固，平均每年为全球贡献超过 3 万亿美元的产值，占全球 KTI 产业总产值的 1/3，占其 GDP 的比重超过 14%，其 KTI 产业集中在飞机制造、药品、计算机、电子和光学产品、计算机软件出版和科学研发服务等领域。

二、联邦政府科技政策动向

2021 年，拜登政府着力加强了科技创新的部署，以夯实自身科技实力，谋求巩固全球范围内的全领域科技优势和全方位科技领导地位。

（一）加强科技管理顶层建设

为更好应对科技领域的竞争压力和发展需求，拜登政府以加强科技管理顶层建设为先手，进一步建强科技创新决策咨询，大幅增加联邦研发预算，着力强化联邦政府在科技领域的领导力和影响力。

1. 进一步建强科技创新决策咨询体系

一是历史性地提升白宫科技政策办公室政治地位。拜登任命埃里克·兰德担任白宫科技政策办公室（OSTP）主任（总统科技顾问），并首次将该职务历史性地列入内阁序列，大幅提升 OSTP 的政治地位，凸显本届政府对科技工作的重视。

二是扩充总统科技顾问委员会。特朗普于 2019 年重启总统科技顾问委员会。拜登政府延续使用这一机制，并签署行政令将成员人数提升到 32 人。

三是拓宽国家科技委员会职能范围。拜登政府在国家科技委员会（NSTC）以往架构的基础上，增设科技诚信工作组，对联邦机构的科技诚信政策有效性进行审查，以期构建起值得信赖的科学体系。

2. 大幅增加联邦研发预算

拜登政府在 2022 财年总统预算提案中大幅增加了联邦研发预算水平，达到 1713 亿美元，增长 9%，重点关注气候科学、清洁能源创新、生物医学研究和新兴技术等领域。其中，基础研究领域预算增长 10%，达到 474 亿美元；应用研究领域预算增长 14%，达到 511 亿美元；开发经费预算增长 4%，达到 682 亿美元；研发设施经费预算增长 9%，达到 46 亿美元。其中，国立卫生研究院（NIH）、国家科学基金会（NSF）、国家标准与技术研究院（NIST）、国家海洋和大气管理局（NOAA）等单位的预算增加 20% 以上。

（二）国会提出了一系列重要科技立法

美国国会参众两院 2021 年陆续提出一系列重磅科技法案，进一步强化在科技政策领域的参与度和影响力。

参议院通过了《2021 年创新和竞争法案》（USICA）。该法案将《无尽前沿法案》《战略竞争法案》《应对中国挑战法案》等多部法案纳入其中，成为美国在科技领域的综合性"巨无霸"法案，在所谓应对中国科技挑战的问题上具有明显针对性。该法案 2021 年 6 月已得到参议院通过，计划在 2022—2026 财年投入约 1200 亿美元，支持国内科技发展和应对中国竞争，其中引发重点关注的内容有：①投入 290 亿美元支持前沿和新兴技术研发，在国家科学基金会（NSF）下设立技术和创新局（Directorate for Technology and Innovation），重点支持人工智能、高性能计算、量子信息科学、生物技术等 10 个关键技术领域。②投入 169 亿美元支持开展关键能源技术和能源供应链领域的研发活动。③投入约 100 亿美元支持太空探索、科学、航空、STEM 教育的相关研发活动和技术性任务。继续限制 NASA 与中国的合作，规定同中国开展太空合作需获得授权，限令有效期 10 年。④投入 100 亿美元开展"区域创新能力"建设，授权商务部区域创新中心支持区域创新经济发展；投入 12 亿美元授权商务部美国制造业创新中心扩展伙伴关系，并明确禁止中国企业参与；投入 24 亿美元在商务部成立国家制造业咨询委员会，支持先进制造领域研发。法案还围绕研究安全、制定经济和科技创新战略、限制与中国开展核合作、制定国际标准、设立制造和工业创新政策办公室，以及供应链弹性、电信领域等问题进行了阐述。

对应《2021 年创新和竞争法案》，众议院提出一揽子涉科法案，包括《重建更好未来法案》《国家科学基金会未来法案》《能源部科学未来法案》《美国国家标准与技术研究所未来法案》《国家科技战略法》《区域创新法》《能源技术转让法》等，涉及国家科技战略制定、国际科技领导力、基础和新型领域研发、气候变化和清洁能源、区域创新产业发展和研究安全等。

国会大部头科技法案的提出彰显出科技问题已引起美国政界高层的普遍和高度重视。尽管包括《2021 年创新和竞争法案》在内的众多法案仍未落地，但两党在应对中国科技竞争的问题上观点已趋于一致。

（三）强化高端供应链安全

近年来，美国日益感受到芯片、大容量电池等高端产业领域基础产品的短缺压力。对此，拜登政府发起一系列行动，夯实高端产业供应链安全。

2 月，拜登签署行政令，对半导体制造和封装、大容量电池和电动汽车电池、稀土金属和医疗用品等 4 个领域进行为期 100 天的供应链安全审查。6 月，商务部、能源部、国防部、卫生部和公共服务部发布第一阶段审查报告《建设韧性供应链，振兴美国制造，促进广泛增长》，认为美国仍处于能够保持和加强创新领导力的有利地位，能够在关键行业和价值链上重建生产能力。结合审查报告，美国政府采取多项措施，重塑供应链安全。

——在芯片制造领域。一是立法支撑芯片制造。拜登政府在《2021 财年国防授权法案》相关内容的基础上，先后提出《促进美国制造半导体法案》《2021 年创新和竞争法案》，两法案均计划投资 520 亿美元用于建设芯片厂、商业研发等。二是利用行政手段强制厂商保证对美芯片供应。拜登政府援引冷战时期的国家安全法律——《国防生产法》（DPA），强制要求半导体供应链中的公司提供芯片库存和销售信息，确保美国本土芯片供应。三是吸引多家科技公司在美国建设新工厂。韩国三星公司拟投资 170 亿美元在得克萨斯州首府奥斯汀建设新的芯片工厂；英特尔宣布在亚利桑那州投资 200 亿美元建设两座新工厂；台积电公司斥资 120 亿美元在亚利桑那州建设新芯片工厂；美国芯片代工厂格芯公司与圆晶厂商环球圆晶公司签署供应协议，旨在提高圆晶产能。

——在锂电池制造领域。一是制定打造国内先进锂电池供应链的国家蓝图。联邦先进电池联盟（FCAB）发布《2021—2030 国家锂电池蓝图》，指导联邦政府开展国内锂电池制造价值链投资，并阐述了拟在 2030 年实现的 5 个目标：原材料、精炼材料和加工材料的可靠供应；加强锂电池材料加工工艺的开发；制定专门的联邦政策框架；形成报废锂电池再循环利用价值链；加大相关领域科技人才培养。二是为电动汽车使用的先进电池供应链提供融资。当前，仅能源部下属分管部门就拥有约 170 亿美元的贷款授权。三是采购固定式储能电池。能源部正主导评估在联邦场所部署固定储能电池的可能性，以帮助实现减排计划。

美国联邦政府将开展第二阶段的供应链安全审查。审查将向国防、公共卫生和生物储备、信息和通信技术、交通运输、能源等方面延伸，2022 年 2 月将发布审查报告。

三、重点和热点科技领域的部署

（一）人工智能领域

《2021 财年国防授权法案》确认启动美国人工智能倡议（American AIInitiative）。该倡议被认为是美国人工智能的国家战略。倡议围绕更好地发展美国人工智能技术提出 3 个方面的政策措施：一是加强规划和协调。OSTP 建立国家人工智能倡议办公室，加强对人工智能技术发展的领导；白宫组建国家人工智能研究资源工作组（NAIRR），发挥联邦人工智能咨询委员会职能，为美国人工智能发展制定路线和计划。二是加强研发和应用。能源部（DOE）2021 年累计宣布投入 7100 万美元用于开发系统工具，推进化学、材料科学及算法等的研发；国家科学基金会（NSF）新成立 11 个国家人工智能研究所，计划 5 年内投入共计 2.2 亿美元；国防部高级研究计划局（DARPA）继续实施为期 5 年的"AINext"计划，每年投入约 4 亿美元。三是构建监管和风险防范政策框架，OSTP、政府问责局（GAO）、国家标准与技术研究院（NIST）先后从不同层级、领域发布关于人工智能监管和风险防范的提案，并公开征求意见。

（二）量子信息科学领域

进一步加强量子信息科学的规划协调和支持力度。国家科学技术委员会量子信息科学分委会发布战略文件《量子网络研究的协调方法》，提出未来重点研发领域；能源部宣布在重要新兴技术、基础研究、跨学科领域、互联网测试平台、量子路由设备等领域投入 1.82 亿美元，并计划 3 年内斥资 3000 万美元支持其 5 个纳米级科学研究中心的量子信息研究及基础设施项目。

（三）网络安全领域

拜登政府宣布将网络安全作为优先任务，并寻求以广泛的程序审查来加强网络安全管理，将在 2022 年前向联邦机构划拨数十亿美元用于网络安全建设。白宫先后发布《国家安全战略临时指南》《改善国家网络安全的行政令》《关于保护美国人的敏感数据不受外国对手攻击的行政令》等，进行细化落实。

（四）生物医药领域

受新冠肺炎疫情影响，拜登政府对生物医药的重视程度更胜以往。一是制定发布《应对新冠和流行病国家战略》，并签署多项行政命令，加大新冠疗法研发力度；二是白宫科技政策办公室（OSTP）与国家安全委员会（NSC）联合推出"美国防疫：改变能力"计划，拟在未来投入 653 亿美元，提升新冠应对能力，并为应对未来一切灾难性的生物科技威胁做好准备，包括新疫苗研发与测试、药物和疗法研发、公共卫生基础设施建设等；三是国会提出《治愈 2.0》法案，旨在加强生物医学研究，推动更多创新疗法问世；四是拜登提出拟拨款 65 亿美元参照国防高级研究计划局（DARPA）成立 ARPA-H，专注于癌症、传染病、糖尿病、阿尔茨海默病等领域的突破性研发。

（五）气候和能源领域

气候变化相关问题是民主党的政策要点。拜登政府在该领域对前政府科技政策进行大幅转向，一改特朗普时期重视传统化石能源、消极对待清洁能源和气候变化的态度，迅速重返《巴黎协定》，以清洁能源技术作为应对气候变化的技术核心，在短期内向国际社会做出了减排承诺：2030 年实现相较 2005 年减排 50%～52%，2035 年实现电力行业零碳排放，2050 年在整个经济范围内实现净零排放。

——确立应对气候变化为政府核心政策议题。拜登先后围绕气候变化和清洁能源签署 6 项总统行政令，做出重要决策：将应对气候变化确立为外交政策和国家安全的基本要素；设立总统气候特使、白宫国内气候政策办公室、白宫国家气候工作组等职位和机构，加强领导，并设立气候变化支持办公室，加强气候变化国际合作。

——制定国家长期减排战略。白宫制定并发布《实现 2050 净零排放目标的长期战略》，阐述 5 个方面减排技术途径，包括电力脱碳、电气化与清洁燃料、降低能耗、甲烷等非二氧化碳温室气体减排、扩大二氧化碳消除规模等。

——加大研发投入。能源部将清洁能源相关研发活动和基础设施建设列为优先事项，将用于清洁能源推广的经费增加 65%，达到 47 亿美元。主导实施"能源登陆"（Earthshots）系列计划，目前包含："氢能计划"，拟投入 5250 万美元支持 31 个研发项目，解决氢的生产、储存、分配和使用方面的技术问题；"长时储能计划"，拟在 10 年内将电网规模的长时储能（一次存储能量超过 10 小时）成本降低 90%；"负碳计划"，拟实现从大气中清除数十亿吨二氧化碳并以低于 100 美元每吨的价格对其进行封存。

此外，美国也还在继续推进航空航天、先进制造及农业科技领域的创新活动。

四、国际科技合作政策动向

执政首年，拜登政府在国际科技合作和科技外交领域提步增速，在进一步强化双边、多边合作机制的同时，坚持对华遏制的总体方针，一路高举"民主"大旗，强行将意识形态作为科技信任标准，利用各种机会场合兜售"民主技术"对抗"威权技术"的歪理，鼓动盟友国家与中国开展"科技对抗"，深植国家安全在国际科技合作中的基础性地位，竭力围堵中国科技发展，挤压中国国际科技合作空间。

（一）炮制技术外交新概念，组建新机构

美国"技术外交"概念最早萌生于智库界，是一种充满意识形态偏见的价值判断。其主旨为：美国必须采取以技术为中心的外交战略，围绕新兴技术研发、伦理和规则等方面与盟友和对手进行接触，主导研发并最终使用符合美国价值观的技术，防止中、俄等"威权国家"在技术竞争中取胜。

2021 年 7 月，美国国务卿布林肯在全球新兴科技峰会上发表演讲，描绘民主国家建立技术伙伴关系愿景，正式抛出技术外交概念，阐述了美国技术外交的六大支柱：一是降低恶意网络活动和新兴技术带来的国家风险；二是保持和增强美国在战略技术竞争上的领导地位；三是捍卫开放、安全、可靠、可互操作的互联网网络；四是为新兴技术制定标准规范；五是让技术服务民主；六是促进国际技术合作。

2021 年 10 月，布林肯正式宣布美国国务院将成立新的网络空间和数字政策局（Bureau of Cyberspace and Digital Policy），以帮助解决网络和新兴技术外交问题。该机构将处理网络威胁、全球互联网自由、监控风险等问题，并与民主盟国合作制定有关新兴技术的国际规范和标准，以应对"威权国家"技术挑战，确保未来技术发展符合美国利益和价值观。

（二）打造反华朋友圈，编织限华包围圈

一年来，美国政府高官在全球频繁窜动，不断重复民主、人权的陈词滥调，强加意识形态为科技合作内核，挑动所谓"民主国家"同"威权国家"的技术对立，以围堵中国科技发展为明显目的打造国际"科技盟友"圈。主要行动包括：美、澳、印、日领导人举行"四方机制"虚拟峰会，称四国将在关键技术领域建立合作联盟，以保护、规范和发展战略技术；国会特设机构人工智能国家安全委员会（NSCAI）举办全球新兴技术峰会，强调所谓"民主国家"应加强合作，共同主导技术标准和治理规则；举行"民主峰会"，OSTP发出"民主确认技术"国际大挑战倡议，拟通过技术手段遏制"技术权威主义"；打造数字民主国家联盟"技术12国"，在塑造管理技术使用的规则和规范方面反制中国和俄罗斯；建立新的美国—欧盟贸易和技术理事会，以解决对数字项目的集体投资和涉及中国的技术供应链等问题；支持英国提出的"民主10国"联盟，解决贸易、技术、供应链、标准制定等问题。

（三）深植国家安全，深化对华防范

在处理同中国的科技竞合问题中，美国越发重视对国家安全相关话语体系和政策手段的运用，深植国家安全在国际科技合作中的基础性地位，深化对华技术防范。拜登政府上台后，一方面秉持前政府对华科技遏制的总体方针；另一方面摒弃前政府任性而为的施政模式，以加筑"小院高墙"为特点，采取更为理性、精准的方式，阻断中美科技、人才交流，打压中国科技发展。

1. 构建联邦研究安全体系

2021年1月，特朗普下台前签署《美国政府支持国家研发安全政策总统备忘录》（NSPM-33）。备忘录对研究安全问题进行了全面说明，提出对科研人员进行严格的信息披露和安全管控，旨在保护美国政府资助的研发成果避免遭到外国利用，同时保护美国开放的科研学术环境。拜登政府对NSPM进行了沿承。同年8月，OSTP宣布要明确研究安全和研究人员责任等方面的规则，并宣布用时3个月制定《国家研发安全政策实施指南》。指南作为落实NSPM的实施细则，将重点关注披露政策、监督和执法、研究安全计划3个方面的机制建设。

值得关注的是，美国在加强构建联邦研究安全体系的同时，也在加强对国际科技人才的吸引。拜登向国会提交的《2021年美国国籍法》提出，要保留高端人才，为在美国高校取得STEM专业博士学位的申请人提供更便捷的绿卡申请途径，并取消限额；要加强对高技能人才的保障，包括对高技能人才（H1-B签证

持有者），给予其配偶工作权利。

2.加强技术管制和投资审查

美国继续强化使用行政手段加强对市场行为的管制，以防范任何形式的所谓中国对美国技术的"猎取"。2021年6月，拜登签署14032号行政令，新提出了"中国军工复合体企业清单"（NS-CMIC List），以应对所谓"中国军工复合体企业"从事军事、情报、安全相关领域研发和军民融合相关项目对美国造成的威胁。"中国军工复合体企业清单"由美国财政部外国资产控制办公室（OFAC）定期更新，对名单上的企业实施相应的证券投资禁令。行政令颁布之初，美国即将59家企业列入清单。2021年12月16日，美国财政部再发通告，将包括旷视科技、依图科技等AI企业在内的8家企业增列入清单。与此同时，由美国商务部工业和安全局（BIS）负责的"实体清单"（Entity List）不断扩展。

（四）加固双边盟友关系，谋求多边发声主导

1.加强与盟友国家的机制性合作，强化前沿和新兴技术合作研发

与英国联合签署发表《关于加强量子信息科技合作的联合声明》，以合作开发量子技术全部潜力为重点，加深两国科技联系，阐明促进合作研究、增加科学家和工程师培训机会并开发量子技术市场的共同愿景；主办第六届美国—法国科技合作联合委员会会议（JCM），召开一系列富有成果的圆桌会议，双方同意继续开展研究合作，并将氢能技术、量子信息科学、人工智能和海洋生物多样性保护作为重点合作领域；发布美韩伙伴关系声明，提出在先进车规级芯片、大容量电池、人工智能、5G和6G网络、量子技术、生物技术等关键和新兴领域进行联合研发，并进一步深化在疫情应对和公共卫生领域的合作等。此外，2021年美国还同澳大利亚、加拿大、瑞士等西方国家签署合作备忘录或联合声明，进一步加强科技合作。

2.加大应对气候变化挑战的参与和主导力度

在应对气候变化问题上，美国高调参加COP26气变峰会，参与签署《格拉斯哥气候公约》，并与中国联合发布《中美关于在21世纪20年代强化气候行动的格拉斯哥联合宣言》；OSTP主任兰德联合其他国家的38名高级科学顾问发布联合声明，呼吁制订基于证据的计划，以实现气变目标并加快国际合作；联合阿根廷、智利、埃及、印度尼西亚等国家共同发起"净零世界倡议"（Net Zero World Initiative），致力于履行气候承诺并加速向净零、有韧性和包容性的能源系

统过渡。在伙伴关系框架下，采用气候行动和能源技术"双轨制"开展合作，前者主要聚焦于气候政策，后者则聚焦于清洁技术的合作，并有针对性地根据合作伙伴挑选合作领域，如日本的电池与氢能、法国的核电、丹麦的海上风电等，利用合作加强国内技术储备和转化。

（执笔人：万　励　陈富韬）

◎ 加 拿 大

2021 年，加拿大科技发展稳中有升，全社会研发费用呈现增长趋势。面对新冠肺炎疫情，加拿大政府加大了对生命科学和生物制造的支持力度。同时，加拿大围绕气候变化和清洁能源，以及人工智能、量子技术等前沿领域进行了重点部署。

一、科技发展概况

《2021 年全球创新指数报告》显示，加拿大全球创新指数 2021 年排名第 16 位，比 2020 年上升 1 位。

瑞士洛桑国际管理学院（IMD）2021 年发布的《2021 年世界竞争力年鉴》显示，加拿大的世界竞争力居第 14 位，比 2020 年下降 6 位。

加拿大统计局最新数据显示，全社会研发费用近年来呈现增长趋势，2020 年为 374.36 亿加元，较 2019 年增加 1.87%。经合组织（OECD）最新数据显示，加拿大 2020 年研发费用占国内生产总值的比重约为 1.7%。

从研发投入来源看，企业的研发投入占加拿大全部研发费用的 41.9%，高校的研发投入占 20.3%，联邦政府的研发投入占 18.8%。从研发执行主体来看，企业、高校执行的研发支出所占比例分别为 51.0% 和 41.2%。

2018 年加拿大研发人员共计 24.45 万人（全时当量），比 2017 年增长 2.8%。

世界知识产权组织发布的《2021 年世界知识产权指标》显示，2020 年加拿大受理专利申请 34 565 件，排名第 9 位；授权专利 21 284 件，排名第 8 位。

二、重点领域科技计划和政策

（一）生命科学与生物技术

新冠肺炎疫情使加拿大政府认识到，提高本土生物制造能力至关重要。为此，加拿大政府加强了对生命科学、生物技术的部署，以提升其大流行病预防能力，并加强其生物制药生态系统建设。

——出台《生物制造和生命科学战略》。2021年7月，加拿大政府出台《生物制造和生命科学战略》，未来7年间将投资22亿加元，提升加拿大的生命科学水平和生物制造能力，从而为应对大流行病做好准备。其主要内容包括：通过战略创新基金投资10亿加元，资助生命科学和生物制造公司；通过加拿大创新基金会投资5亿加元，支持大专院校和科研院所的生物科学研究和基础设施建设；通过加拿大临床研究基金会的临床试验基金投资2.5亿加元；拨款2.5亿加元创建"三机构生物医学研究基金"；向adMare生物创新公司提供9200万加元以扩大企业活动；向干细胞网络拨款4500万加元支持干细胞和再生医学研究。

——启动泛加拿大基因组学战略。从2021年开始在6年内提供4亿加元，加强流行病监测、精准医疗、微生物耐药性、食品安全等研究工作，推动相关成果的商业化应用。

（二）气候变化与能源

——出台智能可再生能源和电气化路径计划（SREP）。将在4年内为智能可再生能源和电网现代化项目提供9.64亿加元资金，用于鼓励可再生能源取代化石燃料发电，大幅减少温室气体排放，并支持向电气化经济过渡。重点资助方向：可再生能源（太阳能光伏、陆上风能、小水电等）、新兴技术（地热、储能等）、电网现代化（微电网、虚拟发电厂和支持电网服务的硬件/软件等）。

——设立"自然气候解决方案基金"。2020年12月，加拿大提出了"自然气候解决方案基金"倡议，未来10年内投资40亿加元，利用自然的力量减小气候变化的影响并适应气候变化。该倡议包括3个项目，一是20亿棵树项目，即未来10年内再种植20亿棵树。二是自然智能气候解决方案基金，该基金将主要用于：恢复退化的生态系统；改善土地管理实践；保护碳含量丰富的生态系统，这些生态系统极有可能转化为其他用途，从而释放储存的碳。三是农业气候解决方案项目，即建立一个强大的、覆盖加拿大的生活实验室网络，减少加拿大的环境足迹，增强气候恢复力。

——发展绿色农业，应对气候变化。在现有的农业清洁技术计划（2018—2021年）基础上，出台新的农业清洁计划，将投入从2500万加元增至1.657亿加元。该计划的重点领域为：绿色能源和能源效率、精准农业、生物经济。该计划分为应用类和研究创新类两大类，前者侧重减少温室气体排放的技术，后者支持农业清洁技术的研究、开发、示范和商业化。

（三）人工智能和量子技术

——推进人工智能发展。2019 年，加拿大政府颁布《自动化决策指令》，系统化创建算法影响评估指标。2021 年，加拿大政府修订《自动化决策指令》，提高利用人工智能做出或协助做出决策的水平。启动人工智能和物联网现代版权框架的咨询，以更好地解决侵权、保护及应用发展问题。10 年内提供 4.4 亿加元支持人工智能战略，推进研究成果的商业化应用，培养和吸引人才，以及制定和采用人工智能相关标准等。

——筹划制定国家量子战略。2021 年 7 月，加拿大政府在其官网上宣布将制定国家量子战略并征集意见。根据 2021 年财政预算，加拿大政府将在 7 年内投资 3.6 亿加元，以启动国家量子战略。该战略的目标是增强加拿大在量子研究方面的强大实力；发展量子技术、公司和人才；并巩固加拿大在该领域的全球领导地位。

三、国际科技合作政策动向

（一）强化研发合作风险评估

2021 年 7 月，加拿大发布《关于研究伙伴关系的国家安全指南》，在加拿大联邦科研拨款中增加国家安全风险评估，将国家安全考虑纳入研究伙伴关系的发展、评估和资助。评估由自然科学与工程研究理事会和国家安全机构共同进行，加拿大安全情报局和通信安全机构将在风险评估中发挥关键作用。

（二）强化对敏感技术的投资审查

2021 年 3 月，加拿大发布《投资国家安全审查指南》，明确提出，针对先进材料与制造、先进海洋技术、先进传感与监控、先进武器、航天、人工智能、生物技术、能源生产存储和传输、医疗技术、神经技术与人机融合、下一代计算和数字基础架构、量子科学、机器人与自治系统、航空技术及定位、导航和定时（PNT）等敏感技术的投资，要加强安全审查。

（三）打造美加科技联盟

2021 年，加拿大与美国发布联合声明，加强科技创新战略合作。一是深化多领域合作，涵盖生命科学与生物医学、清洁能源、北极、网络安全、半导体、人工智能和基因组学等领域。二是双方支持基础研究的资助机构建立合作伙伴关系。三是推进科技抗疫，加强疫情监测、病毒测序和信息共享等，扩大研究投资以应对各类疫情暴发。四是加强应对气候危机的技术创新，以实现2050年净零排放目标。

（执笔人：田　奔）

◎ 墨 西 哥

2021 年，墨西哥新冠肺炎疫情形势严峻，经济发展缓慢，科技创新发展情况较 2020 年有一定改善，但仍存不足。

一、科技创新发展战略及规划

2021 年 11 月，墨西哥联邦政府科技主管部门国家科技委员会（CONACYT）向总统府法律顾问提交了《科学技术创新特别规划（2021—2024）》（PECiTI 2021—2024）。PECiTI 被认为是科技创新领域的联邦行政部门规划，其重要性体现在 3 个方面：一是贯彻执行现行《科学技术法》中的相关规定；二是落实《国家发展规划》中科技创新政策的指导方针；三是反映国家科技界、高等教育机构、研究中心、企业家和企业组织及社会各界提出的建议。

二、科技创新主要进展

（一）科技创新投入

2021 年墨西哥联邦政府科学、技术和创新职能的预算为 518.1697 亿比索（1 元人民币约合 3.14 比索），较 2020 年下降 4.78%，CONACYT 获得了 275.59 亿比索预算，较 2020 年下降 2.58%。根据 OECD 数据，墨西哥科技创新研发投入占 GDP 的比例仅为 0.3%，与《科学技术法》中规定的 1% 相距甚远。

（二）促进科技研发的举措

在国家战略计划（ProNacEs）的框架下，2020 年 9 月—2021 年 6 月，192 个科技研发项目得到资助，涉及水资源、毒剂、教育、健康卫生等领域，旨在解决全国不同地区的首要困难和问题。

瞄准前沿科学，462个课题获得资助，共计10.4亿比索。这些课题涉及物理数学和地球科学（108个）、生物与化学（194个）、医学与健康科学（78个）、人文与行为科学（24个）、社会科学（23个）、生物技术与农业科学（17个）、工程学（18个）等领域。

支持科学基础设施建设，2020年9月—2021年6月底，12个州获拨款3000万比索。此外，通过"国家实验室的科学基础设施维护行动"设立52个课题，向14个州资助共计5000万比索。目前，墨西哥共设有90个国家实验室，分布在21个州。

协调9所CONACYT研究中心建立了虚拟实验室网络，为1500多名研究生解决了疫情当中的远程授课难题。

通过"面对COVID-19突发事件，支持科学研究项目、技术开发和健康创新"项目，立项123个课题，分布于全国24个州，支持经费共计2.13亿比索，主要研究方向为战略性医疗器械、诊断试剂、流行病学、替代治疗方案等共11个大类。针对COVID-19的临床试验、测试实验室、感染模型、数字应用模型等方向立项12个课题，支持经费共计3400万比索。资助3700万比索用于支持墨西哥自主研制的两款有创机械通气呼吸机的研发和生产。向墨西哥自主研发的Patria疫苗资助1.35亿比索用于Ⅰ期和Ⅱ期临床试验，此外还向3款其他在研疫苗资助600万比索。

投资5300万比索用于组建疫苗与热带病毒国家实验室，目标是建成P3级实验室。立项3个流行病学监测课题，支持经费共计1500万比索，用于跟踪新冠肺炎病毒的各种变体和在墨西哥流行的腺病毒。立项2个课题，共支持5200万比索用于新冠肺炎免疫疗法的研究。

（三）科技人才培养

在研究生培养上，CONACYT共设立63 444个政府奖学金，2021年新增20 035个奖学金。为确保研究生教育质量，开设国家质量研究生课程，包括2327门，其中29.7%为博士课程（691门），54.0%为硕士课程（1256门），16.3%为专业课程（380门）。按能力水平划分，国际水平为11.9%（276门），综合级别为30.0%（697门），发展中为43.7%（1018门），新创建为14.4%（336门）。

截至2021年7月，国家研究人员系统（SNI）中在册35 160名成员，较2020年同期增长了6%。其中男性占比61.8%（21 731人），女性占比38.2%（13 429人）。按学术领域划分，物理数学和地球科学占比14.7%（5168人），生物与化学占比15.0%（5294人），医学与健康科学占比11.2%（3933人），人文与行为科学占比14.4%（5047人），社会科学占比16.8%（5921人），生物技术与农业科学占比 13.8%（4854 人），工程学占比 14.1%（4943 人）。

（四）国际合作

2021 年，墨西哥政府重新制定了开展国际科技合作的路线图，旨在通过合作促进发展，重点与拉丁美洲和加勒比地区开展合作，以及推动南南合作，在此框架下，与古巴生物技术和制药工业集团和古巴医疗服务营销公司签订合作协议，促进两国制药和生物技术领域的科技创新合作。

此外，墨西哥通过联合国、联合国教科文组织、拉共体、经合组织、G20、伊比利亚美洲国家组织等多边渠道不断发声，扩大其国际影响力，为应对新冠肺炎疫情，墨西哥频频参加国际会议，与世界各国分享墨西哥疫情进展和相关科研情况。

三、科技创新产出

世界知识产权组织（WIPO）发布的《2021 年全球创新指数报告》显示，墨西哥综合排名保持在全球第 55 位、拉丁美洲第 2 位，与 2020 年持平，仅次于智利（第 53 位）。墨西哥的制度（第 77 位）和基础设施（第 67 位）方面在拉丁美洲和加勒比地区处于落后地位，而全球企业研发投资这一指标排名较高（第 31 位），居拉丁美洲第 2 位。

根据《自然》杂志发布的 2021 年全球自然指数，墨西哥排名全球第 34 位，与 2020 年持平。在拉丁美洲位于巴西（第 23 位）、智利（第 31 位）、阿根廷（第 33 位）之后，居第 4 位。尽管墨西哥在全球排名保持稳定，但在拉丁美洲和加勒比地区较 2020 年下降 1 位，阿根廷后来居上。

（执笔人：李玮琦）

哥斯达黎加

2021 年，哥斯达黎加经济形势逐步好转，财政赤字进一步缩表，预计到 12 月底，将只占 GDP 总量的 4%，政府对科技促进经济复苏、社会发展寄予极大希望。为凸显创新，根据 9971 号法令，哥斯达黎加科技与电信部于 5 月更名为哥斯达黎加科技创新与电信部（MICITT）。MICITT 聚焦合作抗疫与生命科学、生物经济与循环经济、数字技术发展等优先领域，力推农业科技发展，期待加强在空间技术、人工智能、网络安全等高科技领域的开拓创新。

一、科技创新整体实力

2021 年 9 月 20 日，世界知识产权组织对外发布了《2021 年全球创新指数报告》，对包括哥斯达黎加在内的全球 130 余个经济体创新整体实力进行盘点分析，期待世界尽早走出疫情阴影，聚焦科技创新以深化经济社会转型。

（一）哥斯达黎加仍列全球创新第 56 名

《2021 年全球创新指数报告》体现创新活力和能力，与国家投入和研发经费、创新产出等数据息息相关。按整体实力、收入组别和所在地区对 132 个经济体进行了排名，哥斯达黎加在其中分别列整体第 56 名（同 2020 年）、中高收入第 10 名（上升 2 名）和拉丁美洲加勒比地区第 3 名（同 2020 年）。

（二）哥斯达黎加保持创新实现者状态

哥斯达黎加在创新投入及创新产出两份次级榜单中表现差异较大，创新表现相对于发展水平高于预期，创新产出排位明显高于创新投入排位。创新投入排位中，哥斯达黎加居整体第 66 名、拉丁美洲第 6 名；创新产出排位中，哥斯达黎加却能进至第 49 名，位居拉丁美洲榜首。

从哥斯达黎加在七大分项得分情况来看，在所有创新产出指标中得分都高于地区平均水平。例如：商业成熟度、知识和技术产出、创意产出等 3 项分别排第 49 名、第 56 名和第 45 名，均高于或等于其整体排名。而制度、人力资本和研究、基础设施 3 项创新投入指标只排在第 66 名、第 61 名和第 71 名，市场成熟度则排到了第 85 名，严重拖累哥斯达黎加在创新投入次级榜上的排名。

二、全面规划未来 6 年科创和电信发展战略

按照哥斯达黎加 2030 可持续发展目标，为提升哥斯达黎加国家竞争力和促进疫情后社会经济全面发展，MICITT 吸取以往版本精要，充分尊重国家审计局等部门的专业意见，汲取公私营各方代表之力，已于 2021 年拟制完成《2022—2027 年国家科创计划》和《2022—2027 年国家电信发展计划》。同时，MICITT 通过线上线下多种方式，面向社会不同阶层及利益相关方征询意见，预计将于 2022 年一季度正式对外发布。

信息时代洪流下，哥斯达黎加面临国家科创地位有待提升、适应新发展趋势、地区协同发展、疫后经济复苏、人工智能等新兴高科技开发缺乏支撑等多重挑战，唯有做好科创和电信发展政策立法、保持政策连贯性、加强跨部门有效沟通、巩固公私联盟，才能确保国家发展地位，建立起强健有力的数字科创系统，在激烈的国际竞争中不落后于时代。

（一）拟制《2022—2027 年国家科创计划》

计划草案首先明确了未来 6 年五大重点科技发展领域，即生物经济、健康与生命科学、数字技术、人工智能和航天技术；之后介绍了为达成发展目标，将要采取的 3 种环环相扣的工作模式，即最内层是科研部门内部合作，中间层是通过建立领导委员会构建起跨部门合作，而最外层则是国际双多边合作。

计划草案为今后发展勾勒出三大战略框架，分别是增加科技人才培养数量并强化科技人才能力养成、理解尊重知识产权并推动知识供给社会，以及推动生产过程中的转型创新。一些重要的量化指标包括：科研活动中硕士、博士所占比例分别由 2020 年的 40% 和 25% 提升至 2027 年的 45% 和 40%；激励妇女和青年加入研发团队，所占比例分别由 2020 年的 34% 和 8.5% 提升至 2027 年的 44% 和 11.5%；国家科技信息平台注册用户数由 2020 年的 5223 人提升至 2027 年的 5823 人。

（二）拟制《2022—2027 年国家电信发展计划》

计划草案详细介绍了战略发展框架，具体围绕为全民福祉加强网络连接、为

国家竞争力完善频谱规划和为社会发展整合数字竞争等三大领域展开。

计划草案秉持建设惠及全民、安全稳健、可持续、高质量、创新型电信网络的良好愿景；期待达成推动频谱重新布局、加强网络基础建设、减少数字鸿沟、建成数字社会的宏大目标。三大量化目标分别为：①扩展并改善固网及动网连接，以 2020 年百人中 15 M 及以上带宽拥有量占比 7.7% 为基准，至 2027 年要求达到 20%；②增加电信资金投入，以 2020 年占 GDP 总量 0.2% 为基准，至 2027 年要求达到 0.5%；③改善数字设备及网络应用，以 2018 年每百人电脑及互联网使用人数分别为 17.4 人和 36.6 人为基准，至 2027 年要求分别达到 22.7 人和 41.0 人。

（三）组建国家数字政府局

2021 年 11 月，根据 9943 号法令，哥斯达黎加组建国家数字政府局，理事会接受 MICITT 领导，包括财政部、经济工商部、计划部和私营企业公会各一名代表。该局为哥斯达黎加行政机构数字政府建设提供互联互通互操作的技术服务及项目，促进人力、金融与维护资源节约标准化。未来民众可通过线上登录官方平台，全天候使用政府服务，无须再前往政府一站式接待窗口排队。联合国最新数字政府发展指数显示，哥斯达黎加首次跻身"数字政府发展极高水平"行列，排美洲第 7 名、全球第 56 名，显示出哥斯达黎加作为国家发展所取得的进步。

三、以科委转型促进创新发展

2021 年 6 月 7 日，根据 9971 号法令，MICITT 正式启动哥斯达黎加国家科学技术研究理事会(简称科委)向哥斯达黎加创新与研究促进委员会(简称创促会)转型的流程。MICITT 部长贝佳强调，该法令的主要成就包括：加强了 MICITT 作为科学、创新、技术和电信部门的领导地位，借助科委的人力与财力将其转变为创促会，从下达科技创新命令的单位体制转变为更有效有力地执行方案和项目的实干家，更有利于社会和生产发展。

根据 7169 号法令的规定，MICITT 代表哥斯达黎加行政机构，以领导身份制定的文书、方案和其他公共政策准则等，将由创促会贯彻执行。创促会以促进创新和科技发展为目标，以实现国家生产和社会发展为轴心。其主要职能包括：创建研发创新融资工具、创新陪伴和培训、加强知识生成的网络和连接、加强专门人才和企业能力、前瞻性分析及发展以技术为基础的公司。转型过渡期路线图主要基于下列战略领域，包括以知识为基础支持新国家科技创新计划的国家社会经济政策更新、根据法令制定条例和创促会内部条例、科委向创促会转型期间需要采取的行政动作，以及创促会董事会、经理的任命和战略计划的制订。

创促会领导机构由董事会负责并作为其上级机构，其角色将是多部门和战略性的，由公共部门、私营部门和学术界组成，包括担当主席职务的 MICITT，还有经济工贸部、发展倡议联盟、商会和私营企业协会联盟、工业商会、国家农业和农业工业联合会、国家培训学院和国家校长理事会。

创促会的资金将来自哥斯达黎加政府转移支付，相当且不低于 MICITT 预算的 14%。除计划和项目资金外，还包括处于监管下的创促会目标和权限范围内的服务销售所得、促进科技创新发展的奖励基金、支持中小企业项目的基金，以及国内和国际上公共及私营实体的合作、协定及捐赠基金。

四、努力拓展国际科技合作新空间

一年来，哥斯达黎加科技界重在巩固自身在中美洲优势地位，与拉美西语大国细化合作领域及方式，还将目光投向亚太地区独具特色的创新型发达国家；同时，积极参与中方主导的中拉合作论坛活动，寻求深化中哥科技务实合作并建立中哥科技常态化合作体制机制。

（一）重点关注拉美地区，深化对韩合作

在中美洲加强引领。在哥斯达黎加科技月（8月）框架下 MICITT 举办了"中美洲研发展望"网上研讨会，对目前中美洲地区总体研发情况进行评价。会议一致认为，要在研发领域达成"我们所向往的地区"，必须在环境、可持续性、科学、技术和高级人力资源等方面加以改进。哥方指出，国际合作是应对中美洲一体化和建立新联盟等系列挑战的根本机制，应在学术界和生产部门间构建协调对接平台。

抓住机遇深化与阿根廷合作。2021年12月14日，第三届拉加经委会信息通信科技创新大会在阿根廷首都召开。会上，MICITT 部长贝佳将自 2015 年起担任的大会主席职务转交给阿根廷科技创新部部长菲尔穆斯；提出地区间国家在科技创新议题上继续加强合作的需求，表示疫情促进了地区国家抗疫药物与疫苗的研发，促进了重要经验与良好实践的有效分享。稍后，哥阿两国科技部部长举行双边会谈，并在 1983 年两国科技合作协议基础上新签署谅解备忘录，加强在诸如康复者血浆和马血清等抗疫研究、生物经济、循环经济、利用卫星资源辅助农业、人工智能和网络安全等方面的双边合作。

与韩国签署协议落实成果。2021年7月，哥韩科技联委会首次高级别会议在线召开。双方同意在新药设计、可再生清洁能源及纳米生物技术等三大战略领域加强合作，通过两国间长期关系将哥斯达黎加丰富的生物多样性与韩国生产技术相协同，形成促进联合研发生物燃料、生物医学、药品、膳食补充剂、化妆

品等的机制。同年 11 月，MICITT 和韩国科学技术信息通信部分别签署科技合作与数字政府合作两份谅解备忘录，拟通过项目联合研发、科研人员交流、设立电子政府培训科目等方式来推动在生物技术、人工智能及生命科学等方面的双边合作。

（二）加强中哥科技交流体制建设，深化务实合作

MICITT 部长及副部长以视频或实时在线方式出席中拉数字抗疫、科技创新等论坛。双边科技合作有利于分享哥方在利用先进信息通信技术推进工农业发展及政府提供公共服务方面的良好实践；有利于盘活疫情下中哥科技创新合作资源，特别是在数字抗疫、互联互通、气变、可再生能源、生物多样性、环保等领域达成多项共识，为今后制定联合研究项目共同资助机制奠定基础；有利于巩固疫情下中哥科技创新合作朋友圈，主动服务国家总体外交大局。

（执笔人：李世琦）

◎ 巴　　西

2021 年，巴西政府发布《国家创新战略》，规划未来 4 年国家科技战略的目标、举措和行动。联邦政府着力完善国家重大科研基础设施建设，提升地区科研基础设施水平，大力支持数字化转型战略，致力于加强新型科技人才的培养，积极利用国际舞台展示创新型国家的形象和参与科技全球治理的决心。

一、科技创新整体实力

《2021 年全球创新指数报告》显示，巴西国家创新能力居全球第 57 位，比 2020 年上升了 5 位。总体来看，巴西的排名与国家的经济规模并不相称（2020 年巴西是世界第十二大经济体）。

巴西科技创新部（MCTI）2021 年 12 月发布的《国家科学技术创新指标（2020）》显示，2018 年，巴西全国科技活动投入约 974.3 亿雷亚尔，占 GDP 的比重为 1.14%。其中研发投入约 799.4 亿雷亚尔（363 亿美元），来自政府的占 53.6%，来自企业的占 46.4%。

2020 年，巴西发布论文 89 241 篇，居世界第 14 位，占世界论文总量的 2.76%。2020 年国家工业产权局授予专利 21 298 件，其中发明专利 20 407 件，专利授予量比 2019 年增长了 55%，提交国际专利申请 18 008 件。

科睿唯安 2021 年"高被引科学家"名单显示，在全球上榜的 6600 位科学家中，21 位巴西科学家入选者集中在流行病学、农学、食品科学和气候变化等领域。

二、发布国家创新战略

2021 年 7 月，巴西政府发布《国家创新战略》，规划了未来 4 年国家科技战略的重要目标、战略举措和具体的行动计划。

（一）目标

设立 2024 年目标：①增加公共科技创新投入，年度预算中分配给科技创新的资金从 46.9 亿雷亚尔（2020 年）提高到 80.0 亿雷亚尔；②提高企业创新投入强度，创新活动资金占净销售收入从 0.62%（2017 年）提高到 0.80%；③提高巴西企业创新率，从 33.6%（2017 年）提高到 50.0%；④增加享受创新税收优惠的企业数量，从 2824 家（2019 年）提高到 3500 家；⑤增加企业中从事创新工作的专业人员数量，从 9.9 万人（2017 年）提高到 12.0 万人；⑥增加培训机会，未来 4 年内每年为 300 万人提供技术和职业培训；⑦提高本科入学率，从 34.6%（2017 年）提高到 39.6%。

（二）战略举措

《国家创新战略》提出了五大战略领域，设置了 49 项战略举措：①鼓励创新和企业投资（6 项），优化创新公共资源的分配，将公共资源向政府创新优先领域倾斜，并通过建立伙伴关系等方式鼓励私人资金投入创新。②强化创新技术知识基础（5 项），目的是夯实技术知识基础，培育对经济和社会产生重大影响的创新。③传播创新创业文化（13 项），向社会展示创新为经济发展和解决社会重大问题带来的积极影响，促进企业创新文化的传播，提高企业的创新率。④培育创新产品和服务市场（14 项），通过提供产品、服务和培育市场，提升国家创新能力。⑤发展创新教育体系（11 项），通过建立系统的课程培训体系，在各级教育中激发创新思维和鼓励熟练掌握新技术。

（三）亮点

《国家创新战略》的亮点：不仅停留在概念和目标的阐述，而且为各个战略举措提出了具体的行动计划，确定了计划预算和执行单位。在强化创新技术知识基础这一战略领域，针对巴西政府提出"促进结构性和战略性经济行业的技术发展和创新"这一举措，各部门提出 15 项计划，其中，支持科技创新部病毒网络活动这一行动的牵头单位是科技创新部，2021—2022 年拨付预算 6 亿雷亚尔；在传播创新创业文化领域，针对政府提出"加强国家科技创新体系建设，建立多样化创新网络"这一举措，各部门提出了 7 项行动计划，其中，"支持数字化转型创新网络、支持石墨烯创新网络和支持人工智能创新网络"这 3 项行动的牵头单位是巴西工业创新研究院，每项行动支持 5000 万雷亚尔。《国家创新战略》构建的目标、举措和行动计划将提供一套完整的创新优先行动信息，不仅推动了政府各部门支持创新的政策整合，而且将促进公众对创新的认知和需求。

三、重点领域的专项计划和部署

（一）出台《人工智能战略》

2021 年 4 月，巴西发布《人工智能战略》，提出要持续对人工智能研究和发展进行投资，促进公共和私营部门、企业和研究中心之间的合作，消除 AI 的创新障碍，制定负责任的人工智能伦理原则，鼓励巴西人工智能的创新和发展。

（二）发布《海洋科学计划》

2021 年 5 月，巴西科技创新部发布了《海洋科学计划》。该计划旨在指导巴西在海洋、沿海和海陆过渡带等方面的科学研究，促进海洋研究的科学产出和应用，推动海洋的可持续利用和保护，计划将持续至 2030 年。在促进海洋研究方面，计划确定了 6 个优先领域：海洋环境风险管理、灾害预防和补救，海洋生物多样性，沿海地区、过渡环境和大陆架，海洋环流、海洋—大气相互作用和气候变化，深海，海洋研究的技术和基础设施。

（三）组建国家南极研究委员会

2021 年 1 月，巴西政府签署法令宣布组建国家南极研究委员会（CONAPA）。该委员会将在巴西科技创新部的协调下，根据巴西国家南极事务机制（PROANTAR）的要求，就与南极洲科技活动和利益相关的事务向科技创新部部长提供建议。国家南极研究委员会是一个政府部门联席议事机构，负责审查、指导和监督与南极科技活动相关的研究活动和项目，并向科技创新部提供咨询意见，该委员会通常每 6 个月召开 1 次会议。

（四）加强科技人才培养

巴西软件卓越促进协会（Softex）的调查显示，预计到 2022 年，巴西信息通信技术专业人员的短缺将超过 40.8 万人。为加大对数字人才的培养力度，2021 年 8 月，巴西科技创新部启动了"未来计划——未来的工作与工作的未来"，重点支持扩大数字生态系统、数字转型和研发创新项目方面的专业人才队伍，同时培育和吸引更多人才从事信息通信技术行业的工作。

（五）其他

2021 年 2 月，科技创新部与农业部宣布合作组建国家粮食和农业遗传资源与政策平台。该平台的目标是建立生物多样性的综合信息库，以保护动植物物种遗传资源。平台将包括一个国家遗传资源信息系统和一个国家遗传资源生态联系机制。平台将向国内外用户开放。

2021年7月，巴西政府发布了先进材料科技创新政策，并设立先进材料指导委员会。根据该政策，巴西科技创新部将负责起草未来4年的国家先进材料计划。该政策鼓励先进材料生产技术的研究；鼓励培养和留住相关专业人才；鼓励促进先进物料价值链所需基础设施的建设、升级和现代化；鼓励加强国际合作，促进产业发展，并促进该领域公共政策的整合。

四、国际科技合作政策动向

巴西积极在双边、区域和多边机制中参与科技事务、开展科技合作。巴西外交部还寻求通过创新外交计划，提升巴西的地位，以期展示巴西作为创新型国家的形象。

（一）巴西"创新外交计划"

巴西外交部推动的"创新外交计划"旨在向全世界展示一个在科学前沿领域生产知识、产品和服务的国家形象。主要活动形式有推动建立科技合作伙伴关系、吸引投资、支持初创企业的国际化、促进巴西和外国创新合作等。2021年，"创新外交计划"在31个国家的46个城市开展了120项活动，有6000多名研究人员和企业家参加。这些活动中涉及技术领域的多达57%，12%是农业科技领域，8%是健康技术/生物技术领域，7%是金融科技领域。从地域分布来看，38%的活动在欧洲实施，28%在亚洲，21%在北美，5%在非洲，4%在南美，4%在大洋洲。

（二）加强与欧盟的科技合作

2021年3月，首届巴西—德国数字对话举行。双方提议将在人工智能、物联网、区块链、大数据、5G网络、云计算等信息科技领域和支持初创企业、工人培训、构建平台经济等方面加强合作。9月，欧洲核子研究中心（CERN）正式接纳巴西为准成员国，这有利于巴西加强与欧洲在粒子物理领域的交流和合作。11月，欧盟委员会与巴西国家科技发展理事会、创新研究署和国家各州科研基金会理事会签署了行政协议，同意建立欧盟和巴西之间共同资助科研合作的机制，进一步支持巴西科研创新人员参加"地平线欧洲"（2021—2027）合作项目、科研伙伴关系项目和重大科研任务项目。

（三）加强与英国的科技合作

2021年5月，巴西科技创新部部长庞特斯与英国科学研究和创新大臣阿曼达·索洛韦举行了线上会晤，讨论加强两国之间的科技合作，特别是在人工智能、空间和新冠病毒测序领域开展联合工作的可能性，并讨论细化了《巴西—英国 2021—2025 年科技合作行动计划》。

（四）重视与中国科技的合作

巴西科技创新部高度重视同中国开展多层次、宽领域的合作。2021 年中巴科技领域政府间高层交往频繁，中巴两国科技部部长年度两次会晤；中巴高委会下的科技创新分委会第五次会议顺利召开；第九届金砖国家科技创新部长级会议成功举行；此外，中科院、基金委分别与巴西科研机构举行高级别科学论坛。

（执笔人：郭　栋　周　游）

◎ 欧　　盟

2021 年，全球局势波诡云谲，新冠肺炎疫情激荡反复。欧盟在大力抗击疫情的同时，坚持推进"绿色"和"数字"双转型。在强调战略自主、追求"技术主权"的同时，加强欧美跨大西洋广泛伙伴关系建设。欧盟着力推动科技创新应对新冠肺炎疫情，加快核心关键技术和产业未来布局。欧盟第九期研发框架计划"地平线欧洲"（2021—2027）正式启动，总预算 955 亿欧元，希望通过科技创新为欧盟未来经济社会发展提供支撑。

一、科技创新实力和科技资源总体情况

欧盟作为现代科学的发源地，在长期科技创新积淀中，科技底蕴深厚，创新实力强。欧盟人口占全球 7%，科研投入占全球 20%，高质量科技论文发表数量占全球 1/3。根据 2021 年全球创新指数排名，前 10 名中欧盟成员国占据 5 席，前 20 名中占 8 席。

（一）科技创新实力相对增长趋缓

根据 2021 年 6 月欧盟发布的《2021 年欧洲创新记分牌》，以欧盟 2014 年科技创新实力 100 为基准，2021 年全球主要经济体科技创新排名为：韩国（136）、加拿大（127）、澳大利亚（125）、美国（120）、日本（114）、欧盟（113）、中国（84）、巴西（68）、俄罗斯（50）、南非（37）、印度（26）。2014—2021 年，科技创新实力增长最快的分别是中国（增长 27.9%）、韩国（26.7%）、日本（19.0%）和美国（16.0%），而欧盟为 12.5%。中国与欧盟差距日益缩小。

（二）科研经费投入减少、研发强度小幅增长

根据欧盟统计局 2021 年 11 月最新数据，2020 年欧盟成员国研发支出约

3110 亿欧元，较 2019 年的 3120 亿欧元减少 10 亿欧元。2020 年欧盟研发强度（研发支出占 GDP 比重）为 2.3%，2019 年为 2.2%。但该小幅增长归因于新冠肺炎疫情导致的 GDP 下滑，10 年前（2010 年）欧盟研发强度为 2.0%。从成员国看，研发强度最高的成员国是比利时和瑞典，均为 3.5%，其次是奥地利（3.2%）和德国（3.1%）。研发强度未超过 1% 的有 6 个成员国，分别是罗马尼亚（0.5%），马耳他和拉脱维亚（均为 0.7%），塞浦路斯、保加利亚和斯洛伐克（均为 0.9%）。

《2021 年欧盟产业研发投入记分牌》报告显示，2020—2021 年全球 2500 家研发投入最多的公司中，欧盟有 401 家公司上榜，同比减少 20 家，总投入 1841 亿欧元，同比减少 48 亿欧元，减少 2.5%，占全球产业总研发的 20.2%，出现 10 年来研发投入首次下降。在欧盟公司研发投入减少的同时，中国公司研发投入增长 18.1%、美国增长 9.1%。

2020 年，欧盟 27 个成员国研究人员全时当量为 296.3 万人，区域分布不平衡，仅德国（73.45 万人）、法国（47.05 万人）、意大利（34.98 万人）、西班牙（23.17 万人）4 国就占 60.3%。

（三）专利申请量略减、论文产出份额下滑

在专利申请方面，2020 年欧盟 27 国向欧洲专利局（EPO）递交专利申请共 65 854 件，比上年减少 656 件，降幅 0.9%。德国 25 954 件、法国 10 554 件、荷兰 6375 件，位居前三。

在科技论文产出方面，根据美国国家科学基金会的报告，2020 年全球科学与工程论文总计发表 294 万篇，其中欧盟论文发表 57 万篇，同比增长 4 万篇，占全球的 19.38%。欧盟论文重点研究领域有：健康科学（27.52%）、生物/生物医学科学（13.09%）、工程学（12.63%）、计算机与信息科学（8.81%）。2010—2020 年，欧盟论文年均增长率 1.6%，低于全球 4% 的平均水平。

二、正式启动第九期研发框架计划

欧盟研发框架计划是欧盟层面的政府科技创新计划，自 1984 年启动以来，在促进欧盟甚至全球科技创新中发挥了重要作用。2021 年，欧盟正式启动"地平线欧洲"（2021—2027）研发框架计划。该计划围绕欧盟"绿色"和"数字"双转型战略和科技创新支撑欧盟疫后复苏，以卓越科学、全球挑战和欧洲产业竞争力及创新型欧洲为三大支柱，投入 955 亿欧元加强欧盟基础研究、应用研究和产业化科技创新。

（一）"地平线欧洲"三大支柱构成

承袭"地平线2020"（2014—2020）三大支柱构架，"地平线欧洲"三大支柱为卓越科学（侧重基础研究）、全球挑战和欧洲产业竞争力（侧重应用研究）、创新型欧洲（侧重产业化），同时，要兼顾加强欧洲研究区建设。

卓越科学支柱旨在提升欧盟全球科学竞争力。通过欧洲研究理事会（ERC）资助由顶尖研究人员定义和驱动的前沿研究项目；通过"玛丽·居里"计划支持有经验的研究人员、博士培训网络，研究人员交流及吸引更多年轻人从事研究工作；并投资世界一流科研基础设施。

全球挑战和欧洲产业竞争力支柱旨在支持应对社会挑战及通过集群加强技术和产业能力的研究。该支柱设立五大欧盟重大任务以克服面临的最大挑战。该支柱还包括支持欧盟联合研究中心（JRC）活动，为欧盟及成员国决策提供独立科学证据和技术支持。

创新型欧洲支柱旨在通过新成立的欧洲创新理事会（EIC）使欧洲成为全球市场驱动创新的领先者。通过欧洲创新生态体系建设规划欧洲整体创新，通过欧洲创新与技术研究院（EIT）推动欧洲教育、研究和创新三者集成。

扩大参与和加强欧洲研究区建设旨在支持欧盟成员国发挥国家科技创新最大潜力，推动建立研究人员、科学知识和技术流通自由的欧洲研究区。

（二）制定阶段性战略规划，明确"地平线欧洲"前半程部署方向和路径

2021年3月，欧盟出台了《"地平线欧洲"2021—2024战略计划》，明确了未来4年欧盟科研与创新支持战略部署方向，为阶段性落实"地平线欧洲"进行了系统规划和部署。

1.瞄准欧盟总体目标，确定未来4年科技投入主要战略方向

一是通过引领关键数字、使能和新兴技术、行业和价值链，加速和引导欧盟开放战略自主。二是恢复欧洲生态系统和生物多样性，可持续性管理自然资源以确保食品安全和清洁健康的环境。三是通过交通、能源、建筑和生产系统转型，使欧洲成为全球首个数字化循环、气候中和与可持续经济体。四是构建更具弹性、包容性和民主的欧洲社会，防范和应对威胁和灾害，解决科技创新不平衡问题，并保障高质量的医疗保健，赋予所有公民在"绿色"和"数字"双转型中的行动力。

2.制定战略路径，保障计划顺利推进

一是将《"地平线欧洲"2021—2024 战略计划》首次纳入法律方案范畴，使其具有法律约束力。二是重点规划第二支柱，即"全球挑战和欧洲产业竞争力"，同时兼顾第一、第三支柱及"扩大参与和加强欧洲研究区建设"部分。三是加强与欧盟其他计划的协调推进，包括欧洲原子能计划、欧盟优先事项及欧盟成员国和区域资助计划等，以加强欧洲研究区（ERA）建设。四是完善内部机制和机构的协调合作，包括欧盟相关机构——欧盟联合研究中心与"地平线欧洲"项目研究的协调、欧洲创新与技术研究院战略创新议程（2021—2027）与"地平线欧洲"的匹配等。五是广泛参与，加强与欧盟成员国、欧洲议会的沟通与交流，完善与利益相关者和公众的协商机制。六是制定"地平线欧洲"2021—2022 年工作计划。

3.细化重大任务，制定详细实施草案

欧盟确定癌症、适应气候变化、海洋和其他水体、气候中和与智慧城市、土壤健康与食品为"地平线欧洲"五大重大任务。

（三）欧洲创新理事会全面正式启动

2018 年试点的欧洲创新理事会（EIC）是欧盟致力培育颠覆性技术，加快欧洲原始创新成果市场化、产业化，支持初创企业和中小企业技术创新的新设机构。2018—2020 年，该理事会为 5700 多家中小企业和初创企业提供资助，支持了 330 多个科研项目，撬动各方投资 53 亿欧元，其中培育的初创企业有 43 家，估值超过 10 亿欧元。在两年试点运营后，2021 年该理事会全面正式启动。

欧洲创新理事会通过"三大计划"支持颠覆性技术研发、科研原创成果转化，扶持独角兽企业做大做强。通过探路者计划（EIC Pathfinder）支持处于研发早期的高风险、高回报的颠覆性技术；通过成果转化计划（EIC Transition）支持实验室科研成果转化的创新活动；通过加速器计划（EIC Accelerator）支持中小企业，特别是初创企业和孵化企业，研发和推广颠覆性技术，旨在对欧盟颠覆性技术实现全创新链支持。

探路者计划支持实验室原创颠覆性技术研发。2021 年，探路者计划面向跨学科研究团队投入 3 亿欧元，开展有望带来技术突破的研究。支持经费大部分通过不预设主题的公开项目征集资助，另外 1.32 亿欧元支持应对探路者计划拟定的五大挑战领域：自感知人工智能、脑活动测量工具、细胞和基因治疗、绿色氢及工程活性材料。

成果转化计划致力于科研成果转化相关创新活动。2021 年，该计划投入 1

亿欧元用于将科研成果转化为创新机会。支持经费大部分通过不预设主题的公开项目征集资助，其余支持拟定的两大挑战领域：医疗技术及设备、能源收集和存储技术。项目征集聚焦探路者计划试点项目和欧洲研究理事会（ERC）概念验证项目产生的科研成果，以培育成熟技术，建立特定应用商业案例。

加速器计划支持中小企业颠覆性技术创新研发和推广。2021年，该计划面向初创企业、孵化企业和中小企业投入10亿欧元，支持研发和推广高影响力创新技术，以创造新市场、颠覆现有市场。10亿欧元中有4.95亿欧元用于欧洲绿色转型和数字与健康战略性突破创新技术。

三、"绿色"和"数字"双转型战略稳步推进，科技应对疫情同步进行

"绿色"和"数字"双转型战略是2019年年底新一届欧盟面向未来的最高层次核心战略，在遭逢突如其来的新冠肺炎疫情两年间，欧盟坚定推动双转型战略按计划开展。2021年，欧盟为落实绿色转型战略推出一系列立法措施；发布《2030数字指南针：数字十年的欧洲之路》，制定未来10年欧盟数字转型具体计划。

（一）落实绿色转型战略，推出一系列立法措施

为落实到2050年欧洲在全球范围内率先实现"碳中和"的绿色新政目标，2021年7月，欧盟提出一系列立法措施，以实现《欧洲气候法》规定的到2030年将温室气体净排放量与1990年相比至少减少55%的阶段性目标。主要包括以下几个措施。

①修订欧盟排放交易体系（EU ETS）立法。提出进一步降低发电和能源密集型行业总体排放上限，并提高年减排率。提出逐步取消航空免费排放配额，调整与全球国际航空碳抵消和减排计划（CORSIA）合作内容，并首次将航运排放纳入欧盟排放交易体系。为道路交通和建筑物燃料分别设立单独的新排放交易系统，解决两个行业减排问题。

②明确排放交易收入去向。为补足欧盟预算大量气候支出，成员国应将其排放交易收入全部用于气候和能源相关项目。

③修订《减排分担条例》，强化减排目标。修订2018年版《减排分担条例》（ESR），对各成员国建筑、道路、国内海运、农业、废弃物和小企业强化减排目标。减排目标基于人均GDP设定，并考虑成本效益进行调整。

④制定欧盟自然碳汇目标。修订欧盟《土地利用、林业和农业条例》，到

2030 年减少 3.1 亿吨二氧化碳排放。到 2035 年在土地利用、林业和农业行业实现气候中和。

⑤制定可再生能源生产目标。能源生产和使用占欧盟排放的 75%，因此加快绿色能源体系转型至关重要。修订欧盟《可再生能源指令》，到 2030 年欧盟 40% 的能源生产来自可再生能源。为实现欧盟气候和环境目标，强化生物能源使用的可持续性标准。

⑥修订《能源效率指令》，制定更具约束力的年度目标，以从欧盟层面减少能源使用。

⑦强化严控车辆排放标准。进一步严格车辆二氧化碳排放标准，加快交通零排放转型。要求新车从 2030 年起平均排放量比 2021 年减少 55%，2035 年减少 100%，从而加快向零排放车辆转型。到 2035 年所有欧盟上牌新车均为零排放。要求成员国根据零排放汽车销售量扩大充电能力，并在主路定距设置充电和加氢站点。

⑧加强对航空和海运燃料排放控制。规定飞机和船舶在主要机场和港口应获得清洁电力供应。

⑨推进能源税收改革。修订欧盟《能源税收指令》，使能源产品税收与欧盟能源和气候政策一致，以促进清洁技术的应用。

⑩推动欧盟与其他地区同步减排。新推出的碳边界调整机制将对特定选择性产品设定进口碳价格，以确保欧盟气候行动不会导致"碳泄漏"。

（二）发布 2030 数字罗盘计划，启动"欧洲数字十年"

2021 年 3 月，欧盟正式发布 2030 数字罗盘计划，以增强欧盟数字竞争力，摆脱对中美两国依赖，使欧盟成为全球最领先的数字经济地区之一。该计划四大核心内容包括以下几个方面。

一是拥有大量能熟练使用数字技术的公民和高度专业的数字人才队伍。到 2030 年，欧盟至少 80% 的成年人应具备基本数字技能；拥有 2000 万名信息技术领域专业技术人才。二是构建安全、高性能和可持续的数字基础设施。到 2030 年，欧盟所有家庭应实现千兆网络连接，所有人口密集地区实现 5G 网络覆盖，并在此基础上发展 6G；欧盟生产的尖端、可持续半导体产值至少占全球总产值的 20%；建成 1 万个碳中和的互联网节点；到 2025 年，生产出首台具有量子加速功能的欧盟量子计算机，到 2030 年，欧盟处于量子领域前沿。三是致力于企业数字化转型。到 2030 年，75% 的欧盟企业应使用云计算、大数据和人工智能；90% 以上的中小企业应至少达到基本的数字化水平。四是大力推进公共服务数字化。到 2030 年，所有关键公共服务都应提供在线功能；所有欧盟公民都能访问本人电子医疗病历；80% 的公民应使用电子身份证（e-ID）解决方案。

（三）科技创新应对新冠肺炎疫情和支撑疫后复苏稳步推进

2021 年，欧盟继续加大研发投入，通过科技创新应对新冠肺炎疫情，支撑疫后复苏。主要措施包括以下几点。

1. 加强病毒变异研究，加大疫苗研发等投入支撑疫后复苏

2021 年 4 月，欧盟在"地平线欧洲"计划下，紧急投入 1.23 亿欧元用于新冠病毒变异的研究。2021—2022 年，欧盟拟投入 19 亿欧元用于科技创新支撑疫后复苏。主要措施包括建设更为先进的卫生医疗系统，加强卫生医疗研发能力，特别是疫苗研发等。

2. 发布欧盟新冠治疗药物开发战略

作为 2020 年 6 月欧盟疫苗战略的补充，欧盟 2021 年 5 月发布新冠治疗药物开发战略，旨在支持新冠治疗药物的研发和供应，包括新冠后遗症治疗药物。该战略覆盖新冠药物全生命周期，包括研究、开发、生产、采购和分配。

3. 启动"新冠治疗药物创新助推器"平台

欧盟于 2021 年年中启动该平台，以汇集和评估欧盟在研新冠药物项目，更好地支持从临床前研究到市场授权的最有前途药物。该平台将整合所有相关参与者，包括欧洲药品管理局、欧盟成员国主管机构和私有部门，发现最具前途的研究项目和技术，提供最佳投资指导以加速创新。

4. 组建欧盟卫生新机构

为进一步加强欧盟层面在卫生医疗方面的协调作用，更好地应对未来公共卫生突发事件，欧盟于 2021 年 9 月成立欧盟卫生应急准备和响应管理局（HERA），拟于 2022 年全面运行，到 2027 年的专项预算为 60 亿欧元，另外 240 亿欧元来自其他欧盟计划。该机构一是支持欧盟卫生医疗领域的研究和创新，研发新医疗对策，包括建立全欧盟范围的临床试验网络和数据快速共享平台。二是应对市场挑战并提升工业产能，建立与行业密切对话、制造能力和定向投资的长期战略，并突破医疗对策的供应链瓶颈。三是进行威胁评估和信息收集，开发模型以预测疫情。

四、加快核心关键技术和产业的布局和发展

近年来，欧盟核心关键技术和产业紧密围绕"绿色"和"数字"双转型战

略，支撑双转型战略发展。新冠肺炎疫情暴发后，相关核心关键技术创新积极服务应对新冠肺炎疫情，同时加强相关产业自主、引导产业链回归，扩大供应链多元化。

（一）推出《人工智能法案》，加大相关领域研发投入

2021 年 4 月，欧盟推出全球首个人工智能监管框架——《人工智能法案》，立法支持人工智能监管制度建设，为人工智能创新创造监管条件。法案提出，要对人工智能技术进行风险分级，规范技术及其应用发展；设立欧洲人工智能委员会，推动新法规顺利实施。

欧盟还加大了对人工智能研发和应用的投入，每年投资 10 亿欧元，撬动成员国和私有部门投入，未来 10 年内每年在人工智能领域投入 200 亿欧元，共计 2000 亿欧元。

（二）拟出台欧盟《芯片法案》，加强核心技术自主研发

2021 年 9 月，欧盟委员会主席冯德莱恩在"盟情咨文"中提出拟制定欧盟《芯片法案》，以加强欧盟核心技术自主研发。拟议法案包括：①制定欧洲半导体研发战略，提高欧盟芯片研发水平。②提高欧洲芯片产能。定期监测芯片工业供应链，保障芯片设计、生产、封装、供应全链条弹性。支持建造欧洲大型晶圆厂，大批量生产 2 纳米及以下的节能半导体。③加强芯片领域国际合作，制定全球芯片供应链多元化战略，减少对单一国家或地区的过度依赖。

（三）筹划"欧盟创新健康计划"，加快生物医药领域研发

2021 年，欧盟正筹备启动"欧盟创新健康计划"（IHI，2021—2027），以取代现有的"欧盟创新医药计划"（IMI）。该计划以加强欧盟生物医药领域有效创新为目标，同时实现预防、诊断、治疗和疾病管理的全覆盖。该计划到 2030 年将启动至少 30 个大规模产学研联合项目。总预算 24 亿欧元，其中欧盟通过"地平线欧洲"（2021—2027）计划投入 12 亿欧元，合作伙伴欧洲卫生保健贸易协会（COCIR）、欧洲制药工业和协会联合会（EFPIA）、欧洲生物技术工业协会（EuropaBio）、欧洲医疗技术工业协会（MedTech）和欧洲疫苗协会（Vaccines Europe）相关企业出资 10 亿欧元，其他机构出资 2 亿欧元。

（四）欧洲量子通信基础设施就绪，首个量子模拟器即将投入使用

2021 年 9 月，爱尔兰加入"欧洲量子通信基础设施"计划（EuroQCI），标志欧盟 27 个成员国全体加入该计划。EuroQCI 于 2019 年 6 月由欧盟和欧洲航天

局牵头推出，拟在未来 10 年开发泛欧量子通信基础设施。该计划将连接全欧盟所有关键公共通信资产，使敏感信息传输和储存更加安全，以保护欧盟核心数字资产和金融交易，保障国家和跨境关键信息基础设施，推动战略自主。作为欧洲高性能计算共同计划（EuroHPC JU）的一部分，欧盟计划 2021—2023 年建造最先进的试点量子计算机，2021 年年底前首个量子模拟器即将投入使用。

（五）设立欧洲智能网络和服务伙伴关系，启动首个大规模 6G 研究与创新计划

2021 年 11 月，欧盟设立欧洲智能网络和服务伙伴关系（SNS JU），聚集欧盟及其成员国产业资源，推动欧盟 5G、6G 研发和部署。计划 2021—2027 年通过 SNS JU 投入 9 亿欧元，促进欧盟 5G 部署，启动首个欧盟大规模 6G 研究与创新计划，拟在 2025 年实现 6G 概念和标准化，培育欧盟 6G 技术主权，2025 年年底为早期市场采用 6G 技术做准备。

（六）设立欧洲太空基金，推动太空创业计划

2021 年 1 月，欧盟设立 10 亿欧元的欧洲太空基金，以促进太空领域双创，推动太空技术商业化和市场化。该基金投放覆盖太空商业创意到产业领域的全创新周期。在该基金基础上，欧盟设立 CASSINI 计划，支持欧盟空间技术相关企业创业。该计划旨在提供投资机会和专业网络，满足从初创企业到中型企业的不同成长阶段企业开发太空技术和产品的需求。

五、国际科技合作强调共同价值观

2021 年 5 月，欧盟发布《欧盟国际科研和创新新方略》，强调战略性、开放性和对等性。在经历新冠肺炎疫情后，欧盟认为应建立具有共同价值观的技术联盟，推动欧盟技术自主，实现欧盟战略自主。

（一）维护欧盟核心利益，科技创新合作强化开放战略自主权

《欧盟国际科研和创新新方略》提出国际科技创新合作三原则，一是建立基于规则和价值观的科研和创新环境，在此基础上开放优先。二是确保国际科研和创新合作的对等与公平竞争环境。三是通过国际科技合作创新最大化获取科学知识和国际价值链。欧盟科技创新合作更强调战略性、开放性和对等性，在遵守国际规则和欧盟基本价值观的基础上，强化欧盟开放战略自主权。

（二）加强欧美科技创新合作，推动"技术主权"

2021 年，欧盟加大了与美国科技合作创新力度。2021 年 6 月，欧美峰会就科技和贸易宣布建立广泛的伙伴关系，成立美欧贸易和技术理事会（TTC）。TTC 定期举行政治层面的会议，并于 2021 年 9 月底召开首次会议。初步设立 10 个工作组，包括技术标准合作、气候和绿色科技、保护供应链（包括半导体）、通信技术安全和竞争力、数据治理和技术平台、应对技术滥用对安全和人权的威胁、出口管制、投资审查、促进中小企业应用数字技术、全球贸易挑战。双方还设立了技术竞争政策联合对话机制。

（三）中欧科技创新机制平稳运行，有序推动

2021 年，习近平主席两度主持中法德领导人视频峰会，中国—中东欧国家领导人视频峰会成功召开。第二次中欧环境与气候高层对话顺利举行。在寻求绿色和数字双重转型进程中，中欧双方在气候变化、生物多样性、卫生健康等全球挑战重大方面有共同利益和合作诉求。

（执笔人：肖　轶　高昌林）

◉ 英　　国

对于英国来说，2021 年是极具挑战性的一年，推进抗疫研发、应对气候变化、释放创新活力、恢复绿色增长、成立先进研究与创新局、努力寻求加入"地平线欧洲"计划等成为英国科技创新领域的重要行动，也是其依靠科技创新应对各种挑战的重要举措。

一、科技创新整体实力

（一）创新能力位列第一方阵

英国在全球创新版图上长期保持领先地位。根据科睿唯安的统计数据，在科睿唯安遴选的十一大学科领域的 110 个研究热点和 61 个新兴前沿热点中，英国的研究活跃度居世界第 3 位，仅次于美国和中国；英国高被引科学家人数亦居世界第 3 位，同样仅次于美国和中国。

根据世界知识产权组织（WIPO）发布的《2021 年全球创新指数报告》，英国在全球最具创新力的国家中排名第 4 位，优于德国（第 10 位）和法国（第 11 位），连续多年保持在世界前五名之内，是发达国家中少数创新表现一直良好的国家。

（二）持续加大研发投入

英国国家统计局（ONS）的统计数据表明，2019 年，英国全社会研发支出约为 385 亿英镑，较 2018 年增长 3.4%，占 GDP 的比重为 1.74%。其中，公共资金投入约 104 亿英镑，占总投入的 27%；企业投入 207 亿英镑，占 54%；来自海外的研发投入达 56 亿英镑，占 14%。这些研发资金 95%（365 亿英镑）属于民用研发，5%（20 亿英镑）属于国防研发。

另据 2021 年 5 月英国政府科技主管部门商业、能源与产业战略部（BEIS）公布的公共财政研发支出预算案，英国 2021—2022 财年公共研发支出预算总额达到近 40 年来的最高值 149 亿英镑，较 2020—2021 财年的 132 亿英镑增长 13%，已连续两年涨幅超过 10%，为实现到 2027 年 R&D 占 GDP 的 2.4% 目标打下良好基础。

二、出台重大科技战略规划，谋划部署未来发展

2021 年英国商业、能源与产业战略部，政府科技办公室（GOS），科学技术委员会（CST）都发布了综合性科技战略或报告，对英国未来科技发展进行系统部署。

（一）政策建议报告力主强化英国科技超级大国地位

2021 年 7 月，英国科学技术委员会向英国首相提交了题为《加强英国全球科技超级大国地位》的政策建议报告，报告提出的主要建议包括：①以符合英国雄心的超强规模投资于研究创新。政府制定实现 2.4% 研发强度目标的具体路线图，并明确提出未来研发强度要达到 3%。②成立首相牵头的内阁科技委员会，专注于英国长期的科技优势，协调科学研究和创新的战略方向。③建立世界领先的研究和创新体系，政府应以更有利于商业发展的"投资组合"方式为研发活动提供资金。④加强英国专业技能体系建设，加强重要的战略性领域的科技人才储备。⑤领导全球创新对话，在医疗保健、航空航天和卫星应用等英国优势领域参与国际创新规则制定，支持英国科学家、工程师和其他创新者在国际机构和国际组织中任职。

（二）发布《英国创新战略》，创造并引领未来

2021 年 7 月，BEIS 发布《英国创新战略：创造未来引领未来》，提出到 2035 年使英国成为全球创新中心的愿景。该战略指出，创新需要构成英国整个创新生态系统的企业、政府、研发机构、金融机构、资助者、国际合作伙伴和其他创新要素协调一致，协同创新，并为此提出四大支柱行动：①释放企业活力，为企业创新提供动力。②使英国成为最具人才吸引力的国家。③确保研究、开发和创新机构能够满足英国企业和地区的需求。④激发创新，提升关键技术能力，以应对英国和世界面临的重大挑战。

（三）实施《净零战略》，多措并举致力减排

2021年10月，英国政府发布《净零战略》，提出了英国为实现2050年净零排放承诺将采取的主要举措，包括：①电力。到2035年实现英国电力系统完全脱碳，到2030年部署40吉瓦的海上风电及更多陆上风电、太阳能、其他可再生能源，1吉瓦的浮动式海上风电。②燃料供应及氢能。设立"工业脱碳和氢收益支持"计划，投入1.4亿英镑资助新的氢能和工业碳捕集商业模式，投入2.4亿英镑设立净零氢能基金。③工业。设立10亿英镑的储能、碳捕集与封存（CCS）基础设施基金和3.15亿英镑的工业能源转型基金。投入4.5亿英镑设立"锅炉升级计划"，到2035年不再销售燃气锅炉。④交通。实施零排放汽车（ZEV）授权，开启道路交通转型。到2030年停止销售汽油和柴油汽车，到2035年所有新车完全实现零排放。⑤温室气体。投入1亿英镑支持温室气体去除相关技术创新。探索监管监督措施，实现对温室气体去除的监测、报告和验证，引入新的可持续性披露制度。

三、专项部署重点领域发展，抢抓发展机遇

（一）人工智能领域

出台《AI路线图》和《国家AI战略》。2021年1月，英国人工智能办公室发布《AI路线图》，提出英国AI发展的四大支柱：研究、开发与创新；技能与多样性；数据、基础架构和公共信任；国家和跨行业的应用。同年9月，发布《国家AI战略》，总结英国AI发展现状，分析机遇和挑战，提出使英国成为AI超级大国的十年行动计划。

发布AI产业协议成果简报。2021年5月，英国人工智能办公室发布AI产业协议成果简报，总结了自2018年4月英国政府与产业界达成10亿英镑的发展协议以来，英国在AI商业环境、人才、基础设施、地方发展、研发和国际合作等方面取得的成果。

制定全球首个"算法透明度"国家标准。2021年11月，英国内阁办公室的中央数字及数据办公室（CDDO）和数据伦理与创新中心（CDEI）共同发布全球首个"算法透明度"国家标准，指导公共部门如何以安全、可持续和合乎伦理的方式使用自动化或算法决策系统，进一步巩固了英国在AI领域的世界领先地位。

（二）生物医药领域

发布《生命科学愿景》，指出了英国未来10年生命产业发展方向和目标，重点提出了四大愿景和七大重大疾病领域。其中四大愿景包括：以抗击新冠肺炎疫

情的新工作方式为基础应对未来任务；基于英国的科研基础设施，利用好英国独特的基因组和健康数据；加快前沿技术和疗法在英国国家医疗服务系统的应用；在融资、监管、制造能力等方面为企业创造良好的投资和发展环境。

（三）核能领域

2021 年 10 月，BEIS 发布《迈向聚变能源：英国聚变战略》和《迈向聚变能源：英国政府关于聚变能源监管框架的提议》。英国是全球第一个通过立法确保安全有效地推出聚变能源的国家。英国的聚变战略包括两大目标：一是建造一个能够接入电网的聚变发电厂原型，示范聚变技术的商业可行性；二是建立世界领先的英国聚变产业，向世界输出聚变技术。

（四）现代农业领域

英国是全球重要的农业生产国之一。英国环境、食品与农村事务部发布的《可持续农业路线图：2021—2024 年农业转型计划》是英国近 50 年来对农业和土地管理做出的最大变革，鼓励农民通过保持土地的生物多样性、清洁的水和空气、改善土壤和减碳等获得政府补助。2021 年 9 月，英国宣布将简化对基因编辑技术的监管，帮助农民种植更具抗病性、更有营养和产出更高的作物，下一步可能将通过基因编辑和其他遗传技术进行育种开发。

（五）空间产业领域

大力支持空间产业发展。2021 年投资建成新的卫星测试中心、空间推进测试设施，在苏格兰、威尔士和康沃尔建设 3 个空间港，计划从 2022 年开始进行首次本土太空发射。新发布的"空间战略"，首次将民用航天和国防航天整合规划，提出把英国建成空间强国，保护和捍卫英国的空间利益，通过前沿研究保持英国在空间科学和技术方面的竞争优势。将空间合作纳入英国未来的自由贸易协定，健全英国空间生态系统，设立新的英国空间监管机构，增加政府采购中空间服务应用采购是其中的一些具体举措。

（六）人才领域

进一步完善全球人才签证申请条件，国际性奖项获得者可自动获得签证资格，后续还将进一步扩展符合条件的奖项名录。2021 年 9 月，英国研究和创新署进一步简化了签证申请条件，将研究人员申请时聘用合同的工作时间要求由 24 个月缩减为 12 个月。同年 10 月，英国启动全球人才网络计划，携手企业和科研机构，明确英国高技能人才需求，发掘海外人才资源并吸引其来英工作。该计划将于 2022 年先在美国湾区、波士顿、班加罗尔启动，随后推广到全球 6 个国家。

四、完善科技治理，应对风险挑战

（一）筹划设立先进研究与创新局

2021年3月，BEIS表示政府将仿照美国高级研究计划局（DARPA），设立名为"先进研究与创新局（ARIA）"的新资助机构，专注于支持可能产生变革性技术或科学领域范式转变的项目。ARIA的资助将贯穿整个研发生命周期，既包括前期的科学和技术发展，也包括探索实现研究成果的商业化。政府希望2022年ARIA能投入运行，已经安排ARIA的2021—2022年度预算为5000万英镑，并承诺在ARIA的头4年内向其投资8亿英镑。

（二）推进公共卫生机构改革

新冠肺炎疫情暴发后，英国决定对英格兰公共卫生署（PHE）进行改革，2021年4月成立负责英国卫生安全的领导机构——英国卫生安全局（UKHSA），在国家和地方层面及全球舞台上提供科学知识和运营领导力，确保英国能够对流行病和未来公共卫生威胁迅速做出更大规模的反应。2021年10月成立健康改善和差异办公室（OHID），负责预防和改善健康状况并解决全国范围内健康结果的差异问题。

五、以更广泛的视野深化国际科技合作

2020年12月31日，英国结束脱欧过渡期，正式完全脱欧。一年来，英国着手积极打造"全球化英国"。一是积极同G7国家、"五眼联盟"等传统盟友建立更紧密的战略性科技合作关系。二是就加入"地平线欧洲"计划继续同欧盟谈判，并做好托底准备。三是加强与新兴国家的研发合作关系。不过，由于新冠肺炎疫情对经济造成重创，英国大幅削减政府海外援助经费（ODA），导致部分合作项目无法实施。

（一）与美国建立战略性科技合作伙伴关系

2021年6月，英美签署新《大西洋宪章》，发展战略性科技合作伙伴关系。新宪章强调英美将开创两国科技战略合作的新时代，探索多个合作领域，包括研究创新和商业化、国防、安全、执法和情报，并确保技术在世界范围内被用作"一种向善的力量"。11月，两国签署《促进量子信息科学和技术合作的联合声

明》，启动英美量子领域合作。英国国家物理实验室（NPL）和美国国家标准与技术研究所（NIST）将建立更紧密合作关系，在量子测量、量子计算、未来技术标准、超导和固态系统材料等方面的合作。两国还通过战略能源对话，深化在清洁能源技术、工业脱碳、核能、能源安全及能源科学创新领域的合作。此外，英国将参加美国下一代电子对撞机的新探测器开发。

（二）与欧盟合作前景不明

英国如何加入"地平线欧洲"等欧洲科技计划尚无定论。英国正在制定应急托底计划，拟在 2025 年之前投入 69 亿英镑，用于弥补英国如若不能参加"地平线欧洲"可能造成的科研经费短缺。

（三）与新兴国家加强研发伙伴关系

一年来，英国与印度、新加坡、越南、日本等多个国家签署合作协议，开展广泛合作。2021 年 5 月，英印两国签订《英印合作路线图》，双方商定未来 10 年全面加强两国在科学、技术、工程、数学和医药（STEMM）领域的研发合作。10 月，英日召开两国科技创新合作联委会会议，强调双方将继续保持紧密合作关系，在建立合作网和相关基础设施、下一代生物医药等领域深入合作；当月，英越签署加强数字经济合作协议，推动双方研究界和企业界在数字经济和数字社区方面的合作。12 月，英国创新署与新加坡商务部签署合作备忘录，加强双方在研发、合作创新、新兴技术等方面的合作。

在对华合作方面，受美国拉拢等诸多因素影响，英国对华合作热度明显降低。目前，中英高技术及敏感领域和敏感机构之间的合作已基本停滞，但政府间科技交流机制保持运行，两国科技人员在气候变化、生态环境、新能源、公共卫生等领域的合作仍在深入。

（四）压缩海外援助经费

受新冠肺炎疫情打击和经济不振影响，英国已不再承诺其海外援助资金（ODA）占其国民总收入（GNI）的 0.7%，ODA 经费从年度 4 亿英镑降低为 1 亿英镑，造成大量国际合作项目提前终止，如牛顿基金已取消 9 个人才资助项目。不过，根据英国政府 2021 年 11 月公布的秋季预算案，在对未来经济做出较好预期的情况下，英国政府将大幅增加科研投入，并计划到 2024—2025 年度将 ODA 经费比例逐步回升到 0.7%。

（执笔人：谈　戈　蒋苏南　王　静　谢会萍
黄　河　孔江涛　谈俊尧　刘　娅）

⦿ 法　国

　　2021 年是法国在后疫情时代全面落实和拓展各项科技创新重大举措的开局之年。在 2020 年通过《2021—2030 多年期科研规划法案》、出台"复兴计划"和"未来投资计划第四期（2021—2025）（PIA4）"总体规划后，2021 年年初以来，政府除了按计划落实"多年期科研规划"，如期实施一些研发与创新计划或项目之外，又密集发布和启动了一系列战略举措。综合来看，法国目前各项规划、计划、战略定位清晰，服务总体目标。随着各项战略、政策和计划的全面铺开和加紧落地，后疫情时代的法国科技创新和关键技术产业展现出一定新的气象与活力。

一、研发投入产出情况

　　研发投入方面，据欧洲统计局的估计数据，法国 2020 年国内研发支出为 542.3 亿欧元，比 2019 年约增加 1.5%。国内研发支出占 GDP 的 2.35%，略高于欧盟成员国的平均值（2.32%），也是多年来首次超过 2014 年的水平（2.28%）。2020 年，研发从业人员约 47.7 万人，其中研究人员约 32.2 万人，来自企业的从业人员约占 62%，来自公共部门的从业人员约占 38%。据法媒报道，法国初创企业 2021 年融资大幅增长，总额超过 100 亿欧元，是 2020 年的 2 倍以上，与英国、德国并列欧洲三大创新中心。巴黎大区是初创企业融资集中地，远高于法国其他地区。不过，法国初创企业单次融资额度相对较小，过亿欧元融资次数只有德国的 1/2、英国的 1/3。

　　研发产出方面，据法国高教、研究与创新部统计，2019 年，法国科学出版物总数位居全球第 8 位，贡献全球科学出版物的 2.6%，贡献率整体呈下降趋势。出版物平均影响力在前 15 个科学出版物大国中排名第 9 位，比 10 年前略有下降。国际合作出版物超过 63%，比 10 年前增加约 16%。2019 年，在欧洲专利局（EPO）公布的专利申请中，法国在欧盟国家中位居第 2 位，国际合作专利以 18% 的比例位居全球第 3 位，专利申请集中在运输、机械部件、专用机械和测量技术等方面。据欧洲统计局统计，2018 年，法国高技术产品出口占出口总额的 20.5%。

综合创新能力方面，法国在世界知识产权组织（WIPO）《2021 年全球创新指数报告》（GII 2021）的排名继续保持上升趋势，比 2020 年提升 1 位居第 11 位。法国的创新产出排名再次跃升，从 2020 年的第 12 位到 2021 年的第 10 位。创新投入排名从 2020 年的第 16 位降至 2021 年的第 17 位。创新质量保持第 9 位，其中科学出版物质量排名居全球第 5 位，大学质量排名居全球第 11 位。

二、多年期科研规划进入全面落实阶段

《2021—2030 年多年期科研规划法案》于 2021 年 1 月 1 日开始正式实施。其主要目标是逐步增加科研投入和提高科研人员待遇，增加科研的吸引力。该规划的各项经费将根据年度预算安排下拨到位，其对法国科研与人才的整体影响将随着时间推移逐步显现，有待观察与评估。

多年期科研规划的四大目标之一是恢复科学的社会地位，将"科学与社会的关系"视为科学活动的组成方面，通过重塑科学与社会的密切关系，为研究人员和公民之间的关系注入更多的理解、信任和互动。为实现该目标，2021 年出台了相关举措，包括：把促进科研—社会关系作为科研人员与科研机构的使命之一，鼓励科研人员开展面向社会的活动，并纳入目标与绩效合同及科研机构场地使用合同；支持共建依靠大学专业优势和结合区域特点、公共和私人机构参与的"科学与社会"活动网络；对区域活动网络的宣传、评估、发展等提供支持。从 2021 年起，在多年期科研规划下设立专项，每年投入 300 万欧元支持相关项目，其中绝大部分用于支持网络建设；国家科研署将拿出年度预算的 1% 用于资助科学—社会关系方面的项目。另外，"未来投资计划"下的各类项目也可提出有关创新对经济和社会的影响的资助项目建议。

三、重新强化国家对科技创新和关键技术产业的
引导与协调

2021 年伊始，法国公布"未来投资计划第四期（2021—2025）（PIA4）"实施方案，其 200 亿欧元总预算中的 125 亿欧元将用于制定和实施"关键科技领域国家战略"（又称"创新加速战略"），目的是使中央政府能够联合社会各界力量

及地方政府，聚焦基于法国卓越科研的未来技术领域给予重点投资，以促进新的经济增长和应对重大社会挑战。实际上，在以上国家战略实施方案正式推出之前，政府就已在 2020 年下半年启动了绿氢国家战略、网络安全国家战略等。自 2021 年年初以来，法国政府还陆续推出了量子技术、5G 与未来通信、云计算、数字健康、农业食品等领域国家战略。

关键科技领域国家战略的制定和实施采取"指导性"或"自上而下"的统筹协调方式，具有灵活与快速响应特点。由政府委托负责监管国家大型投资计划的"投资总秘书处"组建部际组织指导委员会，确定优先投资的技术、产业或市场，制定相应关键科技领域的国家战略，并利用和协调包括资金、标准、法规、科研、培训等在内的手段，保证战略的高效与快速实施。每项国家技术战略都将任命一位部际协调员，其任务是跟进与协调所有相关工作，并与一个由相关部委、专家和科研人员组成的行动小组共同监督战略的实施。协调员隶属于投资总秘书处并向国家创新委员会执委会报告。

四、加速基于本国优势的关键领域和产业科技创新

2021 年，法国政府重点加强了在卫生健康、氢能、人工智能、量子技术、5G 与未来通信技术、云计算、可持续农业等关键科技领域及其产业的部署和投入，志在全球竞争中能占据一席之地并保持优势地位。

（一）实施"2030 健康创新计划"，重塑后疫情时代卫生健康实力

2021 年 6 月 29 日，法国总统马克龙宣布法国"2030 健康创新计划"，誓言把法国建成第一个在卫生健康领域具有创新精神和主权的欧洲国家。该计划拟投入超过 70 亿欧元，以重塑法国在卫生健康领域的综合实力。主要举措包括：向生物医学研究投入 10 亿欧元，提升科研能力；向生物疗法和生物生产、数字健康、新发传染病及核放射和生化威胁防护三大未来健康领域各投入 20 亿欧元，覆盖从研发到工业化的全价值链；提升临床试验水平，使法国成为欧洲领先国家；确保患者公平获得医疗服务和简化、加速新药上市流程；提供符合健康和工业主权目标的可预测经济环境；支持卫生健康产品在法国本土的产业化，促进健康产业发展；成立"健康创新署"，对健康领域创新进行战略指导和统筹协调。法国又于三个月后专门针对数字健康领域发布了国家战略，拟投入 6.5 亿欧元公共资金用于技术开发、成果转化、项目推广到工业化布局等方面的卫生健康数字化，使法国成为数字健康领域的世界引领者。

（二）实施《量子技术国家战略》，志在成为欧洲强国并比肩中美

量子技术是重大颠覆性创新技术之一，成为国际竞争尤为激烈的重大战略性领域。在美国、欧盟、德国、英国和中国先后制定量子技术战略或计划后，法国于 2021 年 1 月 21 日启动《量子技术国家战略》，未来五年拟投入约 18 亿欧元。目标是增强和确立法国在量子科技及其产业全价值链、人力资源开发、市场预测等全方位能力，保障和保持法国在这一关键技术领域的主权。具体目标包括：掌握可以提供决定性战略优势的量子技术；到 2023 年使法国成为首个拥有第一代通用量子计算机完整原型机的国家和通用量子计算机竞赛的领跑者；掌控包括赋能技术在内的量子技术关键工业领域；在用于量子技术的低温或激光技术方面成为世界领先国家之一；成为世界首个拥有工业 Si28 完整产业链的国家，特别是满足对量子生产的需求；建设包括人才、设施、孵化器、公共采购、投资基金、标准与知识产权等在内的量子技术发展生态系统。

（三）实施《5G 和电信网络未来技术国家战略》，保持欧洲领先及追赶中美

2021 年 7 月 6 日，法国经济财政部发布《5G 和电信网络未来技术国家战略》，旨在建立法国 5G 主权，服务法国企业，维持和加强法国企业在欧洲和全球的地位，保证法国在 5G 及未来 6G 的发展和部署上与其他大国保持同步。该战略包括 4 个轴心：一是通过 5G 应用提高法国经济的竞争力；二是在电信网络领域提供法国主权选择；三是支持法国在电信网络技术前沿领域的研发；四是加强培训和吸引高端人才，满足行业需求。该战略的目标是到 2025 年新增 2 万个就业岗位，本土 5G 市场规模达到 150 亿欧元，法国相关企业出口额达到营业额的一半以上，提升法国科技水平和国际知名度。未来五年拟总投入约 17 亿欧元，其中到 2022 年国家财政投入 4.8 亿欧元，到 2025 年国家财政投入 7.35 亿欧元，其余部分通过国家投入撬动私人投资来实现。

（四）适时调整人工智能发展战略，寄望跻身世界强国

法国于 2021 年 11 月出台人工智能发展战略第二阶段计划，并给予更多的资金支持和政策倾斜，重点聚焦人才培养、科研与创新及商业应用，力争在未来五年成为人工智能领域引领世界的科研和创新强国、全球人才聚集地及打造先进的监管和商业环境。未来五年拟再增加投入 22.2 亿欧元，其中 15 亿欧元来自公共资金，且超过一半将用于人才培养和队伍建设，其余部分用于科研、成果转化、技术创新和商业化应用。三大目标是：通过培养和吸引人才，提升国家整体科研能力；在嵌入式、可信和节能人工智能三大创新领域取得领先优势；开发以数据

科学、机器学习和机器人技术为主题的主权平台和生态系统，促进产研结合与初创企业发展，推动人工智能的应用，促进经济与社会的智能化发展。

（五）实施《云技术国家战略》，应对转型、竞争力和数字主权三重挑战

鉴于企业与公共机构数字转型、经济竞争力和国家数字主权三重挑战，法国政府于2021年5月发布《云技术国家战略》，提出"可信赖云""以云为中心""产业政策"三大支柱，并确立了五大优先目标。"可信赖云"是颁发"可信赖云"产品标签以保护敏感数据；"以云为中心"是将使用云技术作为国家数字化新项目的先决条件；"产业政策"是促进具有竞争力的创新云服务的开发和推广使用。

2021年11月，法国政府发布针对上述第三支柱的"云产业支持计划"，将在未来4年投入约18亿欧元，旨在保障国家数字主权，发展必要的云计算能力和参与未来科技创新，使法国成为欧洲数据经济的发动机。主要目标包括：一是使法国云服务提供商的技术和商业基础足以在当前的关键市场中具有竞争力，并且在未来的关键市场，尤其是边缘计算领域处于有利地位；二是保障大型企业和公共部门及战略性企业能够使用可信赖云产品来储存和处理敏感数据；三是确保法国数据经济能够在基于可信赖云服务的数据空间发展。到2025年的量化目标是：云产业营业额翻倍；推出5个安全、可信赖的新解决方案；使采用可信赖云解决方案的大公司数量翻倍；创建25个新的行业数据空间。

（六）实施《农食技术国家战略》，保持全球领先地位

法国是农业大国，在农食领域具有传统优势，科研和创新生态系统也相对具有活力，农食科技领域的发展势头颇为强劲。2021年11月5日，法国政府宣布实施《农食技术国家战略》，计划在5年内投入近9亿欧元，分别用于"促进生态转型的可持续农业系统和农业设备"加速战略及"可持续健康饮食"加速战略，推动农食领域科技创新，以加强法国在农食领域的科技竞争力，应对气候变化和农食领域的全球挑战，保持法国在欧洲和全球的领先地位。

在《农食技术国家战略》正式发布前，政府先于8月30日发布和实施法国农业科技计划，未来五年将投入2亿欧元，以"引领农业生态转型成功"（9000万欧元）和"满足明天的粮食需求"（1.1亿欧元）为主题支持农食科技领域的初创企业、中小企业和中型企业，并将其纳入上述2个战略框架。

五、聚焦未来技术产业，助力生态转型和再工业化

新冠肺炎疫情再次暴露和放大了法国产业链和科技产业的短板和弱点，法国

社会对于产业链回归和再工业化的呼声再次高涨。因此，政府将其升至威胁国家主权的高度，加大了产业链回归和再工业化的支持和扶持力度。继 2020 年宣布经济"复兴计划"后，法国总统马克龙于 2021 年 10 月 12 日又宣布了一项为期 5 年，总投入 300 亿欧元的"2030 投资计划（France 2030）"，主要面向法国具有研发优势的低碳、数字与通信、电动汽车、可持续农业、航空航天、健康等未来产业及具有广阔潜力的太空和深海领域，重点支持企业和初创企业。该计划的目标是通过加速公共投资，以绿色转型和科技创新为主轴，聚焦高端制造业，推动本土制造业向创新和绿色转型，提升未来的工业竞争力，以创新促进经济增长和创造就业，实现工业自主。

在资金方面，"2030 投资计划"拟投入 80 亿欧元用于低碳和生态转型（包括氢能、可再生能源、工业脱碳等），30 亿欧元用于健康领域，20 亿欧元用于农食领域，40 亿欧元用于未来交通领域，20 亿欧元用于太空和海底领域。此外，60 亿欧元将用于强化半导体产业，以保障半导体和芯片等组件的生产能力、加强人才培养与储备、推动颠覆性技术的产业化等，目标是使 2030 年电子产品产量翻一番，并确保电子产品芯片的自主供应，同时为更小尺寸的芯片研发制定路线图，以保持该领域的领先地位。还将强化新兴领域的人才培养，营造良好的创新生态环境支持深科技企业和初创企业。

六、核能回归和发展氢能与可再生能源，助力能源自主和实现碳中和目标

在能源结构转型和"低碳 + 自主"能源战略的双重影响下，法国核能政策呈现全面回归态势，拟重启核电站建设和重振核电产业，特别是投资小型模块化反应堆（SMR）。法国还力推欧盟将核能列入可再生能源分类，为核能的发展和应用提供空间和保障。

与此同时，法国大力发展氢能及太阳能和风能等可再生能源，以全面保障法国的电力供应和能源自主，实现 2050 碳中和目标。在 2020 年发布和实施绿色氢能战略、投入 70 亿欧元发展绿色氢能后，马克龙于 2021 年 11 月 16 日又宣布"2030 投资计划"将追加投资 19 亿欧元，重点发展无碳氢相关技术，目标是使法国成为欧洲绿色氢能制造的领先国家，实现 6.5 MW 产能和减排二氧化碳 600 万吨，以及建设 5 个超级电解槽工厂（2030 年前至少建成 2 个）和创造 5 万～10 万个就业岗位。"2030 投资计划"还将投资 5 亿欧元用于优化风能和太阳能技术。在太阳能领域，政府将出台 10 项政策鼓励发展光伏发电产业，到 2025 年在公共用地上建设 1000 个光伏发电项目，预计 2028 年光伏发电量达到目前的 3 倍。在

风能领域，根据"国家多年期能源规划"，政府到 2023 年将通过 6 个项目招标来增加海上风电生产能力，同时业界也在呼吁尽早制定海上风电规划，加快海上风电建设步伐，2035 年建成不低于 18 GW 的海上风电设施，推动实现 2050 年海上风电装机容量达到 50 GW 的目标。

七、继续促进开放科学，服务科学共同体和社会

在实施和评估 2018 年 7 月出台的第一个开放科学计划的基础上，法国高教、研究与创新部于 2021 年 7 月公布第二个国家开放科学计划，内容涉及推广出版物开放获取、构建共享和开放研究数据、开放和推广研究源代码及推动开放科学实践。主要措施包括：增加国家对开放科学的投入；创建国家研究数据平台 Recherche Data Gouv；对公共科研成果强制开源获取；翻译法国科研人员研究论文以促进科学传播；推广自由软件政策；促进和支持研究源代码；培养和评估科研人员开放科学技能水平，促进开放科学成果多样化。

八、国际科技合作政策动向

2021 年，法国继续深度参与全球科技创新治理，力图发挥大国作用和展现全球领导力，积极倡导欧洲战略自主和泛欧洲合作，并积极推动双多边务实合作，对外合作保持热度。

（一）以元首外交深度参与全球气候和环境治理

马克龙先后现场或视频出席了 2021 年 1 月 11 日在法国巴黎举行的主题为"保护生物多样性"的"一个星球"第四届峰会，9 月 3 日在法国马赛举行的第七届世界自然保护大会，10 月 11 日在中国昆明举行的联合国《生物多样性公约》第十五次缔约方大会（COP15），11 月 1 日在英国格拉斯哥举行的第 26 届联合国气候变化大会（COP26）。马克龙在其主持召开的世界自然保护大会上特别宣布，法国在地中海地区的强力保护区将从 0.2% 增加到 5%。

（二）加强战略科技领域的欧洲合作

欧洲合作位居法国对外合作的优先战略地位。2021 年 12 月 10 日，经济和财政部长勒梅尔宣布，为强化法国和欧盟的科技竞争力，国家将投入 80 亿欧元支持在电池、半导体、氢能、卫生健康等领域的泛欧洲的研发、产业化或产能合作项目。法国还将利用 2022 年 1 月开始担任欧盟轮值主席国之机，进一步力推在关键科技领域和战略产业领域的欧洲合作，促进欧洲的战略自主。

2021 年 8 月 31 日，法国和荷兰首脑会晤后签署联合声明，双方认为尤其要通过减少欧洲的战略依赖、保护关键基础设施和开发关键技术来加强欧洲的工业和技术主权。两国计划建立创新、能源和气候等主要合作领域的政府间定期磋商机制。同日，双方还签署了一份关于量子技术领域合作的谅解备忘录，致力于在该领域加强双边科研合作、促进产研合作、投资生态系统建设、支持欧盟有关计划及在教育与社会领域加强协调等。

（三）推动其他双多边务实合作

1. 法美举行科技合作联委会会议

美国是法国科技创新合作除欧盟国家以外最优先和最重要的国家。2021 年 12 月 6—7 日，法美第六届科技合作联委会在华盛顿举行并发表联合声明，强调了加强双边科研合作，特别是在流行病预防、心理健康与成瘾关系、气候变化（特别是氢能技术）、海洋生物多样性、量子和人工智能等领域合作的必要性。同时强调了推进科学服务社会与科学传播、提高公众对气候变化和负责任与可信赖人工智能的认识等方面的重要性。双方表达了加强与发展中国家在上述优先领域的科学合作，尤其在能力建设方面合作的共同愿望。双方拟探讨在美国国家科学基金会和法国国家科研署之间签署框架协议，推进科学数据共享，改善研究人员交流，组织研讨会以深化联委会确定的优先领域。

2. 巩固和深化法非合作

非洲国家是法国的传统和重点合作伙伴，特别是在农业和健康领域。10 月 8 日，新非洲—法国峰会在法国蒙彼利埃举行，旨在开拓新的峰会形式和重塑法非关系。峰会五大主题中的 2 个涉及科技创新，即高等教育与科研及创新与创业。

在峰会举行的前一天，法国国际农业发展研究中心（CIRAD）和国家农业、食品与环境研究院（INRAE）共同宣布一项针对非洲的研究、培训和创新联合行动计划，并将于 2022 年上半年正式启动和确定实施机制。这项计划是 INRAE 和 CIRAD 在法国与非洲、欧盟与非盟加强合作的背景下，基于与非洲合作伙伴的合作现状，于 2021 年年初与 20 余个非洲大学和农业科研机构及非洲区域国家组织共同发起制定的。三大优先领域包括：农业生态、自然资源和气候变化；同一健康（生态系统健康、植物健康、动物健康和人类健康）；食品安全、地区发展及就业等。将创立一揽子研究、培训和创新项目，并强化伙伴合作机制、创建国际实验室与建设科研基础设施、加强非洲博士生和研究人员的接待与交流机制等。

3. 保持和发展对华合作

2021 年，法国对华科技创新合作虽继续受到欧洲疫情反复的干扰，但高层外交、高级别对话、主管部门推动及执行层面的务实合作使双边科技创新合作得以持续保持动力与活力。

中法两国元首就重大议题保持沟通与协调，共同推动落实达成的重要共识，强调要在生物多样性、气候变化等领域保持接触和对话，巩固民用核能、航空航天等领域合作，大力拓展人工智能、生物制药、农业科技、氢能、海洋等领域的合作。此外，两国在国际抗疫和疫苗合作等全球性问题上持续保持沟通。

（执笔人：鲁荣凯）

德 国

2021 年，德国在新冠肺炎疫情危机中受到严重冲击，商业景气指数连续下降，财政赤字超过 1300 亿欧元，出口减少 7%，进口几乎停滞，经济同比负增长 5%，失业人数接近 240 万人，新冠危机引发了综合性困局。尽管如此，德国政府仍然高度重视推动科研与创新。2021 年，德国科技发展呈现出了研发投入持续增长、创新能力保持领先、创新创业环境持续改善、科学技术有力地服务于经济社会发展的良好态势，并在生物医药、气候能源、量子、通信、交通、人工智能及微电子、数字化等重要领域取得了新的进展。

一、科技创新整体实力

（一）综合创新实力

根据欧盟委员会 2021 年 6 月发布的《2021 年欧洲创新记分牌》报告，德国的创新能力被列入四类国家中的第二类，即强劲创新型国家，综合创新指数（SII）低于处于第一类的瑞典、芬兰、丹麦、比利时，以及处于第二类的荷兰等 5 个国家。在中小企业创新和企业投资创新领域，德国均保持欧盟领先水平。

根据世界知识产权组织发布的《2021 年全球创新指数报告》（GII 2021），德国较 2020 年下降 1 位，排名第 10 位。具体指标显示，德国是研发支出最高的国家之一，在人力资本和研发方面排名全球第 3 位，专科教育指数位列第 5 位（其中科学和工程学毕业生百分比处于世界领先水平），研发指数居全球第 6 位。德国在科研产出方面被认为是世界领导者，在 PCT 专利、论文被引 H 指数、高科技制造、产品和出口密集型指数中均位居前 10 位，产业创新水平和质量也被评为卓越。全球 100 个领先科技集群中有 10 个位于德国，科隆（第 20 位）和慕尼黑（第 24 位）跻身前 25 名。

（二）研发投入及产出

德国研发投入近年来持续增长。《2021年德国教育与研究数据报告》显示，2019年德国全社会研发总支出达到约1100亿欧元，其中超过2/3来自经济界，达758亿欧元，比上年增加约5.2%。研发投入占国内生产总值（GDP）的3.19%，继续向2025年达到3.5%的目标靠近，也是少数实现《欧盟战略2020》确定的3%目标的欧盟国家之一。根据德国研究和创新专家委员会2021年报数据，德国企业创新密集型研发投入占其总销售额7.4%，居欧洲之首。大量的研发投入确保了德国创新力的持续增长。

2021年，德国联邦政府公共研发经费总预算约为239亿欧元，比上一年增长8.6%。其中，德国联邦教研部2021年度科研项目经费总预算约为132.7亿欧元，比上一年增长约6%。新增的科研经费主要投入于老龄化社会与健康、气候变化与能源、创新能力建设、中小企业创新和国际科技合作等21个领域。从经费投入的绝对数来看，"健康研究和健康经济"、"能源研究和能源技术"及"航空航天"领域占据前三的位置，其中健康研究和健康经济领域最多，约为37.1亿欧元，约占总经费的15.5%。各领域支出比例大多与2020年基本持平，总量多有增加。同期经费连续增长最多的领域有"包括海洋技术在内的汽车与交通技术"（同比增长51%）、"为改善工作条件的研发和服务部门研发"（同比增长47.9%）、"资助组织、申请地区的研究结构调整；大学建设和与大学有关的特别项目"（同比增长25.4%）。

德国研发领域从业人员数量创下历史新高。2019年研发领域全职从业人员数量73万余人，较上年增加约4.5%。

在2020年全球"自然指数"国家排名中，德国以9308的文章数量排名第3位，位于美国、中国之后。德国学术论文的引用率也在逐年提高，优秀率在国际比较中的排位得以持续提升。在全球大学/科研机构排名中，德国马普学会居中国科学院和美国哈佛大学之后位居第3位。

德国的专利申请在世界范围内领先，德国每百万居民拥有世界市场上具有重要地位的专利数量几乎是美国的两倍。德国专利商标局（DPMA）2021年11月数据显示，2020年DPMA共受理发明专利申请62 105件，受疫情影响较上年有所减少（-7.9%），其中来自德国以外的占31.97%（19 856件），较上年减少4.5%。从技术领域看，发明专利申请量位居前5位的分别是交通运输、电气设备、测量技术、机械配件和计算机技术。从企业申请数量来看，博世有限责任公司（4033件）、舍弗勒公司（1907件）及宝马汽车公司（1874件）是发明专利申请最为活跃的三大德国企业。2020年度共有17 305件专利申请获得授权，较上年减少5.2%。

二、综合性科技创新战略和规划

（一）发布《德国可持续发展战略——继续前行2021》，推进转型进程

2021年3月10日，德国联邦内阁正式通过了对现行可持续发展战略的更新《德国可持续发展战略——继续前行2021》。在内容上，新战略系统展示了本届政府在可持续发展战略指导下采取了哪些行动及未来将采取的行动计划。新战略继续瞄准联合国《2030议程》提出的17个可持续发展战略目标及主导其行动的原则——"人民、地球、繁荣、和平、伙伴关系"（People，Planet，Prosperity，Peace，Partnership，即"5Ps"）。战略共分为4个章节："行动十年"、"德国可持续发展战略"、"德国对实现可持续发展目标的贡献"和"展望"。

在国家层面，德国联邦政府2020年6月12日斥资1300亿欧元，出台了涵盖2020年和2021年的经济刺激方案。该方案包括经济刺激和危机管理一揽子计划、未来一揽子计划及为履行国际义务而需采取的措施计划。其中，未来一揽子计划资助总额达到500亿欧元，旨在加强德国的现代化改造和其作为全球尖端技术出口国的地位，特别是通过对数字化领域面向未来的投资和对气候技术的投资。在国际层面，作为全球发展合作的第二大出资国，2019年德国用于发展合作的公共支出总计为216亿欧元，相当于德国国民总收入的0.61%。

新战略目前包含39个领域的75项指标和目标。它们共同反映了德国可持续发展的现状，并为未来在该战略框架下的行动提供了基础。与上一版《德国可持续发展战略》比较，新战略增加了包括全球疫情预防、妇女在联邦一级的公共部门担任领导职务、父亲在领取育儿津贴者中的占比、宽带扩建、文化遗产/改善文化遗产的可及性、全球土壤保护等新指标。

（二）实施"创新未来集群"计划，促进高新技术区域创新合作

2021年2月3日，德国联邦教研部公布首届德国"创新未来集群"（Clusters4Future）竞赛获胜者名单，7个新的区域创新网络从全德16个入围者中脱颖而出，成为"未来创新集群"。该竞赛计划是德国教研部2019年在"高技术战略2025"框架下推出的一项促进高新技术的新战略措施。"创新未来集群"竞赛目前规划为两轮计划，为期10年。从2021年秋季开始，这7个新集群有望在3个阶段实施集群计划，每个实施阶段为期3年，每阶段德国联邦教研部资助的资金高达1500万欧元。德国联邦教研部计划在未来10年内为创新网络竞赛提供两轮高达4.5亿欧元的资金支持。

"创新未来集群"竞赛便于将区域合作伙伴连接到共同创新网络中，创新未

来集群将整个区域的优势结合在一起，并拓创新潜力，尽快将最新技术、科学方法转化为应用，以加强知识和技术转让。作为新业务的孵化器，"创新未来集群"为创新产业提供示范解决方案，也为组织管理和新型网络创新提供基础，促使创新渗透到整个社会生活的各个方面。集群的创新实力可以产生巨大的经济影响力，并且对整个地区的生活和工作产生持久的影响，德国疫苗开发企业 BioNTech 所在的莱茵－美因内卡地区的生物技术研发就是创新网络集群的成功例证之一。首届德国"创新未来集群"涉及交通系统的电气化和自动化、海洋的可持续利用、自适应且节能的神经形态 AI 芯片、新诱导活性药物及疗法、细胞和基因治疗、量子传感器及量子技术应用生态及氢能研究等技术领域。

（三）推出"价值未来"中长期研究计划，保持"德国制造"在未来的领先优势

2021 年 4 月 22 日，联邦教研部推出中长期研究计划"价值未来——对生产、服务和工作的研究"，将在未来 7 年投入 7.8 亿欧元联合各社会伙伴对生产、服务及工作进行关联研究，贯穿从创意到研发成果现实转化的全过程。研究内容包括如何在现有技术条件、社会条件和组织条件下进行价值创造，寻找创新过程中的驱动力及奠定德国经济能力的基础。在中小企业与大企业共同建立复杂价值链方面，德国处于世界一流水平，许多"隐形冠军"企业在其中发挥了自己的强项。新计划将促进"德国制造"的优势地位在未来得到保障。

该计划在 2021 年 3 月中旬已启动实施，4 月 1 日已启动两个"工作研究区域能力中心"：卡尔斯鲁厄地区人工智能工作、学习能力中心（KARL）及鲁尔都会区以人为本人工智能工作转化中心（HUMAINE）。以上中心的任务主要是将工作研究与大学教育更紧密联系，将研究结果转化到实际操作中。

（四）发布《联邦政府数据战略》，增强德国数字能力

2021 年 1 月 27 日，德国政府发布《联邦政府数据战略》，确立了四大行动领域，分别是：构建高效且可持续的数据基础设施、促进数据创新并负责任地使用数据、提高数字能力并打造数字文化、加强国家数字治理。联邦政府希望提供激励措施，以巩固、扩展和连接现有基础设施，实现人工智能应用程序直接调用数据集，形成规模经济和网络效应，发展可互操作、节约能源和资源、分散的数据基础设施，使未来各方参与者能够安全地提供和访问数据资源。

主要措施包括以下六点：一是德国将果断推进欧洲数据云计划，创建可信赖、开放、透明的生态系统，提供、合并和共享数据与服务。二是推进国家科研数据基础设施建设，促进有利于数据共享和重用的科学文化变革。三是实施欧洲

开放科学云项目，创建全欧洲可信赖的虚拟协作环境。四是在国家研究数据基础架构中开发数据质量、元数据和可解释数据的整体标准。五是推动创新数字技术和数据基础设施、方法和工具的研发，进一步扩大德国的技术主权。六是在绿色信息通信技术研究计划框架内，发展节能电子学。

（五）启动信息技术安全研发框架计划，塑造安全的数字世界

2021年6月2日，德国联邦教研部通过了"数字化、安全、主权"研究框架计划，旨在塑造安全的数字世界。根据该框架计划，到2026年联邦教研部将投入3.5亿欧元资助信息技术安全领域的研发工作，扩大在该领域的技术主权，研究内容针对以下7个优先战略目标：①塑造安全、可持续的数字化转型；②对数据及专有技术的保护和使用；③保障稳定的数字化民主和社会；④实现个人隐私自主及创新的数据保护；⑤确保德国在未来创新、转型中的世界领先地位；⑥培养和吸引领军人才；⑦保障德国和欧洲的技术主权。该框架计划以先导计划"数字世界的自决和安全2015—2020"为基础，全面衡量数字化及其对社会转型的影响。

（六）提出《国家水资源管理与生态保护可持续发展战略》草案，提升水质，避免资源浪费

《国家水资源管理与生态保护可持续发展战略》草案由联邦环境部于2021年6月提出，旨在解决水资源短缺的问题，并从根本上改变德国处理水的方式。从战略草案看，联邦环境部将保护德国天然水储量，应对水资源短缺，防止水资源利用冲突，并且改善水体状况和水质。通过实施相关行动计划，至2050年实现可持续的水资源管理。战略草案还提出了至2030年将逐步实施的57项行动方案，包括扩大数据基础，增强预测能力；制定处理水资源利用冲突的规定；建立跨区域水资源供应；建立污水排放主体责任制；"智慧水费"；建设"海绵城市"等具体措施。

三、重点领域的专项计划与部署、科学技术及产业发展动态和趋势

（一）健康卫生领域

德国联邦政府在2020年新冠肺炎大流行期间推出了总计9亿欧元资助计划，用于支持新冠疫苗研发与大学医院研究活动，在2021年1月德国教研部增加5000万欧元预算，支持新冠治疗药物研发，2021年5月，德国联邦教研部发布

了"新冠长期后遗症研究项目资助计划",投入 650 万欧元用于新冠长期后遗症研究。2021 年 5 月,德国联邦教研部和联邦卫生部又正式推出资助开发新冠治疗药物的 6 个资助项目,资助总额达 1.5 亿欧元。

(二)气候能源领域

德国联邦经济和能源部 2021 年在燃料电池和氢技术研发方面推出新的《氢和燃料电池技术国家创新计划(NIP2)》,该计划将持续到 2025 年,联邦经济和能源部将提供超过 13 亿欧元的资金,其目标是支持创新技术市场化,并进一步开发尚未进入市场的创新技术,推动研发和市场激活措施,作为《氢和燃料电池技术国家创新计划》的一部分,推动氢能便利化,从制氢、存储、基础设施到车辆使用,有针对性地解决工业需求,支持建设德国本土的燃料电池生产基地。

实施《气候保护法》修订案和一揽子计划。德国《气候保护法》修订案于 2021 年 8 月 31 日正式生效。修订后的《气候保护法》提高了二氧化碳减排的目标,具体为计划到 2030 年温室气体排放量比 1990 年减少 65%(修订之前为 55%),到 2040 年减少 88%,到 2045 年实现碳中和(修订之前为 2050 年)。为了实现新的气候保护目标,德国政府于 2021 年 6 月 23 日通过了气候保护投资方案(2022 年气候保护立即行动方案),联邦政府将为相关领域提供总计约 80 亿欧元的资金,为工业去碳化、绿色氢气、建筑节能、气候友好型交通及可持续林业和农业提供短期措施和总体措施。此外,联邦政府还制定了气候保护一揽子计划,除引入国家碳排放交易机制(nEHS)外,还对工业、能源、交通、农业、林业及建筑等六大领域的转型进行了具体部署。

(三)量子及通信领域

在量子计算领域,2021 年 10 月德国启动"光量子计算机(QPIC-1)"项目,将在未来 4 年内研究开发德国制造的基于光子的量子计算机,推进光量子计算机的发展,开发基于不同技术的新型、可扩展量子处理器——包括原子捕集、离子阱、超导体和半导体技术、光子技术等,以用于量子计算。德国联邦教研部在 2021 年 11 月启动"Q-Exa"计划,将集成在莱布尼茨计算中心规划中的百亿次级系统 20 量子位示范装置,保证及时完全访问量子加速计算机环境,建立研究基础设施,并与研究和工业界合作开发量子计算生态系统,为发挥量子计算在科学和工业中的巨大应用潜力创造空间,并加强德国乃至欧洲的技术主权。德国马克斯普朗克量子光学研究所 2021 年 2 月首次在不同实验室分隔的量子模块间实现量子逻辑运算,组合成分布式量子计算机,并成功实现量子计算机基本运算功能,为世界首个分布计算(即多位元)量子计算机原型。2021 年 6 月德国弗劳恩霍夫协会与 IBM 公司推出欧洲第一台商用量子计算机——Quantum System

One，是工业背景下的第一台量子计算系统。

在未来通信领域，2021年4月联邦教研部启动德国首个6G技术研究倡议——"6G研究中心、未来通信技术和6G平台"，旨在2030年左右取代5G接入通信网络，建立围绕6G的未来通信技术创新生态系统的基础，从一开始就参与通信技术领域的关键技术开发和标准制定。德国政府计划至2025年前投入7亿欧元用于该领域技术研发，2021年首次研究计划资助金额达2亿欧元。

（四）交通出行领域

德国联邦经济和能源部和联邦环境、自然保护与核安全部于2021年2月制订了新一轮"电动汽车项目计划"指南，提供20亿欧元激励计划，鼓励汽车制造商和供应商加大对新技术、工艺和设备的研发投入，2020—2021年将提供2亿欧元用于支持社会服务用车的更换和改装，以推动城市交通电动化，增加25亿欧元投入，用于充电基础设施扩建、电动汽车和电芯生产研发，加强铁路网络和铁路系统现代化，提高铁路电气化程度，考虑到新冠肺炎疫情造成的收入损失，联邦政府在原来每年向德铁增加10亿欧元资金基础上额外一次性提供50亿欧元补助。联邦经济和能源部通过4个新的"汽车工业投资未来"计划，至2024年的总资助额为15亿欧元，为德国汽车工业迈向数字化和可持续的未来发展提供支持，目的是通过投资促进行业转型，重点在自动驾驶、数字化和可持续生产、数据驱动型商业模式的开发及替代驱动方式的转换。

德国还积极加强对电动汽车的科研与人才支持，除了电动汽车电芯、电化能力外，对电池材料、有效用电效率方面持续加强研究促进，德国研究人员在开发高能量密度、高稳定的电池方面取得重大突破。除了电动汽车外，德国在未来出行方面也积极布局，2021年9月德国联邦教研部资助项目的燃料甲醇驱动汽车样车建成，甲醇汽车采用串联混合动力驱动概念，作为可再生能源驱动的汽车不需要充电桩。

（五）人工智能及微电子领域

德国联邦政府加大对人工智能（AI）领域的投入，计划到2025年通过经济刺激和未来一揽子计划将对人工智能的资助从30亿欧元提高至50亿欧元，用以扩大现有资助计划规模，重点是现代化的计算基础设施和通过新的超级计算机提高计算能力，改善数据提供，从长远来看，持续加强人工智能研究能力中心建设，密切与所在地产业界的联系，在面向未来的应用领域，建立具有国际吸引力的AI生态系统，以此为欧洲AI网络和"AI欧洲制造"奠定基础，同时提高对顶尖研究人员和年轻人才的吸引力。

德国联邦政府通过《研究和创新框架计划2021—2024：微电子·可靠与可

持续·为了德国和欧洲》，将在4年内投入4亿欧元支持微电子研究。该计划侧重对于研发目标和应用方向的规划及实施建议，旨在为德国和欧洲独立自主、可持续地实现数字化创造条件，框架计划对微电子在人工智能、高性能计算、通信技术、智能健康、自动驾驶、工业4.0、能源转型等7个方面应用进行了布局。

（六）数字化领域

德国联邦经济事务和能源部在"欧洲共同利益重要项目"（IPCEI）框架下，发布了新一轮的资助计划——云技术项目，是继半导体生产、电池生产和绿氢等项目之后，部长阿尔特迈尔力推的第6个欧洲重大项目。德国联邦教研部提出数字化材料（Material Digital）计划，到2024年前将资助2600万欧元用于材料研究的数字化，加速发展和材料的可持续性研究。

四、科技管理体制机制方面的动态与趋势

（一）签署《保护科研自由波恩宣言》

2021年3月26日，包括德国在内的欧盟27个成员国和欧盟研究委员会签署了《保护科研自由波恩宣言》（简称《波恩宣言》）。《波恩宣言》是2020年10月德国以欧盟轮值主席国身份召开欧盟成员国科技部长会议之后发表的，强调要把"研究自由"作为欧洲研究区的价值基础，避免科学自由因政治动机受到限制。德国联邦教研部认为这是欧洲国家对科研自由作为民主与繁荣基石作用的确认，显示尊重科研自由的重要性，具体的实施步骤包括与"欧洲大学空间"的对接，同时需要研发针对科研自由监测系统，以便对侵犯科研自由的行为透明化。

（二）成立技术主权委员会

由德国联邦教研部组建的技术主权委员会9月正式启动。技术主权委员会聚集了来自不同行业的11名专家，任务是在未来就关键技术领域加强德国和欧盟的技术主权提供意见建议。联邦教研部将通过有效研发政策保持德国、欧盟的世界竞争力，通过自身工艺技能在诸如氢能技术、量子计算技术等关键领域制定世界标准。此前德国联邦教研部已经编制了一份技术主权塑造未来的纪要。

（三）联合执政协议面向未来领域

德国新一届政府12月7日签署了联合执政协议，主要包括以下8个部分：①现代国家、数字化突破和创新；②社会生态市场经济中的气候保护；③现代就

业范畴下的尊重、机会均等和社会安全；④全生命周期的儿童、家庭和教育机会；⑤现代民主社会中的自由、安全、平等和多样化；⑥德国在欧洲和全球的责任；⑦未来投资和可持续金融；⑧政府和党团的运作方式。

就协议内容来看，新政府在数字化、环保等面向未来领域显示出大力发展的决心。科技创新相关内容主要集中在现代化、数字化、气候变化和其他科研重点领域。协议目标是把德国建设成一个有转型能力的、学习型的、数字化的现代化国家。协议指出，德国应加强研发投入力度，到 2025 年研发投入应占国内生产总值的 3.5%。未来德国重要的科研创新领域包括：①为保持德国世界竞争力和面向碳中和的现代技术（如钢铁、原材料工业等）、清洁能源获取和供给技术、可持续的未来交通运输技术；②气候和关联领域、生物多样性、可持续发展、地球系统及其相关联的适应性战略（如可持续农业和营养体系等）；③先进的、能够应对公共卫生危机的、现代化的健康体系、治疗罕见病和与年龄、贫困相关疾病的生物医药方法；④技术主权和数字化社会潜力技术（如人工智能、量子技术、以数据为基础的跨学科解决方案等）；⑤太空技术、海洋科学和可持续资源机会发掘；⑥社会稳定、性别平等、科研领域的合作、民主和自由等。

此外，协议还指出德国应加强大科学设施建设和高校基础研究投入，加强技术创新转移转化，利用好科研大数据，提高科研人员待遇和重视科研国际合作等。在数字化和气候变化这两个跨部门议题中，协议强调要重视用科学技术解决上述社会转型中碰到的问题，如可再生能源的开发利用或更适应市场的电动汽车和新能源汽车产品的制造等。协议还强调了新冠肺炎疫情带来的危机和德国成功研发新冠疫苗而具备的应对潜力，指出德国应进一步在生命健康领域重视研发投入和成果应用。

五、国际科技合作政策动向

积极推动欧美为主的科技合作，同时加强与其他国家的多边与双边国际科技合作。德国以欧盟为基础，开展全球关键技术和基础研究科研合作，同时德国大力开拓对美科学合作的新空间。

继续维持与中国各层次的科技合作。在对华科技政策方面，德国新的联邦政府认为德国既要把中国视为合作伙伴，尤其在气候变化和环境保护、高校国际合作方面继续重视中国，同时又要把中国视为竞争对手甚至是不同体制下的体制竞争对手，强调要加强跨大西洋伙伴关系下的对华政策，强调以欧盟国家为整体的对华政策，强调减少对中国的经济依赖和增加与相同意识形态国家的伙伴关系。

（执笔人：施显松 桂潇璐）

西 班 牙

一、科技创新整体实力

根据世界知识产权组织发布的《2021 年全球创新指数报告》（GII 2021），西班牙创新国家总排名第 30 位，与上一年持平，在欧盟 39 个经济体中排名第 19位。另据欧盟 2021 年公布的《2021 年欧洲创新记分牌》，西班牙得分为 85.3，低于欧盟平均水平，属于中等创新型国家。

自 2015 年起，西班牙全社会研发经费支出不断提高。2019—2020 年，全社会研发投入每年稳定在 155 亿欧元以上。2021 年，西班牙政府向科学与创新部划拨了总额近 32 亿欧元的经费预算，用于推动本国科技创新事业发展。这一数字较 2020 年增加近 12 亿欧元，被称为"史上最高科技预算"。在公布的 2022 年预算草案中，这一数字再次被提高至 38.43 亿欧元，彰显了西班牙政府大力发展本国科技创新事业的雄心壮志。

西班牙科学技术基金会最新报告显示，西班牙近年来科技产出稳步提高，2020 年共发表各类科技出版物超过 10 万篇，排名居世界第 11 位，其中高被引论文比例约为 15%，水平与德法等欧盟传统科技强国持平，研究领域主要是化学、生物化学、遗传学和分子生物学、化学工程等。

二、科技创新战略和规划

（一）《经济复苏转型和复原力计划——科技创新领域子计划》

2021 年，西班牙科学与创新部向内阁提交《经济复苏转型和复原力计划——科技创新领域子计划》（以下简称《子计划》）并获批实施。《子计划》提出用 3

年时间投入 33.8 亿欧元对西班牙科技体制进行改革。制定的短期目标是促进本国经济复苏和社会生活正常化，中期目标是夯实科技创新在经济社会发展中的支撑作用。《子计划》确定了提高西班牙科技创新系统的工作效率、协调能力和管理能力，促进技术转移和产学研结合等 5 项科技体制改革内容。并提出修改《科学技术创新法》、实施《科学技术和创新战略（2021—2027）》、对机构设置和职能进行合理化调整等 12 项具体改革措施。

（二）《科学技术创新战略（2021—2027）》

2020 年下半年，西班牙颁布《科学技术创新战略（2021—2027）》，确定了西班牙未来 7 年总体和阶段性研发创新政策目标。在研发投入方面的总体目标是：促进私人资本对研发的投入，力求公共和私人研发投入总额翻番，到 2027 年实现研发投入占 GDP 比重的 2.12%。重点关注领域为：医疗健康，文化、创造力和包容性社会，社会安全，数字世界、工业、太空和国防，气候、能源和流动性，粮食、生物经济、自然资源和环境等。

（三）《2021—2023 国家科学技术创新研究计划》

6 月，西班牙政府发布了《2021—2023 国家科学技术创新研究计划》，是对《经济复苏转型和复原力计划》和《科学技术创新战略（2021—2027）》的进一步细化。该研究计划提出多项促进企业尤其是中小型企业创新能力和市场竞争力的举措，明确将制定《西班牙国家精准医学战略》，促进包括基因组医学、先进疗法、健康数据管理和预测医学在内的多个学科发展，使用大数据分析技术加强在分子、临床和社会行为因素等领域的科研，提高疾病诊断、治疗和预防能力。同时，计划还强调国际科技合作的重要性，提出将积极参与"地平线欧洲"框架计划，加强与其他国家的科研合作，提高西班牙科技界在欧洲的地位。

三、重点领域的专项计划和部署

随着《经济复苏转型和复原力计划》和《科学技术创新战略（2021—2027）》等重要战略规划的颁布实施，西班牙确定了未来一段时间重要研发领域，主要包括量子通信技术、医疗、数字技术、人工智能和航空航天等，并相继在各重要研发领域出台了具体的部署和专项计划。

（一）《数字西班牙 2025》

近年来，西班牙政府已制定了多个有关数字化经济的国家计划，有效地促进了本国经济发展。2020年7月，西班牙再次出台了名为《数字西班牙2025》的规划，旨在通过数字化推动本国产业升级转型，促进经济社会发展。《数字西班牙2025》与欧盟实施的数字战略高度契合，目的在于应对新冠肺炎疫情挑战，实现经济可持续发展并提高劳动生产率等。该计划还强调西班牙应在欧盟框架下发展数字科技，积极在欧盟层面发挥作用。

（二）《西班牙国家人工智能战略》

《西班牙班牙国家人工智能战略》同样是《经济复苏转型和复原力计划》的重要组成部分。西班牙政府计划在2021—2023年投入5亿欧元，用于人工智能技术发展。该战略提出了提高本国人工智能领域科研、技术开发和创新能力，发展数字技术，培养本国数字技术人才并吸引海外高端人才及打造人工智能发展所需平台并配备相关基础设施等人工智能发展的五大维度。

（三）《航空技术发展计划》

2021年年初，西班牙政府启动了《航空技术发展计划》，该计划具体由西班牙工业技术发展署负责组织实施，通过项目征集方式，在2021—2023年向航空技术领域相关企业资助1.6亿欧元。其资金来源为欧盟复苏基金（Next Generation EU），目标是大力开展航空领域研究，提升技术能力。该计划关注的重点领域包括：①高效零排放飞机的研发，减少飞机对环境的影响；②无人机技术，提高西班牙在无人驾驶、智能飞机和系统互联领域的能力；③新型多功能飞机及系统研发。

（四）量子西班牙工程

量子科学是西班牙政府近年来关注的重点领域之一，但本国存在高端人才匮乏、科研能力不足问题。为了加速量子科学领域发展，西班牙于2021年10月宣布实施量子西班牙工程。量子西班牙工程包含建造量子计算机、在云端为用户创建远程访问服务等方面内容。量子西班牙工程将获得政府2200万欧元拨款和欧盟3800万欧元拨款，组织国内25所大学和国家超级计算中心，打造量子计算生态系统。同时，在国家超级计算中心安装南欧第一台基于超导电路技术的量子计算机。该计算机预计于2022年年底投入使用，到2023年其第一个芯片将达到2个量子比特。

（五）先锋健康工程

该工程是西班牙经济复苏和转型计划的重要组成部分。"先锋健康"是西班牙政府提出的全新概念，指通过创新技术及利用数字化手段，以个性化方式为患者提供预防、诊断、治疗和康复服务。"先锋健康"主要包括精准医疗、先进疗法药物产品及数字化技术应用。通过该工程的实施，西班牙希望实现本国在先进疗法领域的领先，继而促进个性化精准医疗的发展，建立国家医疗健康数据库，通过数字化转型健全本国初级医疗保障系统。据报道，西班牙将在 2021—2023 年向该计划注资超过 14.69 亿欧元，其中公共部门投入将达 9.82 亿欧元。

四、科技体制改革

（一）加强中央与地方政府协作

为利用好地方资源，做到全国科技发展"一盘棋"，《经济复苏转型和复原力计划》明确提出，将加强中央和地方政府在量子通信等八大领域的合作。2021 年 10 月，西班牙通过皇家法令，宣布在量子通信、绿色氢能源、物理、海洋科学和应用于医疗的生物技术 5 个领域首先启动中央政府与地区政府的合作研究。中央政府通过科学与创新部划拨科研资金共计 1.69 亿欧元，地区政府配套资金达 7500 万欧元。

（二）培养、吸引并留住科学与创新人才

自 2008 年经济危机以来，西班牙科研人才流失现象严重，阻碍了本国科技创新能力提升。2021 年，随着科学与创新部迎来"史上最高预算"，西班牙组织实施了一揽子人才延揽和培养政策。首先注重对青年科学家的培养与使用。提出利用本国已有的多个人才培养项目，加大对青年科学家的招录并大幅提高工资待遇，促进研究人员在全球领先研究中心之间的流动和交流等。其次，鼓励企业引进科研人才，并重视女性科学家做出的贡献，鼓励女性创新创业。

五、国际科技合作政策动向

西班牙政府重视本国科技界参与国际科技合作，对于同其他国家在科技领域的交流与合作持开放态度。西班牙一半以上的科技产出源于国际合作，合作对象主要来自美、英、德、法、意。

2021 年，西班牙科学与创新部共为 70 多个国际合作项目提供了总额达 1470 万欧元的资助，向欧洲核子研究中心捐款 7900 万欧元，彰显了西班牙参加国际科技合作，尤其是欧盟框架内合作的决心和力度。西班牙多个专家团队自疫情暴发以来就积极参与欧盟组织的多个科研活动，涉及疫苗研发等众多领域。

西班牙高等科学研究理事会搭建了一个名为"全球健康"的跨学科平台，组织 150 多个跨学科国际研究团队，启动了 40 多个项目，研究领域覆盖应对大流行病的各个学科。此外，以科技合作项目联合征集的方式与世界其他国家进行合作，年内西班牙工业技术发展署与韩国能源技术评价和规划研究院签署备忘录，以联合征集项目的形式加强两国在能源领域的合作。

（执笔人：张小伟　雷红梅）

葡萄牙

一、科技创新整体实力

欧盟委员会发布的《2021 年欧洲创新记分牌》报告显示，欧洲整体创新表现在整个欧盟范围内持续改善，相比 2014 年平均增长 12.5%。但葡萄牙 2021 年创新指数下降明显，从 2020 年的排名第 12 位滑落至第 19 位，葡萄牙从 2020 年欧盟"创新强国"重返"中等创新"国家行列。世界知识产权组织发布的《2021 年全球创新指数报告》显示，2020 年葡萄牙在全球 132 个经济体中排名第 31 位，与上一年持平。

根据葡萄牙《国家科技潜力调查 2020》的数据，葡萄牙 2020 年研发经费支出增加 2.11 亿欧元，达 32.03 亿欧元，占国内生产总值的 1.58%，保持连续 5 年增长态势。

二、重点领域科技及产业发展动态

（一）航天领域

《葡萄牙空间战略 2030》目标确立在未来 10 年内在太空经济领域创造 1000 个就业岗位，争取到 2030 年实现太空经济每年产值达到 5 亿欧元。该计划旨在促进欧盟各成员国在空间活动、科技研发及提升欧洲航天工业的创新性和竞争力。葡萄牙研究人员还深度参与以色列航天局发起的"火星模拟实验任务"，对葡萄牙研发的远程操控系统进行测试，为下一步人类探索火星提供技术和设备支持。

（二）海洋领域

2021 年 5 月，葡萄牙政府部长理事会审议通过了《国家海洋战略（2021—2030）》（以下简称《战略》）。该战略旨在通过促进海洋健康发展为葡萄牙经济建设和人民福祉做出贡献，应对未来 10 年的重大挑战，巩固和提高葡萄牙作为世界海洋大国的地位和知名度。《战略》为葡萄牙未来 10 年的海洋领域公共政策制定奠定了基础，设定了应对气候变化和污染、保护和恢复生态系统及促进就业和可持续蓝色经济等 10 个战略目标，并将科学创新、海洋教育、培训、文化和素养、生物多样性和海洋保护区等 18 个领域列为优先研究领域。

（三）创新创业

2021 年"欧洲创业国家联盟（ESNA）"正式启动，该平台的成立不仅能大大提高欧洲在全球创业领域的地位，助力欧洲在同世界其他地区的科技竞争中赢得优势，还能吸引和留住人才，刺激投资。11 月 3 日，该联盟在 2021 年全球网络峰会（Web Summit）期间正式宣布成立，同时标志着欧盟初创企业国家标准（EU Startup Nations Standard）正式实施。全球网络峰会 2021 年恢复以线下方式在里斯本举办，全世界共有近 4 万名创业者、企业家和政界人士注册参加，围绕技术和社会等主题进行交流和讨论。

（四）5G 网络搭建和应用

葡萄牙国家通信管理局（Anacom）计划在 3 年内实现 5G 信号覆盖 75% 葡萄牙人口，到 2025 年覆盖率达 90%。葡萄牙政府亦表示未来将积极推进新兴云端科技开发和 5G 建设，有望签署首批公共部门云端技术应用框架协议，政府将充分利用 5G 技术推动物联网、人工智能等领域科技创新。

（五）能源领域

近年来，欧洲能源价格不断攀升，引发广泛关注。葡萄牙电力集团（EDP）在 2021 年《联合国气候变化框架公约》第二十六次缔约方大会期间表示，将加大对绿色氢能的投资力度和储能技术的研发力度，将现有火力发电站改造成氢能源中心并投资新的产氢装置，计划在 2025 年投资 250 MW 的氢电解槽产能，拟在 2030 年达到 1.5 GW 装机容量。

三、国际科技合作政策动向

（一）推动欧盟数字转型

2021 上半年葡萄牙担任轮值主席国期间，提出"重建公正、绿色、数字的欧洲"口号，利用欧盟数字化日力促成员国签署《促进国际数字化的互联互通》《加大对清洁数字技术研发投入》《改善初创企业和规模企业的法律环境》三项宣言，通过一系列具体措施和手段，加快推动欧盟绿色数字化转型，致力于与欧盟各国共同推动未来 10 年欧洲数字化发展。

（二）与西班牙深化科技合作

作为伊比利亚半岛上的邻国，葡萄牙高度重视与西班牙合作。在 2021 年召开的第 32 次葡西首脑峰会上，葡萄牙总理科斯塔与西班牙首相桑切斯签署了新的双边友好条约，并且在新能源汽车、能源生态转型、空间产业活动和数字基础设施建设四大关键战略领域签署一系列备忘录。双方商定：共同设立"葡西可持续能源研究中心"，促进新能源领域研究和技术创新；启动"大西洋星座"项目，通过建设微卫星网络，提高对地观测能力，为区域规划、生态环保、安全保障、高效农业和可持续发展提供数据支持；创建人工智能领域研发网络，设立大数据枢纽中心，力促伊比利亚半岛成为创新平台，为欧洲经济现代化做出积极贡献。

（三）重视对华合作

葡萄牙高度重视对华关系，葡方科技主管部门和科研机构对开展对华科学研究合作态度积极。受到新冠肺炎疫情影响和资金压力，两国政府间联合研究项目征集和资助未能如期开展。但两国科研人员克服不利影响，通过开展在线研讨会议，推动两国在空间与海洋、先进材料、5G 和人工智能、中医药等领域已有项目持续开展合作并取得了一系列成果。

（执笔人：李　琎）

◉ 爱 尔 兰

2021 年，爱尔兰将科技创新作为后疫情时期经济社会复苏的重要支撑。采取了加强重点领域科技创新部署，来应对重大挑战，支持经济社会"绿色转型"和"数字化转型"等措施，着力打造全球领先的知识经济，提升经济恢复力和国家竞争力。

一、科技创新表现较为突出

爱尔兰科技创新实力较强，2021 年继续保持在全球前 20 之列，在科研体制、创新人才、企业创新等方面具有独特优势。

（一）爱尔兰创新实力在全球排名靠前

根据世界知识产权组织发布的《2021 年全球创新指数报告》（GII 2021），爱尔兰的创新指数在参与排名的 132 个经济体中排在第 19 位（低于 2020 年的第 15 位）。根据科睿唯安公司统计数据，爱尔兰科研论文产出居世界第 12 位，特别是在免疫学、农业科学、药学和毒理学、神经科学、材料科学等学科领域位居世界前 5 位。

（二）创新能力在欧盟国家中属第二梯队

根据 2021 年 6 月欧盟委员会发布的《2021 年欧洲创新记分牌》，爱尔兰在 27 个欧盟国家中排名第 11 位，被列入创新强国之列，与德国、法国、奥地利等国同属第二梯队，创新表现高于欧盟平均水平。

（三）研发投入保持增长

自 2011 年以来，爱尔兰的研发支出保持增长趋势。2020 年，全社会研发支出总额（GERD）估算值为 45.95 亿欧元，比 2019 年的 43.73 亿欧元增长 5%。其中，来自政府预算的研发投入接近 8.67 亿欧元，2021 年预计将超过 9.49 亿欧元。

二、突出创新引领，加强科技发展谋划布局

爱尔兰现行的综合性科技创新战略是 2015 年制定的《创新 2020》。2021 年，爱尔兰启动了新一轮科技创新规划的编制工作。同时，将科技创新作为后疫情时代经济社会复苏的重要支撑，在国家总体发展规划中加强科技创新工作布局。

（一）接续编制新一轮中长期科技创新发展规划

在继承上一轮规划经验教训的基础上，爱尔兰政府启动新一轮"国家研究与创新战略规划（2021—2027 年）"的制定，2021 年 6 月发布了咨询文件，围绕到 2027 年研究和创新应解决的战略重点问题及如何实现这些战略重点征求社会各界意见。

（二）将科技创新作为经济复苏和国家发展的重要支撑

爱尔兰政府将疫情后经济社会的复苏作为全年工作的重点，出台了《2021 年国家经济复苏计划》《国家发展计划（2021—2030）》，并按照欧盟要求制定了《国家复苏与恢复计划》。提出建设企业、创新和技能支撑的强劲经济，注重依靠科技创新推动经济复苏，积极推动经济社会"双转型"——数字化转型和绿色转型。

（三）发布 2025 年战略《塑造未来》

新战略提出要成为全球创新领导者，依靠科学与工程研究促进经济社会发展的愿景，围绕"抓住现在"和"面向未来"两大核心进行部署，提出了 6 个方面的举措。为应对目前面临的各项挑战，战略提出要重点从以下 3 个方面着手：持续支持和推动卓越研究，培养、吸引和留住各类顶尖人才，促进科学研究产生显著的社会和经济效益。为抓住未来机遇，战略提出要着眼于以下 3 个方面：打造统筹协同的科研生态系统，加强未来技能培养，加强前瞻预测以打造先发优势。规划在研究成果、人才培养等方面设定了一系列具体指标。未来 5 年，爱尔兰科学基金会的科研资助经费有望每年增长 13%，从 2020 年的 2 亿欧元增长到 2025 年的 3.76 亿欧元。

三、聚焦发展目标，重点领域研发部署加速

（一）部署推动绿色转型和可持续发展

2021 年 6 月，爱尔兰颁布了《2021 年气候行动和低碳发展（修订）法案》，明确了雄心勃勃的气候目标——不迟于 2050 年实现净零排放，在 2030 年之前将温室气体排放减少 51%，将实现低碳发展作为国家战略，并进行了一系列新的部署。一是制定新的气候行动计划。2021 年 11 月，爱尔兰政府发布了《气候行动计划 2021：保护我们的未来》。根据总体减排目标，为每个经济部门规定了减排的指示性范围，分别列出了将采取的具体行动，并就实现公平转型、加强国际气候合作、公民参与和社区领导等提出了措施。二是推动绿色技术创新。在《国家复苏与恢复计划》下投入 7160 万欧元开展"国家大挑战"项目，用于支持气候变化、数字化等重点领域的研究和创新。三是积极推动绿色能源发展。改变现行能源结构是实现气候行动目标的关键措施，按照《气候行动计划 2021：保护我们的未来》，到 2030 年爱尔兰全国可再生能源发电的比例要达到 80%，其中海上风电发电量要达到 5 GW。2021 年 11 月，爱尔兰政府与国家电网公司发布了一项新的电力发展规划《塑造我们的电力未来》，从电网基础设施建设、公众参与、电力系统运行和电力市场等 4 个方面，提出了电力系统向清洁能源平稳过渡的路线图。四是支持企业绿色转型。企业减排占爱尔兰碳减排总量的 13%，企业的低碳发展是气候行动的重要内容。《国家复苏与恢复计划》提出将利用 5500 万欧元的欧盟资金支持企业低碳转型。爱尔兰企业、贸易和就业部设立了 1000 万欧元的企业气候行动基金，为企业绿色转型提供资金支持。

（二）制定数字化转型和改革规划

疫情加快了爱尔兰向在线和数字服务、远程工作和自动化转型的趋势，爱尔兰政府将加快公共和私营部门的数字化转型作为重要战略方向。《国家复苏与恢复计划》提出要投资 2.95 亿欧元用于数字投资和改革。一是发布了第一个国家人工智能战略。2021 年 7 月发布的《爱尔兰国家人工智能战略：人工智能已来》，为爱尔兰利用人工智能提高生产力、应对社会挑战和提供公共服务描绘了路线图。二是制定实施国家远程工作战略。2021 年 1 月，爱尔兰政府出台《推进远程工作：国家远程工作战略》，提出要使远程工作成为爱尔兰就业的一个永久性特征，使其带来的经济、社会和环境效益最大化。爱尔兰政府投资建设远程办公中心，继续推进实施国家宽带战略，为远程工作提供基础设施支持。三是支持企业数字化转型。计划投入 8500 万欧元的欧盟资金用于企业数字化转型项目，建设若干欧洲数字创新中心，作为整个欧洲数字创新中心网络的一部分，以研究组

织或高等教育机构实验室为核心，提供一站式服务，支持企业和各类组织进行数字化转型。

（三）持续加强对企业创新的支持

一是出台《国家中小企业和创业增长计划》。2021 年 1 月，爱尔兰企业、贸易和就业部发布《国家中小企业和创业增长计划》，描绘了后疫情时代爱尔兰中小企业和创业发展战略蓝图，从国际化、生产力、数字化和竞争力、网络和集群及创业等 4 个方面提出了近、中、远期目标和一系列政策建议。二是加强对企业创新的资金和政策支持。通过贸易与科技局等部门实施创新券、小企业创新研究、研发基金等计划，实施企业研发税收减免政策，持续对企业创新创业予以支持。三是帮助企业获取技术支持。通过一系列计划推动企业和高校研究机构加强合作，如贸易与科技局设立的 8 个技术中心，管理的创新伙伴计划、区域技术集聚基金、区域企业发展基金等，构建企业与学术界的合作生态系统。

（四）加强人才技能培养和高等教育机构建设

2021 年，爱尔兰继续教育与高等教育、研究、创新和科学部（简称"高教创新部"）的预算中投入高等教育领域的经费达 19.2 亿欧元，投入技能培训的资金达 6.26 亿欧元。一是持续支持科研人员的学习和成长。爱尔兰研究理事会对不同职业阶段的研究人员有一系列资助机制，其科学基金会设立了针对优秀的博士后研究者的资助计划等，为优秀研究人员的职业发展提供稳定支持。二是继续推动理工大学转型计划。继 2020 年投入 3433 万欧元后，2021 年又投入 2567 万欧元，支持理工大学组建和后续发展。三是重点加强面向未来的技能培养。将数字技术和绿色技术作为技能培训的重点，并加强信息通信技术、软件和网页开发等技能培训。

四、新一届政府执政，科技管理体制有所调整

2020 年，爱尔兰通过全国大选产生了新一届政府。新政府成立后，对政府决策和行政机构进行了一些调整，给爱尔兰政府科技管理体制机制带来新的变化，2021 年是新机制运行的第一年。

（一）新的科技行政管理机构首年度完整运行

在行政层面，新一届政府成立继续教育与高等教育、研究、创新和科学部，负责高等教育、继续教育与创新领域政策制定、资金管理和行业治理，管理爱尔

兰科学基金会、研究理事会、高等教育局等机构。在决策层面，爱尔兰议会设立教育、继续教育与高等教育、研究、创新和科学委员会，由参众两院的 15 名议员组成，监督教育部和高教创新部 2 个部门的工作，负责两个部门相关的立法、预算审查等工作，在讨论、审查关于科技创新方面的重要问题上发挥关键作用。

（二）高教创新部出台第一个部门战略

2021 年，高教创新部出台了首个部门战略《2021—2023 年战略文件》。战略围绕将爱尔兰建设成为世界领先的知识经济强国，在高等教育和研究创新方面得到国际认可，从人才、创新、包容、国际化、治理、结构等 6 个方面提出战略目标。在创新方面，战略提出要构建爱尔兰新的研究创新战略框架，推动建设高度团结和协调的创新体系，以高等教育机构为基点打造区域集群，为包括气候行动在内的国家重大任务提供专业支撑，以及推动新技术的发展以使人们更加适应全球化、数据化和自动化的未来世界。

五、国际科技合作政策动向

（一）与英国、美国和欧盟的合作

作为邻国，英国是爱尔兰传统的重要合作对象。爱尔兰科学基金会与英国工程和物理科学委员会、生物技术和生物科学委员会等建立有联合研究、博士研究生联合培养等合作机制。美国也是其重要的科研合作对象，双方建立了"美国—爱尔兰研发伙伴计划"，支持美国、爱尔兰和北爱尔兰三方的科研合作。除英美外，欧盟国家如德国、法国、西班牙、意大利、荷兰等与爱尔兰科研机构和人员也开展密切合作。其中，2021 年爱尔兰与法国续订《2021—2025 年联合行动计划》，加强双方在各领域合作，并设立了政府间合作项目"尤利西斯"，支持两国科研人员到对方国家进行学习研究。

（二）中爱科技创新合作

2019 年，中爱双方签署《关于促进中爱科技创新合作的谅解备忘录》，并召开首届中爱科技创新合作联委会，进一步夯实了双方开展政府间科技合作的机制基础。爱尔兰科学基金会与中国国家自然科学基金委员会建立了联合资助机制，第一批合作项目已到最后阶段。从合著论文情况看，中国是爱尔兰第十大合作伙伴。

（执笔人：黄曼远　黄军英）

⊚ 瑞 典

后疫情时期，瑞典聚焦 2045 年实现碳中和的长远目标，积极倡导循环经济和可持续发展、推动应对气候变化，在生命科学、气候中和、数字化转型等重点领域，加强创新战略规划制定、计划部署、政策落实，加大科技投入，继续保持在全球创新指数排行榜第 2 位的优势。

一、科技创新整体实力

2021 年，瑞典中央政府研发（R&D）经费为 427 亿瑞典克朗，占中央政府预算总额的 3.66%，比 2020 年增长 11%，其中基础研究经费占 74%。

9 月 20 日，世界知识产权组织发布的《2021 年全球创新指数报告》显示，瑞典排名全球第 2 位，仅次于瑞士。瑞典已连续十多年位居最具创新力国家前三，其在单位 GDP 知识产权数量、信通技术与组织模式创建、知识创造、创新联系、研发经费占 GDP 比率及品牌价值等指标上具有明显优势。

欧盟发布的《2021 年欧洲创新记分牌》显示，瑞典在欧盟国家中继续排名第 1 位，斯德哥尔摩则是欧洲最具创新性的地区。

二、科技创新战略和规划

研究和创新对瑞典保持竞争力和疫情后经济社会重启至关重要。2021 年，瑞典紧密围绕基础设施建设、低碳经济过渡、产业数字化转型等提出政府改革方案，完善创新伙伴关系计划，提高瑞典应对社会重大挑战的能力。

（一）创新伙伴关系计划

创新伙伴关系计划由瑞典企业与瑞典创新部牵头，教育和科研部、环境部、就业部、卫生和社会事务部、基础设施部等部门联合共同负责。基于自身优势和2030年可持续发展议程，政府提出2019—2022年创新伙伴关系计划的4个主题：气候中和产业、技能供给和终身学习、产业数字化转型、健康及生命科学。

（二）减少温室气体排放长期战略

2020年12月，瑞典环境部发布《瑞典减少温室气体排放长期战略》，标志着瑞典气候政策框架及实现碳中和目标总体战略框架和政策路径基本形成。气候政策框架的长期气候目标确定最迟到2045年瑞典实现净零排放（排放量至少比1990年减少85%），并在此后实现负排放。通过实施"制造2030""基建瑞典2030""驱动瑞典""智能建筑环境""活力城市"等科技项目支撑瑞典向"低碳零碳"社会转型，推进流程工业信息化和自动化，实施智能电子系统等促进经济社会可持续发展。

（三）知识与创新法案

2020年12月，瑞典发布《研究、自由、未来瑞典的知识与创新》法案，提出2021—2024年度研究政策，涵盖了研究和创新及高等教育。法案强调加强瑞典的科研基础设施建设，开展具有国际竞争力的研究，加大在战略创新计划、研究机构、示范环境和降低商业化门槛上的投资，加强创新体系建设。提议修订《高等教育法》，加强大学在合作、国际化和终身学习方面的责任，保障大学学术自由。

三、重点领域的专项计划和部署

瑞典重视科研基础设施建设，关注重点领域科技创新，面向绿色转型和经济社会发展面临的共性问题设立专项计划，加大政府科研投入和民间基金支持。

（一）国家研究基础设施计划

2021年，瑞典研究理事会资助了32个国家研究基础设施项目，其中包括生态研究系统、中微子探测器（IceCube）、破冰船"奥登号"、核磁共振、欧洲太阳望远镜（EST）、瑞典太阳望远镜（SST）、国家数字考古、国家电子显微镜、聚变反应堆ITER和DEMO（参与）等大型国家研究基础设施项目和工程。

为满足对大规模计算和存储资源的研究需求，瑞典研究理事会的研究基础设施委员会（RFI）决定，2022年后着手建立新的计算基础设施，不再为现有的国家计算基础设施（SNIC）提供资金，并取消其2023—2026年的预算。新的大规模计算国家研究基础设施不仅能满足现有研究要求，而且能承担国家战略任务。

（二）战略创新计划

《瑞典战略创新计划》（2014 年启动）由创新署、能源局和研究理事会共同负责，目标是推动科技创新产业化。该计划面向生物创新、智能交通、石墨烯、矿产和金属产业、交通、基础设施、物联网等 17 个重点领域提供一揽子计划支持。2020 年完成了首批启动的轻量化、金属材料、工业自动化和信息化、2030可持续生产、矿产和金属产业等 5 个领域的第一轮评估，并将继续给予资助。2021 年创新署新发布了 33 个招标项目，涉及物联网、矿产金属生产效率、智能交通、石墨烯、先进制造、信息和通信技术等领域，2021—2023 年每年项目预算资金约为 7.5 亿瑞典克朗。

（三）国家研究计划

1.4 项新的国家研究计划

2021 年 6 月，瑞典研究理事会、创新署、可持续发展研究理事会和能源局等研究启动 4 个新的国家研究计划，计划实施周期 10 年以上，涉及病毒及流行病、数字化、犯罪及社会分化等 4 个领域。计划的理念是组织跨学科联合研究，共同提升应对重大社会挑战的能力。

2.4 项可持续发展国家研究计划

该计划由瑞典可持续发展委员会（FORMAS）负责，为期 10 年。具体包括：①国家气候研究计划，2017 年启动，2021 年度预算约 2300 万欧元，涵盖支持气候行动的可持续创新，系统综合气候、生态系统和社会知识，气候边界内的生产和消费，有助于实现气候目标的治理，气候变化的经济和金融驱动力，民主和公正的气候变化等 6 个主题。②国家可持续空间规划研究计划，2018 年制定研究议程，实施至 2026 年。涵盖可持续的住宅和公共环境、可持续运输系统、人类健康和安全、公共安全、可持续消费和可持续发展、土地和水的可持续利用等 6个主题。③国家粮食研究计划，包括可持续生产系统、健康人和美食、膳食与消费者、创新安全食品等 4 个主题。④国家海洋和水域研究计划，2021 年启动，侧重研究了解自然过程及其相互作用，以及人为压力对气候和环境的影响。

3. "生物 +" 计划（BIO+programme）

为实现 2045 年成为零化石能源福利国家，解决当前和未来面临的能源和气候问题，2021 年 4 月，瑞典能源局发布 "生物 +" 计划框架，重点关注生物量、生物能源、生物经济对能源和环境的贡献。该计划的 5 项总目标包括：提出资源高效利用的技术、产品和系统解决方案，提出可持续生物原材料供应及能源系统转型的产品和解决方案，在国家和国际交流中形成新的合作组织，形成高水平的能力，提出有效的政策工具与建议。每项目标均给出了 2025 年和 2030 年阶段目标。2021 年启动了可持续生物社会项目和可持续生物原材料项目，重点研究生物量的供应和使用（转换）、生物价值链、系统可持续性、向无化石和生物社会过渡的相关社会问题等。

4.绿色工业飞跃计划和气候飞跃计划

绿色工业飞跃计划支持工业界向净零排放过渡。目标是将整个价值链的二氧化碳排放量每年减少约 50 万吨，该项目 2025 年开始实施。气候飞跃计划 2021 年投入 21 亿瑞典克朗，计划实施以来，已为全国 3200 多个气候和"减排"项目提供资金。

5.风力发电可持续发展计划

应对全球气候危机，电气化已被视为能源转型的关键解决方案之一。瑞典风力发电潜力巨大，2021 年能源局部署风电项目，重点关注陆地和海域使用的利益冲突和竞争、资源节约型环境影响最小的瑞典风电、高安全性电网解决方案及实施。

6.车辆研究与创新战略计划（FFI）

由瑞典政府和汽车行业联合实施，资助与环境和安全有关的研究、创新和发展。每年投入约 10 亿瑞典克朗，其中一半是公共资金。2009 年启动实施以来已投入 100 多亿瑞典克朗支持了 1000 多个项目。2021 年共安排 32 个项目，重点支持高效和互联的运输系统、可持续生产、交通安全和车辆自动化及电子、软件和通信方向。

四、科技管理和人才政策动向

作为创新型国家，瑞典加强涉及安全敏感活动的监管，近年 3 次修订《安全保护法》，加强技术转移和企业收购合规性审查。

（一）修订《安全保护法》

2021 年 1 月生效的《安全保护法》，引入了针对转让安全敏感业务的安全机关审核机制，除对本国企业增加安保义务外，也适用于非瑞典公司对瑞典企业的收购等交易行为。5 月，瑞典再次修订《安全保护法》，进一步增加安保义务，扩大监管机构权限，加强技术安全等保护。《安全保护法》规定安全敏感活动不仅涉及国防、执法、能源供应、供水、电信、运输等领域，任何从事"安全敏感活动"的机构都受到《安全保护法》的约束。相关法律和条例修订所规定的企业或机构新的广泛的安保义务，可能衍生对科研机构、科研人员和科技型企业的安保义务，对科技交流、科研合作、技术转让和产业合作等将产生负面影响。

（二）科技人才政策

6 月，瑞典议会批准了《外国人法》修正案，对研究人员和博士生在瑞典的研究和居留做出规定。瑞典一向重视高层次创新人才的引进和科研国际合作，2021 年的《外国人法》修正案对人才引进产生了限制性影响，引起学术界不满。他们认为，该规定对瑞典的人才和科研能力是极大的损害，将削弱瑞典作为一个研究型国家的地位。

五、国际科技合作政策动向

瑞典加强与欧盟、美国等合作伙伴的多、双边密切合作的同时，高度关注与中国、印度、巴西等新兴经济体的合作，认为大型发展中经济体在基建、能源、资源、立法、环保意识等领域具有巨大市场和合作潜力。

（一）多边科技合作

加强与欧盟合作。瑞典通过与其他欧洲国家合作，推动可持续发展行业转型，加强其在全球创新体系中的地位。2021 年 4 月，瑞典研究理事会公布《为欧洲地平线计划集中力量》报告，为瑞典研究和创新提出战略建议，促进瑞典及欧盟各国研究和创新的协同与互动。

加强与世界卫生组织的合作。2021 年瑞典政府推出《瑞典与世界卫生组织的合作战略（2021—2025 年）》，形成瑞典与世界卫生组织合作的基础。该战略范围内的活动，旨在促进国家医疗政策、公共卫生政策框架的实施、瑞典发展政策和瑞典全球卫生工作与瑞典全球发展政策及 2030 年可持续发展议程实施保持一致。

（二）双边科技合作

瑞典与美国的科研合作不断加深。在科研项目合作方面，瑞典大学和科研机构从包括美国国立卫生研究院（NIH）在内的美国联邦机构和美国私人基金会获得的研究经费逐年增加。2020 年仅卡罗林斯卡医学院（KI）就获得了美国近 1 亿瑞典克朗的研究经费。在科研人员交流方面，KI 已有 1000 多名学生、研究人员和教师赴美国梅奥诊所参与学习、研究。

瑞典注重加强与其他国家双边科技合作。与中国、印度、巴西、南非和韩国等国家签署双边科研合作协议，支持研究人员开展长期研究合作。

相关研究机构与加拿大、日本、新加坡、南非、坦桑尼亚、乌干达等国家多所大学和研究机构建立了多项合作协议，加强学术交流，联合培养人才。

（三）与中国的科技合作

瑞典研究理事会与中国国家自然科学基金委员会在双方联合研究协议及跨学科合作研究协议下，2021 年双方共同资助跨学科合作项目，选定 4 项个性化诊断和预防应用项目，资助期 3 年。

瑞典科研与教育国际合作基金会（STINT）与中国国家自然科学基金委员会2015 年签署协议对等资助双边联合研究项目。目前，双边合作交流项目共 165个，成为 STINT 最大的单一合作计划。2021 年，双方在可持续发展、生命健康、信息通信、天文学等领域联合资助 30 个项目，中瑞联合发表论文数量持续增长。

应对新冠肺炎疫情科研合作交流。2020 年，中国顶尖卫生专家与瑞典卡罗林斯卡医学院、乌普萨拉大学的 50 名知名专家成立中瑞抗击新冠肺炎疫情联合科研小组，合作开展涉疫科研和第三方涉疫临床研究。双方已联合发表论文 120多篇，联合申报涉疫合作研究项目 6 项，地方、园区和企业科技合作扎实务实。与中国多个高新区持续在生物医药、信息技术、生态农业、新材料、生命科技等领域开展合作。

（执笔人：郭丽峰　丁明勤）

芬　　兰

2021 年，芬兰经济出现明显增长势头，需求复苏，就业增长，出口和投资不断向好。芬兰政府通过加大科技创新支持力度、扶持创新企业、发展新兴产业等方式，推动经济持续向好。

一、创新表现

根据世界知识产权组织发布的《2021 年全球创新指数报告》，芬兰创新能力排名全球第 7 位、欧盟第 5 位，处于创新引领者地位。芬兰所有 7 项支柱指标评分均高于高收入国家平均水平，其中国家制度（第 2 位）、人力资本和研究（第 4 位）、知识和技术产出（第 5 位）、营商环境（第 6 位）排名尤为突出。据欧盟发布的《2021 年欧洲创新记分牌》，芬兰创新表现在欧盟国家中仅次于瑞典，排名第 2 位。其在信息技术使用、知识产权及链接、终身学习、专利申请、国际科研论文合作等指标上表现优异。

据芬兰国家统计局最新数据，2020 年芬兰中央政府投入研发经费总额为22.87 亿欧元，比 2019 年增加 2.78 亿欧元，增幅 13.8%。2021 年芬兰中央政府研发投入初步统计为 24.17 亿欧元，比上年增长 1.3 亿欧元，增幅 5.7%。2021 年芬兰全社会研发支出达到 71.5 亿欧元，占 GDP 比重为 2.88%，与 2020 年基本持平。

二、绿色转型成为发展方向

为实现 2035 年碳中和目标，芬兰政府高度重视绿色发展。

（一）可持续增长计划

2021年8月，芬兰政府推出《芬兰可持续增长计划》，该计划侧重4个关键要素：以绿色转型支持经济结构调整，支撑碳中和及福利社会；以数字化手段提升生产力及社会服务；以提高就业率和技能水平加速可持续发展；以改善卫生和社会服务提高其成本效益。该计划资金主要来源于名为"下一代欧盟"的欧盟复苏基金，在该基金框架下，芬兰政府制订了芬兰复苏计划，作为芬兰可持续增长计划的一部分。2021年10月，欧盟理事会正式批准芬兰复苏计划。根据计划，芬兰将于2021—2023年获得欧盟总计21亿欧元的资金，其中50%用于绿色转型、27%用于数字化。

（二）2035低碳路线图计划

作为实现2035年碳中和目标的具体措施，芬兰政府于2019年年底启动"2035低碳路线图计划"，2020年6月完成13个产业低碳路线图的编制，2021年出台产业低碳路线图总结报告。该路线图旨在从政府层面协调指导政府各部门及各产业，更精准规划实现碳中和目标所需措施的规模、成本和条件。政府确定能源、化学、林业和工程技术等行业为温室气体排放关键产业，食品、纺织、建筑、交通等行业为相关产业，并就此制定13个行业低碳路线图。

（三）《国家电池战略2025》

2021年1月，芬兰政府发布《国家电池战略2025》，旨在培育芬兰电池产业创新及产业环境，促进电池产业发展，加速低碳经济增长和可持续性发展，助力实现芬兰2035年碳中和目标。该战略的重点是以电池技术及原材料、交通电气化和能源网络柔性化为主要目标，围绕电池生产技术、电池原材料精炼、交通电气化、电池回收等技术推动电池产业可持续及负责任的发展，实现电池产业循环经济发展模式。根据该战略设定的目标，2025年建成具有国际竞争力的芬兰电池产业集群，推动电池和电气化产业成为技术创新、可持续增长、人民福祉和就业增长的动力和先锋。

（四）《氢能路线图》

2020年年底，芬兰国家商务促进局发布《氢能路线图》。该文件是芬兰国家能源和气候战略的重要组成部分。路线图展望了未来十年芬兰对低碳氢的生产、存储和利用路径，明确氢在应对气候变化和实现碳中和目标的关键作用，指出氢能是实现气候目标的重要途径；认为芬兰在氢能产业链、氢能使用规模及经验等领域具有优势；提出将积极呼应欧盟氢能相关战略和法规，组建专门团队，积极发展氢能产业。

三、设立重大专项推动新兴产业发展

芬兰政府秉持创新驱动发展理念，积极布局科技专项推动产业发展。从基础研究到应用研究，从产业发展到创新生态培育，政府设计了一系列重大专项，从不同层次推动科技发展。

（一）基础研究专项稳固科研基石

芬兰科学院按照国家优先发展战略要求，常年推出一系列面向高校和科研机构的基础科学研究专项计划，为芬兰应用技术研发提供稳固基石。正在执行的计划包括气候变化、数字经济、循环经济、生物技术、材料、矿产资源、新能源、疾病大流行及其危机应对防范等领域。

（二）旗舰计划推动应用基础研究发展

旗舰计划是芬兰科学院于2018年推出的应用基础科学领域重点计划，旨在引领芬兰战略科研方向，为重点领域提供长期大规模的资金支持，研发颠覆性新技术，构建有活力的产学研合作平台，为全面提升国家创新实力、培育新兴产业国际竞争力奠定基础。截至目前，已先后3次推出10个项目，具体包括第六代移动通信、人工智能、生物基材料、精准肿瘤医疗、可持续国家卫生福利体系、光电技术、大气及气候、基因技术、免疫研究、林业技术等领域。旗舰计划单个项目政府资助约5000万欧元，加上社会资本投入，预计在未来八年该计划将获得总额约90亿欧元的资金投入。

（三）产业创新专项推动新兴产业发展

在企业层面，芬兰国家商务促进局常年设立一系列产业发展创新专项计划，结合芬兰优势产业及政府战略发展方向，推动企业创新及科技成果产业化。正在执行的计划包括人工智能、生物和循环经济、数字信任、空间技术、个性化医疗、智慧能源、智能交通、可持续制造等领域。单个产业专项计划投入数亿欧元。

（四）龙头企业计划构建国家级创新生态

芬兰创新的最大特点是政府主导的良好创新生态。据 Startup Genome《2021年全球创业生态系统报告》，芬兰初创企业在欧洲获得的人均风险投资最多。芬兰国家商务促进局于 2020 年发起龙头企业创新生态计划，通过国家资金支持大型跨国企业创新，鼓励龙头企业带动行业中小企业创新和研发，为增加全社会研发投入、提升企业创新能力、增强产业国际竞争力提供动力，从而实现政府设定的全社会研发投入占 GDP 4% 及就业率 75% 的 2030 年目标。该计划目前已通过挑战赛形式确定了诺基亚、ABB、通力、富腾、耐斯特、山特维克 6 家大型跨国企业，分别引领信息通信、绿色电力、智慧城市、生物材料、可持续能源、可持续矿山等领域的创新生态培育。该计划国家投入 1.2 亿欧元，预计将带动数亿欧元的社会资本投入。

（执笔人：杨志军）

◎ 丹　　麦

2021 年，丹麦是新冠肺炎疫情控制最好的国家之一，经济恢复强劲，丹麦经济委员会预测其全年经济将增长 3.6%，为 15 年来最高。

一、主要科技指标

根据世界知识产权组织发布的《2021 年全球创新指数报告》，丹麦在全球 132 个国家和地区中居第 9 位，居欧洲国家第 6 位。另据《2021 年欧洲创新记分牌》显示，2021 年丹麦科技创新排名居欧盟第 3 位，与上年相同，连续多年位居欧盟前列。

据丹麦统计局 2021 年的数据，2020 年丹麦研发投入为 690 亿丹麦克朗（约合 690 亿元人民币），占 GDP 的比重为 3%。自 2010 年以来，丹麦研发投入占 GDP 比重一直保持在 3% 左右，公共和私营部门投入比重基本保持稳定。

《2021 年全球人才竞争力指数报告》显示，丹麦人才竞争力居全球第 4 位，比上年上升 1 位。丹麦实施启明星计划、国际博士后计划、尼尔斯·玻尔教授计划等人才计划，配合减税政策、提高福利、大学研究职位国际公开招聘等优惠政策吸引国际人才。此外，其高水平公共科研、教育投资和高质量生活也是吸引海外人才的有利因素。

二、新出台的主要科技创新战略和规划

（一）更新国家空间战略，支持绿色转型

2021 年 6 月，丹麦高教科学部发布《丹麦国家空间战略——更新战略目标》报告。丹麦 2016 年出台第一个国家空间战略，明确空间发展目标，对支持经济

社会发展和公共服务做出重大贡献。新空间战略更新发展目标，更好支持绿色转型。更新后 5 个战略目标是：空间基础设施和数据为更好地了解气候、环境、自然和生物多样性做出更大贡献；有助于建设更智能、更可持续城市；有助于改善和提高公共服务效率；有助于进一步创造绿色价值；有助于更安全和更好的应急准备。

（二）制定《生命科学战略》

2021 年 5 月，丹麦政府发布《生命科学战略》，旨在提升生命科学产业，造福患者、社会和经济发展。长期以来，丹麦在药物、医疗设备、健康和福利研发领域位居世界前列。该战略围绕促进生命科学产业发展的 7 个主题提出 38 项倡议，涵盖整个生命科学领域。7 个主题是：更好的研发框架；更好地利用健康数据；展示丹麦能力；高技能劳动力；国际化和监管合作；健康和绿色增长；知识共享与协作。

（三）出台"电气化"战略

2021 年 6 月，丹麦政府发布《电气化战略》，该战略提出交通、工业和家庭等行业 2030 年 8 项电气化目标，将减少二氧化碳排放 60%，对从化石能源社会向电气化转型至关重要。交通将使用更多电动汽车，家庭使用电热泵取代石油和天然气锅炉供暖。6 月，丹麦政府就建立未来高效电力基础设施达成协议，为电气化奠定基础，确保电网能够应对不断增加的电力需求，保证供应安全。

（四）发布国家研究基础设施路线图

2021 年 2 月，丹麦高教科学部发布《丹麦 2020 国家研究基础设施路线图》，提出研究基础设施未来 4 年发展目标：①国家研究基础设施及数据必须支持高质量研究、创新和教育。包括 4 个阶段性任务：加大投入建设国家研究基础设施；更便捷获得国家研究基础设施数据；更多机构使用国家研究基础设施；调查全国研究基础设施状况。②参与国际研究基础设施必须对丹麦研究、教育和创新产生重大价值。包括 5 个阶段性任务：建立 2 个支持研究的国家中心；2021 年设立成为国际研究基础设施成员的指标，2022 年开发模型，评估成为国际研究基础设施成员的回报，2022—2024 年制订行动计划；强化国际研究基础设施商业回报；促进国际研究基础设施建设和运行更环保；在有利于本国研究的前提下，更多参与欧洲研究基础设施建设和运行。③工作框架。所有利益相关方应加强合作，协调和发展研究基础设施。包括 2 个阶段性任务：一是高教科学部与"研究基础设施委员会"经常研究该委员会应发挥的作用；二是高教科学部与其他部委、基金会和商业机构等利益相关方分享研究基础设施经验，扩大交流范围。该路线图建议未来 4 年投资建设 16 个新的国家研究基础设施，涉及生物技术与生命科学，能源、气候与环境，物理和宇宙，材料和纳米技术，社会和人文科学五大领域。

三、重点领域的专项计划和部署

（一）拨款 8.5 亿丹麦克朗发展绿色燃料项目

2021 年 6 月，丹麦议会通过决议，拨款 8.5 亿丹麦克朗支持丹麦和欧盟发展绿色燃料项目，将绿色能源大规模转化为氢等绿色燃料，助力船舶、运输和重工业等部门减排，标志着丹麦在大规模发展未来绿色燃料方面迈出重要一步。投资将用于"欧洲绿色氢气项目"（IPCEI），推动大型跨国合作，支持可再生氢和其他绿色电力转换成绿色燃料项目，降低成本，实现供需匹配。

丹麦绿色燃料项目（Green Fuels）是 IPCEI 项目的重要组成部分。第一阶段生产绿色氢气，用于重型公路运输；第二阶段将可再生氢生产与碳捕获结合，生产用于航运及航空的甲醇和生态煤油。

（二）设立能源试验区探索绿氢应用前景

大量绿色能源是实现交通运输电气化、工业和农业绿色供能、家庭绿色供暖的关键。但是，目前电网无法消纳大量绿色能源。针对这一挑战，丹麦迈出了里程碑的一步。2021 年 5 月，丹麦能源署授权绿色实验室（GreenLab）和西门子歌美飒公司布兰登氢项目（SGRE）作为能源监管试验区，解决能源系统如何消纳大量可再生能源的难题。试验区可进行新商业模式、新技术和新方案试验，包括：电力、供热和天然气行业耦合，增加能源系统灵活性，数字化方案，能源效率和节能，以及电网平衡。

（三）达成设立第一个"先锋中心"协议

"先锋中心计划"是丹麦高教科学部 2020 年发起的一项国家重大基础研究计划，采取公私合作伙伴（PPP）方式，由高教科学部、国家研究基金会、知名企业基金会及大学共同资助。目标是建立 3 ~ 4 个世界一流研究中心，吸引全球最优秀的科学家，开展重大基础研究项目，为经济社会重大挑战提供变革性解决方案。2021 年 10 月，丹麦达成设立首个"先锋中心"——"人工智能先锋中心"协议。国家研究基金会及多家企业基金会与丹麦 5 所大学合作设立该中心，计划 13 年投入 3.52 亿丹麦克朗。

（四）加快行动实现 70% 减排目标

丹麦气候法案确定 2030 年温室气体排放量在 1990 年基础上减少 70%。政府分析应对气候变化的关键政策措施后决定 2025 年前出台相关重大政策措施，加快行动实现这一目标。未来几年，丹麦政府将发布 24 项绿色倡议。2021 年，政府发布了可持续电力转化为绿色燃料（如氢气）战略，并制订了新的二氧化碳捕集计划。2022 年，将发布工业、能源和航空、道路运输等领域的新计划。

四、国际科技合作政策动向

欧盟及成员国是丹麦开展国际科技合作的重点对象。此外，丹麦与美国、中国、印度、巴西、韩国、以色列、日本、南非等国签订有双边科技合作协议，通过建立创新中心、共同资助研发项目、促进人才交流等方式开展科技合作。

（一）与欧盟及其成员国的合作

丹麦积极参加欧盟"地平线 2020"计划。计划实施以来，共有 3540 名研究人员获得资助，获得的研究经费占该计划总额的 2.6%，人均获得研究经费居欧盟成员国第 2 位。

此外，丹麦与比利时和德国签署合作备忘录，推进丹麦、德国、比利时三国海上电网互联；与法国进行风电合作；与波兰进行小区供暖合作；与德国进行机器人领域合作。

参与国际大科学计划（工程）：丹麦作为会员国参与多个欧盟主导的大科学计划（工程），主要有欧洲核子研究中心（CERN）、欧洲航天局（ESA）、欧洲南方天文台（ESO）、欧洲散裂中子源（ESS）、国际热核聚变实验反应堆（ITER）、劳厄 – 朗之万研究所（ILL）、欧洲 X 射线自由电子激光装置（European XFEL）、欧洲同步辐射装置（ESRF）等项目。

（二）与美国的合作

丹麦视美国为最重要盟友，两国在基础研究、战略研究和高技术产业领域合作密切。2021 年 4 月，"领导人气候峰会"期间，丹麦和美国签署一项能源技术合作协议，进行研发和示范项目合作。

（三）与中国的合作

2021 年，受中美博弈和中欧关系消极面增加影响，丹麦对华两面性更加突出，中丹关系面临的挑战增多。一方面，丹麦在高技术、北极等中美博弈重要领域随美起舞，加强与美协调配合；另一方面，在气候变化、绿色转型、可持续发展、公共卫生等领域与中国合作意愿上升。虽然新冠肺炎疫情对中丹人员交流和科技合作造成较大影响，但双方利用高层交往和重启联合工作方案之际，乘势而上，推动科技合作取得重大进展。完成 2021 年中丹联合研究计划——碳捕集利用与封存、交通和工业替代燃料、环境与气候友好农业、纺织与塑料废物循环利用 4 个领域合作项目的征集和评审；签署《中丹环境保护合作谅解备忘录》和《中丹气候变化合作谅解备忘录》；召开"个人信息保护法对中丹科技合作的影响"研讨会；在能源、农业、可持续发展等领域联合举办一系列研讨会和活动。

（四）与其他国家的科技合作

与印度确定实施为期 5 年的绿色战略伙伴计划，签署 4 项政府间合作协议，深化水和气候变化领域合作；与韩国签订新的北极合作研究协议；与巴西开展可再生能源合作；与肯尼亚开展可持续电力合作。此外，停止石油和天然气勘探开采合作，第 26 届联合国气候变化大会上，丹麦等 11 个国家和地区倡议成立"超越石油和天然气联盟"（Beyond Oil and Gas Alliance），呼吁更多国家确定停止石油和天然气勘探开采日期。

（执笔人：何馥香　吴善略）

⊚ 意 大 利

2021 年，意大利政府更迭，德拉吉就任总理后重新组建内阁，对科技也进行了新的部署，主要措施包括进行科技管理改革，对科技管理部门进行了改组和调整；出台《国家复苏与韧性计划》（PNRR），通过数字转型与绿色发展来应对新冠肺炎疫情、刺激经济复苏与振兴；发布《国家研究计划（2021—2027）》《国家研究基础设施计划（2021—2027）》《人工智能战略规划（2022—2024）》等专项规划。

一、科技创新整体实力

（一）创新与竞争力排名

根据《2021 年全球创新指数报告》，意大利排名第 29 位，比 2020 年下降 1 个位次。据欧盟委员会发布的《2021 年欧洲创新记分牌》，意大利属于中等创新国家，2021 年度排名欧洲第 16 位，比 2020 年上升 2 个位次，是 2014—2021 年创新绩效增幅最大的国家，整体绩效提高了 26.1%。在分项指标中，在中小企业创新者、创新对就业的影响及环境可持续方面表现出较强优势。据瑞士洛桑国际管理发展学院（IMD）发布的 2021 年世界竞争力排名中，意大利在 64 个经济体中排名第 41 位，比上年提升 3 个位次。

（二）研发投入

意大利统计局和欧盟统计局 2021 年发布的最新数据显示，2019 年意大利全国研发（R&D）支出为 263 亿欧元，较 2018 年增长 4.1%。按执行部门看，企业占 63.2%、政府占 12.6%、高校占 22.5%、私营非营利机构占 1.8%。按类型分，基础研究占 21.3%、应用研究占 39.9%、试验开发占 38.8%。2019 年意大利 R&D

支出占 GDP 的比重为 1.46%，比上年的 1.42% 略有增长。

根据经合组织（OECD）最新统计数据，2019 年意大利研发人员数量为 54.41 万人，比 2018 年增长 2.9%；折合全时当量（FTE）35.59 万人年，比 2018 年增长 3.0%。

（三）论文和专利产出

根据 Web of Science 数据库统计，2020 年意大利发表科技论文 71.9 万篇，比 2019 年增长 7%。分领域看，医学、生命科学、数学与物理学、艺术与设计具有较强优势。

根据世界知识产权组织（WIPO）最新统计数据，意大利 2020 年专利申请量为 32 537 件，比 2019 年增长 1.6%；商标申请量 1 172 502 件，比 2019 年增长 7.8%；工业设计申请量 317 528，比 2019 年减少 17.4%；申请 PCT 国际专利 3401 件，比 2019 年增长 0.7%。

（四）其他排名

据瑞士洛桑国际管理发展学院（IMD）发布的《2021 年世界人才报告》，意大利在 64 个经济体中排第 35 位。据科睿唯安发布的 2021 年度高被引科学家榜单，来自全球 70 多个国家和地区的 6602 人次入选该榜单，意大利共有 98 人次上榜，上榜人次在所有国家中排第 11 位。

根据英国品牌评估机构 BrandFinance 发布的 "2021 最有价值国家品牌 100 强"，意大利继续保持其作为世界第九大最有价值国家品牌的地位，品牌价值增长 12% 至 2.0 万亿美元。

二、科技管理改革

2021 年，德拉吉担任政府总理后重新组建内阁，从科技领域来看，一是完成了对大学与科研部内部的改革；二是将原环境、领土与海洋部更名为生态转型部。

（一）完成大学与科研部内部机构改革

2020 年年初，意大利将教育、大学与科研部拆分成教育部和大学与科研部，并进行内部机构改革，但因新冠肺炎疫情原因，改革进展迟缓。2021 年 2 月，玛丽亚·克里斯蒂娜·梅萨（Maria Cristina Messa）出任大学与科研部部长后，加速改革进程，并于 2021 年 10 月基本完成大学与科研部内部机构设置，明确了科技管理的主要职能：国家层面的科研促进、规划和协调，起草国家研究计划；公共研究机构的监督和协调、规划、战略定位和评估；国家基金资助研究项目的促进和影响评估；支持空间和航天研究、北极和南极研究；科研领域国际科学合作的促进和影响评估；支持科学文化推广和传播；协调建设大型研究基础设施，参与欧洲研究基础设施联盟（ERIC）等。

（二）改组生态转型部

为了促进生态转型和绿色发展，德拉吉政府将原环境、领土与海洋部更名为生态转型部，并对部门内设机构进行了调整，将经济发展部能源与减排有关职能和下属科研支撑机构划归生态转型部，对生态转型和绿色发展进行统筹管理，体现国家对生态转型的高度重视。

三、综合科技创新战略与规划

2020 年发生的新冠肺炎疫情对意大利各行业都造成较大冲击，为有效应对疫情、刺激经济复苏与振兴，意大利出台了以数字化转型和绿色发展为主线的一系列计划与措施。

（一）正式发布《国家研究计划（2021—2027）》

2021 年 1 月，意大利正式发布《国家研究计划（2021—2027）》（PNR），PNR 提出了 9 个方面的优先事项：支持科研体系推广和包容性增长；巩固基础研究；加强跨学科研究；建立以人为本的创新体系；促进科研与生产体系间的全球知识和技能传播；培育新一代科研人员、技术人员和知识转移专业人员；促进高等教育和科研的国际化；确保国家科研与欧洲和国际科研的协调；探索未来。PNR 明确了 6 个重点领域：卫生健康（包括一般主题、制药和药理技术、生物技术、卫生健康技术等 4 个子领域）；人文文化、创造力、社会变革、包容性社会（包括文化遗产、历史文学和艺术、文物、创意设计和意大利制造、社会转型与包容性社会等 5 个子领域）；社会系统安全（包括建筑、基础设施和管网安全，自然系统安全和网络安全 3 个子领域）；数字化、工业和航空航天（包括数字 4.0 转型、高性能计算和大数据、人工智能、机器人、量子技术、制造业创新、航空航天等 7 个子领域）；可持续交通、气候与能源（包括可持续交通、气候变化减缓和适应、工业能源、环境能源等 4 个子领域）；食品、生物经济、自然资源、农业与环境（包括绿色技术，食品科技，生物产业，对农业和森林系统的认识与可持续管理，对海洋生态系统的认识、技术创新与可持续管理等 5 个子领域）。

（二）制定《国家复苏与韧性计划》，促进数字化转型和绿色发展

2021 年 4 月，意大利政府制定《国家复苏与韧性计划》（PNRR）并获得欧盟批准。该计划资金总额为 2221 亿欧元，包括一揽子的改革内容，旨在修复新冠肺炎大流行对经济和社会造成的破坏，解决经济发展的结构性问题，促进生态和环境转型发展，增强社会包容性并缩小地区发展的不平衡。

PNRR 提出 6 项任务：一是"数字化、创新、竞争力和文化"，投资 492 亿欧元，目标是促进国家数字化转型，支持生产系统创新，促进旅游和文化产业发展。将启动 5G 计划，让全国大约 850 万个家庭和 9000 所校舍接入高速互联网，确保 1.2 万个医疗卫生服务机构接入网络；鼓励私营部门采用数字技术和创新技术，加强公共行政领域的数字基础设施建设，发展"云"服务。二是"绿色革命与生态转型"，投资 686 亿欧元，目标是提高经济体系的可持续性和韧性，确保环境转型的公平和包容性，对循环经济及废物管理进行投资和改革；更新公共交通系统，减少碳排放；提高建筑和能源效率，每年将改造约 5 万座建筑物；对可再生能源进行重大投资；支持"氢"供应链发展，加强前沿研究，促进生产、运输和使用等；投资水利基础设施，减少水资源浪费，增强水文地质的稳定性。三是"可持续交通基础设施"，投资 314 亿欧元，全面建设现代、可持续的交通基础设施。计划建设高速铁路运输系统、现代化的区域铁路线；加强港口系统和物流链的数字化。四是"教育与科研"，包括"加强教育服务"和"从研究到商业"两项任务，投资 319 亿欧元，目标是加强教育系统，提升科技和数字技能，促进科研和技术转移。五是"包容性和凝聚力"，投资 224 亿欧元，目标是促进劳动力市场发展。六是"健康"，投资 185 亿欧元，目标是加强预防和卫生服务，实现卫生系统的现代化和数字化，并确保获得医疗服务的公平性。

四、重点领域的专项计划和部署

（一）《数字意大利 2026》战略

为有效支撑数字化转型，意大利出台了《数字意大利 2026》战略，设定了 5 个雄心勃勃的目标：确保 70% 的人口使用数字身份并具有数字能力；约 75% 的意大利公共行政（PA）使用云服务；至少 80% 的基本公共服务能在线提供；超宽带网络覆盖 100% 意大利家庭和企业。为实现上述目标，政府提供 67.1 亿欧元用于建立超高速宽带网络，67.4 亿欧元用于公共行政（PA）的数字化。

（二）《人工智能国家战略规划（2022—2024）》

2021 年 11 月，意大利发布《人工智能国家战略规划（2022—2024）》，以

便成为具有全球竞争力的人工智能中心。战略规划的主要内容包括：加强人才技能，增加博士学位的数量，吸引基础和应用研究领域的优秀研究人员到意大利工作；促进 STEM 教育和职业发展，加强数字和人工智能技能；加强人工智能研究生态系统，促进学术界、产业界及社会之间的合作；为在国家层面共享数据和软件的平台提供资金；扩大人工智能在企业的应用，支持企业 4.0 转型，支持人工智能创新企业的创建和成长，支持人工智能产品的试验和认证；创建数据基础设施，扩大人工智能在公共行政中的应用。

（三）发布《意大利氢能 2050》，促进绿色转型

2020 年 11 月，意大利启动了《意大利氢能 2050》，其目标是到 2030 年，氢能可以占意大利最终能源消耗的 2%，并可以帮助消除多达 800 万吨的二氧化碳，到 2050 年可满足 20% 的能源需求（目前这个数字约为 1%）。到 2030 年在该领域的投资约 100 亿欧元，政府计划帮助提高绿色氢气的生产，在 2021—2030 年引入约 5 吉瓦的电解能力，以从水中提取氢气。

（四）《国家研究基础设施计划（2021—2027）》

2021 年 10 月，意大利大学与科研部正式通过了《国家研究基础设施计划（2021—2027）》（PNIR），提出要建立研究基础设施网络并传播知识；完善开放政策，并加入欧盟的伙伴计划，如欧洲开放科学云（EOSC）和欧洲高性能计算（EuroHPC）计划；发挥研究基础设施在创新、与产业界关系及技术基础设施发展中的作用；在高等教育中使用研究基础设施；改善融资方式。计划共确定并更新了 74 个高优先级研究基础设施。

（五）设立科学基金，支持基础研究

2021 年 5 月，意大利大学与科研部设立科学基金，以促进基础研究的发展，2021 年基金的初始预算为 5000 万欧元，2022 年起为 1.5 亿欧元。4 月，意大利大学与科研部发布第一次科学基金基础研究项目征集公告。在 2021 年的 5000 万欧元中，2000 万欧元用于资助崭露头角的研究人员牵头的基础研究项目，资助额最高可达 100 万欧元；3000 万欧元用于资助知名研究人员领导的基础研究项目，资助额最高可达 150 万欧元。

（六）支持企业创新的政策

为促使企业尽快从新冠肺炎疫情的影响中恢复并促进企业创新，意大利政府发布了一系列支持企业复苏与创新的政策。

一是向创新型初创企业发放 1800 万欧元"创新券",支持发明申请专利,加强技术和工艺流程的保护。该激励措施遍及全国的创新型初创企业。

二是通过名为"DISEGNI+2021"的干预措施提升中小企业的创新和竞争能力,以加强其在国内和国际市场上的竞争力。该措施提供的资金总额为 1200 万欧元,根据最低限度规则,预计每家公司最高可获得 6 万欧元的资本账户补贴。

三是成立中小型创意企业基金以促进新的创业和文化创意产业的发展。该基金总额为 4000 万欧元,2021 年和 2022 年各 2000 万欧元。

四是成立公私联盟,通过支持初创企业和中小企业的发展来促进技术转移和创新,并在创新和技术转移的过程中将金融界也包括进来,增加获得资金的可能性。

五、中意科技合作

2021 年,中意双方克服新冠肺炎疫情影响,通过各种方式加强双边科技合作与交流。

意大利与中国科技部和国家自然科学基金委员会都签署有科技合作协议,其中与科技部正在执行的合作协议(2019—2022 年)重点领域包括:人工智能、天体物理学技术、创新的生物医学技术、将生物质转化为能源的创新工艺;与国家自然科学基金委员会正在执行的合作协议(2019—2021 年)重点领域包括:新材料、环境、理学和天体物理学、健康等。

2020 年 3 月,意大利外交部发布了《意大利—中国面向 2025 的科学技术合作行动计划》,提出了未来 5 年双方科技合作的 8 个重点领域,包括:物理和天体物理、地球物理、空间技术,先进材料,环境与能源,可持续城镇化,文化遗产新技术,农业食品科技,生命科学、卫生与健康,智能制造。

2021 年,双方围绕上述领域开展相关合作项目的联合研究与交流并取得一定进展。例如,在卫生健康领域,《中意卫生领域合作 2019—2021 年度执行计划实施方案》得到落实;在基础研究与空间领域,中国科技部与意大利国家研究委员会共同资助的 2021—2022 年联合研发项目和人才交流项目有序开展,张衡二号卫星合作进展良好等。

（执笔人：马宗文　赵俊杰　孙成永）

◉ 比 利 时

2021 年，在欧洲新冠肺炎疫情持续蔓延的大背景下，比利时科技创新表现优异，科研投入强度持续提升，科技创新能力不断增强，并首次被评为欧盟"创新领导者"国家。

一、科技创新整体实力

根据欧盟统计局 2021 年 11 月公布的数据，比利时年度研发经费投入强度达到 3.5%，与瑞典并列欧盟第一，远超欧盟 2.3% 的平均水平和 3% 的设定目标。比利时同时也是过去 10 年中研发投入强度增幅最高的欧洲国家，2018—2019 年研发投入增幅达到近 15%。《2021 年欧洲创新记分牌》也将比利时评为创新能力最强的欧洲国家之一，与丹麦、芬兰和瑞典三国同称为"创新领导者"。

二、科技管理体制及创新战略

2021 年，比利时科技管理体制未发生重大变化，创新战略主要突出可持续发展、数字化转型等优先事项。比利时联邦政府负责归口管理公共卫生、空间科学、核能研究等领域，其他科技管理权限均下放至首都布鲁塞尔、弗拉芒和瓦隆三大行政区，各区科技政策制定相对独立。联邦层面，内阁是比利时最高科技决策层，负责制定联邦政府科技政策。主管科技事务的国务秘书托马斯·戴尔米纳负责科技政策总体方向。联邦科技政策办公室（BELSPO）具体行使协调和规划职能，负责制定和实施联邦科研项目计划。大区层面，瓦隆－布鲁塞尔国际关系署（WBI）和弗拉芒经济创新署（EWI）是相关大区的科技主管部门，分别负责制定本区的科技政策，并推动开展国际合作。此外，法语区基础研究基金会（FNRS）和弗兰德研究基金会（FWO）也是重要的科研创新活动参与者，不仅从各大区政府获得拨款，同时也接受社会捐赠，向相关大学、科研单位及个人提供科研经费，支持开展基础性研究。

本届联邦政府发布的未来五年施政纲领中，涉及科技领域的主要内容包括：将可持续发展作为优先事项之一，以欧洲绿色协议（2030年温室气体排放量较1990年降低55%、2050年实现气候中和）为目标，优先支持可再生能源、低能耗建筑、清洁技术、绿色交通。持续降低化石能源投资，计划逐步淘汰核电，并就核废料的长期处置进行研究。

瓦隆及布鲁塞尔大区政府主要强调数字化的重要性，主张构建数字产业的企业生态系统；继续致力于发展航天工业，加强与联邦空间机构合作，加强基础设施项目建设，对初创企业加大资金支持；提高国际和地区间的科研合作水平，开展知识产权保护，保证数字安全。

弗拉芒大区同样强调对数字化的重视，将发展创新和数字化转型作为其政策的优先事项；将5G网络建设作为当务之急，并增加对人工智能、网络安全、移动数据等领域技术发展的支持力度；关注数字安全，并将根据国际发展趋势，制定有关数据汇总、开放和交换的标准。

三、重点领域的专项计划和部署

目前比利时正在执行的长期科技计划包括交叉学科网络研究行动计划（Brain-be 2.0）、科学数字计划（Digit）、毒品研究计划（Drugs）、空客计划（Airbus）、联邦—大学交流计划（FED-tWIN）等。这些计划的执行期基本为4～5年，面向比利时所有大学、公共科研机构和非营利性研究机构开放，支持开展跨机构、跨学科合作研究。除长期科技计划外，2021年"比利时经济复苏计划"（总额达59.3亿欧元）获欧盟批准，其中也包含很多有关科研创新的内容。比利时联邦政府拟通过相关资金在北海建设能源岛，使比利时成为欧洲海上风电的领军者，同时大力建设氢能运输存储网络，全面完善绿色能源的生产和流通。将绿色建筑、数字化转型、提升能源利用效率列为重点。同时将进一步提升对比利时微电子研究中心（IMEC）的资金支持力度，打造"世界芯片实验室"。

同时，比利时政府还结合其科研创新计划需求，积极实施人才引进计划。2021年，政府宣布实施"奥德修斯"计划，支持全球顶级科学家在比利时大学及科研机构组建研究小组，并开展为期5年的研究，所涉专业包括现代核物理与粒子物理理论研究、生物医药、神经科学等多个领域。

四、国际科技合作情况

作为高度开放的外向型经济体，比利时一直将加强国际科技合作作为基本国策之一，深度参与欧盟项目研发，与欧洲国家保持紧密的科技合作关系。目前，比利时参与的欧盟研发项目包括欧盟研究与创新计划（目前是第九框架"地平线欧洲"）、尤里卡计划（Eureka）、欧洲科技合作计划（COST）、全球环境与安全监测（GMES）等，同时还积极参与伽利略计划、核聚变计划和太空计划等重大科研活动。

此外，在政府间科技合作协定框架下，与中国、越南、印度和南非等国积极开展双多边合作。

比利时历来高度重视对华科技合作，是最早与中国签署政府间科技合作协定的西方国家之一。在相关科技合作框架下，我国已与比利时联邦政府建立起科技创新对话合作机制，并分别与各大区政府定期召开科技合作联委会。2021年，主要合作包括第二届中比科技创新对话、中比（瓦隆－布鲁塞尔）科技联委会第五次会议、中比航天科技合作研讨会及第三届中比科技交流研讨会等，并签署了《中国科技部国际合作司与比利时瓦隆—布鲁塞尔国际关系署研究与创新谅解备忘录》等多项合作协议，在生物技术、航空航天、材料科学和纳米技术、农业科学等多个领域不断深化双边创新合作。

（执笔人：姜　洋）

⊙ 瑞 士

2021 年，瑞士国内政局总体平稳，新冠肺炎疫情持续反复，国民经济脆弱复苏，全社会研发投入和创新能力持续保持高位。1 月中旬，面对严峻疫情形势，联邦政府宣布实行"二次封禁"，此后持续推进疫苗接种，疫情稳中趋缓。后受"德尔塔"变异毒株输入、跨境休假人员流动和民众接种疫苗意愿不强等多种因素影响，疫情再次出现反弹。经济方面，得益于全球经济回暖和国内解封举措，已逐步恢复至疫情前水平，联邦经济事务国秘处 9 月中旬将瑞士 2021 年经济增长率上调至 3.2%。科研创新方面，全社会研发投入持续保持高位，创新能力连续 11 年居全球榜首。2021 年度启动两项国家研究计划，继续加强新冠肺炎疫情相关研究投入，并着手制定 2025—2028 年教育研究创新发展规划。国际合作方面，继续奉行"积极中立"外交政策，进一步重视推动科技在外交中发挥作用。

一、研发投入强度保持高位、基础研究新项目减少

根据联邦统计局 2021 年 5 月发布的统计数据，瑞士 2019 年度全社会研发投入共计 229 亿瑞士法郎，自 2017 年起年均增长 4.3%。68% 的研发活动由私营企业开展，29% 由高等教育机构开展。2019 年度研发投入强度依旧保持高位，达到 3.15%，与德国和奥地利持平，明显领先于法国（2.19%）和经合组织的平均水平（2.38%）。

2020 年，受新冠肺炎疫情影响，瑞士新资助的基础研究项目有所减少。瑞士国家科研基金会是瑞士最大的基础研究资助机构，每年的经费预算约 12 亿瑞士法郎。2020 年基金会共收到各类资助申请 8200 个，其中 3300 个得到资助，共计 9.37 亿瑞士法郎。资助项目中，37% 涉及生物和医学领域，33% 涉及人文和社会科学领域，30% 为数学、自然和工程科学领域。整体项目资助情况体现 4

个特点：一是受疫情影响新项目减少，新项目批准率由 49% 降至 37%。二是应用类资助项目增加，应用科技类大学共获得 3500 万瑞士法郎的资助。三是获得资助的女性研究人员比例依然偏低，仅占 38% 左右。四是经费使用上工资占比高，约有 70% 的经费投入用于支付年轻研究人员的工资。

二、创新指数连续 11 年全球领先

2021 年 9 月 20 日，世界知识产权组织发布《2021 年全球创新指数报告》，瑞士再次获得第一，迄今已连续 11 年。评价创新指数的 7 个一级指标中，瑞士在"知识和技术产出方面"排名全球第一，"创意产出"和"基础设施"方面排名第二，"人力资本和研究""市场成熟度""商业成熟度"排名均为全球前十。全部 102 个细化指标中，23 个指标得分排名在全球前三。

三、持续加强新冠肺炎疫情下药物研发和企业创新资助，并关注疫情的社会影响

为应对新冠肺炎疫情带来的持续挑战，瑞士创新署与卫生署联合推出新冠药物研发资助计划，同时高度重视疫情为中小企业创新发展带来的机遇，以及疫情对经济、社会和政治的影响。

2021 年 7 月，瑞士卫生署与创新署联合推出《瑞士新冠药物研发计划》，投入 5000 万瑞士法郎促进新冠药物的研究、开发和生产，旨在使瑞士民众能够尽快获得创新疗法，以及安全、快速的药物供应。该计划要求获资助项目能为在 2022 年年底前提供安全、快速的新冠药物做出贡献，具有较高的临床创新潜力，满足辅助性和必要性原则，具备科学性和稳健性，申请人具有药物开发专业知识和令人信服的商业计划，联邦政府需获得购买选择权或优先购买权，并且项目在申请时需得到公平和透明的评判。

尽管受到新冠肺炎疫情的影响，中小企业创新仍是瑞士经济竞争力的重要来源，疫情危机进一步加速了对经济数字化的需求，崭新的商业模式为瑞士公司提供发展机遇。2021 年 1 月，瑞士联邦创新署推出两项新的资助计划，其中，"瑞士创新力量计划"旨在促进疫情期间中小型公司的创新，申请企业规模需在 500 人以下。"旗舰计划"则针对疫情引发的数字化转型进行项目招标，希望通过推动系统创新解决瑞士当前经济和社会挑战，重点为教育、旅游、房地产和城市规划、医疗保健和医疗技术 4 个领域。

2021 年 4 月，瑞士启动第 80 个国家研究计划《社会中的新冠肺炎大流行》，

作为 2020 年出台的第 78 个国家研究计划《新冠肺炎大流行》的补充。瑞士国家研究计划由瑞士联邦政府推动，瑞士国家科学基金会负责实施，旨在解决国家面临的问题和挑战，资助期限一般为 5 年。本次启动的计划旨在研究新冠肺炎大流行对经济、社会和政治的影响，以寻找和验证应对当前和未来流行病的方法，预算为 1400 万瑞士法郎，期限为 3 年，主要包括分析新冠肺炎疫情应对措施的有效性和效果，疫情对健康、生活质量、经济状况、社会关系、代际契约和性别平等的影响，以及疫情在个人、社会和经济层面的影响（如对新的工作、业务和技能获取的影响及对国土规划和交通的影响）。

四、积极参与可持续发展国际合作

为回应联合国发起的"十年行动计划"，在 2030 年之前实现可持续发展目标，瑞士积极参与国际合作，出席第 3 届北极科学部长级会议（ASM3），与美国围绕全球气候保护进行视频会谈，加强有助于发展中国家实现可持续发展的项目联合资助。

2021 年 5 月，瑞士联邦教育科研创新国务秘书希拉雅玛视频出席第 3 届北极科学部长级会议。会议由日本和冰岛联合组织举办，主题为"可持续北极的知识"，重点讨论对青年一代的教育工作和相关能力建设等话题。瑞士在会上强调，加强科研在应对极地气候变化方面十分重要，迫切需要国际合作。在会后签署的联合声明中，与会各方就在北极科学方面的合作措施达成一致，如建立观察网络、交换数据、增进对北极生态和社会系统的了解及通过能力建设增强下一代能力等。

可持续发展也成为瑞士与美国合作的重要领域。2021 年 8 月，瑞士联邦议员西蒙内塔·索马鲁加与美国总统气候保护特使约翰·克里，围绕全球气候保护进行了视频会谈，双方强调了有效保护气候的重要性，并认为这需要世界各国共同努力才能实现。瑞方表示其也致力于在国际机构中确保不再为新的燃煤电厂提供资金。

在协助发展中国家实现可持续发展目标方面，瑞士国家科学基金会与瑞士发展合作署签订协议，将合作关系延长 10 年。此前，这两个机构已在国际发展和研究合作领域合作了 30 多年。例如，作为 2012—2022 年"r4d"计划的一部分，投资 9760 万瑞士法郎用来支持 50 个国家的 300 个研究小组。在他们的资助下，成立了一系列初创企业，包括为西非家禽养殖场提供新的饲料来源，以及开发椰子纤维板，用于菲律宾的住房建设等。

五、参与"地平线欧洲"计划面临困境

由于与欧盟签署一揽子框架协议的谈判失败，瑞士参与欧盟"地平线欧洲"框架计划面临困境。目前瑞士只能以第三国模式参与开放项目的招标，在此条件下，即使项目招标成功，瑞士科研人员也无法从欧盟获得任何项目经费资助，瑞方的经费只能由瑞士联邦政府提供。此前，为参与"地平线欧洲"计划，瑞士联邦议会已经批准了 61.5 亿瑞士法郎资金用于项目资助。

2021 年 10 月，瑞士联邦政府通过了一揽子计划，在成为"地平线欧洲"联系国前的过渡期，为相关参与者提供直接资助，并批准了必要的预算延期。一揽子计划涵盖了瑞士参与"地平线欧洲"框架计划的所有组成部分，包括"地平线欧洲"计划、Euratom 计划、数字欧洲计划和 ITER 研究基础设施。

此外，瑞士联邦政府还在研究补充和替代措施，以持续加强瑞士研究创新活动的国际地位。如果瑞士长期无法成为"地平线欧洲"框架计划的联系国，替代措施将生效。目前，瑞士联邦政府的主要目标仍然是尽快成为"地平线欧洲"框架计划的联系国，但双方仍无法开启谈判。

六、充分发挥科技外交在国际合作中的重要作用

近年来，瑞士越来越重视数字化和科学技术在外交中的作用，2019 年 5 月瑞士联邦委员兼外长伊格纳西奥·卡西斯在圣加仑大学演讲时提出："要开拓新局面，必须同时了解科学和外交。科学世界和外交世界的优势必须结合，以探索新方法来解决新技术带来的问题。"2021 年 11 月，瑞士通过了《2021—2024 年数字外交政策战略》。

2021 年 2 月，瑞士联邦委员会任命亚历山大·法瑟尔大使为瑞士科学外交专员，任务是推动科学外交发展并将数字化融入瑞士外交政策，尤其是挖掘"国际日内瓦"在这些领域的潜力。亚历山大·法瑟尔大使长期在外交领域工作，2013 年起担任瑞士常驻日内瓦联合国代表团团长。

在多边外交场合，科技外交成为包括瑞士在内的各国高度关注的重要话题。2021 年 4 月，来自德国、奥地利、瑞士、卢森堡、列支敦士登五国的外长出席在瑞士卢加诺举行的德语国家外长会议，重点讨论跨境合作和科技外交等话题。作为瑞士外交政策战略的重要支柱，数字化和科技外交正在为传统外交政策提供新的解决方案。会议认为科技外交将在国际关系中发挥日益重要的作用，而日内瓦作为众多多边国际组织的所在地，以及科技外交和数字化参与者的活跃舞台，将有可能成为未来的数字首都。7 月举行的欧盟科研创新部长级非正式会议，讨

论了欧洲研究区科研创新政策的新战略和主要关注点，以及欧洲如何与国际伙伴在科研创新领域构建合作关系。会议还研究制定《研究与创新公约》，这项公约今后将确定欧洲研究区最重要的共同价值观、原则和优先行动领域。

　　瑞士还分别与德国、奥地利等欧盟国家就教育、研究和创新交换意见。2021年9月，瑞士国家教育、研究和创新秘书处（SERI）与德国联邦教育和研究部（BMBF）在柏林举行年度交流。代表团团长、SERI国际关系负责人玛丽亚·佩罗·沃夫雷和BMBF欧洲和国际教育与研究合作总干事苏珊娜·伯格对双方在教育、研究和创新方面建立的密切合作表示欢迎。与会者就影响教育、研究和创新领域活动并影响瑞士和德国双边合作的政治发展交换了意见。主要议程包括探讨通过教育、研究和创新举措解决新冠肺炎疫情，欧洲研究区及瑞士未来与欧盟Erasmus+、地平线计划合作的可能性。会议还为瑞士创新机构Innosuisse和2019年成立的德国联邦颠覆性创新机构SPRIND提供首次会面的机会。

（执笔人：罗慧琳）

荷　　兰

一、科技创新整体实力

2021 年，荷兰的科技创新在全球继续保持领先地位，但相关综合排名有所下降。在世界知识产权组织发布的《2021 年全球创新指数报告》中，荷兰排名全球第 6 位，较 2020 年下降了 1 位；在欧洲委员会发布的《2021 年欧洲创新记分牌》中，荷兰排名第 6 位，而在 2020 年和 2019 年均列第 4 位。

2021 年，荷兰政府用于研发的直接投入预算约为 62.5 亿欧元，较 2020 年增长约 5.4%，全社会研发投入占 GDP 的比重约为 2.18%，低于 2.5% 的目标，其中私营企业的研发投入约占荷兰研发总投入的 58%，政府研发投入约占 29%。

2021 年，荷兰政府在科技创新方面没有出台重大政策措施，科技创新工作围绕已制定的《科学愿景 2025——未来的选择》和《任务驱动创新政策》两大核心政策开展。

二、综合性科技计划与战略规划

（一）国家成长基金正式运营

荷兰国家成长基金由荷兰经济事务与气候政策部、财政部于 2018 年筹建，2021 年正式运营，主要对研究开发与创新、知识开发和基础设施 3 个领域的国家发展重大战略需求项目进行投资。国家成长基金计划在未来五年（2021—2025 年）投资 200 亿欧元，2021 年第一批共投资 10 个项目，研究开发与创新领域投资 5 个项目，知识开发领域投资 2 个项目，基础设施领域投资 3 个项目。

（二）《强化研发与创新生态体系的战略》

2021 年年初，荷兰教育、文化与科学部等部门联合向议会提交了报告《强化研发与创新生态体系的战略》，重点提出了荷兰进一步强化研发与创新生态体系所面临的 10 个重大挑战（下一步工作重点），突出问题有：①包括政府在内的创新体系中的各相关方缺乏长期、持续的投入目标和愿景，成为强化研发与创新生态体系的重大障碍；②荷兰的科研基础设施如超级计算机、大型数据库、观测与测量设施等资源不足；③荷兰初创企业在发展上面临缺乏早期资本和缺乏成长资本两大障碍，导致很多知识密集型初创企业因难以及时获得早期资本投入而陷入发展的"死亡谷"，等等。

对此，荷兰有关机构正在采取相应的措施加以积极应对，如 2021 年正式启动了"国家成长基金"，以建立对科技创新与产业化长期、稳定的投入机制；发布了《国家大型科研基础设施路线图 2021》，强化对科研基础设施的投入，计划在 2021—2025 年投资 2 亿欧元，重点支持天文学与粒子物理、材料、技术、地球科学、绿色生命科学、健康科学、医学科学、生命科学与使能技术、社会科学与人文等九大领域的科研基础设施建设。

三、重点领域科技计划与研究进展

（一）加速打造"量子三角洲"

荷兰高度重视量子技术的研发与应用。在量子计算机、量子互联网、量子传感器等方面的研究居世界领先水平。2019 年，荷兰出台了《荷兰国家量子技术议程》，目标是通过政产学研合作把荷兰打造成"量子三角洲"，成为全球量子技术中心。

2021 年，荷兰采取了一系列措施，加速打造"量子三角洲"，并取得了重要进展。一是荷兰国家成长基金正式立项投资"量子三角洲"项目（Quantum Delta），项目投资额为 6.15 亿欧元，主要目标为在 2027 年前培养 2000 名研究人员和工程师，培育扩大 100 家创业公司，建立 3 家相关实验室。二是与欧美基金合作启动了"光速计划"（Light Speed Program），拟在 2028 年前投资 136 亿欧元，为荷兰量子领域的创业公司提供量身定制的投资服务。三是发布了《荷兰量子三角洲国际合作战略 2021—2022》，目标是使荷兰成为欧洲量子生态系统的重要部分，并在技术治理、创新、应对重大社会挑战 3 个方面彰显荷兰的优势，同时确定了法国、德国、美国、日本等西方国家为重点合作国家。四是荷兰科学研究组织（NWO）启动了"量子技术对社会影响"研究计划，重点研究量子技术对社会的意义、机遇和威胁，以及对经济和社会的影响。五是埃因霍温理工大学成立

"量子与光子技术研究所"。六是 QuTech 的研究人员首次建立了连接 3 个处理器的多节点量子网络。

（二）加速发展人工智能技术与应用

荷兰在人工智能研究与应用方面不追求"大而全"，而是重点开发人工智能技术在交通、能源、健康等领域的应用，努力把荷兰打造成人工智能技术应用的全球领导者。为此，2018 年建立了"国家人工智能创新中心"（ICAI）；2019 年组建了"荷兰人工智能联盟"（NL AIC），还出台了"人工智能战略行动计划"，对人工智能技术开发与应用做出整体布局。

2021 年，荷兰加大了对人工智能技术研发与应用的支持力度，一是正式启动实施 AiNed 项目。项目总投资为 21 亿欧元，其中荷兰"国家成长基金"投资 10.5 亿欧元（2021—2027 年），重点开发高技术产业、运输、物流、能源、健康等领域的人工智能技术。二是荷兰中小企业局通过"主题技术转化计划"（TTT）安排了 800 万欧元，支持人工智能初创企业技术应用和市场开拓项目。三是启动了"以人为核心的人工智能研究计划"，项目总经费为 1000 万欧元。

（三）再生医学项目（RegMed XB）

国家成长基金投资的"再生医学项目"由 RegMed 提出和承担，总投资为 5600 万欧元，在莱顿、埃因霍温、马斯特里赫特、乌特勒支等四地建设研究试验厂，针对慢性病开展受损伤细胞、组织和器官的修复、再生技术的研究与应用。RegMed 是由荷兰相关政府机构、基金、研究机构和公司组成的一个公私合作伙伴关系组织，主要从事再生医学相关技术的研发与应用。

（四）数据驱动健康项目（Health-RI）

国家成长基金投资的"数据驱动健康"项目由 Health-RI 承担，总投资为 6900 万欧元，主要包括健康数据标准研究，建设国家统一健康数据基础设施和实现数据的联通、共享和再用，做到更好的诊断、治疗和预防。Health-RI 是由荷兰相关政府机构、医疗机构、大学和企业等组成的公私合作伙伴关系组织，主要从事医疗健康数据标准化研究和全国统一健康数据基础设施建设。

（五）氢和绿色电子在制造业的大规模应用项目

国家成长基金对"氢和绿色电子在制造业的大规模应用"项目投资 3.38 亿欧元，该项目由政产学研联盟 GreenPower NL 承担，重点进行高效、低成本制氢技术开发、小规模的试验示范，以及氢能在化学工业、交通、能源等领域的应用等。

四、积极推进国际合作

针对英国脱欧等一系列国际地缘政治格局的变化，2021年年初荷兰制定了《知识与人才国际合作战略》，确立了国际合作的原则和重点。重点阐述了在新的国际形势下荷兰高等教育与科学国际合作的目标、合作重点区域和国家等。该战略指出，知识与人才国际合作的目标是提升荷兰高等教育与科学研究的质量、国际地位和知名度等。合作重点区域和国家包括：欧洲是科技创新合作的核心区域，其中德国、法国是最重要的合作伙伴；英国、美国、加拿大、澳大利亚、新西兰等盎格鲁－撒克逊国家是重要的合作伙伴；在亚洲，中国、印度、日本、韩国和以色列为重要合作对象，由于历史原因，印度尼西亚也为重要合作对象；在南美，巴西为主要合作对象。

2021年，荷兰加强了与欧盟及法德两国的科技合作，一是荷兰加入新一轮"地平线欧洲"计划。二是1月与德国政府签署了"荷兰—德国创新合作协议"，确定两国在创新和可持续发展产业上开展深入合作，重点包括能源转型、智能工业、交通、健康和关键技术等领域。与法国相关政府部门签署合作协议，确定双方在人工智能领域开展长期、深入合作。三是8月与法国创新部门宣布两国将在量子技术领域开展长期、深入的合作，重点包括人才培养、创业指导、初创企业培育等。

（执笔人：陈　雷　苏光明　郭梦茜）

奥 地 利

　　2020 年，突如其来的新冠肺炎疫情席卷全球，搅乱了世界运行的本来节奏，给全球公共卫生安全和人们正常工作、生活秩序带来巨大挑战，也对世界经济造成巨大冲击。奥地利国家统计局数据显示，2020 年奥地利国民生产总值（GDP）约为 3793 亿欧元，较上年下降 6.6%，人均 GDP 约合 42 540 欧元。相对于疫情对经济的严重打击，奥地利科技创新领域基本上呈现平稳发展态势。

一、研发投入

　　《奥地利研究与技术报告 2021》（FTB 2021）显示，2020 年奥地利研发投入约为 121.4 亿欧元，研发投入强度约为 3.23%，已连续 7 年保持在欧盟研发投入强度目标值 3% 之上。值得注意的是，2020 年该国 GDP 和研发投入总额相较于2019 年均有所下降，但研发投入强度却升至历史新高，其原因主要在于 GDP 下降幅度大于研发投入降幅，导致相对比例上升。由此可见，该国在抗疫期间仍能够保持对研发的重视和相对稳定的支持。2020 年，奥地利国家研发投入具体情况如下：

　　公共渠道研发投入约 40 亿欧元。其中，联邦政府投入 33.3 亿欧元（较上年增加 2.1 亿欧元）；各联邦州政府共投入 5.5 亿欧元（与上年持平）；其他公共渠道投入约为 1.8 亿欧元。

　　奥地利本土企业研发总投入为 61 亿欧元。其中，企业研发支出 50.3 亿欧元；企业基于奥地利税务抵免政策向政府申领的研究补贴 10.5 亿欧元（较上年增加 2.9 亿欧元）。欧盟委员会 2021 年发布的《2020 年欧盟产业研发投入记分牌》显示，全球研发投入最高的 2500 家企业中，共有 16 家奥地利企业入选。其中，研发投入最高的 3 家奥地利企业分别是半导体企业 AMS、IT 集团 S&T 和钢铁巨头 Voestalpine（奥钢联），奥地利上榜企业研发投入主要集中在信息与通信技术产品、工业、汽车及交通领域。

外资在奥地利研发投入为 20 亿欧元，资金主要来自在奥地利开展研发活动的跨国企业分支机构。

二、创新产出

就专利申请、商标注册和科学出版物等创新产出指标而言，新冠肺炎疫情未对奥地利创新发展造成严重负面影响。

奥地利专利局年度新闻发布会（2021 年 5 月）公布数据显示，2020 年该机构共计接收发明专利申请 2737 件，较上年（2724 件）略有增加；授权发明专利 1464 件，授权率超过 50%。从申报单位看，企业中 AVLLIST 公司申请量排名第 1 位（180 件），高校中维也纳技术大学申请量排名第 1 位（22 件）。2020 年，奥地利专利局共计接收商标注册申请 6260 件，经审查批准商标注册 5240 件，数量与 2019 年基本持平。

在欧盟层面，《奥地利研究与技术报告 2021》显示，近年来该国专利申请和科学出版物水平始终明显高于欧盟平均水平。欧洲专利局（EPO）于 2021 年 3 月发布的《2020 年专利指数报告》（Patent Index 2020）显示，2020 年该机构共计接收来自奥地利的专利申请 2232 件，较上年下降 1.8%，但仍高于近五年平均值。

在全球层面，奥地利专利局数据（2021 年 5 月）显示，2020 年奥地利企业在全球范围内共申请 11 534 件专利（较上年下降 1.7%）；按照人口比例计算，居全球第 11 位、欧盟第 6 位。就人均专利申请数量而言，奥地利每百万人口专利申请量为 260 件，全球排名第 7 位。

2020 年，奥地利专利局针对 7000 家奥地利初创企业开展摸底调查。研究发现，知识产权对企业发展非常重要，但当前该国初创企业对知识产权的保护意识整体较为薄弱。7000 家企业中拥有注册商标的企业占比仅为 6%，开展专利注册的企业占比仅为 2%；重视商标和专利注册的初创企业五年存活率可达 78%，高于一般初创企业（65%）。

三、创新实力国际比较

根据世界知识产权组织发布的《2021 年全球创新指数报告》，奥地利综合排名全球第 18 位，较上年提升 1 位，已连续两年呈上升趋势。在全球 49 个高收入经济体中，奥地利综合排名第 17 位，较上年提升 1 位。在欧洲 39 个经济体中，奥地利综合排名第 10 位，较上年提升 1 位。在全球 100 个最佳科技集群中，奥地利首都维也纳上榜，排名第 71 位。

就创新次级指数而言，奥地利的创新投入排名第 16 位，较上年提升 3 位，创新产出排名第 24 位，较上年提升 1 位。近年来，"强投入弱产出"一直是奥地利国家创新发展面临的主要问题。《2021 年全球创新指数报告》显示，该国创新投入表现和提升速度仍高于创新产出，表明这一问题仍未得到根本性解决。

在分项指标方面，奥地利在人力资本与研究（第 7 位）和基础设施（第 7 位）方面处于全球领先地位，其中基础设施排名较上年大幅提升 13 位；商业成熟度（第 15 位）和市场成熟度（第 40 位）排名有所上升；政策环境（第 16 位）和创意产出（第 27 位）排名略有下降；知识与技术产出（第 19 位）排名维持不变。

纵观 81 项细分量化指标，奥地利有 15 项在全球列前 10 位，其中裁员成本（第 1 位）、法规环境（第 3 位）、物流绩效（第 4 位）、国内研发总支出（GERD）外资占比（第 4 位）、研发投入强度（第 5 位）、国内产业多元化（第 5 位）等方面表现突出。

在欧盟层面，欧盟委员会发布的《2021 年欧洲创新记分牌》显示，奥地利综合创新表现列欧盟第 8 位（与上年持平），属"强力创新者"行列，距成为"创新领导者"尚有距离。该国在知识产权评估、链接者和具有吸引力的研究体系 3 个类别表现突出，公私合著出版物占 GDP 百分比、每百万 GDP 中设计申请和国际联合科学出版物 3 项指标得分最高；知识密集型服务出口占服务出口比例、非研发创新支出占营业收入比例、风险投资支出占 GDP 百分比 3 项指标得分最低。

在人才资源方面，欧洲工商管理学院和波图兰研究所发布的《2021 年全球人才竞争力指数报告》显示，奥地利在全球 134 个国家中排名第 18 位，相较于 2020 年的第 17 位有所退步。纵观该指数 6 项关键指标全球排名，奥地利在人才保留（第 7 位）和技术与职业技能（第 10 位）方面处于全球领先地位，在人才培养（第 12 位）和国内环境（第 12 位）方面优势明显，在人才吸引（第 22 位）和全球知识技能（第 29 位）方面表现出众。在全球 155 个城市综合排名中，奥地利首都维也纳列第 42 位。

在数字化方面，欧盟委员会发布的《2020 年数字经济与社会指数报告》显示，奥地利数字化水平在欧盟 28 国中综合排名第 13 位，属于中等水平；芬兰、瑞典、丹麦和荷兰位居前列。在国际比较中，奥地利在公民数字化能力、中小企业跨境电商和电子政务等方面表现突出，其中该国 ICT 领域研发投入强度约为 9%（列欧盟第 3 位），远高于欧盟均值 5%；在固定和移动宽带普及率、互联网服务使用率和超大容量网络（VHCN）普及率等方面相对滞后，其中该国仅有 7% 的企业在开展海量数据分析中使用大数据技术（列欧盟倒数第 3 位），远低于欧盟均值 12%。

四、在欧盟科研框架计划中的表现

奥地利研发促进署（FFG）于 2021 年 3 月发布的《奥地利参与"地平线 2020"概况报告》显示，该国共计获得"地平线 2020"计划项目资助约 18 亿欧元（计划资助总额占比 2.8%），其中高校 6.9 亿欧元（占比 38.8%），企业 5.5 亿欧元（占比 30.7%），非高校类科研机构 4.5 亿欧元（占比 25.2%）。2014—2021 年，奥地利共有 2984 个项目成功入选（入选项目总数占比 9.1%），其中奥地利机构作为协调人牵头负责的项目为 887 个（入选项目总数占比 2.7%）。奥地利的项目申报成功率高达 17.6%（各国均值为 15.6%），在欧盟国家中居第 3 位，排名仅次于比利时和法国。奥地利参与"地平线 2020"计划的人员总数已达 4666 人（各国参与总人数占比 2.8%），其中 36.9% 来自企业（其中 46.8% 来自中小企业），29.2% 来自高校，23.3% 来自非高校类科研机构，3.1% 来自公共领域，7.6% 来自其他渠道。

五、科技政策动态

奥地利联邦政府以 10 年为周期制定国家科技创新总体规划，该国政府于 2020 年出台了《奥地利联邦政府科研、技术与创新战略 2030》，并对《奥地利联邦研究、技术与创新经费法》进行了相应修订。

在《奥地利联邦政府科研、技术与创新战略 2030》框架下，法律规定联邦政府应以每 3 年为周期与核心机构签订《科研、技术和创新协议》，明确战略重点、任务与绩效要求和经费分配等细节。最新签署的《科研、技术与创新协议 2021—2023》将"跻身国际顶尖行列、强化奥地利科技创新高地角色""聚焦效率与追求卓越""依靠知识、人才和技能"列为三大目标。

六、重点领域动向

（一）绿色发展

近年来，奥地利政府越发重视促进经济社会可持续发展和推动实现气候保护目标，陆续出台《气候与能源发展战略 2030 任务》《奥地利国家能源和气候计划》等文件，明确 2021—2030 年各部门减排目标和配套政策措施，并积极推进新版《气候保护法》《能源效率法》《可再生能源法》等法律法规的修订与立法进程。

在奥地利《政府施政纲领（2020—2024）》中，2040 年实现气候中立成为欧盟气候保护先行者和推动实现《巴黎协定》节能减排目标被列入国家核心发展目标，该国应于 2020 年起分阶段实施淘汰化石燃料计划，终止廉价煤进口以保护绿色能源行业发展，力争于 2030 年实现全国电力供应 100% 源于国内可再生能源，2035 年前彻底淘汰化石燃料供暖设施，逐步推动建筑物"零排放"成为标准。

随着奥地利联邦交通、创新与技术部（BMVIT）改组成为奥地利联邦气候保护、环境、能源、交通、创新和技术部（BMK），由绿党成员葛诺蕾女士出任部长，该国政府对可再生能源等环保行业的财政支持力度目前已达历史最高水平。2007 年至今，奥地利政府设立的气候与能源基金已为 16.2 万个项目提供了超过 16 亿欧元的资金支持。

《奥地利研究与技术报告 2021》显示，奥地利共参与欧盟科研框架"地平线 2020"计划气候相关研究项目 522 个（此类项目总数占比 11%），参与人员 883 人，获得 24 亿欧元资金资助；参与气候聚焦型研究项目 299 个（此类项目总数占比 11%），参与人员 462 人，获得 1.9 亿欧元资金资助。奥地利专利局公布数据显示，该国在绿色技术领域的专利量远超欧盟平均水平。

在绿色建筑领域，奥地利已成为世界上被动房规划和建造数量最多的国家（按人口比例计算），在质量标准制定与国际化推广和奖励制度建立等方面积累了丰富的经验。在《奥地利气候战略》框架下实施的 Klimaaktiv 建造与改造计划，是一种创新型治理工具，以提升气候友好型技术和服务市场份额为路径，推出了针对民用住宅和商用建筑新建与改造的国家级指南《Klimaaktiv 标准目录》，最新发布的《2020 年建造与改造标准目录》提出了禁用化石燃料和提高能源效率等更高要求。

（二）抗疫研究

《奥地利研究与技术报告 2021》显示，奥地利科学基金会（FWF）至今已为 16 个新冠肺炎疫情相关基础研究项目提供了 510 万欧元特别资助，涉及生物学与医学（11 个）、人文社会科学（4 个）、自然科学与技术（1 个）三大领域。2020 年 3 月，奥地利联邦气候保护、环境、能源、交通、创新和技术部（BMK）和联邦经济和数字化部（BMDW）向奥地利科研促进署（FFG）提供 2600 万欧元预算用于新冠肺炎疫情紧急资助，目前该机构已向 53 个相关研究项目拨款 2500 万欧元（其中约 2/3 的项目由中小企业承担，含 6 家初创企业），涉及诊断和治疗方法（29 个）、防护材料（8 个）、感染防控（4 个）领域。维也纳科学、研究和技术基金（WWTF）于 2020 年 3 月启动"新冠肺炎快速响应资助"，已为 24 个项目提供约 106 万欧元资助，主要资助高校和科研院所开展跨机构合作研究。

（执笔人：张一妍　雷风云）

◉ 捷　　克

一、科技创新整体实力

根据《2021 年欧洲创新记分牌》，捷克继续处于欧盟中等创新国家行列，创新绩效达到欧盟平均水平的 83.9%，排在第 16 位，与上一年相同。捷克创新优势主要体现在信息技术使用、销售影响和环境可持续性等方面。

根据《2021 年全球创新指数报告》，捷克全球排在第 24 位，与前一年相同。根据《2021 自然指数》，捷克发表论文 657 篇，排在全球第 27 位、欧洲第 16 位，均较前一年下降 2 位。

二、国家科技创新战略和规划

（一）国家复兴计划

捷克"国家复兴计划"经欧盟委员会批准后，于 2021 年 10 月启动首批项目征集。该计划旨在帮助捷克经济摆脱疫情大流行影响，推动社会经济发展，预计总资助金额为 1914 亿克朗（1 美元兑换约 23 克朗），其中约 1800 亿克朗来自欧盟复兴基金。该计划共分为 6 个领域，分别是：数字化转型、物理基础设施和绿色转型、教育和劳动力市场、应对 COVID-19 的机构、法规和业务支持、研究、开发和创新，以及人口健康和复原力。

在数字化转型领域，明确支持建设欧洲人工智能卓越中心，建设中小企业数字化转型培训平台，建设量子通信基础设施，支持与 5G 网络相关研究活动，以及建设欧盟和国家数字创新中心等。此外，研发创新预算主要用于支持健康等公共利益优先领域研发活动，以及支持企业研究和开发，加强与欧盟研究和创新框架计划协同等。

（二）2021—2027 年国家智能专业化研究与创新战略

2021 年 1 月捷克政府批准《2021—2027 年国家智能专业研究与创新战略》（国家 RIS3 战略）。该战略以《欧盟 RIS3 战略指南》和《2014—2020 RIS3 战略》为基础，参考《国家研发创新政策 2021+》《2019—2030 创新战略》《2030 经济战略》和《2030 教育战略》等文件而制定。捷克政府希望通过该战略文件，确保欧盟、国家和地区预算与私人资金协同，有效支持在具有长期竞争优势的领域开展应用研究与创新，应对社会挑战，提升竞争力和高附加值产业，推动经济社会复兴。《国家 RIS3 战略》确定的两个优先任务分别是：①光子学和微 / 纳电子学、纳米技术和先进材料、生物技术、先进制造、人工智能、数字安全和连接等关键使能技术（KETs）领域；②先进技术和制造、数字市场技术和电气工程、21 世纪交通、卫生保健和高级医学（制药、生物技术）等优先发展领域。

三、重点领域计划及部署

（一）基础研究领域

制定 2021—2027 年夸美纽斯运营计划。在国家 2014—2020 研究、开发和教育运营计划（OP RDE）基础上，捷政府批准 2021—2027 年夸美纽斯运营计划（OP JAK）。该计划在欧盟夸美纽斯计划框架下，主要支持建设基于知识和技能、机会平等和个人潜力的开放社会，预算金额约 900 亿克朗。OP JAK 计划从 2019 年开始筹备，由各参与国政府批准后，将交由欧盟委员会审批，预计最终将于 2022 年一季度批准，随后启动首批项目征集。

（二）应用研究领域

捷克技术署将于 2022 年启动新的应用研究与创新支持计划——SIGMA，在整合现有应用研究支持计划的基础上，可支持解决因可能突发情况带来的经济社会发展需求。SIGMA 将逐步取代现有应用研究计划，预计将持续 8 年，资助总金额 89 亿克朗，其中国家经费预算 71 亿克朗。

捷克工贸部与技术署合作的 TREND 计划，致力于推动企业通过研发创新活动拓展海外市场，渗透新市场或在全球价值链中迈向更高位置，以提升企业国际竞争力。

捷克卫生部启动 2021—2024 年应用医学研究与开发支持计划，共有 115 个项目获得资助，总金额 13.52 亿克朗。相关项目于 2021 年 5 月启动。

（三）多边合作领域

捷克技术署作为"地平线 2020"计划框架下 ERA-NET 共同基金合作方，2021 年发布了多个 ERA-NET 多边合作计划项目征集，包括：① 2021 生物多样性伙伴关系多边合作计划，主要研究促进环境（陆地、海洋和淡水系统）中的生物多样性和生态系统保护；② M-ERA.NET3 多边合作计划，主要研究符合欧洲绿色协议的未来电池技术，研究主题包括材料工程、加工、性能和耐久性建模，创新表面、涂层和界面，高性能复合材料，功能材料，先进材料技术及增材制造等；③ Quant era Ⅱ 多边合作计划，主要支持量子技术研究，包括量子现象和量子资源、量子技术应用等。此外，捷克作为 12 个参与国之一，在"欧洲共同利益重要计划"（IPCEI）框架下，支持下一代云基础设施和服务领域国际合作，主要关注数据和服务的高度互操作性和可移植性、新一代数字服务的灵活性提升和数据优化、新一代边缘云网络安全服务、加强数据保护和网络安全等方向。

（四）支持初创企业发展

捷克工贸部与投资局合作，将在未来五年内通过"未来之国"计划投入 10 亿克朗，支持出行（移动性）、人工智能、创意产业、空间技术、核物理、生态环保和智慧生活等 7 个重点领域的 250 家创新型初创企业。

四、国际科技合作政策动向

（一）积极参与欧盟国际科技合作

一是积极参与设立共同研究基金和建设合作创新平台。与欧洲投资基金（EIF）合作，创建生物技术基金 i&iBio，重点投资药物开发、诊断和医疗设备等领域的学术衍生公司。该基金规模超过 4500 万欧元（约 11 亿克朗），计划在未来 5 年内投资超过 20 个创新项目。二是与德国弗劳恩霍夫应用研究促进协会合作建立材料与制造人工智能创新平台。主要研究可持续的工业生产，探索应用于能源管理、人工智能和智能工业生产的技术等。三是参与分子生物物理研究基础设施（MOSBRI）项目。MOSBRI 项目由欧盟"地平线 2020"计划资助 500 万欧元，旨在建立一个地理上分布的、科学上综合的研究基础设施，结合各个伙伴实验室的不同仪器和专业知识，开展广泛的生命科学研究。四是与德国马普学会签署 Dioscuri 计划合作备忘录。该计划将支持捷克机构建设 5 个 Dioscuri 卓越科学中心，主要支持可提供一定研发基础设施及具有顶尖研究环境的研究机构。

（二）继续深化与美国合作

美国是捷克在欧盟外，科研合作最密切国家之一。2021 年捷美继续深化在人工智能、网络安全和先进制造等领域合作。

（三）重视与日本合作

日本是捷克在欧盟以外重点开展科技合作的国家之一。2021 年捷克与日本在多边计划框架下，参与了"V4- 日本联合研究计划"先进材料研究项目。捷克投资局和日本贸易振兴机构合作，其创新性技术项目涉及航空航天和国防、人工智能与数字化、生态科技和先进制造技术等 7 个领域。

（四）其他

在外交政策方面，捷克新政府提出：重新评估同俄罗斯和中国的外交关系；与以色列发展传统的战略伙伴关系，特别是在安全、科学、研究和创新领域；密切跨大西洋关系，在双边和多边领域与美国发展密切关系；继续深化与亚太地区民主伙伴（如中国台湾地区、日本、韩国等）合作等。

（执笔人：张云帆　韩苍穹）

◉ 波　　兰

2021 年，波兰的科技创新改革政策处于改进和完善过程中。政府在应对新冠肺炎疫情后重建的"波兰新政"中，仍将科技创新视为推动经济增长、能源转型与数字化建设方面的重要引擎。波兰的研发投入仍在增长，研发活动较为广泛，一些重点领域科技创新持续发力，对外科技合作依然活跃。

一、研发投入及创新表现

近年来，波兰的总体创新绩效并无明显改观。波兰在《2021 年全球创新指数报告》排在第 40 位，相比 2020 年降低 2 位。在《2021 年欧洲创新记分牌》仍居倒数第 4 位，与 2020 年持平，属新兴创新国家。

根据波兰中央统计局 11 月 5 日公布的数据，2020 年波兰研发支出较上年增长了 7%，达到 324 亿兹罗提。研发强度从 2019 年的 1.32% 增至 2020 年的 1.39%。国内研发活动人均支出达到 845 兹罗提，较 2020 年增长 7.1%，从事研发活动的实体数量为 6381 个，比 2020 年增加 8.8%。

二、完善科技创新系统、提升科技创新能力的主要举措

（一）《国家科学政策计划草案》

波兰《国家科学政策计划草案》指出了当前波兰科技创新体制的不足之处：研发支出低于欧洲平均水平、缺少专业科研管理人才、科技人才流动性低、科技创新国际化水平较低、科技成果转化不充分等。

该草案提出波兰科技创新体制改革的优先事项：一是细化大学分类，将大学

分为研究型、学术型和专业型 3 类，优先支持研究型大学进行高水平科学研究；二是整合研究院所，特别是改革波兰科学院的研究所和尚未纳入武卡谢维奇研究网络的研究院所，集中分散的研究潜力；三是大力推动波兰科学国际化，科研资助政策向促进国际合作倾斜，高水平科研人才"引进来"和"走出去"双向流动，鼓励波兰科学家参与"地平线欧洲"等国际项目；四是全面升级科研基础设施，提出全面建设国家实验室构想，提高研究基础设施利用率。

（二）"国家哥白尼计划"

波兰教育与科学部于 2021 年 4 月开始制定"国家哥白尼计划"，该计划包括建立新公共机构——国际哥白尼学院、创建哥白尼研究中心等，但"国家哥白尼计划"受到了波兰最大和最强的国立研究机构——波兰科学院的强烈质疑。波兰科学院认为，该计划政治家主导的中央集权模式会严重破坏国家科学文化发展生态。"国家哥白尼计划"的制定反映了波兰政府在推行科技创新体制改革过程中与原有的波兰科学院主导的科研体系之间的矛盾。国际哥白尼学院的成立可以看作是波兰政府力图摆脱波兰原有科研体系影响的一个举措。由于该学院将直接由总理领导，成员由总统任命，有对外代表波兰参加国际科学组织等功能，未来确实很有可能削弱波兰科学院在波兰科研体系中的权威和话语权。

（三）"POLONEZBIS"国际引智项目

波兰在科技创新过程中，痛感科技人才不足、科技创新国际化水平较低，因此也努力采取措施，大力吸引国际科技人才智力。波兰教育与科学部启动"POLONEZBIS"国际引智项目，该项目旨在吸引国际优秀科学家到波兰从事基础科学研究，由欧盟 MSCACOFUND（玛丽居里项目共同资助地区、国家和国际计划）和国家科学中心共同出资。此外，国家学术交流局继续开展"波兰人回归"引智计划，该项目已连续实施 3 年，吸引来自奥地利、法国、日本、瑞士、荷兰等国家的海外波兰裔科学家返回波兰各大科研机构和高校工作。

（四）推出"社会科学"新计划

波兰教育与科学部启动"社会科学"新计划，以支持高等教育和科学系统的实体，主要为"三大支柱"目标领域提供财政支持：一是科学卓越目标，提高研究质量、鼓励对社会发展有重要意义的新课题、推进波兰科学国际化；二是科学创新目标，提高科学与经济有效融合度、加大科研创新力度、支持科技成果商业化等；三是人文社会目标，推广人文科学创新和跨学科研究，提倡爱国主义和波兰文化研究。新计划将为每个项目提供 10 万～200 万兹罗提的资助，鼓励国内各研究机构和高校研究探索关键技术和科学问题。

三、加强重点领域建设、推动能源转型

（一）重点推进国家人工智能发展

重视培养人工智能领域人才。2021 年 1 月，波兰启动"数字技术创新应用研究院（AI Technology）"项目，以创建一个人工智能、机器学习和网络安全领域高级专家教育系统，波兰顶尖大学参加该项目。

国家研发中心成立人工智能研究（IDEAS）中心。5 月，波兰国家研发中心成立 IDEAS 中心，负责在人工智能和数字经济领域开展研发活动。研究课题关注未来 3～5 年的核心关键技术，主要涵盖智能健康、智能经济算法、机器学习、数字货币等。

计划建立 3 个人工智能卓越研究中心。7 月，按照 2020 年年底发布的《人工智能发展政策》，国家多部门合作筹备建立 3 个人工智能卓越研究中心（AICE）。AICE 的主管机构涵盖武卡谢维奇研究网络、国家核研究中心、波兰科学院计算科学研究所等颇具竞争力的研究单位。

（二）增加医学研究领域科技投入

2021 年 2 月，波兰国家学术交流局（NAWA）与国家医学研究院（ABM）达成合作协议，将合作促进国家医疗领域科研创新国际化，与国际先进医学研究中心开展交流，提高在肿瘤学、罕见病、创新疗法等领域的临床试验能力；3月，宣布投资 1.5 亿兹罗提建立临床试验网络，健全研发基础设施，提高医学研究质量；3 月，宣布实施国家罕见病计划，2021—2023 年为罕见病治疗与研究工作投入 1.5 亿欧元；6 月，成立华沙健康创新中心（WHIH），WHIH 是波兰建设"医学谷（Polish Medical Valley）"的第一步，将为生物医学企业和研究单位提供交流平台，推动创新医疗发展，提高波兰生物医学创新水平。

（三）推进能源转型以应对气候变化

通过面向 2040 年的能源政策。2021 年 2 月，波兰政府通过了面向 2040 年的能源政策，为国家能源转型制定具体要求，提出公正转型、零排放能源体系和清洁空气三大方向，以科技创新驱动低碳能源解决方案，提出重点建设核电站、大力发展可再生能源、提高能源效率等 8 个目标。

加紧部署核电建设。2020 年，波兰与美国签署核能协议，将就波兰核电厂的建设计划进行早期工程和设计。2021 年，法国电力集团和韩国核电公司又分别向波兰政府提交核电建造申请，竞相抢占波兰核电市场；5月，教育与科学部和国家核研究中心（NCBJ）签署协议，由教科部投资 6050 万兹罗提，NCBJ 负责在 3 年内完成高温气冷堆的基本设计，日本为波兰提供必要技术援助；9 月，波兰国有企业 KGHM 与美国 Nuscale 公司签署协议，将联合开发适用于波兰的小型模块化核反应堆，为降低家庭取暖成本和推进国家能源转型提供支持。

着力建设海上风电场。1 月，波兰政府通过海上风电法案，将对未来发电结构和输电网络发展产生重要影响，并有助于减少温室气体排放。9 月，波兰多部门签署波兰海上风电发展部门间协议。通过协议，波兰将为海上风能发展建立合作平台，将投资 1300 亿兹罗提，到 2040 年建设总装机容量达 11 GW 的海上风电设施。

制定实施国家氢能战略。1 月，波兰气候与环境部公布《2030 国家氢能战略草案》，提交公众咨询。该草案为在波兰发展氢经济与氢技术提出六大目标。该草案推出后，国家环保和水管理基金会在 3 月启动预算为 3 亿兹罗提的新能源计划，旨在支持创新型氢技术研发与应用。5 月，宣布在东南部城市热舒夫建设"氢谷（Hydrogen Valley）"，为建设氢中心提供必要条件，使波兰到 2034 年有能力生产至少 2 GW 电解槽。目前，波兰氢产量排在全球第 5 位、欧洲第 3 位，政府高度重视氢技术能力建设，致力于成为该领域的全球领导者。

四、国际科技合作政策动向

受地缘政治因素影响，波兰在国际科技合作中延续以往"融欧、亲美、疏俄"的姿态，积极参加欧盟科学研究计划，充分利用欧盟的科研资助提升国家科技创新水平；热衷主导中东欧和三海地区科技合作，并全面加强与"亲密盟友"美国的合作。

（一）继续积极参加欧盟框架计划

在欧盟第七框架计划（2014—2020 年）中，波兰总计获得 8.2 亿欧元资助（2021 年 3 月数据），比其从第六框架计划中获得的经费多出 3.8 亿欧元。

2021 年 6 月，欧盟委员会启动了新一轮框架计划——"地平线欧洲"计划，波兰教科部计划在新周期内更积极地参加"地平线欧洲"项目。

（二）热衷主导中东欧和三海地区合作

9 月，波兰在美国支持下主办"2021 跨大西洋能源和气候合作伙伴关系（P-TECC）峰会"，三海倡议国家、观察员国、欧盟委员会高级代表参与研讨，交流了能源安全、能源效率及可再生能源发展等问题。10 月，"2021 中东欧国家数字峰会"在华沙举办,保加利亚、捷克、立陶宛等11国领导和行业代表参加。会议主要讨论经济数字化重要性和如何影响地区发展,就三海地区有关物联网、人工智能、工业 4.0 等方面的经验进行交流。

(三)对美、英、德、法、日科技合作热情持续

对美合作方面,波兰和美国宇航局签署合作协议,参与全球太阳风结构仪器的建设并开展相关科学实验,并与美国国家癌症研究所签订合作协议,在癌症预防、诊断、治疗、新技术研发和教育培训等方面加强合作。此外,和美国谷歌公司在华沙建立 Google 云平台,将波兰纳入 Google 全球云平台,为波兰提供先进云计算技术服务,加速数字化转型。对英合作方面,在应对气候变化问题上和材料制备领域继续开展合作。

此外,波兰与德国在初创和中小企业研究资助及大学间合作交流上签署了相关合作协议;对法合作方面,11月,第六届波兰—法国科学与创新论坛在巴黎举办,主要讨论了如何加强后疫情时期科学合作、探索推进能源领域研究与创新产业合作及构建创新生态系统。对日合作方面,波兰和日本就低碳排放和新能源科技创新发展进行交流,双方讨论了加强高温气冷堆技术合作问题,包括项目具体时间表及实验堆建造计划。

(四)对华合作保持平稳

波兰对华科技合作保持平稳态势。波兰政府重组后的教科部弱化了自身两国政府间科技合作协定的协调功能,将双边政府科技合作的具体实施交由下属中心执行。

第二轮中波政府间联合资助研发项目顺利执行,第三轮项目征集准备工作已经开始。国家自然科学基金委与波兰国家科学中心已公布第二轮基础科学联合研究项目征集结果,共18个项目入选,研究领域涵盖化学科学、工程和材料科学、生命科学和健康科学,开始执行时间为 2022 年 1 月,两国对口部门保持交流合作,双边知识产权合作取得新进展。

（执笔人：张　琳）

匈 牙 利

一、科技创新发展平稳

根据世界知识产权组织《2021 年全球创新指数报告》，匈牙利在全球 132 个经济体中排在第 34 位，较上一年度前进 1 位，总体创新表现"符合发展水平"。根据欧盟《2021 年欧洲创新记分牌》报告，匈牙利在欧盟 27 国中排在第 22 位，与前两年持平，属于新兴创新国，与欧盟平均水平有较大差距。

据最新统计，2020 年匈牙利研发支出为 7715 亿福林（约 22 亿欧元），占国内生产总值的比例上升至 1.61%，创历史纪录。匈牙利研发人员的数量持续上升。全社会对信息技术等领域的高附加值、知识型就业岗位需求不但没有受疫情的负面影响，反而呈快速增长态势。

二、国家科技创新体系继续统筹优化

（一）国家实验室建设

匈牙利政府自 2020 年启动建设国家实验室，计划于 2020—2025 年用于国家实验室建设及运营的总投入经费约 900 亿福林（约合 2.5 亿欧元）。国家实验室建设的主要目标是以经济社会发展的重大需求为导向，依托国家科研院所和大学，将科研院所、大学和企业的研发力量集中于特定研究主题上，开展基础研究、竞争前沿高技术研究和社会公益研究。匈牙利政府迄今确定建设包括肿瘤生物学国家实验室、分子医学国家实验室、农业技术国家实验室、分子指纹国家实验室、自主系统国家实验室、人工智能国家实验室、量子信息国家实验室、安全技术国家实验室、纳米等离子体激光聚变国家实验室在内的 17 个国家实验室和气候变化多学科研究实验室。

（二）厄特沃什·罗兰研究网络

厄特沃什·罗兰研究网络源自匈牙利政府从匈科学院强制剥离的 15 个研究机构，在 2021 年重组为以 11 个研究中心和 7 个研究所为主体的研究集群，此外，还包括以高校及其他公共机构内 100 多个研究小组为节点的外围网络。厄特沃什·罗兰研究网络主要在数学和科学、生命科学、人文和社会科学等多个领域开展基础和应用研究，是本国骨干研究力量。

（三）区域创新平台

区域创新平台旨在结合各地优势和特色，在全国建设多个产学研合作创新平台和集聚区，解决科技研发和经济发展脱节的问题。2021 年匈牙利政府分别以尼赖吉哈佐大学、多瑙新城大学等 5 所大学为核心新建区域创新平台，迄今共建设了 13 个区域创新平台。区域创新平台根据各自情况，承载了科技园、卓越中心、主题卓越计划等项目或计划。这些项目或计划分别侧重于基础设施建设、人力资源培训、应用研究、开放创新等方面。

（四）宝依·佐尔坦应用研究网络

匈牙利创新技术部于 2021 年 9 月宣布成立宝依·佐尔坦应用研究网络。该研究网络主要目标是利用网络成员企业之间的协同效应，支持知识和技术转让，从而推动研发活动和研发成果的产业化。应用研究网络将对企业原有研究设施进行现代化改造，以提高服务质量和创新潜力，推进网络成员企业合作的重点领域包括材料科学与技术、生物技术、信息技术电子器件、物流、运营安全、虚拟现实与增强现实、创新服务等。

三、发布《国家智慧专业化战略（2021—2027）》

智慧专业化战略是欧盟提出的区域创新发展理念，宗旨是在全球生产价值链体系中，通过集中知识资源，高效、协同使用公共投入，生成基于区域特色产业结构和知识基础的独特资产和能力，从而形成具有互补性的专业化分工格局，发挥区域在创新引领经济发展中的作用。继 2014 年发布国家智慧专业化战略之后，匈政府于 2021 年 7 月发布《国家智慧专业化战略（2021—2027）》。该战略目的在于通过提高企业特别是中小企业创新效率，使匈牙利到 2030 年成为欧洲的重要创新国家之一。从 2021 年开始的 7 年期间，将根据国家和地区优势，发展 8 个研发优先领域。

①农业和食品工业，可持续农业与生物经济、应对气候变化的大田作物农业

技术、高附加值农业食品技术、食品供应链优化、健康保健食品等；

②卫生健康，医疗、药物、医疗器械、健康服务数字化等；

③数字经济，中小企业业务流程数字化、国家网络安全；

④创意产业，设计、时尚、广告、文化产业；

⑤资源节约型经济，水处理技术、包装储存设备、循环经济与废物处理、资源节约型维修与技术服务等；

⑥能源和气候，核能与核安全、低碳经济、能源供应保障等；

⑦服务业，物流储运、批发零售、车辆修理、行政管理服务、专业科技活动服务；

⑧前沿技术，大数据、人工智能、无人车等自主系统、量子技术、空间技术、生物技术、新材料、先进制造。

四、国际科技合作政策动向

对欧合作是匈牙利国际科技合作的重中之重，最重要的就是地平线欧洲计划。该计划是欧盟各国重要研发资金来源，通过竞标所获项目数量和资金支持力度在很大程度上反映出各国研发能力。在 2014—2020 年度地平线计划中，匈牙利在中东欧国家中表现较为出色，获得资金总额仅次于波兰和捷克，总计 3.647 亿欧元，占该计划总资金的 0.6%，获支持项目数为 1108 个，其中在信息技术、医疗保健和食品工业领域所获支持最多。

2021—2027 年度地平线欧洲计划于 2021 年 4 月发布，总资金达 955 亿欧元，匈牙利对此高度重视。为帮助企业、高校和科研院所做好准备，提高申请成功率，匈政府推出了一系列以实践为导向的措施，积极进行项目申请，争取获得与本国人口占欧盟比例 2.18% 相当的资金支持。

此外，欧盟拟于 2021 年年底发布新版科研基础设施路线图，将启动 11 个新的科研基础设施，匈牙利将加入其中的欧洲科研基础设施欧洲等离子体研究加速器卓越应用（EuPRAXIA）和数字欧洲成长（Guide/EuroCohort）建设。

在双边合作中，尽管部分项目的执行受到疫情影响，但有关政府间合作机制仍按计划推进。匈政府本年度先后启动征集对俄罗斯、中国、法国、奥地利、斯洛文尼亚、土耳其、摩洛哥等国的双边合作项目。此外，匈牙利还以维谢格拉德四国集团（波兰、捷克、斯洛伐克、匈牙利）身份与日本启动联合研发计划，与韩国签署相关研究合作协议。

（执笔人：罗　青）

◉ 罗 马 尼 亚

2021 年，罗马尼亚政局疫情均陷困境。面临新冠肺炎疫情对经济社会发展造成的巨大冲击和科技主管部门和人事的几经变动，罗马尼亚科技创新发展举步艰难，科技管理体制改革在争议和波折中持续前行。对外，罗马尼亚持续推进欧盟间及美、英等国科学与创新能力开放合作。这一年来，尽管罗马尼亚研发投入力度较往年增幅略有下降，但科技创新在推动罗马尼亚经济转型、助推经济增长和社会可持续发展中发挥着日益重要的作用，并将助推后疫情时代绿色和数字化等转型发展。

一、研发表现平平，自主创新能力仍薄弱

2021 年，罗马尼亚创新能力建设依旧任重道远，研发领域表现平平，研发资金投入未见增长且投入强度在欧盟垫底，在此投入水平下其产出表现尚可，欧盟表示其国际合著科学出版物、高被引文章、创新型中小企业合作等有所增长。同时，极端光核物理分部（ELI-NP）等三大国家战略性基础设施建设稳步推进。

（一）研发创新能力

根据《2021 年全球创新指数报告》，罗马尼亚在全球 132 个经济体中创新指数排名第 48 位，较上年落后 2 位，在中东欧国家中排名处于中下游。分析指出，罗马尼亚创新表现与其较好的 GDP 水平不匹配，在评价指标中，罗马尼亚知识和技术产出表现相对较好，人力资本和研究、市场成熟度表现较差。根据《2021 年欧洲创新记分牌》，罗马尼亚与保加利亚、拉脱维亚、波兰、斯洛伐克、匈牙利、和克罗地亚同属第四梯队的"新兴创新者"，排名继续垫底，其得分低于欧盟平均水平的 70%。在 2014—2021 年，罗马尼亚创新指标得分仅增长 4.1%，表现最弱，而欧盟平均为 12.5%，并且人力资源指标甚至下降了 25.6%，得分最高

的指标是中高技术产品出口、高速宽带普及率和风险投资支出。

（二）研发资金投入

根据罗马尼亚统计局数据，2020 年罗马尼亚国家级研发支出占 GDP 的比重为 0.47%，其中私营部门 0.28%、公共部门 0.19%。投入总额为 49.65 亿列伊（1列伊约合 1.4 元），相比 2019 年略有减少。

1. 支出结构

应用研究、基础研究、实验性开发支出占总支出的比例分别为 63.9%、18.8%、17.3%。综合近 5 年数据，可以看出应用研究支出占比上升最高，相比2016 年增长约 10 个百分点，基础研究占比逐步减少。

2. 资金来源

企业提供的研发资金最多，占总资金的 52.8%；其次是公共资金（含普通公立大学支出），占比 32.9%；海外、高校、非营利私人机构等其他来源的资金合占 14.3%。根据欧盟统计局数据，罗马尼亚是少数几个减少政府研发拨款的欧盟成员国，2020 年，罗马尼亚研发人均支出为 15 欧元，甚至低于 2010 年支出，同时远低于欧盟平均水平（225 欧元）。

（三）研发人力资源

2020 年全年，罗马尼亚从事研发活动的人员合计 45 304 人，达到近年 5年来最高值，相比 2019 年增长约 3%。其中，全职研发人员为 33 189 人，占73.3%；女性为 21 216 人，占 46.8%；来自高校研发人员最多，为 19 106 人，占比 42.2%，来自政府所属研发单位和企业的研发人员合计为 1.29 万人；具有大学本科以上学历者约占 87%，具有博士学历或博士后经历的人员约占 41.4%；研究员为 28 090 人，占比 62%，技术员 6674 人。从研发人员数量发展上看，欧盟统计局数据显示，过去十年罗马尼亚研究人员数量停滞不前，约保持在 3.1 万人，且每百万人口研究人员数量为 897 人，在欧盟中最低。

在高层次人才方面，根据斯坦福大学发布的全球前 2% 顶尖科学家榜单，罗马尼亚高被引科学家有 133 名，主要分布在化学、工程、物理和天文 3 个领域，同时巴贝什 – 博雅伊大学、布加勒斯特理工大学、布加勒斯特大学、蒂米什瓦拉理工大学、罗科学院入选较多。

（四）专利产出

根据罗马尼亚国家发明和商标局统计，2020 年，罗马尼亚专利申请 864 件，授权 368 件，其中罗马尼亚人申请 817 件（包括个人 246 件、企业 129 件、科研机构 246 件、大学 196 件），外国人申请 47 件；实用新型专利申请 71 件、专利授权 36 件。此外，通过罗马尼亚国家发明和商标局验证的欧洲专利 3760 件。20 世纪 90 年代以来，罗马尼亚专利产出呈现下降趋势，1989 年专利申请和授权分别达到 6133 件、2913 件。

二、着力完善科技创新生态系统，提升国家科技创新能力

（一）出台新一期国家研发创新发展战略

为应对未来科技发展的挑战和实施"欧洲研究区"新战略目标的需要，2021 年 12 月，在研究创新和数字化部协调下《2021—2027 年国家研究创新与智能专业化战略（SNCISI）》出台，这是罗马尼亚下一阶段在研发创新领域最重要的纲领性政策文件。SNCISI 主要包括 2030 愿景、四个总目标和七大智能专业化（即优先）领域 3 个部分的内容。

2030 愿景即罗马尼亚在科学前沿和社会挑战方面追求卓越，企业创新得以广泛激发，智能专业化领域创新系统的发展带动相关产业在全球产业链中增值，罗马尼亚国际化及欧洲和国际合作水平增强。

四个总目标为发展研发创新系统；支持智能专业化领域的创新生态系统，包括国家层面和 8 个重点区域的智能专业化发展；激励创新；加强欧洲和国际合作。总目标下设 13 个具体目标。其中在智能专业化领域部分，该战略设立了七大优先领域和 36 个子领域。

七大优先领域包括生物经济、数字经济与空间技术、能源和交通运输、先进制造、先进功能材料、环境与生态技术、健康（预防、诊断和高端治疗）。

该战略还在研发投入强度、博士毕业生及研究人员数量、科学产出数量、国家创新能力排行、公共与私营机构合作成果、企业创新成果、智能专业化领域相关系统的就业及增加值和出口增长率、参与"地平线欧洲"的资金支持、国际科学合作出版物等方面设立了战略执行期内应达成的具体量化目标。

（二）更新纳入国家基础设施路线图的设施

为推进研究机制和体制的日益完善，经研究基础设施委员会（CRIC）及其

他专家评估，罗马尼亚共有 94 个研究设施入选 2021 年国家研究基础设施路线图清单，其中 18 个是欧洲研究基础设施战略论坛（ESFRI）或欧洲研究基础设施联盟（ERIC）项目，其他是国家级设施，涵盖了社会遗产和文化，能源、环境和气候变化，新兴技术，生态纳米技术和先进材料，信息技术、通信、空间和安全，生物经济，健康等 7 个领域。该路线图是对 2017 年国家研究基础设施路线图的更新，项目数量有所增加。

（三）积极推进数字化转型战略

加快政府数字化转型对推进社会高质量增长具有重要意义。2021 年欧盟委员会批准了 292 亿欧元的罗马尼亚《国家复苏与韧性计划》（PNRR），其中 21%用于数字化转型，这为未来 5 年罗马尼亚公共行政、卫生、教育领域的数字化建设提供重要战略指引和资金支持。其中重点包括公共行政和企业数字化、改善连通性、提升网络安全和数字技能、开发综合电子卫生和远程医疗系统的措施。

在商业、研究和创新领域推动数字化方面，将拨付 5 亿欧元支持企业采用先进数字技术、设备、软件等，计划参与欧洲共同利益重要项目（IPCEI）战略论坛微电子部分项目，拨付 5 亿欧元支持跨境和跨国功耗处理器和芯片项目，其中包括在微电子系统领域研发水平较高的布加勒斯特理工大学、克卢日纳波卡技术大学、雅西技术大学、蒂米什瓦拉理工大学内或周边创建 4 个数字创新中心。罗科院专家提议参与 IPCEI 项目的 3 个方向为数字电路设计、先进封装技术、高技术节点中的硅板制造，以推动罗马尼亚成为欧洲芯片和微电子部件重要制造地。

在国家行政管理层上，2020 年数字化管理局（ADR）正式成立并于 2021 年划归研创部下属；2021 年，网络安全局（DNSC）成立以取代原国家网络安全中心（CERT-RO）负责在国家层面协调网络安全活动，同时布加勒斯特的欧盟网络安全能力中心（ECCC）于 4 月正式获欧盟理事会批准，有利于推进该地区网络安全及提高相关技术、研究创新活动的资金支持。同时，启动国家互操作性系统（SNI），首次连接罗马尼亚公共行政数据库，实现公共行政业务数字化的关键第一步。

（四）积极推进相关重点领域的规划部署

1. 启动制定"2021—2027 年公共管理创新技术采纳和使用战略框架"

该框架由数字化管理局发起，与克卢日纳波卡技术大学合作于 2020 年 12 月开始实施，计划 2023 年 6 月完成。预期主要成果包括：2021—2027 年国家战略框架（加强行政部门深科技领域的行政能力）；区块链技术、人工智能、欧洲开放科学云（EOSC）、欧洲高性能计算机（EuroHPC）、欧洲高级计算的合作伙伴关系（PRACE）等相关立法更新；2021—2027年人工智能领域的国家战略框架；罗马尼亚参加EOSC、EuroHPC和PRACE的国家战略框架和资助工具；区块链技术、人工智能、EOSC、EuroHPC相关的操作框架。2021年已启动"人工智能国家战略框架"制定的第一阶段工作，就罗马尼亚研发创新环境、中央和地方公共行政部门、商业环境人工智能发展现状和潜力展开调查。

2.启动国家开放科学国家云计划（RO-NOSCI）

该计划由高等教育、研发和创新资助执行局（UEFISCDI）、国家信息研发所、国家物理与核工程研发所牵头的RO-NOSCI联盟负责，旨在建立国家开放科学云中心，协调参加欧洲科学开放云（EOSC）的基础设施和服务，促进科学界访问EOSC资源，在国家层面促进和实施开放科学政策。

3.计划制定量子通信领域国家能力发展战略（QTSTRAT）

由克卢日纳波卡巴贝什－博雅伊大学牵头与国家材料物理研发所在2021—2023年年共同合作执行。该战略将支持罗马尼亚实施新的量子技术并提高罗马尼亚在欧洲和国际量子领域参与度。

三、推进疫情科研，服务抗疫需求

2020年，研创部组织发布了16项共计2500万列伊的疫情科研专题，至2021年年底大部分项目已结题或即将结题，并产生了一批服务罗马尼亚抗击疫情的成果。

在检测方面，开发用于检测新冠病毒的微流体装置；开发和生产RT-PCR检测试剂盒——MULTIPLEX RT-KIT SARS-COV-2PCR，可识别包括2021年出现的新冠病毒变体在内的所有病毒变体，并且可以同时检测3个基因（2个高度保留的SARS-CoV-2病毒基因和一个内控基因）等。

在防疫设备和产品方面，开发3个消杀设备、制备5种杀菌产品、研制经过特殊纺织品处理的医护服和口罩、研发呼吸机原型等。

在疫情管理方面，开发移动应用程序"Coronavirus COVID-19"，通过绘制确诊病例空间分布图，预测、监测传染情况；确定罗马尼亚病毒传播的数学模型，并基于此模拟报告疫情对罗马尼亚人口和卫生系统的影响；开发Scut Covid应用程序，通过远程筛查，帮助民众、当局了解疫情态势；开发用于公共卫生管理的信息系统和数据库等。

四、积极融入欧洲研究区，加强国际科技合作

罗马尼亚在国际科技创新合作上多次强调要积极融入欧洲研究区，并把欧洲国家作为主要合作伙伴，特别是法国、意大利、德国等发达国家，以及匈牙利、保加利亚、波兰、摩尔多瓦等周边邻国，同时与美、日等国合作日渐兴起。

（一）积极融入欧盟科技合作项目

一是积极参加欧盟研究与创新框架计划"地平线 2020"和"地平线欧洲"计划。截至 2021 年 11 月的统计数据，罗马尼亚牵头"地平线 2020"计划项目共 1047 个（占总数的 3.23%），获欧盟资助约 3 亿欧元，其中"粮食安全、农林业可持续发展和海洋及其生物经济研究"（3958 万欧元）领域获得资助最高，与意大利、西班牙、法国和德国合作项目最多。罗马尼亚在欧盟 28 名成员国（含英国）中，在参与机构数量上排第 17 位，在获得的欧盟资金上排第 20 位。

二是参加面向企业创新的尤里卡（Eureka）及旗下的欧洲之星、科技合作计划（COST）、主动和辅助生活（AAL）计划等。其中 AAL 计划是与欧洲国家合作通过信息通信技术刺激老年人口（银色经济）经济发展，其项目分为执行期 1～3 年和 6～9 个月两种类型，由罗马尼亚和欧盟出资每年支持 100 万欧元，2019－2021年共资助 48 个项目。

三是重视多瑙河地区创新计划。参加通过知识工程和知识产权管理促进多瑙河地区的创新（Knowing IPR）计划，旨在通过开发跨国开放获取平台 Knowing Hub 促进多瑙河地区创新，该平台功能主要包括知识产权管理和支持研究成果商业化和技术转让服务和培训。参加多瑙河跨国计划、激发创新和创业、保护多瑙河地区的自然和文化遗产项目。

（二）继续加强与欧盟外发达国家科技合作

1. 重视能源合作

罗美两国能源部签署政府间协议，美计划在罗马尼亚建设第一座小型核反应堆（SMR）核电站。该反应堆将由美国公司 NuScale Power 和罗马尼亚核电生产 Nucleaelectrica 承建，双方协议建设一个 6 个模块的 NuScale 核电站，并已同意共同发展欧洲的清洁能源生产技术，罗马尼亚将成为欧洲首个建设小型模块化反应堆的国家。

罗马尼亚、加拿大两国能源部签署谅解备忘录，加强两国在民用核能领域的合作。目前，罗马尼亚唯一的核电站切尔纳沃德（Cemavoda）核电站采用的是加

拿大坎杜（CANDU）技术，与加合作将有利于借鉴其丰富的坎杜机组新建及改造经验。

2.加强核物理合作

在罗日建交百周年之际，双方就加强地质灾害管理、海洋科学、核物理等领域科技合作开展交流。目前，大阪大学核物理研究中心、日本理化学研究所（RIKEN）与罗马尼亚物理与核工程研发所开展合作，大阪大学在 ELL-NP 设立办公室。两国还就加强创业生态系统合作举办"罗马尼亚初创企业进入日本市场"研讨活动。

（三）中罗科技合作砥砺前行

在中罗关系风险挑战上扬及罗马尼亚政治斗争常态化的背景下，中罗政府间科技合作的挑战也随之上升，与此同时，罗马尼亚民间机构和地方对华科技合作大多持开放、积极的态度。

2021 年，中罗在科技人文交流、科研合作、共建联合实验室、中医药合作等方面取得一定进展。双方通过"一带一路"科技园建设管理国际培训、中国国际人才交流大会、第三届"一带一路"科普研讨会、中国—中东欧青年科技人才论坛等多边活动，农业、彩陶科考、物理、卫生医疗、数学、机器人技术、环境等领域的双边研究活动，加强疫情下的科技人员交流与科研合作。

（执笔人：徐雅颖）

◉ 保 加 利 亚

2021 年，新冠肺炎疫情继续肆虐巴尔干半岛，保加利亚作为该地区疫情最为严重的国家之一，经济受到严重影响，根据欧盟委员会 11 月发布的经济预测数据，保加利亚 2021 年 GDP 增长预期从夏季的 4.6% 下调至 3.8%。同时，政局的动荡进一步加剧了经济的萎靡，在历经年内 3 次大选后，新一届政府名单终于在年末艰难出炉。在经济和政局双重不利因素影响下，保加利亚科研经费投入长期不足的局面难以得到根本改观，创新能力仍处于欧盟国家中最弱梯队，研发创新资金不足仍然是制约保加利亚科技发展的主要因素。

一、科技创新整体实力

（一）创新综合能力世界排名情况

根据世界知识产权组织最新发布的《2021 年全球创新指数报告》，2021 年保加利亚的创新综合能力排在全球第 35 位，比 2020 年前进了 2 位。综合来看，保加利亚的创新产出指标好于创新投入指标，尽管 2021 年的创新投入有所减少，但创新产出却有相对较好的表现。其中创新产出排在第 27 位，好于 2020 年的第 30 位；而创新投入排在第 46 位，低于 2020 年的第 45 位。此外，根据收入水平划分，保加利亚在全球 34 个中高收入经济体中排在第 2 位，仅次于中国。按地域来看，保加利亚在欧洲 39 个经济体中排名第 23 位。

另外，根据欧盟发布的《2021 年欧洲创新记分牌》，保加利亚创新绩效仍远低于欧盟平均水平，仍处在创新最弱的第四梯队，即创新绩效低于欧盟平均水平的 70%。保加利亚创新绩效仅好于罗马尼亚，在欧盟 27 国排在倒数第 2 位。保加利亚最具有优势的创新领域包括知识资产、环境可持续性及就业影响。在欧盟排在前 3 位的指标是环境技术发展、设计应用和商标应用。

（二）研发投入基本情况分析

根据保加利亚国家统计局 2021 年发布的最新统计数据，2020 年保加利亚研发活动总支出达到了 10.24 亿列弗（1 列弗约合人民币 3.6 元），比 2019 年（10.02 亿列弗）略有增加，研发强度从 2019 年的 0.83% 提高至 2020 年的 0.85%。

从研发执行情况来看，企业部门位列四大研发执行部门之首，企业部门执行的研发支出占 2020 年研发总支出的 67.5%；其次是政府部门，政府研究机构执行的研发支出占研发总支出的 25.7%；另外，高校和大学附属医院的研发支出占 6.1%，非营利组织占 0.7%。

从研发资金来源看，2020 年研发资金主要来自国家预算、企业、其他国内资金及海外资金。其中来自海外的研发资金占比最高，达 38.8%；企业部门的研发资金占 35.4%，国家预算资金占 25.3%。

从研发支出的科学领域来看，2020 年与 2019 年情况相同，技术科学领域的研发支出占比最高，达到 54.2%（5.55 亿列弗）；其次是医学和卫生科学，占比为 18.3%（1.87 亿列弗）；另外，自然科学领域占比为 16.0%（1.64 亿列弗）。

（三）研发人员基本情况分析

从研发人员来看，2020 年从事研发活动的人员总数达到 2.61 万人年（按全时当量计算），比上一年减少了 1.2%。女性在研发人员总数中的占比为 46.3%，研究人员总数（按全时当量计算）达到 1.67 万人，比 2019 年减少了 1.5%。

就研发人员的分布而言，2020 年研发人员主要集中在公司和企业部门的研究机构，占研发人员总数（全职）的 52.4%，达到 13 663 人，2020 年在政府部门研究机构从事研发活动的人数为 8210 人，占研发总人数的 31.5%。高等教育部门的研发人员总数为 4059 人，占 15.6%。

根据美国斯坦福大学 2021 年对全球顶尖科学家的权威排名，保加利亚有 17 名科学家因其科学贡献入选全球 TOP 1% 科学家之列。此外，另有 55 名保加利亚科学家入选全球 TOP 2% 顶尖科学家之列。这些顶尖科学家大多数在保加利亚科学院工作，达 41 名；其次是索菲亚大学 11 名，化工与冶金大学 5 名，索菲亚医科大学有 4 名。

二、主要科技创新战略和规划

（一）批准《保加利亚开放科学倡议发展国家计划》

2021 年 1 月，时任教育科学部长 Krasimir Valchev 批准通过了《保加利亚开放科学倡议发展国家计划》。该计划设定了必要的步骤、手段和战略目标，旨在将开放科学转变为保加利亚开展研究的标准实践，将由保加利亚科学界和研究资助机构共同推动实施。

该计划拟升级保加利亚的开放科学门户网站，建立新的机构数据库和出版物存储库，以确保保加利亚的资源与"欧洲开放科学云"对接，计划的实施还将为提高保加利亚科学家的科学计量学指标、被引率和知名度创造条件。

（二）更新《国家研究基础设施路线图（2020—2027）》

2021年4月，保加利亚教育科学部对《国家研究基础设施路线图（2020—2027）》进行了更新，更新后的路线图共包括51个研究基础设施，其中包括根据"科学与教育智能增长计划"设立的15个竞争力中心和卓越中心。这将有利于提升保加利亚在环境与生态、生物技术、生物医学、健康与食品、物理学与工程学、航空航天与国防产业、社会与文化创新、信息与通信技术等领域的竞争力和科学潜力。

（三）批准"提高数学科学领域的研究能力"国家计划

2021年10月21日，教育科学部第732号决议批准通过了"提高数学科学领域的研究能力"国家科学计划，这是《2017—2030年保加利亚共和国国家科学研究发展战略》和《2021—2030年保加利亚共和国高等教育发展战略》的优先事项，旨在提高保加利亚在数学科学领域的声望和国家科学能力，恢复年轻一代对精确科学的兴趣，以及培养一批新一代的数学领域的顶尖科学家。该计划分2022年、2023年和2024年3个阶段实施，总预算为200万列弗。

（四）更新3个国家科学研究计划

2021年12月9日，保加利亚教育科学部批准通过了2020年部长理事会提出的对3个国家科学计划进行更新的决议，将实施期限延长至2022年12月31日。这3个国家研究计划分别是"交通和生活低碳能源"（EPLUS）、"文化遗产、民族记忆和社会发展"（KINNPOR）和"保加利亚的电子健康"（e-Health），是2018年部长理事会第577号批准的计划，旨在落实《2017—2030年保加利亚共和国国家科学研究发展战略》。

三、人工智能领域的专项计划和部署

2020年12月16日，保加利亚政府在部长理事会例会第72号声明中通过了

《保加利亚到2030年人工智能发展战略构想》。该战略是在保加利亚科学院（BAS）建立的框架基础上，由交通、信息技术和通信部（MTITC）的专家与国家机构和感兴趣的利益相关者进行公开磋商后最终确定。

该战略提出了2020—2030年保加利亚人工智能发展的政策举措，为保加利亚人工智能发展和应用提出了全面的政策愿景，并确定了主要影响领域，如基础设施和数据可用性、研究和创新能力、知识和技能以及社会信任的建立。

该战略的主要目标包括六大方面：培养扎实的人工智能知识和技能基础；培养强大的科研能力，以实现科学卓越；支持创新以促进人工智能在实践中的应用，为人工智能发展建立可靠的基础设施；确保为人工智能发展融资提供可持续条件；提高对人工智能的认识并建立社会信任；根据国际监管和伦理标准，为发展和使用可靠的人工智能创建监管框架。

针对这些主要战略目标，保加利亚政府出台了相应的政策举措和执行计划，并且提出了人工智能领域的三大优先发展目标，分别是智慧农业、卫生保健和公共管理。

关于人工智能领域的监管，保加利亚政府承诺，将依据国际监管和伦理标准，为开发和使用值得信赖的人工智能建立监管基础。应将尊重基本权利、非歧视和保护个人数据原则视为确保人工智能技术安全的监管框架组成部分。为此，提出两项应对政策：一是建立一个国家框架来评估人工智能技术的影响和风险，该框架旨在全面评估人工智能技术的法律和伦理；二是创建一个工具包，促使从事人工智能技术开发、部署和使用的人员采用安全和法律责任原则，该工具包有助于促进决策过程中的知情判断。

四、新成立"创新增长部"和"电子政务部"

2021年，在经历了年内三次大选后，保加利亚新政府终于在12月13日组阁成功，拉德夫总统也获得连任。新成立的政府对政府部门架构及其职能进行了重新设计和布局，包括将之前隶属于经济部的创新职能单列出来，并与教育科学部的部分职能进行整合，新成立了创新增长部，凸显了新政府对创新工作的重视。此外，还新成立了电子政务部，这是疫情之下新政府创新传统工作方式的新探索，是公共治理方面的创新，体现了政府对数字能力建设的重视，数字政府有助于政府提高办事效率和信息共享水平，是政府在发展数字经济、打造智慧城市和实现可持续发展方面迈出的坚实一步。

五、国际科技合作政策动向

（一）保加利亚—法国双边科技合作

受疫情影响，2021年保加利亚与重要国家的科技创新合作基本处于停滞状态，仅与法国开展了双边科技合作项目的公开征集和资助，这也是从2020年延后开展的工作。根据保法双方专家对项目的评估结果和双边委员会的决定，2021年11月26日，两国共对12个竞争性科技合作项目提供了资助。

（二）保加利亚—中国双边科技合作

近年来，中国与保加利亚双边科技创新合作呈现出越来越好的发展势头。不论是保方的政府部门、高校和研究机构，还是科技园区都表现出积极的对华合作意愿。在中美博弈日趋激烈的国际大背景下，中保科技合作正面临前所未有的新发展机遇。

2020年，中保政府间双边科技合作委员会例会因突如其来的新冠肺炎疫情而不得不推迟举办，但两国科技部克服疫情困难，于2020年年底顺利完成了第17届科技例会项目和"中保联合研发大项目"的征集和资助工作。此外，两国国家科学基金会还共同开展了新冠肺炎专项科研合作项目的征集和资助。但受疫情影响，2021年两国科研人员只能通过远程方式开展交流和合作。

2021年，在"中国—中东欧国家合作"和"一带一路"多边合作框架下，中保两国共同开展了多项科技创新合作。例如，9月24日，保加利亚教育科学部长尼古拉伊·登科夫院士参加了中国科技部主办的第五届"中国—中东欧国家创新合作大会（部长级）"，并就《中国—中东欧国家创新合作行动计划》与中方达成共识，这是落实2月9日"中国—中东欧国家领导人峰会"共识而举办的大会。12月16日，保加利亚优秀科普专家Vladimir Bozhilov博士/副教授出席了第三届"一带一路"国际科普研讨会并作主旨发言，代表保方声明愿意加入"一带一路"科普联盟。此外，保方还参加了中国主办的2021年"一带一路"科技园建设管理国际培训班、"中国—中东欧国家高级卫生行政及应急专业人员研讨会"等。

（执笔人：盖红波）

◉ 克 罗 地 亚

　　克罗地亚是亚得里亚海东岸经济较为发达的国家，科技基础较好，有着悠久的科学传统和深厚的创新底蕴。2020年新冠肺炎疫情暴发以来，克罗地亚政府巩固造船、制药、食品等传统产业技术实力，将促进数字产业发展作为恢复经济的重要手段，在电动汽车、信息通信和生命健康等产业技术领域实现新突破，产生新亮点，科技创新推动经济发展取得实效。

一、科技发展的总体状况

（一）科技投入快速增长

　　近年来，克罗地亚科技投入呈现快速增长的趋势。2020年克罗地亚研发经费总投入为47亿库纳（1库纳约合人民币1元），比上年增加6.0%。研发经费投入强度为1.27%，比上年提高0.16个百分点，连续两年实现研发经费投入强度超过1%。在2020年的全部研发支出中，企业支出占比为47.9%，高校占比为32.2%，公共研发机构和私营非营利机构等的支出占比为19.9%。

（二）科技人力资源稳步增加

　　近年来，克罗地亚的科技人力资源总数呈逐年稳步增加的趋势。据克罗地亚统计局数据，2020年克罗地亚科技人力资源总量为25 217人，相比上年增加5.7%，其中高等教育部门科技人员数量最多，达13 324人。在科技人力资源中，研究人员占比63.6%。在全部研究人员中，拥有博士学位的占比达到61.4%。2020年克罗地亚研发人员全时当量为15 517人年。

（三）科技产出水平有待提高

　　在高影响因子论文、专利数量和有效的技术转移等科技产出指标方面，克罗地亚还有很大的改进空间。按照欧洲专利局申请数量衡量，克罗地亚每百万人的申请数量为 4.8 件，相应的欧盟平均值为 106.8 件。据克罗地亚统计局数据，2020 年克罗地亚国家专利局收到专利申请 129 件，授予专利 67 件，化学和机械工程领域的专利授权量排在前两位。

（四）科技创新总体水平呈上升之势

据《2021 年欧洲创新记分牌》，克罗地亚在欧盟 27 个国家中居第 21 位，排在"一般创新者"的首位。近几年克罗地亚的创新绩效保持持续增长态势，尤其在 2021 年出现较快增长。自 2014 年以来，克罗地亚的创新绩效提高了 21.5 个百分点，其增速在欧盟国家中排在第 6 位。在相关评价指标中，克罗地亚的"数字化""金融支持""创新者"等指标绩效突出，"人力资源""销售影响""知识资产"等指标绩效相对落后，"知识资产"指标绩效远低于欧盟平均水平。

在世界知识产权组织发布的《2021 年全球创新指数报告》中，克罗地亚排在第 42 位，其创新表现与发展水平预期相当，在分项指标排名中，克罗地亚的基础设施排名最为靠前，排在第 29 位。

二、国家在总体发展战略中对科技创新的规划和部署

（一）《2030 年国家发展战略》将科技和创新摆在战略目标的首要位置

2021 年 2 月克罗地亚议会批准实施《2030 年国家发展战略》。克罗地亚政府从应对第四次工业革命、人口挑战、气候变化、城市化及新冠肺炎疫情等重大社会挑战和机遇出发，首次对国家未来十年的经济社会发展做出战略部署，提出建设有竞争力的、创新和安全的国家。

该战略确定了 4 个发展方向并分解为 13 个战略目标。4 个方向分别为可持续经济和社会、加强危机应变能力、绿色和数字化转型、区域均衡发展。第一个发展方向"可持续经济和社会"的主要绩效指标为研发投入占 GDP 的比重升至 3%、在欧洲创新能力排名升至前 18 位、全球竞争力指数排名从 2019 年的 63 位升至前 45 位、商品和服务出口额占 GDP 的比重从 2019 年 52.3% 升至 70%、人均 GDP 从 2019 年欧盟平均值的 65% 达到 75%。

在该战略的 13 个战略目标中，排在首位的是建设"具有竞争力的创新型经济"，该战略目标的 5 个优先领域分别如下。

①发展具有全球竞争力的绿色数字产业。聚焦信息通信、电力和机械制造、

制药、化工、国防、汽车、造船、食品等克罗地亚优势产业，实现气候中和和数字化双重转型。

②激励创业。将中小企业发展作为提高经济竞争力和实现繁荣的关键。

③实现科技进步。改革科技体制，加大人才培养力度，加大经费投入，推动科技与经济的结合，提高国家创新体系效能。

④开发可持续和创新的旅游业。改善旅游业的生态体系，实现交通发展的可持续性，提高资源管理的智能化水平。

⑤鼓励文化传媒发展。发展文化创意产业。

（二）《国家复苏和韧性计划（2021—2026）》将创新和科技作为投资重点

克罗地亚《国家复苏和韧性计划（2021—2026）》于2021年7月被欧盟批准，克罗地亚将从欧盟获得63亿欧元拨款和36亿欧元软贷款，以摆脱新冠肺炎疫情和2020年两次地震对克罗地亚经济社会造成的严重影响，推动经济加速增长。该计划包括经济、公共管理和司法及国有资产、教育和科研、劳动力市场和社会保障、医疗卫生等5个部分及1个建筑改造计划，计划投资总额为482亿库纳，包括76项改革和相应的146项投资。加强研发和创新体系建设是该计划的投资重点。

横向看，绿色转型和数字化转型作为应对挑战的关键手段，涉及计划多个部分。绿色转型的综合投资占比达40%，数字化转型占比为20%，而实现两个转型的具体手段均离不开科技和创新。

纵向看，科技和创新也是两个重要部分的核心内容。第一部分"经济"包括24项改革和64项投资，计划投资262亿库纳，占比达54%，将借助绿色和数字转型、创新和新技术及企业的国际化，提高经济的竞争力和创新能力；第三部分"教育、科学和研究"更是明确将"提高研究和创新能力"作为优先事项，提出公共研发部门的能力建设和改革、吸引学生和研究人员从事科学、技术、工程和数学（STEM）和信息通信（ICT）、提高公共研发创新资金的使用效率等3项改革措施，确定了开发面向大学和研究机构研发创新的计划体系、提高大学和研究机构的创新能力、开发研究人员职业激励模型并促其在STEM和ICT领域发展、加大在STEM和ICT领域的研究基础设施投资、提高研发创新项目资助体系的效能等5个投资领域，经费总投资为24亿库纳，这也是克罗地亚历史上最大的针对科技的专项投资，在整个计划的总投资额中占比近5%。

三、科技创新领域的新进展和新趋势

（一）设备改造持续推进，再次启动科研基础设施建设"大项目"

2020 年 11 月，鲁杰尔博什科维奇研究所"经济和社会创新应用的开放式科学基础设施平台（SZIP）"项目协议正式签署。该项目是克罗地亚过去 30 年来最大的科研基础设施项目，被评为改变克罗地亚的七大投资项目之一，也是克罗地亚政府的四大战略项目之一。该项目投资为 7200 万欧元，主要来自于欧洲结构和投资基金（ESIF）。该项目将新建信息通信、海洋与环境、生物医学研究、先进材料和技术等多个科研平台，最重要的部分是升级加速器综合设施、显微镜中心、核磁共振中心、制药和食品工业实验室等设备，实现鲁杰尔博什科维奇研究所的现代化改造和扩建。

2021 年，克罗地亚科技教育云 HR-ZOO 项目、物理研究所的先进激光技术中心（CALT）、物理研究所低温中心（KACIF）等 3 个科研基础设施建设项目取得积极进展，接近完成。3 个项目的资金主要来自于欧洲区域发展基金，其中前两个的资助额为 4000 万欧元，第三个项目资助额为 4000 万库纳。

（二）量子研究取得进展，成功完成国际联合数据传输试验

2021 年 8 月 5 日，克罗地亚鲁杰尔博什科维奇研究所的科学家与来自意大利和斯洛文尼亚的科学家合作，首次公开演示了意大利的里雅斯特、斯洛文尼亚的卢布尔雅娜和克罗地亚的里耶卡之间 3 个节点的量子通信，距离分别为 50 千米和 80 千米，利用量子技术实现了音视频传输，数据传输获得了前所未有的安全性。参与试验的克罗地亚科学家表示该项试验的成功为克罗地亚实现量子基础设施建设铺平了道路。该项目也得到克罗地亚科学基金会的支持。

（三）IT 产业发展迅速，已经诞生克罗地亚第一家科技"独角兽"

2020 年 7 月 30 日，克罗地亚 Infobip 公司从 One Equity Partner（OEP）投资基金获得 2 亿美元资助，估值 10 亿美元以上，成为克罗地亚第一家科技型"独角兽"企业。Infobip 是世界领先的全渠道通信服务商，全球最大的 A2P 短信服务提供

四、国际科技合作政策动向

克罗地亚重视国际科技创新合作。最新发布实施的《国家恢复与韧性计划（2021—2026）》对"教育和科学研究"领域双多边合作的主要政策措施做出规划：

鼓励和加速参与欧洲基础设施建设，更有效地融入欧洲研究区。鼓励和支持克罗地亚科研机构与欧洲领先的科研机构共同参与欧洲和泛欧洲研究合作，参与欧洲科研机构网络建设和欧洲领先的科研计划。加强科研人员交流，深化与国际科研机构的合作，鼓励科研人员参与有国际竞争力的研究合作，推动科研机构在欧洲和国际科技界发挥更大作用。

　　基于双边协议，克罗地亚与奥地利、法国、德国、中国、印度、美国、匈牙利、斯洛文尼亚、北马其顿、阿尔巴尼亚等 10 多个国家开展了机制性的科研项目合作。项目的执行期限一般为 2 年，目前大约有 200 个项目正在实施，涉及的主要领域为自然、生物医学、工程技术和生物技术。克罗地亚科教部提供本国科研人员的出国旅费和合作伙伴国家科研人员在克期间的相关费用。

（执笔人：杜鹤亭）

◎ 希　腊

一、科技创新整体实力

《2021 年欧洲创新记分牌》显示，希腊创新绩效评分为 88 分，是当年欧盟均值的 79%，比上一年有所提升。自 2018 年起，希腊的创新绩效成绩就开始有明显提升。创新绩效的提高得益于希腊近年注重加强宽带建设，推进风险投资，加大产品创新和提升中高端技术产品出口，以及科技人员流动，特别是数字化领域的迅速发展使得希腊海外人才加速回流。但希腊整体创新排名依然不高，处在欧盟 27 国中的第 20 位，属于欧盟中等创新国家行列。

2019 年，希腊研发支出为 23.36 亿欧元，占 GDP 比重为 1.27%（当年欧盟均值为 2.19%），虽然与自身相比年年增长，但与欧盟目标还差得很远，在欧盟 27 国中排在第 16 位，位于中下游。希腊政府希望能通过税收激励措施、简化创新企业审批程序和吸引外资，带动更多企业参与研发投入。

国际评级机构惠誉发表报告称，希腊 2021 年上半年经济强劲增长，已经恢复到疫情前水平。希腊央行行长也表示，随着结构性改革的持续推进，希腊已经显示出强劲的经济复苏势头，预计未来 10 年能保持年均 3.5% 的增长。

二、创新战略与规划

（一）"希腊国家复苏计划"加强研究与创新

为应对新冠肺炎疫情对经济的巨大冲击，7 月开始实施"希腊国家复苏计划"，又称"希腊 2.0 计划"，旨在通过结构性改革将希腊经济全面改版升级。该计划涉及 170 个项目，总投资 579 亿欧元（其中 320 亿欧元来自欧盟复兴基金）。

该计划有 4 大支柱领域，包括国家和经济的数字化转型、发展绿色经济、增加就业和社会凝聚力、促进生产活动的快速提升。该计划期望通过创新转型来改变经济增长模式，借此改善就业和人民生活。

"希腊 2.0 计划"直接投资于研究与创新的预算为 4.44 亿欧元，将带动 5.54 亿欧元私营投资，总计 10 亿欧元。国家资金将主要投资于以下几个领域：14 个公立研究机构、研究中心的扩展及设施升级，以增强其在关键领域的研究能力（国家投入 2.07 亿欧元）；支持对希腊工业有直接应用价值的关键交叉学科领域、精准医学、面向市场转化的可持续材料技术研发等领域的基础及应用研究（国家投入 1.4 亿欧元）；设立 AI 人工智能、数据处理及算法开发研究机构等；此外，直接投资于"研究—创造—创新"主题的项目有 35 个，主要是符合国家创新战略"智能专业化研究"优先领域的项目，包含材料、旅游及文化创意产业、健康医药、能源和信息及通信技术等 8 个领域，重点解决这些领域的一些优势技术项目得不到融资支持因而制约其开发及市场化应用等问题。

（二）希腊国家战略参考框架

7 月，希腊向欧盟提交了国家战略参考框架（NSRF 2021–2027）资金提案，未来七年，希腊将从欧盟区域发展基金（ERDF）中获得总计 262 亿欧元的资金，其中 209 亿欧元来自欧盟，53 亿欧元为希腊自筹。未来 7 年，通过 NSRF 渠道投入研究与创新的资金为 40 亿欧元，希腊将据此制定新的国家研究与创新战略——"国家智能专业化战略 2021—2027"（National Smart Specialization Strategy 2021—2027），这些资金将重点支持产学研结合的联合研究项目，改善创新生态，促进经济向智能化和创新型经济转型。为此，希腊拟设立创新署（Innovation Agency），以期将研究机构和企业更加紧密地连接起来。

（三）"提升希腊（Elevate Greece）"项目

这是 2020 年年底希腊开始实施的一个针对创新型初创企业的政府服务平台项目，即创新初创企业注册评估平台。经过 10 个月的运营，该项目初现成效，目前已经有 490 家企业入选，雇员总数达 4500 人，2020 年产值达 4190 万欧元。主要创新领域集中在生命科学、旅游、环境与能源、农业与食品、数据分析等。

（四）"希腊数字转型战略 2020—2025"

2020 年年底，希腊出台了"希腊数字转型战略 2020—2025"（Greek Digital Transition Strategy 2020—2025）。该战略设立了诸如安全、快速、可靠的网络，为社会提供全方位的数字化服务、促进企业数字化转型等 7 个主要目标。

数字转型的飞速发展受到希腊政府的特别重视，使之成为希腊后疫情时代经济社会复兴发展的四大支柱性领域之一。希腊国家复兴基金设立了专门的数字转型基金，总计投入45亿欧元（其中政府投入21亿欧元），支持455个具体项目，预计将创造18万个就业岗位，在2021—2026年将创造7%的GDP增量。

数字基础设施建设加速推进。例如，加大光纤网和5G网络建设，提升宽带网容量，到2025年实现欧盟5G目标和千兆级宽带连接；使希腊高速实现5G网络全覆盖；希腊本土与各主要岛屿实现海底光纤互联等。

美国企业近年不断加大在希腊的数字中心建设：微软去年宣布投资10美元建造的三座大型云端数据存储中心计划稳步推进；辉瑞公司在希腊设立的大数据中心——全球数字创新中心暨全球商业运营与服务中心于2021年10月正式落成；Digital Realty公司收购希腊最大的数字服务公司Lamda Hellix，这也是希腊最大的IT公司收购案例。之后，将通过Lamda Hellix在雅典建造两个同等规模的大型数字中心"雅典3号"和"雅典4号"。前者已经获批，投资为7000万欧元，容量6.8 MW，5万个服务器，是希腊目前最大的数字中心，预计2022年建成。

（执笔人：赵向东）

塞 尔 维 亚

一、科技创新整体实力

（一）创新能力排名

世界知识产权组织（WIPO）发布的《2021 年全球创新指数报告》指出，塞尔维亚在 132 个经济体排名中居第 54 位，比 2020 年下降 1 位。创新投入居第 50 位，比 2020 年提升 8 位，知识和技术产出居第 43 位，创造力产出居第 76 位。

（二）科技人力资源

2021 年，塞尔维亚总人口数为 687.1547 万，较往年呈下降趋势。2020 年受过高等教育的人数为 98.52 万，其中 54.5% 为女性；受过高等教育并从事科技工作的人数为 49.65 万，其中女性科研人员占 58%；全职研发人员为 23 524 人。政府 2021/2022 年度预算将支持 29 424 名本科生、硕士生和博士生的专业教育，其中硕士生 5953 人，博士生 776 人。塞尔维亚共有 68 名科学家入选美国斯坦福大学 2020 年度顶尖科学家榜单。

（三）科技投入和产出

塞尔维亚 2018—2020 年研发投入情况如表 1 所示。据欧洲统计局 2021 年 9 月数据显示，2020 年欧盟人均科研支出是 225 欧元，塞尔维亚的人均科研支出是 31 欧元，欧盟国家的平均研发经费是塞尔维亚的 7 倍，塞尔维亚的研发经费投入明显偏低。但在 UNESCO 2021 年的科学报告中，塞尔维亚属于世界上研发投入占 GDP 的比例增长最快的 15 个国家之一，预示着增长潜力。2015—2019 年塞尔维亚的科学预算资金增长了 46.3%。2021 年政府财政研发预算为 237.56

亿第纳尔（1 元人民币约合 16.96 第纳尔），其中 22% 将投入到工业生产技术的开发中。塞尔维亚政府未来的目标是到 2025 年将研发投入占 GDP 的比例提升到 1.4%。

表 1　塞尔维亚 2018—2020 年研发投入情况

年份	国内总投入 / 亿第纳尔	R&D/GDP	政府占比	高等院校占比	企业占比	国外占比
2018	466.16	0.37%	58.1%	27.3%	3.4%	10.0%
2019	480.74	0.40%	58.7%	26.9%	3.4%	10.0%
2020	498.47	0.46%	64.4%	23.0%	2.1%	9.4%

据塞尔维亚国家知识产权局 2020 年度报告显示，与 2019 年相比，2020 年国内商标申请量增加了 12.2%，工业设计的申请量增加了 25%，版权申请总量为 454 个，获得版权数为 445 个。塞尔维亚的论文数量和引用次数均明显低于世界平均水平，与欧洲平均水平差距更大，主要原因是研究人员数量较少，研发投入占 GDP 的比例过低。

二、出台新的科技发展战略——《知识的力量》

塞尔维亚的国家战略规划均依据 2018 年修订的《塞尔维亚共和国规划系统法》（官方公报第 30/2018 号）制定。按照该法律，2021 年塞尔维亚重点推出了面向未来 5 年的 2021—2025 年国家科技发展总体战略——《知识的力量》，以及执行该战略的《2021—2023 年三年行动计划》。

《知识的力量》提出了未来 5 年国家科技创新发展的框架，制定了一个总目标和实现总目标的 5 个具体目标。总目标是：提高科研质量和效率，培育高素质科研人员和科学成果，建设良好的科研基础设施，加强对可用资源的有效监管，加快国家创新体系建设，加速创新和新技术开发，通过进一步融入欧洲研究区来加速发展塞尔维亚的科技、经济和国家竞争力，提高应对社会挑战的能力和社会凝聚力，提高人民的生活质量，为国家层面的决策和向社会传播科学知识提供专业支撑。

5 个具体目标包括：一是为科学、技术和创新发展提供必要条件，即要解决资金、人才和基础设施的问题。二是提高科研系统资源的使用效率，科学完善对自我科研质量的评价，进行科研机构网络的改革，以社会福利为目的，开放性地进行科学知识的传播。三是促进科技发展，增强国家经济竞争力。要提高基础研究和技术开发的质量，支持创新发展的高新技术企业，鼓励科学和经济结合的新计划。四是重点研究社会挑战和优先事项。重点研究健康、食物和水、安全与防御、能源环保和气候变化、培养民族认同感和改进国家决策 6 个方面的议题。确定 ICT 和人工智能、创新产业和工业 4.0 等具有战略意义的新兴技术为塞尔维亚的优先发展事项。五是加强国际合作，积极融入欧洲研究区，加强西巴尔干、多瑙河等大区域的战略合作等。

该战略为在规定的期限内实现总目标设定了 62 个衡量和评估指标、实现目标的主管部门和执行单位、科学基金和创新基金重点支持的方向和项目。政府将通过修改法律、提供融资方法、创建新机构来确保改革的推进，以提高塞尔维亚的基础研究、科学技术水平和创新的质量与效率，确保塞尔维亚能够独立解决复杂的科研问题，并获得区域和欧洲范围内的认可。进一步加强对科研机构和基础设施的投资，特别是加大对年轻科学家的投资，使塞尔维亚顶尖的科研人员在全球范围内得到认可，研究团队能够参与世界竞争性项目，政府将为科研人员提供创造新知识、技术和工作的机会，继续投资兴建新的科技园区和卓越研究中心。

三、创新体系建设成效显著

塞尔维亚是创新生态建设增长速度最快的国家之一。欧盟委员会 2021 年7 月发布的《2021 年欧洲创新记分牌》指出，在过去 3 年里，塞尔维亚在创新领域取得了近 30% 的显著增长。塞尔维亚目前的创新水平是欧盟平均水平的66.2%，2018 年这一数据为 58%。而在中小企业创新领域，塞尔维亚比欧盟平均水平高出 65.8%，《2021 年欧洲创新记分牌》认可塞尔维亚是西巴尔干地区的领先者。

（一）议会通过《创新活动法》

2021 年年底，塞尔维亚议会批准了教育科技部提出的《创新活动法》，其目标是将塞尔维亚创新体系纳入欧洲研究区和创新联盟；通过创新体系直接引导科研成果产生刺激经济和社会发展的创新产品，消除融资渠道障碍并鼓励技术向经济转移。该法定义了创新实体和创新活动投资者，明确全国科技园区网络作为教育科技部的咨询机构，同时建立新的国家创新体系主体名册，提高"创新基金"的能力。

据塞尔维亚全国地方经济发展联盟（NALED）研究的数据显示，塞尔维亚企业对研发的投入几乎为零，塞尔维亚企业家中有 72% 受过高等教育，但仅有

3.3% 的企业与大学和科研机构有研发合作，2/3 的企业没有研发预算。该法将帮助企业改善对研发投入过低的现状。

（二）增加对创新活动的投资

塞尔维亚政府内阁设有政府创新办公室负责协调创新事务。2021 年，政府创新办公室实施了"促进和普及创新和创业计划""支持区域创新计划——创业和智慧城市中心""促进妇女创新创业计划""支持塞尔维亚地方政府创新能力计划""支持科索沃和梅托希亚自治省提高创新能力计划"。

在欧盟入盟前援助基金（IPA）的帮助下，塞尔维亚国家"创新基金"已投入了 4370 万欧元，其中 3120 万欧元资助了 227 个创新项目，320 万欧元用于发放 632 个创新券，58 万欧元用于支持技术转移。塞尔维亚政府对"创新基金"的预算从初建至今已经增加了 10 倍之多。

四、重要科技领域发展动态

（一）重塑欧洲汽车产业

由于拥有世界 10% 的锂储量，塞尔维亚将致力于成为全球电池和电动汽车的生产中心。武契奇总统 2021 年 7 月出席德国汽车巨头 ZF 潘切沃工厂开业仪式时表示，"塞尔维亚将创造欧洲汽车产业的未来"。国际大型汽车企业加快了在塞尔维亚投资建厂的步伐，2021 年陆续开建汽车组件生产工厂，塞尔维亚正在成为世界汽车产业链的重要一环。为鼓励发展电动汽车，塞尔维亚 2021 年修改了法律，对《公共物品使用费用法》进行修订，为电动汽车购买者提供 1.2 亿第纳尔的补贴，并降低其公路通行费的 13%，环保车可以获得 250 ～ 5000 欧元的补贴。

（二）"BIO4 校园"计划推动生物医药产业发展

塞尔维亚政府认为，生物医学、生物信息学、生物技术和生物多样性的科研和产业发展将是塞尔维亚未来经济发展的巨大机遇。经教育科技部提议，2021 年 8 月 26 日，塞尔维亚政府通过了"BIO4 校园"（BIO4 Campus）计划。"BIO4 校园"是一个国家级项目，旨在建设一个独特的综合体，该综合体汇集了与生物医学、生物技术、生物信息学和生物多样性领域有关的专家、高校和生产基础设施，通过产学研的结合探索创建未来促进经济发展的产业。"BIO4 校园"也将成为塞尔维亚未来高校发展的一种示范性模式，即将高校与研究所设计成一个涉及多学科和人工智能的单一空间园区综合体。塞尔维亚政府希望通过该项教育改革实现技术进步，提高人们的健康水平和生活质量，并在生物医学技术领域全球研发的版图上占有一席之地。

"BIO4 校园"计划在贝尔格莱德设计建造了一个新的升级版创新中心，帮助生物医学领域的学生和研究人员实现创意想法，为制药、生物医学和生物技术的初创公司提供开发和生产工厂等基础设施。该园区紧邻塞尔维亚药品和医疗器械管理局（ALIMS），园区面积约 7.9 公顷，可容纳 1000 名学生和另外 300 名用户，项目总价值 2 亿欧元。塞尔维亚希望到 2030 年其生物经济产业每年可产生超过 10 亿欧元的营收，其将对塞尔维亚经济发展做出重大贡献。

（三）太阳能将成为塞尔维亚能源产业发展的重要组成

2021 年塞尔维亚面临着燃气储量耗尽的风险。武契奇在 COP26 举行的高级别领导人峰会上表态，塞尔维亚将逐步减少对煤炭的依赖，更多地利用太阳能、风能和可再生能源发电。塞尔维亚的目标是到 2040 年实现 40% 的电力来自可再生能源，到 2050 年实现碳中和。

为加快实施欧盟绿色议程和充分利用太阳能，塞尔维亚政府 2021 年 9 月公布了家庭安装太阳能板补贴具体实施方案。未来 5 年内，政府将为家庭房屋和公共建筑安装太阳能电池板项目提供 2.3 亿欧元的补贴。塞尔维亚政府 2022 年的预算是 1500 万欧元，将为企业投资太阳能提供一半的补贴和为家庭安装太阳能板承担 40% 的费用。普通家庭可从国家获得 2000 欧元（总成本约为 4000 欧元）的补贴来购买一个 5 千瓦的面板，以大幅降低能耗。

五、国际科技合作政策动向

塞尔维亚在对外政策方面，主张平衡外交，致力于维护地区和平与稳定，在坚守自己立场的同时，坚定走欧洲一体化道路，同时也维护同俄、中的传统友谊，并改善同美国的关系，塞尔维亚充分认识到加强科技经济合作是塞尔维亚外交的关键事项。

（一）双边政府间科技合作机制

目前塞尔维亚与 14 个国家（法国、葡萄牙、奥地利、德国、中国、意大利、印度、白俄罗斯、克罗地亚、斯洛文尼亚、斯洛伐克、匈牙利、黑山和土耳其）有双边科技合作联合资助项目计划，目前已资助了双边项目 1300 个。对华合作方面，塞尔维亚是"一带一路"倡议和中国—中东欧国家合作的典范。在国家科技战略《知识的力量》中，塞尔维亚明确表示，塞尔维亚是中国—中东欧国家合作的积极支持者。

（二）俄罗斯是塞尔维亚的传统友好国家

2021 年塞俄合作愈加具有创新意义，两国目前约有 140 项双边协议，几十项不同的协议草案正在协商中。

疫苗合作是 2021 年塞俄合作的亮点。年初，塞尔维亚政府与俄罗斯弗拉基米尔地区 Generium 组织签署了在塞尔维亚设立俄罗斯新冠疫苗生产线的合作协议，俄罗斯向塞尔维亚 Torlak 研究所转让"卫星五号"新冠疫苗生产技术。

能源是塞俄合作中另一个重要领域，当欧洲出现能源危机，天然气价格暴涨至每千立方米 2000 多美元时，塞尔维亚从俄罗斯获得的优厚天然气价格仅 270 美元，凸显了两国的紧密友好关系。此外，"巴尔干流"的建成通气使塞尔维亚成为天然气的中转国，也反映出两国的高度互信，增加了塞尔维亚在欧洲的权威、声誉和经济机会。俄天然气工业股份公司还在塞尔维亚投资 3.3 亿美元建设了一家深度炼油厂。

11 月，武契奇总统亲自与俄罗斯国有企业 Rosatom 总经理阿列克谢·利哈乔夫就在塞尔维亚合作建设高科技和创新中心举行会谈。塞尔维亚高科技创新中心将涉及医疗、科学、农业、工业和社会发展，特别是提高塞尔维亚在医学、医疗诊断和卫生保健领域的能力建设，帮助塞尔维亚开展肿瘤学、肺病学、心脏病学、血液学、神经病学、内分泌学和其他医学领域的治疗。

（三）对美科技创新合作取得进展

2021 年塞美两国政府签署了《发展伙伴》修正案。3 月，塞美续签了两国间的科学和技术合作议定书，将在医学、考古学、气候科学等领域促进科学家与学者间的交流和合作。

美国国际开发署（USAID）2021 年向塞尔维亚捐赠了 2200 万美元用于改善经济、能源效率、媒体环境等，还向塞尔维亚教育科技部提供了 400 万第纳尔，帮助塞尔维亚公司使用 IT 技术改进产品和包装设计。

2021 年 3 月，美国烟草公司 Philip Morris 和塞尔维亚国家地方经济发展联盟合作设立了"科星项目"（The Star Tech Project），旨在提高塞尔维亚经济和创新生态体系的竞争力，并提供 100 万美元资助塞尔维亚小型企业从事数字化、开发创新产品、市场就业和商业服务等。"科星项目"总资金为 500 万美元。

塞尔维亚矿能部 2021 年 8 月与美国 UGT 可再生能源公司签署合作备忘录，计划 2 年内在塞尔维亚十几个地方建造占地 2000 公顷的太阳能发电厂，塞尔维亚将获得 10 亿瓦特的电力，占塞尔维亚总电力的 3%。

在抗击新冠肺炎疫情方面，2021 年 5 月，塞尔维亚军事医学院同美国俄亥俄州国民警卫队合作共同开展抗疫合作，涉及在全球范围内实现疫情知识的标准化。11 月，美国向塞尔维亚提供 370 万美元，用于提升塞尔维亚新冠肺炎疫情研究部门的能力，推动疫苗的接种，其中 175 万美元由 USAID 提供，用于落实联合国开发计划署"携手共抗新冠"联合倡议。目前，美国已支援塞尔维亚 910 万美元用于抗击新冠肺炎疫情。

（执笔人：史　义）

◉ 俄 罗 斯

当前，世界百年变局和世纪疫情交织，全球开放共识弱化。受国内需求反弹和能源价格上涨支撑，俄罗斯经济实现正增长，2021年国内生产总值增长率达到4.3%。发展科学领域是俄罗斯2021年政府工作的优先任务，本年度是俄罗斯国家科学技术年，在加快科研基础设施建设、持续培养青年科学家和科技抗疫等方面力度空前，在生物安全、数字经济、人工智能、氢能开发、碳中和等创新领域也加紧布局。

一、科技创新整体实力

（一）俄全球创新最新排名

俄罗斯在世界知识产权组织发布的《2021年全球创新指数报告》中排第45位，较2020年上升2位，其中创新投入排第43位，低于2019年和2020年；创新产出排第52位，高于2019年和2020年。俄罗斯所有创新指标均优于全球平均水平，在34个中等偏上收入国家中排第6位，与2020年持平；在欧洲39个经济体中排第29位，"人力资本和研究"创新指标优于欧洲平均水平。

（二）研发投入及产出情况

1. 政府研发投入预算

在2021年度政府研发投入预算中，35个国家计划中用于民用科研的预算为5632.22亿卢布，占总预算的3.9%，较2020年增长2.47%。其中，俄联邦科技发展规划预算为2586亿卢布，占政府民用科研预算的45.9；国家航天活动规划预算为823亿卢布，占14.6%；国家电子及无线电电子工业发展计划预算为783亿卢布，占13.9%；医疗卫生、航空工业发展、核工业综合体发展等规划的预算分别为 426 亿卢布、369 亿卢布和 261 亿卢布，占比分别为 7.6%、6.5% 和 4.6%。

从拨付部门分布来看，科学与高等教育部为 1932 亿卢布，占 2021 年政府民用科研预算的 74.7%；俄罗斯基础研究基金会为 2140 亿卢布，占 8.3%；国家研究中心库尔恰托夫研究院为 2020 亿卢布，占 7.8%。从基础研究和应用研究投入分布来看，基础研究预算为 1832.60 亿卢布，占政府民用科研预算的 32.53%；应用研究预算为 3799.62 亿卢布，占 67.47%。

2. 科技创新领域产出数据

2020 年俄罗斯工业生产领域创新产品和服务规模达 5.19 万亿卢布，同比增加 6.79%；工业生产和服务领域技术创新支出达 2.13 万亿卢布，同比增加 9.23%。

专利申请共计 51 919 件，其中发明专利 34 984 件（同比下降 1.48%），本国申请者申请 23 759 件，外国申请者申请 11 225 件，主要来自美国、德国、日本、中国和瑞士；实用新型专利 9195 件（同比减少 9.28%），外观设计专利 7740 件（同比增加 11.85%），PCT 国际专利共计 1190 件（同比下降 9.2%）。

专利授予共计 40 574 件，其中发明专利 28 788 件（同比下降 15.35%），本国申请者授予 17 181 件，外国申请者授予 11 607 件；实用新型专利 6748 件（同比下降 23.74%），外观设计专利 5038 件（同比下降 6.62%）；取得先进生产工艺 1989 件；使用先进生产工艺 242 931 件。

二、综合性科技创新战略、规划、举措

（一）国家"科学"计划项目成效显著

1. 世界级科学中心网络持续扩大

2021 年，俄罗斯新建 2 个区域数学（科教）中心，截至 2021 年年底已完成组建的世界级科学中心包括 4 个世界级数学中心、3 个基因组研究中心、10 个重点领域世界级科学中心和 11 个区域数学（科教）中心。

2. 世界级科教中心建设顺利完成

国家"科学"计划提出的世界级科教中心建设在国家"科学与大学"计划中得以继续推进，截至 2021 年年底已全部按计划完成 15 个世界级科教中心的建设，包括本年度新建的 5 个世界级科教中心，分别为"北方：可持续发展地区"中心、"叶尼塞西伯利亚"中心、"贝加尔湖"中心、"海洋农业生物技术"中心和"俄罗斯南部"中心。

3. "国家技术创先计划"优能中心家族又添新丁

"国家技术创先计划"优能中心作为新时期俄国家战略科技力量的重要组成部分，瞄准国际未来科技领域，发挥科教机构与企业优势，强强联合开展"端到端"技术创新。2018—2020 年，俄先后批准创建了 16 个优能中心，领域涉及大数据存储分析、人工智能、分布式账本（区块链底层技术）、量子技术和量子通信、新能源和便携式能源、新型制造、无线通信和物联网、生物体特性控制、神经网络、虚拟现实和增强现实、机器人和机电一体化、传感技术、机器学习和认知技术、电力传输和分布式智能电网、光子科技、数字材料工程。2021 年 3 月，在新冠病毒肆虐全球的背景下，第 3 个"国家技术创先计划"优能中心"遗传病、罕见病和研究不足疾病"中心宣布依托国家"科学"计划项目框架下的"个性化医疗"世界级科学中心阿尔马佐夫国家医学研究中心和实验医学研究所成立。

4. 大科学装置建造取得新进展

2021 年 3 月，北半球最大的深水中微子望远镜——贝加尔湖深水中微子望远镜（Baikal-GVD）正式下水，下潜深度达 1100 米。这一超级大科学装置的研制工作是在（杜布纳）联合核子研究所和俄科院核研究所主导，波兰、斯洛伐克、捷克和德国科学家参与下完成的，这将使探测超高能中微子的来源和研究星系与宇宙的演化成为可能。

（二）"科学与大学"国家计划接力续跑

"科学与大学"取代现有国家"科学"计划，于 2021 年 1 月 1 日开始实施，总时长为 10 年。它包括"产学研一体化""重点领域研究领导力""地区、行业和研发人力资源""科研和人才培养基础设施" 4 个联邦级项目，旨在为高等教育及继续专业教育质量提供保障，并提升科教领域对青年人的吸引力。

1. 国家级技术转移中心建设有序推进

"基础设施"联邦项目框架下，计划建立至少 35 个技术转移中心，2021—2023 年计划每年创建 9 个，2024 年创建 8 个，政府拨款总额将超过 30 亿卢布，以推动高校和科研院所的创新生产技术实现产业化，确保国家技术独立，实现从基础理论、科研开发设计到应用的转化。2021 年遴选出的 9 个技术转移中心获拨 3500 万卢布。

2. 世界级科研项目助力研究领导力提升

2021 年 6 月，俄罗斯科教部宣布，将在"研究领导力"联邦项目框架下，依托高等院校和科研机构实施世界级科学项目，致力于解决全球科学议程中的关键问题。俄罗斯计划在 3 年内拨款 6 亿卢布，每个项目年度资助额度不超过 1 亿卢布，资助期限最长为 3 年。

3.仪器设备更新力度不减

在"基础设施"联邦项目框架内，联邦财政预算用于主要科研机构更新仪器设备的投入超过 83 亿卢布。此前，在国家"科学"计划的框架内，已对 44 个联邦主体的 248 家科研机构更新仪器设备进行了资助，总额达 176 亿卢布。

4.两艘无限航区科考船同步开建

在"基础设施"联邦项目框架下，总预算为 284 亿卢布、可在北极条件下工作的两艘无限航区科考船开始建设，预计在 2024—2025 年交付使用。两艘科考船分别以海洋学、水文物理学和水声学家伊里切夫院士和海洋地质学奠基人利西岑院士的名字命名。

5.新增 100 个青年科学家实验室

在"地区、行业和研发人力资源"联邦项目框架下，2021 年俄罗斯在高校和科研机构，特别是在世界级科教中心内，新建 100 个由具备潜力的青年科学家领导的实验室，青年科学家比例不低于工作人员总数的 70%。对此，俄罗斯 2021—2023 年每年将拨款约 18 亿卢布。

（三）启动"优先事项 2030"国家计划项目

2021 年 6 月，俄罗斯政府启动了历史上最大规模的国家支持大学发展计划——"优先事项 2030"，以取代此前的"5-100 计划"，成为俄罗斯未来 10 年提振科教实力的重要引擎。该计划的目标是至少建立 100 所领军的综合性大学、地区和专业类大学（医学、交通、农业、师范）及文化和艺术大学。到 2022 年年底，"优先事项 2030"计划的总资助额将超过 470 亿卢布。资助分为基础部分和特别资助部分，2021 年度基础资助遴选出 106 所高校，均获拨 1 亿卢布；在此基础上遴选出 46 所，给予 1.42 亿～9.94 亿卢布的特别资助。俄罗斯副总理切尔尼申科表示，通过"优先事项 2030"计划，预计 2030 年前俄青年科学家数量将增加 70%，硕士研究生数量或将增加超过 60%，专职教师和科研工作者数量将增加 22%。

（四）出台基础科学研究长期规划

2021 年 1 月，俄罗斯政府出台《俄罗斯联邦基础科学研究 2021—2030 年长期发展规划》，旨在获取更多有关人类、社会及自然的构建规律、功能及发展的新知识，促进国家科技、社会经济及文化稳定发展，维护国家安全，确保俄罗斯长期在世界科技秩序中处于科技强国地位。对此，俄罗斯政府将在未来 10 年提供超过 2.1 万亿卢布的经费支持。

（五）科技管理体制改革深入推进

1. 设立俄联邦科学和技术发展委员会

2021 年 3 月，俄罗斯政府成立俄联邦科学和技术发展委员会，作为联邦政府的一个常设机构，协调、规划和管理国家科技政策，协助规划国家研发预算，每年定期向总统科教委员会提供关于国家科技政策的相关信息等。委员会由俄副总理切尔尼申科担任主席，科教部部长法利科夫任副主席，委员会成员包括主要部门负责人、俄科院院长、议会两院代表和国有企业负责人，共计 46 人。

2. 基础研究基金会并入科学基金会

2020 年 11 月，俄罗斯总理米舒斯京宣布将基础研究基金会并入科学基金会。2021 年并入工作已顺利完成，3 月，基础研究基金会官网宣布取消基础科学研究（a 类）项目；4 月，科学基金会启动新项目申请受理，遴选出的项目将于 2022 年启动，预算为 30 亿卢布。

（六）科技安全举措升级

1. 科技创新赋能国家安全战略

2021 年 7 月，俄罗斯总统普京批准新版《俄罗斯联邦国家安全战略》，更加突出了科技创新的战略地位，重申了俄罗斯在基础研究和应用研究领域的巨大潜力。《俄罗斯联邦国家安全战略》强调俄联邦科技发展的目标是确保国家的技术独立性和竞争力，实现国家发展目标和完成国家战略重点任务。

2. 关键基础设施禁用外国电子产品

普京总统下令禁止在关键基础设施中使用外国电子产品。2021 年俄政府大幅增加对无线电行业的预算拨款，3 年内总拨款额将达 2790 亿卢布。因外国电子产品进口受限制，2021 年本国电子产品在俄罗斯可管控类市场的销量额增至 3500 亿卢布。

3.电子产品强制预装本土软件

2021 年 4 月正式生效的关于在进口智能手机及其他电子产品上强制预装俄产软件的法令规定需在手机、平板电脑等电子设备上强制预装本土软件，同时对智能电视也有相应规定，还规定计算机上必须预装俄语版浏览器、办公软件和防病毒软件等。

（七）构筑青年科学家发展"理想之城"

1.青年科学家法律地位确立

2021 年 3 月，普京总统对科教部建议将"青年科学家"的概念引入《科学和国家科技政策》联邦法表示支持，根据相关提案建议，将 35 岁以下专业从事科技活动的公民视为青年科学家，承认其特殊地位并为其职业活动创造条件，此外还规定了国家将以奖学金、奖金、补助金和购房津贴等形式支持青年科学家。

2.减轻青年科学家后顾之忧

俄罗斯要为青年科学家提供一流的工作环境，更要提供舒适的生活条件，包括在国家计划"为俄罗斯居民提供经济适用的舒适住房和公共服务"框架下单独设立"青年科学家"类别，服务年限要求减至 3 年，并将大学教师纳入计划。2022 年前，将增加 1000 个博士研究生招生名额并持续扩招到 2024 年。

3.设立总统青年研究项目

2021 年 4 月，俄罗斯科学基金会专门设立总统青年研究项目，规定参加项目评选的必须是青年科学家。从 2018 年开始，俄罗斯科学基金会每年为 2.22 万名 39 岁以下青年科学家参与的项目提供总额为 80 亿～ 110 亿卢布的经费支持。

三、重点领域的专项计划和部署

（一）基因组学

1.遗传技术开发计划执行期延长

2021 年 11 月，普京总统宣布将《2019—2027 年联邦遗传技术开发科技计划》延长至 2030 年，以满足该领域所需资金。2019—2027 年预算为 1270 亿卢布，过去 3 年已拨款 73 亿卢布。2021 年度 19 个基因技术领域科研院所获批 58 亿卢布，15 个生物资源数据库领域科研院所获批 26 亿卢布，执行期限为 3 年。

2. 构建国家遗传信息库

根据普京总统指示，俄罗斯将建立国家遗传信息库。2021 年 7 月，联邦科技计划执行委员会向政府提交对建立国家遗传信息库方案的审议结果。10 月，戈利科娃副总理介绍了国家遗传信息库建设进展，目前已对 100 多个包括高致病性危险生物资源藏品进行了全面清查，对各类微生物、动植物和人类 DNA 样本进行了分类保存。

（二）信息技术与数字经济

1. 设立神经接口技术计划

2021 年 6 月，俄罗斯科学院与莫斯科大学联合提出设立"大脑、健康、智能、创新 2021—2029"联邦计划，普京总统赞同并责成政府进一步完善。该计划预算为 540 亿卢布，资金由"科学""医疗保健""劳动生产率与就业支持""数字经济"等国家计划提供。

2. 签订人工智能道德公约

2021 年 10 月，俄罗斯人工智能联盟和联邦储蓄银行、俄罗斯天然气工业股份公司、Yandex 等几家公司共同签署了 AI 道德公约，确立了指导人工智能利益相关单位开展活动的一般道德原则和行为标准。该公约适用于人工智能技术在创造（设计、建造和试验）、实施和使用等所有阶段道德方面相关的、目前尚不受俄法律或其他监管机构监管的活动。

（三）新能源与生态

1. 颁布温室气体减排战略

2021 年 11 月，俄罗斯政府批准《2050 年前温室气体减排社会经济发展战略》，表明俄罗斯将在经济可持续增长的同时实现温室气体减排，在 2060 年前实现碳中和。战略最早将于 2022 年开始落实，2023 年启动企业强制性碳报告制度。

2. 出台氢能发展构想

2021 年 8 月，俄罗斯政府批准《2024 年前氢能源发展构想》，将未来氢能源发展规划为 3 个阶段：第一阶段，2024 年前建成集生产、出口为一体的氢能源项目产业集群，在国内市场使用氢能源；第二和第三阶段，2035 年前和 2050 年前主要建设以出口为导向的生产项目，在各个经济领域系统使用氢能源技术。

3.制定气候变化与生态发展规划

2022 年 2 月，普京责成俄政府制定并批准《俄联邦 2021—2030 年气候变化与生态发展规划》，旨在提高俄气候变化和生态发展领域科技活动的效率，保障国家生态安全、改善环境状况、应对气候变化，确保国家社会经济持续平衡发展。

（四）核科学与技术

1.建设第四代快中子反应堆

2020 年 12 月，俄罗斯总理米舒斯京表示，俄政府将拨款近 650 亿卢布用于建设基于第四代多用途快中子反应堆的核研究装置。新一代反应堆将用于试验热能和电力生产，以及放射性废物处理技术。

2.推进同步加速器和中子研究基础设施升级

2021 年 5 月，俄罗斯科教部启动一项为同步加速器和中子研究及基础设施提供资助的计划，旨在创建同步加速器和中子研究领域世界领先的研究团队。项目参与者应以解决同步加速器和中子研究中新的基础和应用问题为目标。根据研究方向最高资助额将在 1.165 亿～ 3.66 亿卢布，资助期限为 3 年。

四、应对新冠肺炎疫情相关举措

（一）科技抗疫重大研发部署及主要进展

在疫苗注册生产与研发方面，目前俄罗斯共注册 6 款新冠疫苗，除"卫星 V"和"EpiVacCorna"外，2021 年又相继注册了"CoviVac""卫星 Light""EpiVacCorona-N""卫星 M"。俄罗斯在丘马科夫联邦科学中心开设了 COVID-19 疫苗生产平台。此外，"加马列亚"流行病学和微生物学国家研究中心正在进行有关鼻喷新冠疫苗实验。

在药物研发与生产方面，俄罗斯恩格尔哈特分子生物学研究所与生物医药署联合开发出一种单克隆抗体药物，可中和包括德尔塔和伽马变异毒株在内的新冠病毒，该药物的有效性在实验室测试中得到证实，服用一剂药物可将病毒载量降到十万分之一。俄罗斯已在圣彼得堡疫苗和血清研究所的基础上开设重组药物生产基地。

（二）重点政策举措及主要成效

2021 年 4 月，俄罗斯宣布打造"防疫盾牌"计划，旨在保障民众健康安全并能够对新生物挑战防患于未然。副总理戈利科娃表示，2024 年前将配备 240 个跨国界检查站快速检测病毒；2030 年前建成 36 个高级别生物安全实验室并培养传染病方面高级人才。主要目标是在 24 小时内识别未知感染、4 天内研发出新感染的检测试剂和 4 个月内研发出相应疫苗。

2021 年 11 月，米舒斯京签署政府令，将抗新冠病毒药物简化注册程序，将已签发的临时注册证书及抗新冠病毒药物使用许可证有效期延长至 2023 年 1 月 1 日。

（执笔人：牛丽萍　郑世民）

◎ 乌 克 兰

2021 年乌克兰科技发展整体稳定，国家科研机构的科研经费得到保障，受新冠肺炎疫情影响较小，但企业科研机构无论是数量还是科研经费投入规模都大幅减少。乌克兰科技发展面临的最大问题仍然是科研投入维持在很低的水平，这限制了其优质人力资源发挥潜力，并导致人才流失和老龄化等问题，在世界前沿领域科技研发中参与度逐渐下降。

一、科技创新整体实力

（一）科技创新能力排名

2021 年乌克兰全球创新指数（GII）排第 49 位，与 2020 年相比下降 4 位，在 39 个欧洲国家中排第 32 位，在中低收入国家组中排第 3 位，其创新表现高于发展水平预期。其中，乌克兰研发投入指标排第 76 位，研发产出指标排第 37 位，研发投入产出效率高于世界平均水平。在评价全球创新指数的 7 个指标中，乌克兰在"知识和技术产出"（33）、"人力资本和研究"（44）、"创意产出"（48）和"商业成熟度"（53）这 4 个指标中评分较高，在"市场成熟度"（88）、"制度"（91）和"基础设施"（94）这 3 个指标中评分较低。

根据全球创新指数、彭博创新指数、全球竞争力指数、欧洲创新记分牌创新指数和全球人才竞争力指数中乌克兰的排名和分析，自 2014 年以来，乌克兰国家和企业在创新方面没有积极的政策和突破性进展，乌克兰创新竞争力的基础是人力资本优势、较高的教育水平和知识成果产出。影响乌克兰创新能力的主要因素包括国家机构薄弱、科研投入低、知识产权保护不足、创新环境差和没有良好的金融体系支持创新发展。

2021 年联合国贸易和发展会议报告针对下一阶段技术浪潮的准备程度对各

国按照"就绪指数"进行了评价，乌克兰在158个国家中排第53位，在教育水平、专利和出版数量、工业高科技水平等方面评分较高，在信息技术基础设施和私营企业融资渠道方面评分较低。

（二）研发投入及产出情况

2021年乌克兰政府研发预算比2020年增加18%，达到120亿格里夫纳（1美元约合28格里夫纳），占GDP的0.22%，其中较大的国家预算资金获得单位依次为国家科学院（57%）、教育科学部（16.4%）、农业科学院（7%）和医学科学院（7%）。政府科研经费分为普通科研资金（92亿格里夫纳）和专项科研资金（28亿格里夫纳），普通科研资金中60%用于基础科学研究，36%用于应用科学研究。

在全社会研发投入中，国家财政投入占43.1%，国内企业投入占19.7%。国内实体经济部门的研发需求和投入不足，无法改善乌克兰极低的科研投入水平。乌克兰政府科研预算是支持本国科研机构开展科研活动的主要来源。在极低的总体科研预算水平下，国家还不得不对基础研究、国防安全相关的科研和长期大型的社会项目进行支持。

在科研人员数量方面，乌克兰科研人员数量在连续10年下降后基本趋于稳定，最新数据显示，2020年从事科研的人员数量为78 860人，比2019年减少624人。在从事科研的人员中，研究人员占65.2%，技术人员占9.0%，辅助人员占25.8%。

在科技成果产出方面，乌克兰416个国有研发组织和机构产出科研成果14 253项，其中由普通科研资金支持的占比为75.4%，科研成果实际应用水平为55%。2020年Scopus共收录乌克兰各类出版物1.87万份，占全球发表文章数量的比例为0.4%，世界排名为第42位。在发表的出版物中，"机械工程"类占比最大（约6000篇），其次为"计算机科学"（4300篇）和"物理天文"（4300篇）。国内发明专利授予数量为1086件，与上一年度相比减少13%，获得专利数量最多的领域为"医疗设备"（105件）。获得国外发明专利数量呈现持续恶化的趋势，根据最新数据显示，乌克兰2019年获得国外专利263项，与2016年相比减少了26%。在国际科研合作方面，乌克兰与波兰科学家共同发表论文数量最多（1622篇），与中国科学家合著647篇，排第5位。合作发表文章最多的领域分别为"机械工程""计算机科学""物理天文学"和"材料科学"。

在技术成果转化方面，2020年由国家科研经费支持的项目共完成了1298项技术转化，总收入为2.258亿格里夫纳。技术转化主要发生在国内市场（96.8%），其中662项转让给了企业。

在企业研发投入和产出方面，根据乌克兰国家统计局数据，受新冠肺炎疫情因素影响，乌克兰企业研发机构由2019年的408家减少到2020年的198家，创新活跃企业占比也由 28.1% 下降到 8.5%，企业创新受到了较大冲击。国内企业用于研发的总支出为 88 亿格里夫纳，占 GDP 的 0.17%，其中大多数的科研投入用于购买机械、设备和软件。企业科研经费主要来源是企业自有资金，占创新资金总额的 85.4%，国家财政预算支持企业创新研发经费为 2.79 亿格里夫纳，占比为 1.9%。按照经济活动的类型来分，从事创新活动的企业主要集中在食品生产领域（12.1%），其次是机械和设备生产领域（6.4%）。所有企业共创造了 4066 项创新产品（商品、服务等），创新产品销售占销售总量的 1.9%。

二、综合性科技创新战略和规划

2021 年乌克兰科学领域没有出台重大的法律或战略规划，仅在之前的法律基础上进行了修订。乌克兰科学领域继续努力推进国家的欧洲一体化战略，在法律框架上积极与欧洲对接，并参加"地平线欧洲"等重要欧洲科研项目。

2021 年 4 月 14 日，乌克兰政府批准了《乌克兰科研基础设施规划 2026》，为发展研究基础设施创造必要的组织、法律和财政条件。该文件对研究基础设施状况不佳导致科研和创新活动发展受限的原因进行了分析，确定了解决办法，将建立科研基础设施体系。该规划分为两个阶段实施：第一阶段（2021—2022 年）主要是为研究基础设施的创建、实施、现代化改造和运营制定法规和程序，成立研究基础设施发展委员会负责计划的实施，建立与国际研究基础设施协会的联系；第二阶段（2022—2026 年）为实施阶段，预期结果是创建和运营至少 50 个设备集体使用中心、9 个国家重点实验室和 3 个国家研究中心，考虑到与欧洲研究区的对接，研究基础设施应配有电子交互系统，为在乌克兰引进欧洲等国家的研究基础设施创造条件。研究基础设施的创建，将使本国科学家和创新主体能够从事高水平科研活动，防止人才流失，提高研究机构国际合作水平，融入欧洲和世界研究领域，确保国家可持续发展。

2021 年 9 月 7 日，乌克兰议会通过了《乌克兰科学园法》的修正案。主要措施包括：进一步简化管理流程，提升政府行政效率；高校及科研机构可以不通过教科部审批建立科学园，并自主管理确定发展领域；高校及科研机构可以建立多个科学园；提供科学园场地租赁的优惠政策。以上措施为激活企业创新活力、提高创新和高科技产品的竞争力、推动科技成果转化提供便利。

三、重点领域的专项计划和部署

2021 年 1 月 29 日，乌克兰议会批准《乌克兰科技发展优先领域法》修正案。按照该法律规定，乌克兰科技发展的优先方向包括：关乎科学技术、社会经济政治和人类发展的基础研究；信息通信技术；能源和能效；环境科学；生命科学；新物质和新材料。

乌克兰优先领域研发支出占总研发支出的94.5%。在优先领域的研发经费中，63.8%用于基础研究，35%用于应用研究，实验发展研究仅占0.5%。按照优先发展方向计算，关乎科学技术、社会经济政治和人类发展的基础研究获得经费占比为64%，生命科学方向占比为14.4%，环境科学方向占比为7.6%，新物质和新材料方向占比为6.2%，信息通信技术方向占比为4.6%，能源和能效方向占比为3.2%。

在国防工业领域，2021年6月18日第372号总统令确定"乌克兰国防工业发展战略"，明确国防工业发展重点，提升行业科研和生产技术开发水平，加快技术改造和现代化，进一步提升了科研在发展国防工业领域的重要性。

四、科技管理体制机制改革

2021年4月7日，根据乌克兰政府发布的"2021年优先行动计划"，乌克兰教科部发布"2021年度乌克兰教育和科学领域发展行动计划"。在科技创新改革方面，主要任务和措施为建立有效的科研和创新基础设施，确保科学家拥有现代化的科研设备。

确保融入欧洲和世界研究科研领域。2021年2月10日，乌克兰教科部发布第167号令，批准乌克兰"融入欧洲研究区路线图"，这是一份涵盖多边进程的战略文件，系统地支持科技创新活动。

优化科技创新发展优先领域管理系统，以实现可持续发展的目标。2021年8月18日，乌克兰政府批准了"2021—2022年最重要的科学技术（实验）发展清单"，该法令的实施将促进国家预算资助科技发展和应用，以满足国家优先需求和可持续发展。该法令批准支持27个研发项目，总研发经费为3648万格里夫纳。

开发科学技术、科技应用和创新活动的数字服务体系。2021年5月25日，乌克兰教科部公布《至2026年教育科学数字化转型概念草案》，介绍了教育科学领域数字化转型的系统战略愿景，主要目标是实现科研领域流程透明化、便捷化和高效化，增加科研数据的可访问性和可靠性。

乌克兰国家科学院改革继续推进。2021年主席团审议批准了"关于乌克兰国家科学院改革部分措施"的决议，主要改革内容包括：改善科学院机构组成，确保科学活动发展；提高分支机构科研经费使用效率；提高科学院土地使用效率；设立科学院改革问题协调委员会，监督改革实施情况，进一步明确科学院全体会议程序和选举过程，调整科学院管理层结构，明确地区科学中心地位，以及支持青年科学家等措施。

五、国际科技合作政策动向

2021 年乌克兰继续推进融入欧洲的整体战略，在科研领域与美西方合作日益紧密。乌克兰融入欧洲研究区是乌克兰与欧盟联合协议实施的一部分，根据该协议第 375～376 条规定，欧盟支持乌克兰科学管理体系和研究机构改革和重组、参与欧盟科技创新研究项目、开展联合研发。在双边科技合作领域，2021 年乌克兰与 13 个国家开展 120 个双边合作项目，一半以上是欧盟成员国，此外还包括中国、美国、以色列和韩国等，正在建立与土耳其、日本、巴西和斯洛伐克的双边科技合作关系。中国一直是乌克兰的重要科技合作伙伴，乌对华的科技合作始终保持开放的态度。2021 年中乌政府间科技交流项目的申报数量高达 185 项，与上届相比呈现翻倍增长，乌教科部支持 15 项，是与所有国家的双边科技合作项目中支持数量最多的。

（执笔人：崔成鑫）

◉ 日　　本

　　在世界秩序面临重组、新冠肺炎疫情蔓延的背景下，日本深入分析未来经济社会前景，持续出台综合性科技创新政策，强化重点领域专项部署，健全科技管理体制机制，深化与欧美发达国家的科技合作，基础科研成果不断涌现，产业科技优势驱动转型，科技创新实力得到进一步加强。

一、科技创新整体实力

（一）全社会研发投入

　　根据日本总务省于 2021 年 12 月发布的《2021 年科学技术研究调查结果》，日本 2020 年度全社会研发经费总额为 19.2365 万亿日元，比 2019 年度减少 1.7%。研发经费投入强度为 3.59%，比上年增长 0.08 个百分点。在研发经费投入来源中，政府投入 3.3601 万亿日元，占比为 17.5%，民间投入 15.7802 万亿日元，占比为 82%，海外投入 962 亿日元，占比为 0.5%。

　　在研发经费使用方面，企业为 13.8608 万亿日元，比上年减少 2.5%，占研发经费的比重为 72.1%；大学为 3.676 万亿日元，比上年减少 1.2%，占比为 19.1%；非营利组织和公立机构为 1.69 万亿日元，比上年增加 3.4%，占比为 8.8%。

（二）科技人才发展

　　截至 2021 年 3 月 31 日，日本共有研究相关从业者 111.23 万人，比上年增长 0.9%。研究人员人均研究经费为 2160 万日元，比上年减少 2.8%。女性研究人员数量为 16.63 万人，在研究人员中占比为 17.5%，比上年增长 0.6 个百分点，已连续 10 年保持增长。

（三）科技论文及专利产出

根据日本科学与学术政策研究所的统计方法，2019 年日本在自然科学 22 个领域发表论文数为 65 742 篇，排在中国、美国和德国之后列第 4 位。在论文质量方面，2019 年日本入围前 10% 论文数为 3787 篇，位居中国、美国、英国、德国、意大利、澳大利亚、加拿大、法国、印度之后列第 10 位；入围前 1% 论文数为 322 篇，位居美国、中国、英国、德国、澳大利亚、加拿大、法国、意大利之后列第 9 位。

根据日本 2021 年专利行政年度报告的数据，日本专利局受理的专利申请数量近年一直呈减少趋势，但截至 2019 年仍保持在 30 万件以上。2020 年专利申请数量下降至 288 472 件，其中日本专利局受理的 PCT 国际专利申请数量为 49 314 件，较 2019 年下降 4.5%，但仍保持在较高水平。从 2020 年企业专利授权数量来看，佳能公司（3680 件）排首位，其后依次是三菱电机（3626 件）和丰田汽车（2714 项），海外企业排名前三的依次是高通公司（679 件）、LG（650 件）和华为（569 件）。

（四）科技创新整体实力

根据 IMD 发布的《2021 年世界竞争力年鉴》，2021 年竞争力排前 5 名的经济体依次是瑞士、瑞典、丹麦、荷兰、新加坡，日本从第 34 位上升到第 31 位。

在《2021 年全球创新指数报告》的排行榜上，排前 3 名的国家为瑞士、瑞典和美国，日本排第 13 位，其他进入前 15 名的亚洲经济体有新加坡（第 8 位）、中国（第 12 位）。

二、综合性科技创新战略

（一）发布"第六期科学技术与创新基本计划"

2020 财年结束之际，作为指导 2021—2025 年科学技术与创新发展的纲领性规划，日本政府发布了"第六期科学技术与创新基本计划"，其主要内容如下。

①建设韧性社会，确保安全舒适的生活和可持续发展。具体措施有：推动利用大数据、人工智能等技术解决全球问题；深化发展循环经济，2050 年实现碳中和；以社会需求为导向，推动初创企业发展；推动多领域合作、任务导向型研发；深化发展科技外交，形成战略性国际合作网络等。

②强化研究能力构建与完善创新研究的科研环境，拓宽博士人才职业发展路径，构建新型研发体系，提高国家竞争力，深化大学改革等。

③培养人才，增强人才实力。从小学、初中阶段培养学生的好奇心和对数

理化课程的兴趣，在大学阶段通过个性化课程满足个人多样化的学习需求；面向"人生百年时代"强化终身学习理念，鼓励兼职等灵活的人才流动方式。

④强化鼓励科技创新的政策。一是提高研发资金从来源到使用的灵活度，创造新的知识和价值；二是政府与民间合作，共同推进战略性研发活动；三是强化综合科学技术创新会议（CSTI）的核心领导职能。

"第六期科学技术与创新基本计划"（简称"第六期基本计划"）延续了第五期基本计划的理念，将建设"社会5.0"作为未来5年的发展目标。但在第五期基本计划的基础上，新的基本计划又有了更加具体的调整与部署。一是根据《科技基本法》的修订，调整了计划的名称与内容。2020年6月日本将沿用了25年之久的《科技基本法》修订为《科技与创新基本法》。《科技与创新基本法》强调对人文社会科学的振兴，以及提升创新能力的重要性。与此相对应，在其指导下制定的基本计划，也由原来的"科技基本计划"更名为"科学技术与创新基本计划"。新的基本计划增加了振兴人文社会科学领域的内容，提出通过人文社会科学知识与自然科学知识的融合来创造"综合知识"，并运用"综合知识"解决人类社会面临的发展问题。二是提出了"社会5.0"的具体概念。第五期基本计划首次提出了"社会5.0"概念，但并没有具体描述这一概念。在第六期基本计划中，"社会5.0"具体被阐述为"确保国民安全与安心的可持续发展的强韧社会"和"实现人人多元幸福的社会"，它还提出，应把这与"信赖"和"分享"的日本传统价值观相结合，将其作为"社会5.0"的整体概念向世界展示日本未来社会的新愿景。三是提出了实现"社会5.0"目标的三大支柱。具体包括：实现数字化社会变革、强化研究能力和培养人才；注重以数字技术推动产业"数字化转型"，建设脱碳社会，加强5G、超级计算机、量子技术等重点领域的研发；注重对博士人才的支持，鼓励女性研究者做出贡献。

（二）实施"科技与创新综合战略2021"

2021年6月，日本政府通过了"科技与创新综合战略2021"，该战略根据第六期基本计划提出2021—2022年度的重点任务与措施，成为下年度科技预算安排的基本依据。该战略提出了五大任务。一是推动构建可持续韧性社会：通过创设数字厅推动服务升级与产业发展；推动6G、先进半导体技术开发，布局新一代数据中心；研发节能、可再生能源、核电等创新环保技术，实现碳中和；开展应对自然灾害、基础设施老化、网络攻击等威胁的研发；强化以核心城市为中心的创业扶持体系，推动建设智慧城市等。二是强化研究能力：改善科研环境及研究人员待遇，落实对博士生的支持政策；推动构建开放和数据驱动型的研究体系；推动大学改革等。三是强化人才培养：推动实施"GIGA学校"构想，充实"STEAM教育"，探讨特长生教育环境改善问题；推动改善企业员工再教育环境等。四是加强产学研合作：推进各领域战略，落实 AI 战略、量子战略、疫苗战略、生物战略等；开展世界最尖端研发活动，推进基地建设及人才培养等；将产学研合作作为解决健康医疗、航天、海洋、食品及农业、林业和渔业等相关领域问题的有效途径。五是激活资金循环：为引领国际研发竞争，推动创新，未来 5 年政府研发投资目标为 30 万亿日元，政府与民间合作投资目标为 120 万亿日元。六是强化综合科学技术创新会议（CSTI）的核心领导职能：利用 AI 技术推进 e-CSTI 系统的建立，把握第六期基本计划的进展情况，强化 e-CSTI 的政策制定功能及确保政策的有效性，提升政策的整体制定和执行水平，实行基本计划与综合战略联动的政策评价标准。

三、重点领域专项部署

（一）发布半导体和数字产业发展战略

2021 年 6 月 4 日，日本经济产业省发布了"半导体和数字产业发展战略"，从半导体产业、数字产业、数字基础设施三个方面提出了推进措施。

①半导体产业方面。一是确保尖端半导体的研发和生产能力。运用日本在装备制造和元器件方面的产业优势，与国际先进制造商共同研发尖端半导体技术，为实现尖端半导体量产化，探索与国外先进企业合作办厂，提高本国制造能力，以产业技术综合研究所（AIST）为核心，充分发挥纳米科技创新基地（TIA）的作用，加强与国外研发机构的合作。二是强化面向数字化的投资和尖端半导体的设计研发，设计开发先进的逻辑半导体，促进面向数字化的投资，充分利用"后 5G 研发工程"支持半导体研发活动，升级"富岳"超级计算机的计算系统。三是促进绿色创新，实现数字化和绿色化协调发展，提高数字设备和电子元件所用半导体的性能，降低能耗，研发一批新型半导体。四是提高半导体产业水平和韧性，以现有半导体企业为基础，确立核心基地的发展目标和参与力量，促进创新。通过国际合作培养技术和经营性人才，发挥金融、税收、会计等制度的支持作用，重组和拓展产业链，促进本国半导体产业升级，在全球开发新用户，增强供应链的韧性水平。

②数字产业方面。一是发展优质云产业。在政府管理、产业发展、基础设施建设等领域推广"优质云"服务，根据应用场景和服务类型构建有针对性的服务体系，通过政府采购等手段促进日本标准的构建和推广，支持各类示范项目和研发活动。二是培育扎根于日本的数字产业。与开发运用云技术的数字企业合作，培养数字产业的技术人才，促进初创企业发展。构建数字行业指南，描绘数字企业发展愿景，展示数字转型的成功案例，运用金融、税收等措施促进数字企业发

展。确保数字社会的安全性，使日本从"以开发为中心"向"以应用为中心"的数字社会转变。

③数字基础设施方面。一是促进国内数据基地建设。日本现有的数据基地集中于东京和大阪，从风险应对和韧性发展的角度来看存在诸多问题。数据基地需要配备电力、信息通信等各类基础设施，单靠运营商的力量难以对基地建设大幅投入，政府将根据数据基地建设的需求，通过一揽子政策支持数据基地的选址、布局和建设。例如，制订选址计划，利用大学现有数字基础设施和工业园区设施等开展建设。二是建设绿色数据基地。数据中心选址的重要条件是电力成本，而日本目前电力成本较高，在全球碳中和的背景下，运营商也倾向于使用可再生能源的绿色数据中心。未来将进一步开展节能工作，制定节能措施和数据中心节能绩效评价标准，引导政府采购和民间投资向绿色化方向发展。三是更新完善5G等通信基础设施。今后将运用各类政策手段，在国内普及建设安全可靠、开放的5G基础设施，以总务省为核心，支持光纤、海底电缆、5G研发战略、新型信息通信等技术的研发活动。除了在人口密集区域部署通信设施，还要发展高级设施基站（HAPS）、低轨卫星等新型基础设施技术。

（二）出台"农业创新研究战略2021"

2021年，农林水产省发布了"农业创新研究战略2021"，聚焦智慧农业、农业环境和生物技术三大领域创新。

在智慧农业方面，一是利用机器人等已有技术构建数据驱动型作物生产系统；二是培育租赁、共享等方式的智能农业社会化服务体系；三是利用农业大数据综合平台实现跨品牌农机数据合作；四是推进农产品供应链数据化；五是构建智能食品价值链。

在农业环境方面，一是全面解析和有效利用土壤微生物所具有的功能；二是利用智能高端技术减少对农药、化肥的使用；三是开发低能耗、大功率纯电动发动机；四是开发生物炭、蓝碳等固碳储碳技术；五是构建新型农村能源管理体系；六是建立人畜共患病和跨境病虫害监测预警系统。

在生物技术方面，一是解析人体肠道菌群、遗传因子与健康功能之间的关系；二是开创和扩大健康饮食产业；三是通过食品技术革命推出个性化最优饮食方案；四是建立现代育种平台；五是开发适应气候变化的超级作物；六是立足地区资源整合，促进农村创新创业。

（三）制定钢铁产业脱碳发展技术路线图

2021年10月，经济产业省发布钢铁产业脱碳发展技术路线图，引导钢铁业界的脱碳转型投资。钢铁业是日本制造业中二氧化碳排放最多的行业，此次率先发布了脱碳发展技术路线图。该路线图以 2050 年实现零碳排放为目标，提倡钢铁业在高炉、电炉、连铸、轧制等不同工序深挖节能潜力，同时规划了高炉制铁和直接还原制铁中"以氢代煤"为主线的技术路线图。高炉制铁将于 2030 年前完成"炉内氢利用"还原制铁技术和二氧化碳分离回收利用技术的实证试验，并进入实用阶段；2040 年后"外部氢利用"还原制铁技术进入实用阶段；直接还原制铁将于 2030 年开始采用"部分氧直接还原"制铁技术，2040 年开始采用"100%氢直接还原"制铁技术。

（四）发布第六版能源基本计划

2021 年 10 月，日本政府正式发布第六版能源基本计划。计划的核心内容为2050 年实现碳中和，确保以尽可能低的成本实现稳定的能源供应。计划还首次提出"最优先"发展可再生能源，并将 2030 年可再生能源发电所占比例从此前的 22%～24% 提高到 36%～38%，将 2030 年天然气和煤炭发电占比分别降至20% 和 19%。与 2018 年发布的第五版能源基本计划相比，第六版能源基本计划未提出增设核电站，该计划中的核电占比目标没有变化，到 2030 年仍将维持在20%～22%。

（五）明确"宇宙基本计划"工程表重点事项

为扎实推进 2020 年制定的"宇宙基本计划"，2021 年 6 月，内阁府明确"宇宙基本计划"工程表重点事项。

一是确保宇宙空间安全，稳步发展准天顶卫星系统、信息采集卫星、通信卫星 SSA 卫星，有效利用小型卫星星座；探讨与美国合作开发用于导弹防御等的卫星星座；为民营企业制定空间系统网络安全措施指南，加大民营企业参与力度。二是推动官民合作开发观测卫星及防灾减灾系统；着手在 2023 年制造多任务同步执行的气象卫星；开发温室气体观测技术卫星，开发针对森林温室气体摄入和排放测量的高精度新型传感器；降低太空运输系统成本，以推动太空光伏发电实用化。三是通过空间科学和对其的探索创造新知识。为实现 2029 年从火星采样返回地球，将在 2024 年发射火星卫星 EX（MMX）飞船；根据阿尔忒弥斯计划，将继续推进网关设备的研制、小型登月演示飞机（SLIM）的月球表面数据获取和月球极地探测计划，与企业界合作研发载人加压漫游车等。四是推动太空领域经济增长与创新。加强对卫星数据的使用，与地方政府合作推动数据利用解决方案的集约开发和示范，以解决区域问题，改善制度环境，强化与美国合作，推动日本航天业在亚洲取得核心地位。推动民间企业对月球表面等外层空间的资源勘探和开发。五是加强包括工业和科技基础设施在内的综合基础设施，加速构建日本制小型卫星星座，打造具有国际竞争力的产业基地。支持人工智能空间计算、光通信、量子密码通信、卫星星座所需基础技术研发。计划 2022 年完成 H3 火箭开发，并在 2023 年发 Epsilon 火箭。结合高校教育科研的情况，为学生提供参与前沿研发活动和微型卫星、探空火箭等研发和运营的机会。推进数据处理技术、人工智能、卫星开发数字化技术等领域的人才开发等。

四、管理体制机制方面的重大变化

（一）成立数字厅

2021 年 9 月，日本政府正式成立负责行政数字化的最高管理部门数字厅，统一日本中央和地方政府使用的数据系统，推进行政手续线上办理。为改善新冠肺炎疫情下日益突出的数字行政滞后问题，将努力实现用智能手机在 60 秒内完成所有行政程序，未来将致力于促进日本各中央政府机构、各地方政府之间行政运营系统的标准化，提高行政手续线上操作便捷性，削减行政运营成本。

（二）建立经济安全保障体制

建立经济安全保障体制的工作于 11 月正式开始，未来将加速制定《经济安保推进法案》，力争向 2022 年例行国会提交法案，其中将写入支持高科技研发、强化电子设备不可或缺的半导体等战略物资的供应链、提升通信等主要基础设施产业的安全性对策及防止重要技术信息外泄而不公开专利等内容。

（三）设立大型专项基金资助国立大学

为建设世界顶尖的研究型大学，强化对大学的长期、稳定资助，计划设立针对国立大学的大学资助制度，创设大学基金，用于弥补大学经费不足、建设世界顶尖研究型大学。

计划政府出资 0.5 万亿日元、财政融资 4 万亿日元，在一定时期形成 10 万亿日元的资金规模。基金将由日本科技振兴机构（JST）管理。为确保对该基金的科学合理使用，日本综合科学技术创新会议（CSTI）将设立世界顶尖研究型大学专门调查会，为建设世界顶尖研究型大学提供咨询建议。在该调查会下设立资金使用专家委员会，为基金设立与使用提供咨询建议。

（四）设立经济安全保障科技创新基金

日本政府在其 2021 年 11 月提出的 2021 年度第一次补充预算案中安排了 5000 亿日元科技与创新相关经费，拟创设可跨年度资助制度以促进经济安全保障相关研发，助力构建半导体制造等重要技术与物资的生产供给能力等产业基础架构，应对灾害和网络攻击等威胁。该基金还将支持开发预防未知传染病的疫苗，扶持创建世界顶级研究开发基地，支持培育风险企业等的研究开发等。

（五）加快研究数字化转型（DX）平台建设

政府 2021 年 11 月通过的经济对策预算中，研究数字化转型（DX）平台建设的经费预算规模达数十亿日元，将用于在大型同步辐射设施 SPring-8 上设置数据存储服务器、开发人工智能数据分析应用软件等，能提高研究数据利用效率、加强基础设施建设，从而提升产业界和学术界的研究开发能力。预计该平台将于 2023 年度启动试运行。

这次预算是将原计划 2022 年度安排的材料 DX 平台构建项目，提前安排到 2021 年度的补充预算中。平台建设内容包括：在大学和科研机构的电子显微镜和半导体加工装置等尖端公共研究设备上增加数据收集功能，进行数据积累；在 SPring-8 上设置数据服务器；针对物质粉料研究机构的服务器开发人工智能数据分析应用软件等，目前因为研究项目的测量数据量过于庞大，大部分都被放弃，以后可以对其进行存储分析。通过平台建设，完善数据存储利用研究基础设施，并向产业界开放，促进数据驱动型的研究开发，增强产业竞争力。

五、国际科技合作政策动向

（一）文部科学省推出国际共同研究加速基金

积极开展国际科技合作与交流是日本科技政策之一。在新冠肺炎疫情影响下，科技合作与交流受到较大影响，人员互访大幅减少，但部门及行业间的科技合作仍得以维系。文部科学省将在 2022 年度的科学研究费补助计划中，新增大型长期国际合作研究资助项目国际共同研究加速基金，资助世界顶级的研究领导者和由八成年轻学者组成的 20 ～ 40 人的团队开展研究活动。该基金计划 7 年资助 15 个左右的项目，每个项目最多资助 5 亿日元。

（二）强化与美国的合作，建立新的竞争力与韧性伙伴关系

2021 年 4 月，菅义伟首相访美，与美国拜登总统会谈，主张发掘同盟合作"新兴领域"，拓展共同利益基础，提出日美建立新的竞争力与韧性伙伴关系，要"领导可持续、包容、健康、绿色的全球经济复苏"，合作将涵盖经济技术竞争力创新、新冠肺炎疫情及公共卫生治理、气候变化与清洁能源开发等领域，强调在数字经济、先进通信技术等领域强化竞争力，两国已确认共同投入 45 亿美元在 21 世纪 30 年代实现 6G 实用化，并重点针对半导体供应链展开合作，两国还将在气候伙伴关系框架下主导减排协议、研发清洁能源、支持印太国家"脱碳"等。

（执笔人：王　旭）

◉ 韩　国

　　新冠肺炎疫情持续蔓延，引发国际政治经济格局深刻变革，不稳定、不确定性因素明显增多，面临一系列的经济和社会难题，韩国政府持续加大科研投入，坚持以科技创新引领经济社会发展，推动科技创新与实体经济深度融合，进一步巩固半导体等支柱产业优势地位。同时，围绕碳中和、通信、生物医药等重点发展领域，着力提升核心技术研发能力，加快新兴产业布局，推动产业结构进一步优化升级。

一、科技创新整体实力

（一）创新能力不断加强

　　在当前世界经济复苏前景存在很大不确定性的情况下，韩国坚持国家发展与企业发展相结合，坚持科技创新与加强无形资产管理相结合，不断提高自主创新能力和持续竞争力。

　　据世界知识产权组织（WIPO）发布的《2021年全球创新指数报告》，韩国在主要国家中创新指标分数上升最多，全球排名较上年上升5位，位列全球第5、亚洲第1，创下历史新高。专家分析此次排名上升得益于持续性投资带来的无形资产规模扩大。在投入、产出领域的7项评估指标中，韩国连续3年在人才资源和研究指标世界排名中占据首位。截至2020年，韩国国内知识产权申请量较上年增长9.1%；国际专利申请量较上年增长5.2%，在国际专利申请量排名中升至第4位。

（二）研发投入持续增长

1. 政府研发投入情况

2020 年，韩国科学技术信息通信部（简称"科信部"）公布的 2021 年政府研发预算为 27.4 万亿韩元，较 2020 年同比增长 13.1%。其中，主要研发预算（航空航天、能源、ICT 融合等）为 16.4 万亿韩元，同比增长 3.7%；一般研发预算（人文社会、大学教育等）为 4.1 万亿韩元。韩国政府在疫情之下仍坚持扩大研发项目经费规模，充分体现了政府高度重视科技创新发展。

按预算分配领域来看，2021 年在传染病应对、零部件及设备（含材料）、韩国版新政、创造就业岗位、中小企业技术创新发展、提高生活质量，以及以研究人员为主导的基础研究、人才培养、创新发展三大重点产业等九大领域的投入相比 2020 年大幅增加。特别是在传染病应对领域，其预算较 2020 年增加151.7%，达到 4400 亿韩元。

2. 企业研发投入情况

疫情之下，韩国企业整体研发投入稳步增长，在科学、技术服务业领域的投资增长最快，疫情加速了韩国社会数字化转型进程，数字化转型已经被企业视为业务战略中的重要一环。

韩国产业技术振兴院发布的《韩国研发投入规模最高的 1000 家企业分析数据榜》显示，以 2020 年为基准，1000 家企业研发投入额达 55.4 万亿韩元，同比增长 3.35%。

韩国大企业仍然是韩国创新主力军。其中，研发投入超过 1 万亿韩元的企业有 9 家，投入额达 34.2 万亿韩元，占全体 1000 家企业的 61.7%，分别是三星电子、SK 海力士、LG 电子、现代汽车、三星显示器、起亚汽车、LG 显示器、现代摩比斯、LG 化学。此外，近 5 年研发投入额为 1000 亿韩元以上的企业数量从2016 年的 33 家增加到 2020 年的 47 家。

二、新出台科技发展战略

（一）《量子技术研发投资战略》

该战略是韩美首脑会谈的后续措施，旨在开展持续的国际共同研究，加强韩国量子技术竞争力。其主要包括强化原创性科技攻关、构建人才培养体系、完善量子技术研究基础设施、促进技术创新及成果转化等四个方面内容。根据战略规划，韩国将在未来的 5 ～ 10 年建立 50 量子位的韩国量子计算系统，建成量子芯片实验生产车间，并培养 1000 名顶尖量子专业人才。

（二）《碳中和技术创新推进战略》

该战略是韩国政府主动寻求经济转型升级和高质量发展的重要举措，计划集中扶持开发十大核心技术，并以此为基础培育新产业。根据战略规划，将重点推进高碳产业转型升级、加强绿色低碳核心技术攻关，促进科技成果转移转化等。除每年在相关领域研发项目上投入 1000 亿韩元支持资金外，从 2023 年起的 10 年间，将追加投入 1.8 万亿韩元研发支持资金。

（三）《K- 半导体战略》

该战略以"打造世界最强的半导体供应链"为愿景，围绕构建"K- 半导体产业带"、加大半导体基础设施建设、夯实半导体技术发展基础、提升半导体产业危机应对能力四大主题，制定了 16 项重点推进课题，计划到 2030 年在韩国构建全球最大规模的半导体产业供应链，半导体出口额增加到 2000 亿美元，相关就业岗位也将增至 27 万个。

（四）《6G 研发促进战略》与《6G 研发实施计划》

《6G 研发促进战略》从国家层面对 6G 研发及产业发展进行战略布局，强调加强政府与民间合作的重要性，力争使韩国成为 6G 领先国家。《6G 研发促进战略》与《6G 研发实施计划》主要内容包括研发下一代原创核心技术、抢占 6G 国际标准制定话语权及专利技术主导权、构建研究与产业生态系统等三大基本战略。根据《6G 研发实施计划》，从 2021 年起，韩国 5 年间在 6G 技术研发、国际标准、产业设施和建设项目上投资 2200 亿韩元（约合 1.9 亿美元），力争在 2028 年实现 6G 商用化，成为 6G 时代全球领跑者。

（五）《大脑研发投资战略》

该战略在脑功能、脑疾病、脑工学等领域设立研发扶持项目，并制定了各领域核心技术重点投资项目、推进重大攻关研究项目、构建大脑研究及产业生态体系、扩大战略性研发项目投资等四大重点战略，旨在进一步加强相关领域与电子、IT 等领域的融合研究，加快脑研究核心技术攻关。根据战略规划，到 2024 年韩国将建成融合型研究生态体系，到 2030 年韩国脑科学技术将处于国际领先地位。

三、技术领域主要成果

（一）韩国新冠肺炎疫情情况及应对技术

韩国一直以来都是全球抗疫成果显著的国家之一，政府采取一系列措施来平衡抗疫和经济发展之间的关系，为此，韩国政府持续加大相关研究扶持力度，期望以科技创新破解疫情难题。韩国政府发布新冠疫苗研发战略规划，决定投资 2.2 万亿韩元支持国产疫苗研发及 mRNA 疫苗核心技术攻关，力争将韩国打造为全球五大疫苗生产基地之一。由于民众接种新冠疫苗后会出现异常反应，韩国专门成立了新冠病毒疫苗安全委员会，负责调查研究接种疫苗后出现异常反应、疫苗安全性等问题。

在国家政策扶持下，韩国基础科学支援研究院联合全北大学医学院，开发出全球首个能基本反映出重症新冠肺炎患者临床症状的"SH101 仓鼠模型"，可广泛应用于开发新冠肺炎治疗药物、疫苗及医疗器械等。截至 2021 年 11 月，SK 生物研发的"GBP510"等 11 款韩国产疫苗和韩国钟根堂纳帕贝尔坦（甲磺酸萘莫司他）、"CKD-314"等 18 款韩国产新冠肺炎治疗药物进入临床试验阶段，其中 5 款治疗药物进入Ⅲ期临床试验阶段。其中，韩国生物药企赛尔群研发的瑞奇罗那（Regkirona）中和抗体抗病毒治疗药物已经获批上市。

（二）航空航天技术

韩国航空航天实力取得进步。2021 年 3 月，韩国自主研发的精密光学地上观测卫星"新一代中型卫星 1 号"成功发射，该卫星搭载有黑白分辨率 0.5 米级和彩色分辨率 0.2 米级的光学摄像机，重量轻，耗电少，采用闪存方式处理影像数据，存储量提高约 5 倍。10 月，韩国自主研发的"世界"（Nuri）号运载火箭完成首次发射，并顺利完成了全部飞行程序，但由于三级发动机没有达到预定燃烧 521 秒目标，未能成功入轨。为加强后续研究，从 2022 年起，韩国将在 6 年间投入 6873.8 亿韩元开展相关研究，计划 2022 年先向"韩国型火箭项目"投入 1.5 亿美元，预计在 2022—2023 年成功完成 4 次火箭发射任务。韩国航空宇宙研究院计划在 2022 年年底再次进行 1.5 吨卫星搭载发射任务，此后将推进相关科技成果向企业转移，帮助企业提高技术水平，促进相关技术商用化。此外，韩国加强航空航天材料技术攻关，与乌克兰共同研发出适应超低温环境的锌合金材料，可应用于宇宙航空等领域。

（三）半导体技术

国际竞争力持续增强。三星电子将于 2022 年上半年实现 3 纳米芯片量产，芯片将采用全环绕栅极技术晶体管（GAA），效能较 5 纳米芯片提高 50%，功耗减少 50%，面积缩小 35%，设计灵活性更强；三星电子针对 5G RAN 设备研发出支持 3GPP R16 标准的新芯片产品，包括第三代毫米波 RFIC 芯片、第二代 5G 调制解调器 SoC 和数字前端（DFE）-RFIC 集成芯片等，计划 2022 年投入商用；2021 年 6 月，三星电子研发出 8 纳米射频（RF）芯片工艺技术，较 14 纳米工艺技术提升 35% 的功效；2021 年 11 月，三星电子开发出全球首款基于 14 纳米工艺的移动 DRAM 产品 LPDDR5X，数据处理速度可达 8.5 GB/s，是现有 LPDDR5 的 1.3 倍，能耗降低约 20%，显著提升 5G 应用速度、容量和能效表现。

高校科研水平不断提升。韩国成均馆大学成功开发出高耐久柔性突触半导体元件，适用于神经元系统，可应用于 AI 机器人和智能医疗领域；韩国蔚山科学技术大学和韩国浦项科技大学共同研发出新一代二维材料黑鳞，较石墨烯材料更容易控制电路开关切换，有望成为新一代半导体材料。

科技人才培养关口前移。韩国科学技术院和三星电子签署"半导体系统工程人才定向培养"协议，在该院设立半导体工程专业，共培养 500 名半导体核心人才。

（四）通信技术

韩国作为全球通信强国，2021 年的通信技术战略分两步走：一是构建完备的 5G 配套服务体系，探索完善 5G 商业模式；二是加强 6G 技术研究，挽回 5G 技术竞赛中的颓势。

在 5G 通信技术领域，持续扩大 5G 部署规模，截至 2021 年第二季度，韩国 5G 基站数量已达 16.2 万个，5G 用户增长至 1647 万人；加快完善 5G 配套服务，LG 通过 AI 技术开发出 5G AI+ 智能系统，有效解决 5G 建网初期设备使用效率低和基础网络质量波动大等问题，提升用户体验；提前布局 5G 车联网，LG 与高通合作开发 5G 车载平台，完善车载平台网络解决方案。

在 6G 通信技术领域，促进产学研协同创新，由韩国标准科学研究院（KRISS）牵头，与 LG、KAIST 签署 6G 技术共同研发协议；推进核心技术研发，LG、KAIST 与德国弗劳恩霍夫应用研究促进协会合作，实现 6G 太赫兹频段的无线信号传输，传输距离超过 30 米，是迄今为止实验能达到的最远传输距离；三星研究院在美国顺利完成 6G 无线传输实验，在 140 GHz 频段内实现 15 米的无线数据传输。发挥政府创新引领作用，韩国电子通信研究院（ETRI）研发出 5G/WiFi 无缝切换技术，能实现 5G 网络和 WiFi 网络之间无缝切换，目前已申请 30 项相关专利；推进各部门与 LG、KT 等通信龙头企业合作，开展 6G 技术研究，促进成果转移转化。

（五）碳中和

加紧绿色低碳技术研发，政府召开第四次氢经济委员会会议，会议确定韩国氢能基础设施建设规划，计划 2022 年建设 310 个加氢站，到 2050 年建成 2000 个以上加氢站，并发布"第一次氢经济实施基本计划"，包含 4 个战略 15 个课题。氢制储技术取得进展，韩国蔚山科学技术院利用海水电池开发出氢存储系统，有效提高利用效率；韩国能源技术研究院研发出减缓海水制氢过程中无机物沉积速度的技术，进一步提高制氢效率。构建动力电池回收再利用体系，由政府牵头成立废气电池循环使用联盟，建立废气电池回收、再利用、再制造生态体系，官产学研协同开展相关技术研发，核电研究取得突破，韩国自主研发的"人造太阳"超导核聚变实验装置（KSTAR）成功在一亿摄氏度高温下运行了 30 秒，刷新世界纪录，在真空容器内产生的温度相当于太阳的 8 倍。

（六）材料技术

加强新材料在医疗领域的应用。韩国科学技术院开发出适用复杂形状的 3D 可穿戴电子设备的设计和制造技术，能确保穿戴者在最小误差内接收多样的生物信号，准确测量和传递信息；韩国大邱庆北科学技术研究院研发出以人源干细胞为基础的"微型机器人"，可用于脑部疾病微创治疗技术。能源材料取得进展，韩国电气研究院开发出新一代硫化物全固体电池，可进行 260 次以上的安全充放电，具有使用寿命长、成本低、传导性好等优点。解决半导体材料"卡脖子"难题，韩国电子通信研究院开发出低温固化（100 摄氏度以下）和高分别率（像素小于 3 微米）的光刻胶技术。 加快绿色低碳新材料研究。韩国三养集团利用硝酸异山梨酯开发出新一代碳中和型生物塑料，与石油提取生物降解塑料相比，具有韧性强、在土壤中自然降解速度更快等优点；韩国 SKC 与日本 TBM 通过融合石灰石和其他降解材料研发出"生物降解 LIMEX"较一般生物降解技术具有价格低廉的优势，计划 2023 年投入商用。

四、国际科技合作政策动向

疫情之下，韩国立足国家发展战略，综合研判未来国际发展趋势，主要就抢占 6G 技术制高点、实现双碳目标、抓住新一轮半导体景气周期三大主线开展一系列国际合作。

（一）国家层面科技合作情况

与美科技合作愈加紧密。时任韩国总统文在寅 2021 年 5 月访美，与美方就加强信息安全建设、加快未来核心技术攻关、对美产业投资等方面达成合作共识，并将以保障半导体氢燃料电池等领域供应链安全为核心建立产业同盟关系；韩国科学技术信息通信部部长访美，与美国就量子技术、6G 技术、Open Ran 技术等达成一系列合作共识，还加入美国制定的《阿尔忒弥斯协议》，在航空航天领域加强合作；韩国产业通商资源部与美国国家标准学会签订《韩美标准合作对话（S-Dialogue）谅解备忘录》，建立尖端技术领域的战略标准合作伙伴关系，就标准化交流、制定等展开合作。

与领先国家合作进一步深化。2021 年 12 月，时任韩国总统文在寅与澳大利亚总理举行会晤，两国决定在碳中和、氢经济等未来产业领域建立战略合作关系，并签署《碳中和技术落实计划及清洁氢能经济合作谅解备忘录》等；同欧盟、美国、中国、日本、瑞典等应对气候变化的主要国家和地区建立合作机制，共同推进碳中和领域的研究，加强相关领域的合作，创新应用智能信息技术为碳中和路径开创新成果。

与发展中国家谋求共同发展。同越南、秘鲁等发展中国家签署双边气候变化合作协定，设立双边温室气体减排联合研究项目。提高对外援助中的绿色援助比重，积极利用绿色气候基金（GCF）、全球绿色增长研究所（GGGI）等韩国申办的国际机构，为发展中国家应对气候变化做出贡献。

（二）领域层面合作情况

6G 技术领域与美合作频繁。韩国 LG、KAIST 分别与美国 Keysight Tecnologies、日本运营商签署谅解备忘录，在 6G 频谱技术等领域开展联合研究，未来将共享研究成果，共同参与制定国际标准。三星美国研究中心（SRA）将获得美国得克萨斯州实验室一带 133 ～ 148 千兆赫（GHz）频段使用许可，用于 6G 技术研发。

碳中和领域促进科研成果转移转化，持续提升国际竞争力。现代汽车在中国建设第一家海外氢燃料电池工厂，预计 2022 年下半年竣工。向欧洲出口 Q-cell 太阳能电池专利技术，该技术可将通过芯片的阳光在电池芯片组内进行多次反射，从而提高发电效率。同美国企业合作研发燃料电池核心技术，并应用于韩国液化天然气（LNG）运输船、穿梭游船等船舶，进一步巩固韩国在未来环保船舶领域的技术领先地位。

半导体领域韩美不断深化合作。三星电子将在美国投资 170 亿美元建设半导体委托生产工厂，负责生产 5G、高性能计算机（HPC）和人工智能等尖端系统用半导体，计划于 2024 年投入生产。韩国成均馆大学与美国哥伦比亚大学联合开发出一种新型二维石墨烯材料掺杂工艺，具有高透明度、高导电率的优点。

（执笔人：张艳枫）

🌀 印　　度

2021 年，德尔塔变异株引起的印度第二波新冠肺炎疫情使印度经济社会民生遭遇重创，"抗疫情"与"保民生"成为首要任务。在全球能源短缺及"碳中和"背景下，印度竭力摆脱疫情危机泥潭，希望借助能源转型带动经济复苏。因而印度发布了《科技创新政策 2020（草案）》，对国家科技创新进行了总体部署。同时，印度出台专项计划，继续推进其优势领域如生物医药，并积极发展新兴技术领域。

一、科技创新整体实力

《2021 年全球创新指数报告》显示，印度排在第 46 位，比 2020 年上升 2 位。

《世界知识产权指标 2021》显示，2020 年，印度知识产权主管部门受理的专利申请量为 56 771 件，较 2019 年增加了 5.9%；商标申请活动数量为 424 583 类，超过日本成为全球商标申请活动第五大知识产权局。在全球约 6440 万件有效商标注册中，印度为 240 万件，仅次于美国（260 万件）。

二、发布《科技创新政策 2020（草案）》

2021 年年初，印度科技部发布《科技创新政策 2020（草案）》，以供公众咨询。草案聚焦发展自主技术，计划利用新兴颠覆技术促进各领域发展，重点将解决研发投入强度等关键问题。主要内容包括：一是加大创新融资力度，计划在中央及各地政府、公私营企业均设立一个具有最低专项预算的科技创新部门；每个邦将一定比例的拨款用于科技创新活动；成立科技创新开发银行；设立中央数据库平台，实现对现有财务计划、拨款和激励措施的有力监管。二是提升研究质量，促进基础研究和转化研究，将基于学术成就和社会影响来评估研究质量。三是鼓励创新创业，创建虚拟孵化器和加速器；鼓励众包，建立制度架构，将传统知识体系和基层创新融入整个教研和创新体系。四是推动战略性技术发展，设立战略技术委员会和战略技术发展基金，避免机构间技术重复开发；推动区块链、人工智能（AI）等前沿颠覆性技术部署，使其带动各行业发展。五是制定科技创新外交战略，将其与外交政策紧密结合；建立虚拟国际中心，促进全球知识和人才交流。

三、重点领域的专项计划和部署

印度在医药、电子信息技术等优势领域加大部署力度，同时着手可再生能源领域规划，并积极探索新兴和未来技术。

（一）生物技术和医药领域

——发布《2021—2025年国家生物技术发展战略：知识驱动生物经济》。2021年7月，印度发布"国家生物技术发展战略（2021—2025）"，计划到2025年使印度成为市场价值达1500亿美元的生物经济体，跻身全球排名前五的国家之列，成为全球生物制造中心。战略提出的主要措施包括：一是在数据科学、合成生物学、细胞和再生医学、基因编辑、AI、计算和结构生物学、量子生物学等战略领域培养人力资源。二是开展国家相关技术创新任务，计划未来5年内改变卫生、农业和能源领域面貌。实施提升母婴健康、促进地方病疫苗开发等计划。三是开发、部署生物技术领域本土技术解决方案，扩大二、三线城市生物技术初创企业规模。四是加强国际合作，启动生物信息学/基因组学/AI等重大国际项目。五是筹建知识库，在精准医学、基因编辑与治疗、量子生物学、3D生物打印等新兴生物和医药技术领域加大资金投入力度。

——启动国家生物制药任务。未来5年内将研制疫苗、生物药物、医疗设备和诊断工具等；建立医学技术基础设施；联合开展转化和跨学科研究；加强临床试验网络建设等。目前正在开发霍乱、肺炎、候选新冠疫苗及癌症生物仿制药；建立疫苗药物开发设施和临床试验网络等。

（二）电子通信领域

——推出电信设备生产关联激励计划。该计划支出为1219.5亿卢比，旨在使印度成为生产物联网接入设备、其他无线产品和企业设备的全球中心。

——发布信息技术（IT）硬件生产关联激励计划。该计划将在4年内提供总计732.5亿卢比的奖励，旨在促进笔记本电脑、平板电脑和个人电脑等IT产品本地化制造和出口。

——批准半导体和显示器制造生态系统综合发展计划。该激励计划耗资7600亿卢比。将向在印度设立半导体晶圆厂和显示器晶圆厂的企业提供项目成本50%的财政支持；对在印度建立复合半导体/硅光子/传感器晶圆厂和半导体封装的单位提供资本支出30%的财政资助；设计商业化、现代化的半导体实验室等。

（三）可再生能源

——制定"国家氢能任务"。利用印度较低的太阳能和风能关税，生产低成本绿氢用以出口。2022年预算中拨款2.5亿卢比用于氢能研发，到2050年利用可再生资源生产全国四分之三的氢。未来3年财政支出计划为80亿卢比，支持试点项目、基础设施和供应链、研发等。

——开辟新研发平台以减少传统能源依赖。该平台将整合智能能源转换、存储和管理，主要探索三大领域：用于微电网装置的电化学储能系统、公用事业级高容量电池技术、透明光伏器件。

（四）新兴及未来技术

——部署启动650 Tflops（每秒万亿次浮点运算）的超级计算设施，以开展大规模基因组学、功能基因组学、结构基因组学等大数据分析。2021年，印度超级计算能力达到45 PF（每秒千万亿次浮点运算）左右。

——批准无人机及其组件生产关联激励计划。该计划耗资12亿卢比，为期3年。印度还发布了无人机操作交互式空域地图，通过系列配套措施推动其发展。

——建立量子卓越中心、量子计算应用实验室。将投资800亿卢比在印度高校成立量子科技卓越中心，聚焦量子计算、量子通信、量子材料和设备等领域，开展量子材料研发，进行半导体量子比特建模及量子成像和传感技术研发等。同时，印度将与亚马逊合作在印度建立量子计算应用实验室，向申请者提供免费访问量子计算硬件、模拟器等权限进行算法构建和运行实验等。

——推出六大技术创新平台，促进制造技术本土开发。印度将把所有技术资源和相关行业整合到一个平台上，统一解决技术问题，促进关键"母版"制造技术本土开发。平台涉及汽车、机床行业等相关技术，将汇集原始设备制造商、原材料制造商、初创企业及各领域专家共同提供解决方案。

——发布《AI为人人》文件。在《国家人工智能战略》的基础上，印度发布《AI为人人》文件，该文件作为AI生态系统基本路线图，旨在为AI设计、开发和部署建立道德原则。

四、国际科技创新合作政策动向

2021 年，印度与主要国家聚焦能源和前沿技术开展了卓有成效的合作。

——与美国合作转向 AI 和清洁能源。在人工智能领域，美印合作推出了《人工智能合作倡议》（USIAI），计划在医疗保健、智慧城市、材料、农业、能源、制造业等领域开展合作。在能源领域，美印将优先加强生物燃料和制氢等清洁能源领域合作。4 月《美印 2023 气候和清洁能源议程伙伴关系》启动，6 月印美联合氢能工作组第一次会议召开，商定扩大可再生能源制氢技术，12 月，宣布一项支持印美科技创业的项目，致力于开发和实施清洁和可再生能源、能源储存和碳封存技术。

——与英国携手共推能源转型。两国将能源合作作为《印英未来关系路线图2030》的一部分，审议可再生能源前瞻性行动计划，涵盖智能电网、能源储存、绿氢、充电基础设施等主题。11 月在格拉斯哥气候大会上携手启动"绿色电网倡议——一个太阳、一个世界、一个电网"。此外，两国在全球倡议"创新使命"下围绕智慧城市开展系列合作。

——与日本推进联合实验室建设。商定印日联合实验室项目第二阶段实施及预期目标，该项目第一阶段将于 2022 年完成。双方计划在两国大学间围绕物联网和移动大数据分析的智能可靠网络物理系统、物联网空间安全、气候变化下促进作物可持续生产的数据科学农业支持系统领域，建立 3 个联合实验室，开展生命科学和农业、数学和计算科学、材料和工程及新冠病毒相关的 AI 应用、筛查和诊断等领域联合项目研究。

——与俄罗斯聚焦科技型中小企业开展合作。推动信息通信、医药、航空航天、新材料、生物技术、无人机等领域合作。在 2020 年启动的印—俄联合技术评估和加速商业化计划下，2021 年两国重点推进计划落实。

（执笔人：叶　晗　侯王斌　柏　杰）

◎ 新 加 坡

    2021 年是新加坡第 7 个科技五年计划的第一年。新冠肺炎疫情形势依旧严峻，持续推进科技创新既是抵御疫情冲击的现实需要，也是应对后疫情时代竞争挑战的必要准备。为此，新加坡在科技创新领域采取了一系列措施并取得了积极进展。

一、科技创新整体实力

    新加坡在全球创新指数排行榜上成绩一直很亮眼。在世界知识产权组织发布的《2021 年全球创新指数报告》排行榜上，新加坡在 132 个经济体中排在第 8 位。在 81 项具体指标中，新加坡有 10 项高居榜首，包括政治环境、监管环境、投资、知识吸收、高技术制造与出口占比、文创服务出口、移动应用创造等。

    新加坡在人才竞争力方面表现也十分抢眼。欧洲工商管理学院和美国波图兰研究所《全球人才竞争力指数 2021》报告中，在 134 个经济体中，新加坡仅次于瑞士，排在第 2 位，彰显其世界人才中心的地位。

二、综合性科技创新战略和规划

    2020 年年底，新加坡政府发布了第 7 个科技发展五年计划——《研究、创新与企业计划 2025》（简称 "RIE 2025"），预计在 2021—2025 年投资 250 亿新加坡元（约合 1160 亿元人民币）。围绕 RIE 2025，新加坡政府推出了一系列实施计划，主要包括以下 3 个。

（一）RIE 2025 路线图

    为了有效推进 RIE 2025，实现国家科技战略目标，新加坡科研局制定了

《RIE 2025 路线图》，提出了 4 个重点科研领域研究路径和重点任务：①以人工智能、高性能计算、新材料、高效安全航空航海运输技术等重塑制造业；②以儿童早期发育与青春期、睡眠与数字媒体对认知发育及成长的影响及精准医疗等科学研究与技术开发，进一步保障新加坡人健康；③开展低碳宜居住宅、脱碳新技术、零垃圾、循环经济、可持续材料等技术研发，为城市解决方案和可持续发展提供科技支撑；④以数据分析、机器视觉、自然语言技术、区块链技术、量子效应、无人机、超快无线移动技术等，引领新加坡向智能和数字经济纵深发展。

（二）2030 年新加坡绿色发展蓝图

新加坡的目标是在 2050 年将温室气体排放量从 2030 年的峰值减半，并争取在 21 世纪下半叶实现零排放。基于上述背景，新加坡教育部、国家发展部、永续发展与环境部、贸易与工业部和交通部五部门联合制定了《2030 年新加坡绿色发展蓝图》，参照联合国《2030 可持续发展议程》，制定新加坡对应策略，内容包括自然中的城市、可持续生活、能源策略、绿色经济、具有韧性的未来等五部分，为城市绿化、可持续发展和绿色经济制定明确目标。

（三）新加坡制造业 2030 愿景

新加坡是全球第四大高科技产品出口国，主要产业集群包括电子通信、精密工程、能源化工和生物医药、海事工业等。新加坡拥有 2700 多家精密工程公司，300 余家半导体企业，300 余家本土医药科技公司，130 多家航空航天企业，制造全球大约 70% 的半导体引线焊接机、60% 的微阵列等。全球前十大顶尖药品有 4 种生产于新加坡，新加坡是世界第七大化学品出口国，第五大石油产品出口国、第十大乙烯生产中心，也是亚洲最大的航空维护、修理和翻修中心之一。2020 年新加坡制造业产值占国民生产总值的 21%，就业人口占比为 12%。

为继续保持新加坡制造业的领先地位和竞争优势，新加坡贸易与工业部推出了《新加坡制造业 2030 愿景》，致力于在 2030 年将新加坡打造成先进制造业的全球业务、创新与人才中心，以吸引全球制造业前沿公司落户新加坡，确保其在全球供应链中的地位，并以过去 10 年的增长幅度为目标，在未来 10 年继续争取 50% 的增长，推动传统制造业向先进制造业转型。其重点在于对知识产权的投入，开发独一无二的技术和产品通过投资先进制造业基础建设，建立强大的研究生态系统及支持企业采纳工业 4.0 转型，推动生物医药、电子、精密工程产业增长。

三、重点领域的专项计划和部署

（一）推出"食品制造业数字化蓝图"

"食品制造业数字化蓝图"旨在引导食品制造业中小企业在每个阶段的业务增长和数字化成熟度采用不同的数字化解决方案，中小企业可采用企业资源计划系统，实现劳动密集型活动自动化并提高生产效率。

（二）"量子工程计划"进入二期工程

该计划于 2018 年开始，一期工程已投资 2500 万新元（1.17 亿元人民币）。二期投资增至 9660 万新加坡元（约合 4.5 亿元人民币），重点支持 4 个研究和应用方向：量子通信和安全、量子计算、传感器和量子制造。

（三）启动"政府人工智能计划"和"金融人工智能计划"两项新国家人工智能计划项目

前者利用人工智能分析来自基层政府机构的反馈意见等，以此改善公共部门的服务。后者内容包括建立帮助各行业洞察各类金融风险的全行业人工智能平台"NovA！"、反洗钱及打击恐怖主义融资监测分析方案、人工智能与数据分析拨款支持项目及人工智能与数据分析尽责框架 Veritas 等。

（四）启动"国家精准医疗计划"二期工程

该计划是一个十年战略计划，于 2017 年启动，拟针对 10 万名健康新加坡人及 5 万名患有特定疾病的新加坡人的基因图谱测序和分析，或深入研究亚洲人疾病的病因。并在临床实践中试行精准医疗方案，提升治疗效果。

四、重点领域科技及产业发展动态

（一）制造业

2021 年，新加坡继续以稳定的政治环境、高效的政府和管理、优质的人力资源和强大金融保障及活跃的创新生态系统，持续吸引来自全球的先进制造业公司拓展新加坡业务，包括：美国杜邦公司在新加坡新建了酶混合工厂；全球第三大半导体晶圆代工厂格芯斥资 40 亿美元在新加坡设立 12 英寸（合 30.48 厘米）新厂；世界著名半导体公司英飞凌在新加坡打造该集团首个全球人工智能创新中枢；华为在新加坡设立亚太区首个 DIGIX 实验室；戴森公司宣布在新加坡设立全球总部大楼、建设全新先进制造中心、扩展机器人等领域研究等。为了提升本国制造业的区域影响力，新加坡政府推动成立了东南亚制造联盟（Southeast Asia Manufacturing Alliance），协助本地和国际制造业者拓展东南亚市场，让供应链更加多元化。此外，南洋理工大学量子科学与工程中心正式成立，成为新加坡首个利用半导体制造技术研发量子芯片的研究机构。

（二）人工智能与数字化

新加坡致力于打造世界上首个智慧国家。新加坡政府 2021 年在信息与通信技术（ICT）合同上投入约 38 亿新加坡元（约合 178.5 亿元人民币），与 2020 财年相比增加了近 10%，用于加快推动公共部门数字化。其中，44% 的公共服务将实现云端服务，加快为公民和企业提供服务的速度。美国数据中心房地产投资信托 Digital Realty 在新加坡构建了第三个数据中心，该公司在新加坡的投资总额累计超过 10 亿美元（约合 63.7 亿元人民币）；新加坡腾飞房产投资信托腾飞瑞资斥资 9 亿新加坡元（约合 42 亿元人民币）收购了 11 个欧洲数据中心；凯德集团 7.8 亿新加坡元（约合 36.6 亿元人民币）收购上海数码中心园区；新加坡政府成为英特尔公司普及数码技能全球项目"全民 AI"的首个协助推行伙伴。

（三）绿色发展

《新加坡绿色发展蓝图 2030》在打造宜居和可持续发展家园、对抗海平面上升、食品保障、推动清洁能源车辆使用、绿色建筑普及、绿色能源使用、发展绿色经济及可持续生活等方面都设定了具体目标。① 2021 年开始实施"高危区海岸保护计划"，对部分海岸线进行研究，拟在 2030 年完成 3 个高危地区的海岸保护计划的制订。②和美国黑石集团共同投资 6 亿美元（约合 38.2 亿元人民币）建立"脱碳伙伴"关系，推动净零碳排放经济，并投入 1.2 亿新加坡元（约合 5.6 亿元人民币）在新加坡设立海事去碳化中心。③与荷兰壳牌公司联合开展氢燃料电池用于船舶的可行性研究，推动更清洁的氢动力船舶运输。由新加坡建造的全球规模最大的海上离岸浮动光伏系统启用。④多部门联合就关于低碳氢和碳捕获、利用、储存技术可行性开展研究；多机构联合开展低碳能源研究资助计划，鼓励企业和科研机构就低碳能源开展研究，支持私营财团开展低碳解决方案和发展氢供应链等。新加坡还致力发展为亚洲领先的碳交易和服务枢纽。

（四）生物医药

新加坡全国精准医疗计划如期进入二期工程，继续开展健康新加坡人及患有特定疾病的新加坡人的基因图谱测序和分析；推动人工智能在生物医药领域的应用，在眼科疾病诊疗、癌症诊断和治疗、心血管疾病评估和诊断等各方面都取得积极进展；政府研究机构与公司联合成立中草药研究实验室，开发综合化学分析平台，为 40 种常用的中草药创建分子数据库。其他基础医学、再生医学和临床医学的许多领域都取得多项科研进展。新加坡国防部 2021 年还开启了一个生物安全设施改造项目，拟设立东南亚首个生物安全 P4 实验室，以提高应对生物威胁的能力。

五、支持企业创新的政策措施

为吸引具有创新高增长潜能的高技术企业在本土上市，新加坡推出 4 项举措：一是设立投资基金支持高增长技术公司在新加坡上市；二是成立基金投资距离公开上市还有两轮或更多轮融资的公司；三是国家金融管理局提高上市费用共同出资额度；四是为高增长企业提供量身打造资本市场的解决方案。

为了帮助中小企业进行数字化转型，新加坡通信和信息部推出一系列举措，帮助中小企业将其流程、产品和服务数字化，其中包括推出"首席技术官（CTO）服务""数字领袖计划""优化数据驱动业务"等。

六、国际科技合作政策动向

2021 年 5 月，新加坡正式加入尤里卡网络（Eureka Network），成为 47 个成员国和地区之一，全球伙伴可通过网络借力新加坡良好的创新生态，新加坡也将有更多机会与各国伙伴在科技创新领域开展合作。新加坡希望网络成员国把新加坡作为进入亚洲与世界的起点。

新加坡与英国于 2021 年 12 月 9 日签署了合作谅解备忘录，旨在加强新加坡与英国在企业协同创新、联合研发等领域合作。首期合作创新计划为期 3 年，重点集中在先进制造和材料、农业食品技术、交通运输、健康和生命科学及网络安全等领域的创新合作项目。新加坡与法国于 2021 年 6 月召开了法—新科技联合委员会第二届会议，并就循环经济、合成生物、农业食品技术和量子 4 个科技领域在双边的潜在合作机会交流了看法，签署了新的合作谅解备忘录，合作内容涉及学术与知识交流、企业孵化器、循环经济与工业效能、自动驾驶与电动汽车的数据驱动方法、替代能源及人才培养等。重点合作领域集中在健康与传染性疾病、人工智能、核安全、空间科学及企业间创新合作。

中国—新加坡政府间科技合作联合委员会召开第十三次会议，会议升级为副部长级。双方就各自科技政策规划情况进行了交流，公布了共同支持的新的科技合作项目，并就拓展新的合作领域、开展旗舰项目和人文交流等内容交换了意见。

（执笔人：于海英　梁沈平）

泰　国

　　2021 年对泰国来说是艰难的一年，泰国在疫情防控和经济发展不可兼得的两难困境中艰难平衡。泰国科技创新界继续集中力量，从检测、疫苗、防护、治疗药品和身心健康等方面全方位支撑抗疫，主动策划创新支撑经济发展渡过难关的方式，并推出疫后经济恢复创新战略，变革国家科技体系机制，构建创新创业生态，发展生物循环绿色经济、数字经济，推动传统产业转型升级，培育壮大初创企业，加强国际科技创新合作，探索跨越中等收入国家陷阱的科技创新发展道路。

一、科技创新整体实力

（一）科技创新整体实力排名

　　根据《2020 年全球创新指数报告》，泰国在 131 个国家和地区中排在第 44 位，比 2019 年下降 1 位。其中，创新投入比 2019 年下降 1 位，但比 2018 年上升 4 位；创新产出比 2019 年下降 1 位，比 2018 年上升 1 位。泰国在 37 个中等偏上收入的经济体中排在第 4 位，在东亚、东南亚、大洋洲 17 个经济体中排在第 10 位。

　　在瑞士洛桑国际管理发展学院（IMD）发布的《2021 年世界竞争力年报》中，受科学基础设施、科学出版、就业和公共财政改善的推动，泰国上升 1 位至第 28 位。在东盟内，马来西亚和印度尼西亚的涨幅更大，分别上升 2 位至第 25 位和 3 位至第 37 位。

　　泰国的全球绿色经济指数（GGEI）从 2014 年的第 45 位提高到 2018 年的第 27 位，可持续发展（SDG）指数从 2017 年第 55 位升至 2020 年第 43 位。

　　在数字生活质量指数（DQL）的第三届年度排名中，泰国在 110 个国家和地区中排在第 44 位，与 2020 年的第 63 位相比进步显著。DQL 用 5 个基本数字社会指标对各国进行了评估，覆盖全球 90% 的人口。泰国在互联网质量（第 19 位）

方面表现出色，但在互联网可负担性（第 58 位）、电子基础设施（第 46 位）、电子安全（第 63 位）和电子政务（第 51 位）方面表现相对一般。

（二）研发投入和产出

泰国政府充分认识到科技创新对国民经济具有重要意义，提出以科技创新为核心的"泰国 4.0"战略，将其作为摆脱中等收入陷阱的终极武器。近年来，泰国大力推进科技体制改革，整合科技部、教育部高等教育办公室、国家研究理事会、泰国研究基金会等科技管理机构，组建高等教育科学研究创新部；加大科研投入，泰国 2009 年的研发投入只占 GDP 的 0.25%，计划于 2027 年达到 2%；全力发展生物循环绿色经济、数字经济。

2019 年，泰国的研发总支出（GERD）总计 1930.72 亿泰铢（约合 367.76 亿元人民币），比 2018 年增长 5.9%，占 GDP 的 1.14%。其中，私营部门贡献了 1492.44 亿泰铢（约合 284.27 亿元人民币），占比约为 77%；公共部门贡献了 438.28 亿泰铢（约合 83.48 亿元人民币），占比约为 23%。公共研发支出集中在前沿研究，主要是量子技术、空间科学与技术、高能物理和分子生物学，以及基础研究和科研人才培养等领域。

2019 年全时当量研发人员总数为 166 788 人年，即每万人 25 人年，比 2018 年增长 4.6%，目标是到 2027 年将这一数据提高到每万人 40 人年。公共部门与私营部门的研发人员比例为 69 ∶ 31。

在科研产出方面，泰国 2018 年发表国际论文 12 830 篇，申请发明和设计专利 4948 项。

二、综合性科技创新战略规划

泰国高等教育与科学研究创新政策委员会 2021 年审议通过了涉及高教科创部自身发展的"2023—2027 年高等教育人力规划与发展计划"和"2023—2027 年科学研究与创新计划"，以及《疫后高等教育、科学、研究和创新战略指引》、支撑泰国经济转型发展的"BCG 战略计划"。

（一）2023—2027 年高等教育与科学研究创新计划

泰国高等教育与科学研究创新政策委员会于 2021 年 9 月 15 日审议通过了"2023—2027 年高等教育人力规划与发展计划"（以下简称"高等教育人力发展计划"）和"2023—2027 年科学研究与创新计划"（以下简称"科学研究和创新计划"）。

"高等教育人力发展计划"侧重于高等教育体制改革、终身学习、未来行业技能、创业大学和人才流动，旨在实现：①大学可以根据自身优势提供多样化和优质的教育；②每个人都可以接受高等教育，获得有保障的工作，过上体面的生活；③大学可以培养出满足用人单位要求的劳动力；④泰国拥有吸引全球人才的健康生态系统。

"科学研究和创新计划"包括 4 个战略领域：①促进竞争力和自力更生的科研创新；②促进社会和环境可持续发展的科研创新；③前沿科学科研创新；④科研创新人力开发。每个战略领域都有工作计划、目标和考核指标。

（二）《疫后高等教育、科学、研究和创新战略指引》

疫情暴露了泰国的多重脆弱性。例如，经济增长优先于社会和环境目标导致的发展不平衡；对国外旅游收入、医疗保健和技术的依赖；缺乏对地方经济的支持以至于社会发展不均衡等。

为改变这种状况，高等教育科研创新部发布了《疫后高等教育、科学、研究和创新战略指引》（以下简称《战略指引》），指出在疫后经济恢复中要转变发展模式，确保可持续发展，并能应对未来可能的变化和破坏。高等教育科学研究和创新（HESRI）是将泰国建设成以创新为基础，平衡发展、消除社会差距的国家关键因素。《战略指引》包括：扶贫致富，促进人文价值、社会变迁和可持续发展，推进生物循环绿色经济，转变产业结构、为未来建设奠定基础、重塑高等教育和人力资本，改革高等教育、科学、研究和创新体系等 6 个战略方向、18 个关键问题及 43 个行动计划。

（三）BCG 战略计划

生物循环绿色经济（BCG）模式应用生物经济、循环经济和绿色经济的概念，通过利用国家在生物和文化多样性方面的优势来实现可持续发展目标。BCG 模式已被引入以应对泰国面临的全球挑战，如气候变化、环境污染、医疗保障和收入不均等。由总理巴育担任主席的泰国生物循环绿色经济政策委员会 2021 年 7 月 12 日审议批准了 2021—2027 年"BCG 战略计划"和 13 项推动措施。

①创建生物资源、文化资本和地方智慧的数字化存储库，服务于保护、恢复和利用的目的，加强地方经济和旅游业。

②为在政府土地上从事林业碳汇项目的企业提供碳信用，加快动植物育种和资源管理的研发，补充国家资源。

③建设 BCG 走廊，连接各区域供需，构建区域经济走廊，运用 BCG 原则开发／改进产品和服务。

④转变农业体系，生产优质安全产品，增加农民获得知识和技术的机会，通过应用 BCG 促进可持续农业概念。

⑤通过食品机械和 GHP 合规性提高传统食品和地域食品的质量和安全性。

⑥建设生物基经济，采用先进技术，开发生产功能性食品、碳基材料等生物材料、药品、疫苗等高价值产品。

⑦政府采购创新产品和服务；创新产品和服务的税收激励；BCG 相关标签，如碳足迹标签、绿色标签、环境标签；碳定价；污染者付费原则和能源管制。

⑧通过新型旅游模式，推动可持续绿色旅游，以 BCG 理念和碳中和发展可持续绿色旅游，建立便利的支付系统。

⑨采用绿色技术和循环理念，促进可持续产品和服务的开发和制造。

⑩通过投资研发基础设施、转化研究基础设施、质量基础设施体系，修订相关法律法规以支持产品／服务。

⑪支持 BCG 初创公司，提高企业家的技术和商业技能并增加公司获得技术、创新、基础设施、专家和资金的机会。

⑫开发人力以支持 BCG 各个层面，包括社区、基层、中小企业、技术专家、初创公司和科技企业家。

⑬推进国际合作，包括区域和全球层面的知识创造、人才动员、研发网络、贸易投资，丰富泰国的创新生态系统。

三、重点领域的专项计划和部署

2021 年，泰国在人才、太空和数字经济等方面推进了平台、法律和环境建设。

（一）开发泰国人才数字平台

"泰国人才计划"是响应泰国国家文化、体育、劳工和人力资源发展改革委员会的倡议而实施的。为此，高教科研创新部专门开发了 Talent Thailand 平台。这个平台包含泰国和国际专家数据库，能对参与人才开发的组织进行数据分析和数据分发。其将作为匹配人才供需的枢纽，为用户提供触手可及的人才搜索便利。

（二）太空活动法

泰国内阁于 2021 年 7 月 13 日批准了《太空活动法》草案，以推动泰国太空技术发展，促进太空产业的国际投资和合作，培养泰国本土科技人才，这一法案也有助于其他高科技产业的投资和就业，为泰国的"太空经济"奠定基础。在泰国政府及外国公司的投资下，空间技术产业已经在泰国快速发展。泰国现有超过 35 600 家与航空航天工业和下游产业相关的企业，其中 95% 是中小企业、初创企业。

（三）数字泰国计划

泰国的数字经济不断扩大，互联网用户渗透率已达 69.5%，现在是东南亚第二大数字经济体，其数字经济正在呈指数级增长，尤其是在游戏、电子商务和电子货币领域。

泰国政府正根据"泰国 4.0"战略推出多个项目来推动数字经济发展，扶持初创企业发展到独角兽企业水平。

1. 5G 快速发展

泰国在科技发展方面紧跟时代步伐，是东盟首个 5G 商用国家，5G 技术推动泰国经济向数字化转型，提升制造业、农业、金融、公共卫生等领域潜力。预计 2035 年 5G 技术应用将助力泰国GDP增长 5.5 倍。泰国已经部署了 2 万个 5G 基站，5G 用户达到 430 万，是其他东盟国家 5G 用数户总数的 2.5 倍。泰国在可用性、下载速度、上传速度、游戏体验和视频体验 5 个类别中被评为 5G 全球领导者，曼谷也跻身全球十大 5G 城市之列。

2. 智慧城市技术逐步试点

泰国电信运营商 True Corporation 与普吉岛携手，推动该岛的智慧城市发展。普吉岛盛泰乐海滩度假村和查龙码头正在进行试点建设，利用智能数据系统收集游客的信息，通过智能穿戴设备提高游客验证速度，最大限度地减少查龙码头等码头的拥堵。酒店客人可以通过自己的手机订购食物或获得客房服务，5G 机器人将精确地将食物送到顾客的餐桌上。游客可以使用医疗保健应用程序直接与医生交谈。

泰国国家电信（NT）与 AJ Advance Technology 公司合作，通过 5G、阿里云技术推进"智慧城市"项目。NT 提供网络容量，以支持"智慧城市"项目下所有相关设备和解决方案的链接。

四、重点领域产业发展动态和趋势

（一）《2022—2027 年国家贸易战略（草案）》重视科技创新

泰国商务部起草的《2022—2027 年泰国贸易战略（草案）》（以下简称"草案"）重视以创新科技带动贸易，促进和刺激国内消费，以及人力资本开发，该草案主要有五大内容：一是通过创新和技术推动贸易，鼓励企业家利用创新技术生产出适合全球市场的产品。二是加强贸易基础设施和系统的开发，使贸易更加便捷，降低成本并增加市场扩张机会。三是促进泰国贸易走向金球市场，推动现代服务业和技术产品的出口。四是促进和刺激国内消费，促进使用国产商品和服务。五是开发和增强人力资本潜力，通过培养劳工来支持潜力产业，培育企业家应对市场变化的潜力。

（二）汽车产业向新能源汽车转型升级

电动汽车日渐成为泰国市场主流。泰国政府的目标是到 2025 年，电动汽车要占泰国生产的所有汽车的 30%。为了达到这一目标，泰国必须促进电动汽车进口和支持电动汽车基础设施建设。

根据泰国电动汽车协会（EVAT）的数据，包括摩托车、三轮车、乘用车、公共汽车和卡车在内的各种形式的电动汽车的使用量比前两年增长了 70%，使得泰国的道路上行驶的电动汽车总数在 2020 年年底达到 19.2 万辆。

高教科研创新部、EVAT 和一些科学和工程学术机构联手组建了泰国储能技术联盟（TESTA），搭建了一个协作平台，确保研发，尤其是锂电池的研发完全商业化。泰国工业部还与研究机构、企业合作，促进电动汽车的生产和使用。泰国财政部将于 2022 年 1 月 1 日推出促进电动汽车使用的激励措施，大幅降低电动汽车的消费税，以吸引更多消费者购买电动汽车。

泰国电力局（EGAT）、曼谷电力局（MEA）和地方电力局（PEA）3 家国有企业合作，开发家用和公共电动汽车充电设施和服务。泰国正在开发智能电网和智能电动汽车充电系统，并实施"车辆到电网"（V2G）电力系统，使用云平台，以确保更高效的电力分发以支持电动汽车的使用。

（三）食品产业加速发展

将泰国打造成"世界厨房"，"泰国食品工业全面升级、推向未来并成为东盟食品加工中心"是泰国政府着力发展的目标。为此，泰国科技部门在国家科技园内专门开辟了食品创新园区，成为泰国食品研发、加工技术开发、未来食品人才培养的基地。泰国政府特别重视的食品加工研发方向，包括利用先进技术进行肉类、热带果蔬、水稻等粮食作物的深加工和保鲜，冻虾等海鲜食品的保鲜、罐装及冷冻处理、奶制品生产，利用水果，蔬菜及其他植物生产非酒精类饮料等。

五、科技创新管理体系机制变化

2021 年是泰国高等教育科研创新体制改革的第三年，按照规划要求，必须完成阶段性体系完善任务。

（一）鼓励高校和科研单位成立控股公司促成果转化

大学控股公司机制被认为是促进公立大学和研究机构研究和创新商业化的战略。泰国的高科技产业发展目标设定为：培育 1000 个收入过 10 亿泰铢的创新企业（IDE），5 家公司上榜财富世界 500 强。

为完成以上目标，国家高等教育科学研究和创新政策委员会（NXPO）出台了政策措施，鼓励大学成立控股公司，制定大学控股公司指南、修订大学法规以促进商业投资和促进大学中的衍生企业和初创企业；鼓励大学加强研发，并为教职员工为公司工作提供了便利，以此来促进创新成果转化。

（二）《促进研究创新成果转化法》

《促进研究创新成果转化法》在 2021 年 9 月 17 日的泰国国会联席会议上获得通过。该法案将政府资助科研项目发明的所有权授予发明人——主要是大学和研究机构，赋予其两年时间内管理知识产权的权力和转移转化的自由，该法案还包括利润分享原则，激励研究人员并确立政府在紧急情况下的强制许可权。

通过释放公共研究基金的科研成果，该法案有望创造更多的产品和初创企业，以推动创新驱动型经济，鼓励发明者开发新产品或服务以满足市场需求，振兴国家经济。

六、抗疫科研工作

新冠肺炎疫情发生后，泰国政府积极部署抗疫科研创新工作，包括防护工具、检测试剂盒、疫苗开发、治疗药品及废弃物处理等，并直接与产业化结合。巴育总理表示泰国可以发展为东盟疫苗生产基地。

在疫苗研发方面，泰国政府支持相关单位开展多种技术路线的疫苗研发，并给予足够的经费支持。泰国共组织研发了 4 种不同路径的疫苗，包括与美国合作研发 mRNA 疫苗、烟叶疫苗、鼻腔喷雾疫苗等。

在疫苗生产方面，泰国政府经过大量调研后，与阿斯利康达成协议，采用牛津大学疫苗技术，在泰国建立疫苗生产基地，规划年产量 2 亿剂，以低价供应泰国，同时辐射东南亚地区。截至 2021 年 12 月 4 日，泰国已经接种疫苗 9525 万剂，其中科兴疫苗 2622 万剂，国药疫苗 1412 万剂。

（执笔人：王　强）

马来西亚

2021 年，新冠肺炎病毒肆虐全球，马来西亚疫情形势也日趋严峻，成为全球新冠肺炎疫情最严重的国家之一。新冠肺炎疫情对马来西亚社会经济造成严重威胁，也彻底改变了人们的生产和生活模式，大力发展数字经济，实现数字化转型在马来西亚成为社会各界的共识。马来西亚出台了数字经济蓝图，以期通过大力发展 5G、人工智能和数字科技，实现工业 4.0 和社会转型，同时加大生物医药研发投入，自主研发新冠疫苗和治疗药物，取得积极进展。

一、科研投入与产出情况

（一）科研投入

研发投入方面，2021 年 9 月马来西亚科技信息中心发布了《2020 马来西亚科技创新报告》，报告中相关数据仅更新至 2018 年或 2019 年。报告显示，2018 年，马来西亚研发总投入 150.6 亿令吉（约合 228.9 亿元人民币），占马来西亚全国 GDP 的 1.04%，排在全球第 31 位，低于 1.72% 的世界平均值。研发投入在 3 类研究中均衡分布，基础研究占 39.3%，应用研究占 36.2%，实验研究占 24.5%。企业研发占研发总投入的 43.9%，主要由外国大型企业研发构成。马来西亚高校研发投入占研发总投入的 42.6%，在亚太经合组织国家和地区中排在第 5 位。

科研人员数量方面，2018 年，研发人员数量由 2016 年的 145 741 人下降到 123 362 人。每万人口研发人员数量由 2016 年的 74 人下降到 2018 年的 58.9 人，下降 20.4%。全时研究人员数量由 2016 年的 89 178 人下降到 2018 年的 83 763 人，下降 6.1%。

在制造业与服务业创新方面，2015 年以来，制造业企业研发活动投入不断增加。2015 年，研发投入达到 400 万令吉（约合 608 万元人民币）以上的制造业企业数量占比仅为 2%，到 2018 年，该占比达到 22%。

在技术密集型产业方面，2011 年以来，马来西亚知识与技术密集产业稳步增长。计算机、电子与光学产品，化学与化工产品，汽车制造是价值增长最快的三大领域。2011—2018 年，知识与技术密集型产业出口增长了 26.94%。2010—2019 年，半导体及组件产值从 25.99 亿美元增长到 2019 年的 46.77 亿美元。

（二）科研产出

科研论文方面，2019 年，马来西亚共发表科研论文 15 089 篇，较 2018 年（13 583 篇）增加 11%，主要研究领域包括新材料、电子工程、化学化工、环境、能源、制药、应用物理、生物技术等。2020 年新冠肺炎疫情暴发以来，马来西亚加强新冠肺炎研究，共发表论文 87 篇。论文产出数量不断提高，从马来西亚"十五"发展计划期间的 52 954 篇增长到"十一五"发展计划期间的 55 418 篇。2001—2019 年，5 所顶级大学（马来亚大学、马来西亚科学大学、博特拉大学、国民大学、理工大学）总计发表研究论文 105 641 篇，占发表研究论文总数的 77.6%。

专利方面，2018 年，马来西亚总计受理专利申请 7493 件，其中，国外专利申请 6245 件，国内专利申请 1248 件。国外专利申请仍然是马来西亚专利申请的主力军。马来西亚专利产出数量不多，并且主要由大学和研究机构所拥有。以人工智能为例，从 2001 至 2020 年，马来西亚共授权 265 件人工智能相关的 PCT 专利，其中马来西亚微电子研究所被授权 52 件、大陆集团 11 件、英特尔 8 件。这 3 个研究机构是马来西亚顶尖人工智能专利拥有者。

（三）全球创新指数排行

根据《2021 年全球创新指数报告》，马来西亚在全球 132 个经济体中排在第 36 位，较 2020 年的 33 位下降了 3 位。马来西亚表现较突出的领域是创新产品的进出口，其中高技术出口占总出口的比重得分 38.6，排在全球第 1 位；创新产品出口占比得分 8.8，排在全球第 1 位；高技术产品进口占比得分 25.5，排在全球第 4 位。马来西亚在高科技进出口贸易方面表现活跃。

二、科技政策及战略规划

（一）马来西亚科技创新部战略规划 2021—2025

2021 年 9 月，马来西亚科技创新部发布了其 2021—2025 发展战略规划（MOSTI Strategic Plan 2021—2025），为未来 5 年做出了全面的战略计划。该计划制定了未来 5 年发展方向，旨在通过发展科技创新，实现国家"十二五"发展计划目标，将马来西亚建设成繁荣、和谐、包容的高科技国家。为实现这一战略目标，该计划制定了 5 项战略：通过发展引领型先进技术和创新，提高国家的全球竞争力；通过政策和管理机制创新，提高全国技术发展水平；通过行政管理便利化提高科技创新的效率；建立包容性的政策培育科技人才，提高人才的绩效和产出；建立有效的科技交流机制促进科技创新和经济增长。为实现上述 5 项战略，该规划制定了 6 项举措，分别是：促进本土技术、服务和解决方案的全球化；建立健全法律及指南促进科技创新；建立数字化解决方案实现一体化服务；培育面向未来的高层次科技创新人才；改善创新创业生态系统，建设高科技国家；建立一体化的信息交流机制，促进科技信息的推广和交流。为实现上述计划目标，该战略规划制定了 20 项行动计划，这些战略规划及行动计划构成未来 5 年马来西亚科技创新的工作指南。

（二）马来西亚"十二五"发展计划

2021 年 9 月，马来西亚总理伊斯迈尔发布了新的经济发展 5 年计划——"十二五"发展计划，旨在提高国民收入，控制碳污染，发展高科技产业，到 2025 年将马来西亚发展成为一个经济发达的高收入国家。"十二五"发展计划提出要提高研发投入，研发投入占 GDP 的比重要从 2020 年的 1% 提高到 2025 年的 2.5%，企业研发投入要达到总研发投入的 70%。同时，政府将鼓励私有企业投入 150 亿令吉（约合 228 亿元人民币），加速 5G 技术的部署和发展。政府也将提升人力资源的开发和培训，为加快先进制造行业的发展培养人才。此外，计划还提出要制定国家疫苗发展路线图，2022 年将在森美兰州建立国家传染病研究所，确保马来西亚具备疫苗研发和制造能力，以应对未来可能的传染性疾病大流行。

马来西亚科技创新部将在"十二五"发展计划下，获得 5 亿令吉（约合 7.6 亿元人民币）的研发经费，开展 500 个具有商业化潜力的试验研究项目。此外，科技创新部将通过摇篮基金，提高本地初创公司的竞争力，到 2025 年打造 5 家独角兽公司。

（三）数字经济蓝图

2021 年 2 月 19 日，时任马来西亚总理穆希丁宣布实施"数字经济蓝图计划"，政府将在未来 10 年投资 150 亿令吉（约合 228 亿元人民币）在全国落实数字化便利设施。

马来西亚数字蓝图计划将分为 3 个阶段实施。第一阶段（2020—2022 年）重点加强电子基础，由政府牵头，建立一个有利于加快数字基础设施发展的监管框架，增强社会各界采用数字技术的信心，使数据和数字智能成为国家数字经济的核心。第二阶段（2023—2025年）重点推动数字化转型和包容性发展，推出更多的宽带基础设施项目，促进商业创新，推动电子政务服务。到2025年，数字经济将贡献22.6%的国内生产总值，创造50万个数字经济工作机会。第三阶段（2026—2030年）政府将以数据为导向，通过数字化过程，以数据化作为政府管理的中心，为发展数字经济提供一个有利的环境。为了加速5G和数字经济的发展，政府将设立特殊用途公司，以持有、落实和管理5G的基础设施。

数字蓝图计划主要包括三大策略和六大主轴。三大策略为：鼓励产业成为创意商业模式的创造者与使用者；培养有竞争力的人力资本；打造一个鼓励全社会参与的数字经济综合生态系统。六大主轴为：推动公共领域的数字化转型；通过数字化提高经济竞争力；发展数字基础设施；培养具有数字技能的人力资源；建立包容性的数字社会；打造有保障的、符合道德规范的数字环境。

（四）国家科技创新政策 2021—2030

2021年，马来西亚对其国家科技创新政策进行了更新，发布了新版国家科技创新政策2021—2030。10月17日，马来西亚总理伊斯迈尔宣布了2021—2030年国家科技创新政策的战略方向：通过加强人工智能、物联网和区块链的人才培训，通过科学技术及创新推动马来西亚经济，进一步把马来西亚发展成为高科技国家。科学、工艺及创新部部长阿汉峇峇说，加强科技创新、培训及研发成为2021—2030年国家科技创新政策的重点项目，研发经费支出占GDP的比例将在2025年达到2.5%，到2030年达到3%。马来西亚科技创新部将在人工智能、区块链、电子电气、先进技术、机器人和疫苗领域制定17个路线图，并以科学、技术、创新和经济领域的框架计划为基础，制定各个领域的工作指南，推进国家科技创新计划。

三、关键高新技术和产业发展动态

（一）半导体产业继续吸引全球投资者

马来西亚半导体业务主要集中在产业链下游的封装和测试，全球五十大半导体厂商，包括美国英特尔、德国仪器、德国英飞凌、瑞士意法半导体、日本松下等都早已入驻马来西亚，并把马来西亚作为主要生产基地。由于新冠肺炎疫情，马来西亚实施行动管制令，极大地影响了半导体制造业。据报道，2021年以来，马来西亚电子半导体厂只能维持60%的产能。马来西亚半导体产能的下降，严重影响了全球半导体芯片的供应，对制造业影响较大，造成汽车芯片短缺。为解决半导体芯片产能的问题，马来西亚已经允许所有电子半导体工厂开工运营，但从长期看，仍需要兴建新厂房扩大产能。马来西亚半导体协会的 16 家公司会员计划在未来一两年内投资 40 亿令吉（约合 60.8 亿元人民币），在全国各地购买土地，兴建占地共计 340 万平尺（约合 31.6 万平方米）的新厂房，扩大产能，这些新厂房将创造 4000 个就业岗位。

2021 年 10 月 22 日，德国全球半导体生产商英飞凌科技公司宣布，将于 2022 年投资 115.3 亿令吉（约合 175.3 亿元人民币）在马来西亚吉打州居林科技园建厂，生产碳化硅和氮化镓外延产品。马来西亚贸工部长阿兹敏称，马来西亚是英飞凌的主要区域中心，已经在马来西亚投资达 200 亿令吉（约合 304 亿元人民币）并拥有半导体制造业务。该厂的投资将加速马来西亚电子和电气行业的增长，特别是在封装测试和晶圆加工领域，将助力马来西亚向半导体价值链上游移动。阿兹敏说，马来西亚政府将确保为半导体领导者提升价值提供有力的投资环境。

2021 年 12 月 17 日，美国英特尔集团宣布未来 10 年将在槟城及居林英特尔厂房投资 300 亿令吉（约合 456 亿元人民币），以提升该集团先进半导体封装技术制造的能力，并预计能提供 4000 个就业岗位。

（二）大力发展 5G 科技

5G 技术是发展数字经济的核心技术。马来西亚一直将发展 5G 作为国家数字化转型的重要议程。为发展 5G，马来西亚政府决定设立一家特殊用途项目公司，主导 5G 网络发展的基础设施建设和频谱分配。

2021 年 2 月 23 日，在世界移动通信大会举办的线上论坛上，时任通讯及多媒体事务部部长赛夫丁宣布，马来西亚将启动东南亚首个 5G 网络安全测试实验室。该实验室由国家网络安全专家机构、马来西亚网络安全机构、华为技术有限公司和天地通亚通（Celcom Axiata）共同运作。实验室将涵盖多种网络情景，提供包括移动应用程序和硬件评估在内的服务，全面 5G 测试平台生态系统、5G 无线接入网络（RAN）、边缘网络（Edge Network）和云端应用程序等均在其中。实验室也将提供网络安全测试，包括物联网和通信安全测试，以改善应对 5G 相关网络攻击的能力。

（三）建立数字中心助力云技术的发展

2021 年 4 月，微软公司发起"与马来西亚齐心共赢"倡议，计划在未来 5 年斥资至少 10 亿美元在马来西亚建立首个区域数据中心。预计该数据中心将为马来西亚创造 46 亿美元的收入，并创造 19 000 个工作机会。微软公司承诺，将通过伙伴关系，在 2023 年年底前协助提升 100 万马来西亚人的技能。在该项倡议下，微软公司将与政府及当地公司建立 5 个伙伴关系，包括马来西亚行政现代化及管理策划机构、人力资源发展基金、国家石油公司、天地通公司和 Grab 公司。微软公司首个区域数据中心将由微软 Azure 组成，任何人都可使用云端服务及功能进行个性化创造，涵盖计算机、网络、数据可视觉化、人工智能、微软365 等，通过使用创新生产工具进行连接、协作、远程工作和学习。时任马来西亚总理穆希丁说，数字中心及合作伙伴的建立将消除数字鸿沟。为了鼓励民众跟上大数据的步伐，马来西亚政府将在 2022 年把 80% 的政府数据搬上云端。

（四）大力推动工业 4.0

马来西亚于 2019 年发布了工业 4.0 国家政策，旨在通过科技创新提高生产效率，促进制造业的发展。2021 年 7 月，马来西亚举行了国家工业 4.0 政策线上推动会。首相署经济部长幕斯达法说，实施国家工业 4.0 政策，将使马来西亚转变成为最先进的工业 4.0 技术和数字化的高收入国家，国家工业 4.0 政策预计到2030 年将使马来西亚工业生产率相比 2020 年提高 30%，马来西亚民众的幸福指数将从 2018 年的 124.4 增加到 2030 年的 136.5。马来西亚时任科学、工艺及创新部部长凯里指出，政府在国家工业 4.0 政策框架下，确定了 5 项核心技术，分别是物联网、人工智能、区块链、先进材料、云计算和大数据分析。他还说，为确保有关技术发展成为工业 4.0 转型的推动者，马来西亚科学、工艺及创新部正在制定多项科技政策和路线图。

（五）空间科技取得新进展

马来西亚始终把空间科技作为发展数字经济及工业 4.0 的重要使能技术。2021 年，马来西亚空间领域又有新进展。2 月，空客公司宣布，将为马来西亚发射由东亚全球卫星公司（MEASAT Global）制造的新型多用途电信卫星MEASAT-3d。这颗新卫星将取代 MEASAT，增强其在亚洲、中东和非洲的核心业务能力。MEASAT-3d 设计功率为 12 kW，计划运行 15 年以上。此外，空客公司负责人还表示，将扩大其在国防和服务领域的业务。空客公司已经参与了马来西亚海上巡逻飞机的招标，并为其轻型和中型新一代战术空中运输机（C295MPA）进行招标。自 1998 年以来，空客公司一直向马来西亚提供太空图像，并在 2014年交付了 MEASAT-3b 卫星，2019 年再次获得建造 MEASAT-3d 卫星的合同。MEASAT-3d 将与 MEASAT-3a 和 MEASAT-3b 配合使用，满足马来西亚 4G 和5G 移动网络的增长需求，同时继续为亚太地区的 HD、4 K 和 8 K 视频提供冗余和额外的分发能力。

四、加强疫苗及医药技术研发，应对新冠肺炎疫情

为抗击新冠肺炎疫情，马来西亚投入研究经费支持涉疫相关研发活动。自疫情发生以来，马来西亚共开展了 600 多项新冠肺炎研发项目，领域包括：新冠肺炎重症患者的最佳治疗方案、建立数字化公共卫生应对系统、新冠肺炎疫苗的有效性和安全性研究、提高社区应对新冠肺炎疫情的能力等。

在数字化公共卫生应用方面，2021 年 2 月，马来西亚启动了全国新冠肺炎免疫接种计划。为实施全民接种计划，马来西亚研发出了一套疫苗接种预约登记系统 MySejahtera，该系统采用区块链技术，具有信息采集、接种登记预约、疫苗接种追踪、接种证书验证、密接者追踪等功能，能够追踪新冠疫苗从制造商到疫苗接种的整个过程，使跨洲和出入境更加便捷。4 月 10 日，马来西亚又开发出了首个健康护照应用程序 Immunitee，可使用户在公共区块链储存新冠肺炎检测报告，并与马来西亚及东盟的试验室和诊所实现联网和对接，使无缝、便利、安全的人员流动成为可能。

在新冠肺炎药物研发方面，2021 年 9 月，马来西亚启动了双盲试验，研究伊维菌素对新冠肺炎高危患者治疗效果的研究，以优化现有的治疗方案。

在疫苗研发方面，2021 年 3 月，马来西亚科技创新部拨款 500 万令吉（约合 760 万元人民币）给博特拉大学和马来亚大学，以研发新冠疫苗。时任科学、工艺及创新部部长凯里说，我们不指望近期就有突破性进展，而是希望增强疫苗研发能力，在未来 10 年拿出自主研发的人用疫苗。此外，马来西亚医药卫生研究院的科研团队也在努力研发两款新冠疫苗，分别采用信使核糖核酸（mRNA）和灭活技术，两款疫苗均取得可喜进展，目前进入动物实验阶段。

在疫苗临床试验方面，马来西亚相关科技企业积极与中国疫苗研发机构合作开展疫苗临床试验，以期在疫苗研发成功后第一时间在马来西亚上市和生产，遏制新冠肺炎疫情。2021 年，马来西亚天机医药公司、永大集团、CRO Info Kinetics 公司分别与中国医学科学院医学生物学研究所、深圳康泰生物制药公司和中国沃森生物等开展了新冠疫苗临床试验合作，取得了积极进展，目前正在申请在马来西亚有条件使用。此外，马来西亚 IQVIA 与中国科兴生物技术公司合作，开展了未成年人新冠疫苗第三期临床试验。

五、大力发展绿色环保和可再生能源技术

随着能源结构转型逐步成为全球共识，越来越多的国家把发展光伏产业作为实现绿色转型的重要抓手，其中高效可靠的光伏产业备受青睐，市场需求日益激

增。马来西亚可再生能源的发展目标是到 2025 年，可再生能源在能源结构中的占比达到 25%。为实现这一目标，马来西亚出台了净能源计量、上网电价补贴及大型太阳能光伏计划。2019 年，马来西亚可再生能源在能源结构中的比例已经达到 6.01%。

为促进太阳能的使用、降低能源成本，2021 年 4 月，马来西亚能源和自然资源部推出了新版的净计量政策（NEM 3.0），这项政策 2021—2023 年生效，总配额 500 MW。与 NEM 2.0 相比，NEM 3.0 下，用户的光伏发电如果没有被用完，就可以输入电网，在与国家能源公司签订合同后的 10 年间，用户都可以获得输电积分并利用这些积分抵扣部分电费。按照这种"一对一"的抵扣机制，向电网输送的每一度电力都可以抵扣从电网消耗的电力。

六、支持中小企业创新

2021 年 5 月，马来西亚科技创新部通过马来西亚创新基金会，启动了新一期"马来西亚社会创新计划"，旨在提高低收入群体及受疫情影响较重的脆弱群体的收入，通过实施社会创新项目，提高他们抗击风险的能力。该计划早在 2015 年就开始实施，目前已经投入 4800 万令吉（约合 7300 万元人民币），资助了 234 个项目，受益人群 10 万多人。2021 年的创新基金项目总投入 650 万令吉（约合 988 万元人民币），面向当地基层中小微企业，促进新技术、新理念的创新和创业，重点支持科技创新与经济框架计划下的重点领域，包括能源、商业与金融创新、卫生、智能城市与交通、水资源与食品、农业与林业、教育及环境。

为助力中小企业应对新冠肺炎疫情，马来西亚政府在 2021 年财政预算中安排 2 项总计 24.1 亿令吉（约合 36.7 亿元人民币）的贷款计划，帮助中小企业和小微企业渡过难关。一项是中小企业纾困与复苏计划，总额 20 亿令吉（约合 30.4 亿元人民币），面向中小微企业，其中中小企业 50 万令吉（约合 76 万元人民币），微型企业 7.5 万令吉（约合 11.4 万元人民币）；另一项是微型企业贷款计划，总额 4.1 亿令吉（约合 6.2 亿元人民币），面向自雇人士、使用数码平台的微型企业和零工，贷款数额 5 万令吉（约合 7.6 万元人民币）。

为适应数字化转型的要求，马来西亚 2021 年推出了 5 项中小企业数字化转型补助金：一是 Exabytes 中小企业数字化补助金，补助金额 5000 令吉（约合 7600 元人民币）；二是 Sama Sama 数字化，面向马来西亚土著中小企业，最高金额 1 万令吉（约合 1.52 万元人民币）；三是中小企业数字化配套补助金，面向雪兰莪州中小企业，补助金额 5000 令吉（约合 7600 元人民币）；四是电子商务 2.0 计划，面向 B2B 中小企业，最高补助 2.5 万令吉（约合 3.8 万元人民币）；五是槟城政府奖励金，最高 1000 令吉（约合 1520 元人民币）。这些补助金计划旨在帮助中小企业采用数字化技术，推动企业数字化转型，如帮助企业建立和设计网站或在线商店，通过数字化挖掘潜在客户，帮助企业实施电子商务、数字营销及建立数字化电商平台、提高运营效率等。

（执笔人：张天航）

◉ 印度尼西亚

2021 年，印度尼西亚政府较好地控制了第二波新冠肺炎疫情的暴发，为经济社会发展创造了相对有利的条件。印度尼西亚政府下大力气改革国家科技管理机构，组建国家研究与创新署（BRIN），统筹协调研究开发、评估应用及发明创新，加大科技创新力度，积极开展国际研究与创新合作，取得一定成效。

一、科技创新整体实力

世界知识产权组织（WIPO）发布的《2021 年全球创新指数》（GII）中，印度尼西亚在 132 个国家中排在第 87 位，较 2020 年下降 2 位，落后于新加坡（第8 位）、马来西亚（第 36 位）、泰国（第 43 位）、越南（第 44 位）和菲律宾（第51 位）等东南亚国家。在东盟十国中，印度尼西亚创新指数排在第 7 位。印度尼西亚创新投入排在 87 位（上升 4 位），创新产排在 84 位（下降 8 位）。可见，2021 年印度尼西亚创新投入有所提升，但创新产出不尽如人意。

瑞士洛桑国际管理发展学院（IMD）发布的《2021 年全球竞争力报告》显示，印度尼西亚在 64 个经济体中排在第 37 位，较 2020 年上升 3 位，在亚太地区排在第 11 位，与 2020 年持平，落后于新加坡（5 位）、马来西亚（27 位）和泰国（28位）。IMD 报告指出，印度尼西亚在科学基础设施子因素中排在第 60 位，反映出印度尼西亚在研发和知识生成方面投资仍严重不足。

二、科技管理体制和机制改革

（一）组建国家研究与创新署

2021 年 3 月 30 日，印度尼西亚总统佐科致函国会，提出将研究技术部的大部分任务和职责移交国家研究与创新署（BRIN）并将其独立出来，将研究技术部的某些职责与教育文化部相结合，组成教育文化与研究技术部。这一提议获得国会批准。4月28日，佐科总统签署关于组建BRIN的第33号总统令。同日，任命教育文化与研究技术部长及国家研究与创新署长。

根据第33号总统令第3条和第4条规定，BRIN为政府机构，直接对总统负责。其任务是"协助总统开展国家层面的研究、开发、评估和应用及集成的发明和创新，并监督、控制和评估地方研究与创新机构（BRIDA）职责的实施情况"。据新任教育文化与研究技术部长纳迪姆表示，BRIN为统筹国家研究与创新活动和资金的超级机构。

BRIDA对于地方科研机构的管理也有相应规定。BRIN在BRIDA的协助下，受命处理印度尼西亚的研究与创新事务。可依托地方发展规划机构或地方研究与开发机构。BRIDA的任务是以全面可持续的方式协调、同步安排、管理地区层面的研究、开发，评估和应用及集成的发明与创新。BRIDA还负责制定区域科技发展的总体规划和路线图。各省、县（市）政府在总统令颁布两年内成立BRIDA。

印度尼西亚政府颁布2021年第78号总统令，明确BRIN的职能。BRIN将整合研究与创新规划、项目、预算、机构、资源等，推动印度尼西亚研究与发明的应用。BRIN共有3个政策方向，并设立7个发展目标。

3个政策方向包括：整合包括科技人力、基础设施、预算在内的科学和技术资源，以提高印度尼西亚研究、发明和创新的数量、质量、能力和水平，这是印度尼西亚2045远景目标的主要基础；依据全球标准建立包括学术界、产业、社区、各级政府在内的开放与合作的研究与生态系统；建立以数字经济、绿色经济、蓝色经济为重点的强大、可持续且基于研究的经济基础。

7个发展目标包括：2022年1月1日前整合主要的政府研究机构；实现整个业务流程和研究管理的转型，以大幅增加科学与技术资源（含人力、基础设施和预算）；重新关注研究，改善科技落后局面，实现后来居上，增加基于自然资源的本地多样性（生物多样性、地理、海洋）的经济附加值；使印度尼西亚成为基于自然资源和本地多样性（生物多样性、地理、艺术和文化）的中心和全球研究平台；促进和推进本地产业开展以研究为基础的产品开发；成为每个科学领域创造卓越人力资源的平台，以及基于科技创新的企业家平台；增加研究活动的直接经济影响，并使科学技术部门成为长期投资目的地和外汇来源。

（二）建立科研需求和科技项目征集机制

在BRIN组建后，印度尼西亚研究与创新交流论坛（FKRI）将成为一项年度活动，旨在收集各部委、机构、企业所需的研究和创新需求，有针对性地开展科技研究与创新，这是印度尼西亚制定科技政策和科研计划的例行机制。

FKRI 面向两类科研主体，一是各部委和科研机构，二是商业参与者、科技行业初创公司及地方政府组织。两类主体分别召开论坛与之进行研讨。FKRI 研究和创新需求分为两类：一是技术解决方案的研究与创新，二是创新政策研究。2021 年的 FKRI 于 BRIN 在 4 月成立后首次开展，此次提出的研究规划将成为2022、2023 年 BRIN 项目规划的基础，BRIN 将根据需求提出基于科学证据的政策建议。

三、重点领域的专项计划和部署

印度尼西亚政府针对科技人才培养、数字转型和气候变化等重点关注领域制订了专项计划。

（一）RISET–Pro 国家人才管理计划

BRIN 与世界银行合作推出了"科学技术研究与创新项目"（RISET–Pro）计划。该计划旨在培养卓越的科技人力资源以提高印度尼西亚科研机构的竞争力，从而提高研究生产力支持国家创新计划，最终通过技术和创新促进国家经济增长。

该计划分为 3 个方面。一是为政府所有的国家研究、开发、学习和应用机构的科技人才提供出国留学奖学金。派出人员的主要目的地包括日本、英国、澳大利亚、德国、荷兰、韩国与美国在内的 19 个国家和地区。自 2013 年年初推出至2021 年年底，已培养毕业生 374 名，其中包括 242 名硕士和 132 名博士，此外还有 72 名尚未毕业。二是提供国内外培训与实习。2021 年的培训主题包括支持2020—2024 年国家研究计划（PRN）重点领域和新冠肺炎疫情防控。目前共有2299 名研究人员和工程师参与该计划，1907 人完成培训。三是寻求建立国内研究生态系统，包括与 BRIN 及具体科研机构开展合作，为科技成果商业化情况提供咨询。

世界银行为推动该计划，共提供贷款 1.065 万亿印尼盾（约 7400 万美元）。BRIN 还发布了 RISET–Pro 人才管理系统，用于管理参与计划人员的资料数据，收集项目或研究活动，发布研究和创新成果，向研究机构或行业合作伙伴推广参与计划的研究人员。

BRIN 署长汉多科表示，RISET–pro 计划于 2021 年结束，2022 年将启动规模更大的研究与创新领域人才管理国家计划。印度尼西亚将逐步建成基于充足的人力资源的研究与创新生态系统，不仅培养研究人员和学者，还将着重培养以技术为基础的企业家。

（二）《2021—2024 数字印度尼西亚路线图》

2021 年 8 月，印度尼西亚通信和信息部出台了《2021—2024 数字印度尼西亚路线图》（以下简称《路线图》），该《路线图》将作为指导国家数字化转型的战略指南。《路线图》包含 100 项主要举措，涵盖 10 个优先领域（数字交通和旅游、数字贸易、数字金融服务、数字媒体和娱乐、数字农渔业、数字城市和房地产、数字教育、数字卫生、工业数字化、政府治理数字化）和 4 个战略领域（数字基础设施、数字政府、数字经济、数字社会）的数字化发展。在数字基础设施领域，将寻求解决印度尼西亚通信和信息技术服务差异和可访问性的问题，力求建成高质量且公平的数字基础设施。在数字政府领域，建设国家数据中心，加快实施电子政务系统（SPBE）。在数字经济领域，到 2024 年年底，推动至少 3000 万中小微企业转向数字化。在数字社会领域，全面开展各类扫盲和数字技能培训，如继续推进全国数字素养运动（GNLB）。预计到 2024 年，数字经济可使印度尼西亚 GDP 额外增长 1%。

（三）《印度尼西亚低碳及气候修复长期战略2050》

为履行《巴黎协定》义务，印度尼西亚环境林业部在综合考虑经济状况、减排能力及新冠肺炎疫情等多重因素的基础上制定了《印度尼西亚低碳及气候修复长期战略 2050》（以下简称《战略》），作为未来印度尼西亚减缓气候变化的行动指南。《战略》提出，印度尼西亚需要转变能源和土地使用系统，其中包括能源安全、粮食安全、生物多样性和森林砍伐、淡水使用、氮磷使用及土地的竞争性使用等问题。

《战略》主要涉及 3 个领域：能源、废物、工业过程和产品使用。低碳能源方面包含 4 个指导支柱：能源措施的实施，在运输和建筑中使用脱碳电力，工业燃料转向天然气和可再生资源，加强电力、交通和工业领域的可再生能源。低碳废物处理方面主要关注城市固体废弃物（MSW）、生活废水和工业废物处理过程中的甲烷气体。低碳工业生产过程和产品使用（IPPU）方面，定义了 IPPU 排放密集型产业。

《战略》中提到印度尼西亚政府的减排目标为：2030 年，实现碳达峰，碳排放量达到 11.63 亿吨，森林和土地部门实现净碳汇；2050 年，碳排放减少至 7.66 亿吨，煤炭使用量减少到 2.05 亿吨，届时印度尼西亚一次能源结构将为煤炭 34%、天然气 25%、石油 8%、可再生能源 33%；2070 年，实现碳中和目标。2021 年 8 月，印度尼西亚政府宣布将实现碳中和目标提前 10 年至 2060 年。

四、国际科技合作政策动向

（一）与东盟的科技合作

作为东盟"领头羊"，印度尼西亚积极与东盟开展科技合作与交流。2021年6月在泰国举办的第11届东盟科技创新部长会上，BRIN署长汉多科向东盟各国介绍BRIN的国际合作职能及印度尼西亚涉疫创新成就，支持东盟新冠肺炎基因组项目和抗新冠肺炎血清检测研究。在东盟领导人关于推动东盟数字转型的声明中，印度尼西亚通信与信息部长约翰尼强调应建立东盟数字社区，建议东盟各国加强数字化转型合作，共同平等获得高质量电信服务，建立东盟跨境数据流动的法规以保护个人数据，利用数字技术恢复并增强东盟各国应对新冠肺炎大流行的韧性。

（二）与欧盟的科技合作

印度尼西亚加入东南亚—欧洲研究与创新联合资助计划，各国政府共同出资资助公共研究和高等教育机构的研究人员针对年度专题开展研究。2021年的研究专题为利用纳米技术进行可持续食品生产及气候变化。

（三）与英国的科技合作

2021年2月25日，印度尼西亚和英国签署英国—印度尼西亚跨学科科学联盟（UKICIS）谅解备忘录，以此为契机建立研究和教育网络。UKICIS将汇集来自英国诺丁汉大学、华威大学、考文垂大学、印度尼西亚万隆理工学院等多家高等学府、拥有不同学术背景的科研人员，探索跨学术界、政府和行业的合作潜力。

（四）与法国的科技合作

印度尼西亚与法国签订了法国—印度尼西亚科技合作计划NUSANTARA 2021，这是法国和印度尼西亚政府间的联合计划，旨在鼓励研究与创新方面的合作。合作领域包括：新冠病毒解决方案、食品技术、可再生能源、健康和医学、海洋科学、交通运输、信息和通信技术、高级材料（如纳米）、气候变化与环境保护及自然灾害风险管理等。印度尼西亚与法国卫星合作持续加强，其正在建造的 SATRIA–I 卫星即与法国企业合作，目前印度尼西亚共有5颗卫星由法国企业生产。

（五）与澳大利亚的科技合作

印度尼西亚与澳大利亚建立澳大利亚—印度尼西亚研究伙伴关系（PAIR），并设立澳大利亚—印度尼西亚中心，在科学、技术、教育、创新文化等方面开展交流。双方于 2021 年启动青年与发展快速研究计划（YPD）。

（六）与韩国的科技合作

2021 年 5 月 31 日，印度尼西亚和韩国启动机床制造能力合作，以支持印度尼西亚制造业发展。该机床开发计划将在万隆理工学院机械与航天航空工程学院的技术与工业发展中心（PPTI）进行。7 月 7 日，印度尼西亚正式批准韩国研制的 DNA 新冠疫苗 GX–19N 在印度尼西亚开展二期临床试验，这是韩国首款在海外开展临床试验的新冠疫苗。

（执笔人：王巧申　刘　磊　易凡平）

◉ 缅　　甸

　　2021 年 2 月 1 日，缅甸军方以 2020 年大选存在舞弊为由扣押国务资政昂山素季、总统温敏等人，宣布全国实行紧急状态，成立以国防军总司令敏昂莱为主席的国家管理委员会（SAC）。近一年来，军方总体稳局控局，但各地暴恐冲突事件不断。政局动荡、疫情肆虐和国际制裁叠加影响下，缅甸经济急剧下滑，科技发展受到严重影响，科技领域交流研讨和人员培训活动几乎停滞。军方接管政权以来，重视经济和科技发展，敏昂莱多次亲临生产一线视察考察，强调要发展经济、调整农业产业结构，发展畜牧业和渔业、扩大出口，改善民生。并提出要提升技术水平，发展数字经济、新能源、装备制造业和电动车等产业。内忧外患一定程度上倒逼缅甸高层增强对发展科技重要性的认识。

一、科技创新实力仍然十分落后

　　根据联合国世界知识产权组织发布的《2021 年全球创新指数报告》，在 132 个经济体中，缅甸创新指数排第 127 位，较 2020 年上升 2 位；创新投入排第 128 位，较 2020 年上升 1 位；创新产出排第 120 位。缅甸创新指数在 34 个中低收入经济体中排第 32 位，在东南亚和大洋洲 17 个经济体中排第 17 位。在研发机构、创造产出、人力资本与研究、知识与技术产出、基础设施、商业成熟度和市场成熟度等 7 项主要创新指数指标上，缅甸在 34 个中低收入经济体和 17 个东南亚和大洋洲经济体中基本均处于垫底位置。

　　缅甸科技创新表现低于其 GDP 发展水平预期。基于 2019—2020 年缅甸农业畜牧和灌溉部农业研究司、自然资源和环保部林业研究司、科技部研究与创新司和高等教育司、卫生体育部医学研究司的数据，2020 年缅甸每百万人口研发人员数为 80.21 人，政府研发支出占 GDP 比重为 0.019%。

　　2020—2021 年，缅甸科技部研究与创新司在可再生能源、信息通信技术和农业食品等领域实施了 22 个研发项目，发表了 7 篇期刊论文、2 篇会议论文，发布了 4 项技术，向 7 家企业转让了 9 项技术，开展 13 次培训，参加了 27 场会议，采用国际标准发布了 264 项标准，建成了 1 个国际标准 ISO/TEC 实验室。以上数据大幅少于 2019—2020 年的数据。

缅甸的大学科研基本处于试验水平，缺少重大科研成果和科技创新成就。工程类学生占比不到 10%，仰光大学和曼德勒科技大学最近才被赋权授予工学学士学位的权力。大学科研论文产出数量很低，2018 年仅有 566 篇论文发表在国际期刊上，相比之下，泰国为 17 943 篇，越南为 8837 篇。

二、综合性科技创新政策的制定

缅甸 2018 年通过《科技创新法》，2019 年成立以第一副总统为主席，包括政府、研究机构和非政府组织代表的国家科技创新理事会，设立了科技创新基金。目前，缅甸主要的科技创新依据和法律框架是《缅甸可持续发展计划（2018—2030）》和《科技创新战略（2021—2025）》。

根据 2020 年制定的科技创新政策草案，2021 年缅甸成立科技创新机构，对国家科技创新理事会负责，致力于从 4 个方面改善科技创新体系：一是健康的创新生态体系；二是商产学研合作；三是商业相关的高质量研究；四是足够的科技创新教育。总体目标是到 2030 年使缅甸进入全球创新指数前 90 名国家，并实现 GDP 每年 5% 以上增长。主要目标：到 2022 年科技创新投资占 GDP 的 0.25%，2025 年增加到 0.5%，2030 年达到 1%；逐步将研发创新公共资金重点投入到实现国家可持续发展目标上，2023 年这项指标占比达到 50%，2025 年达到 75%，2030 年达到 100%。

三、科技管理体制机制、重点领域动态和趋势

2021 年 6 月，SAC 发布 2021 年 138 号令，宣布根据宪法第 419 条，将教育部重组为教育部和科技部。同日发布 139 号令，任命国防技术院校长、电子工程和计算机科学专家苗登觉博士为科技部长。

新组建的缅甸科技部下设部长办公室、职业技术教育培训司、研究与创新司、技术促进与合作司、高等科技司、原子能司、生物技术研究司和监督评估司，实际上是恢复了民盟政府以前的科技部建制并有所扩充。缅甸科技部不仅承担了制定科技政策规划、开展重大科研的职能，而且负责质量技术监督、化验检验鉴定和认证、高科技人才培养和职业技能培训。其高等科技司负责全国 60 所技术大学和计算机大学的管理。同时，职业技术教育培训司负责全国 70 所职业

技能学院的管理。

9月，缅甸科技部公布其愿景、目标和职责。愿景是通过大力培养科技人才，振兴科研事业，加快缅甸发展速度，跻身发达国家行列。目标是实现国内城乡、国内外协调发展；培养具有国际水准的研究人员；利用科技领域高质量人才，加快国家发展速度。职责：一是培养国家需要的技术专家，研发需要的科研设备，优先开展对国家有直接利益的研究工作；二是促进国内外大学、研发机构、企业在对国家有利的研究中携手合作；三是制定并实施促进科技研发创新、人才涌现的规划；四是为支持国家投资和经济政策，制定缅甸国家标准，开展质检和核对标准工作；五是提供现代化的、精确的实验室检测服务；六是为促进材料科学、汽车和信息技术等领域科技研发的发展和传播，制定并实施相关计划，推动国内外机构合作；七是制定有利于国家和人类的生物技术科研发展计划；八是将核技术应用于缅甸卫生、农业、工业和研究领域，对辐射设备进行调校等工作；九是促进所有愿意学习的人获得学习高技术的机会，通过高科技促进国民就业，提高个人收入，培养高素质人力资源；十是让所有愿意学习技术、获得职业教育和专业培训的人员便于学习，为有利国家的领域提供专业人员，创造更多工作机会；十一是开展科研成果、人力资源开发和技术推广评估并不断做出改进。

缅甸近期开展的民用科技研发和国际合作活动围绕《缅甸可持续发展计划（2018—2030）》行动计划，发展的重点领域包括农牧渔业、可再生能源、医药与食品安全、生态环保、数字经济和制造业。今后缅甸将加强技术开发和引进、人才培养和技能培训，同时推进技术应用推广和转移转让。科研机构将围绕出口创汇的农牧渔业品质提升、解决制约经济社会发展的能源问题、促进就业和增收的中小微企业和青年创新创业、卫生健康、林业和生态环境保护，以及信息通信技术、数字经济等领域开展研发。

四、国际科技合作及对华态度

缅甸与中国、印度、马来西亚、老挝、巴西签有政府间科技合作协定，与东盟科技创新委员会开展了政策制定和网络安全能力建设合作，与印度、日本、韩国等合作较为密切。此外，与美国、欧盟、澳大利亚、以色列、新加坡、泰国等开展了科技合作与交流，在农业、信息通信技术、医疗卫生和生态环保等领域开展了一些科研项目。

缅甸目前主要开展的国际科技合作包括中缅政府间联合科技研究项目和澜湄合作专项基金资助的科技创新相关项目，与印度合作的印缅可再生能源联委会项目和加强信息技术技能培训项目，与日本合作的信息通信技术培训学院项目、缅甸大学和研究机构参与的东南亚—欧盟联合资助计划项目。

　　科技合作是中缅关系的重要组成部分。两国在联合实验室建设、青年科学家交流、工程资质互认、技术转移和科学普及等方面合作成果丰硕。在农业、新能源、传统医药、环保、防灾减灾、饮水安全、计量和标准等优先领域共有 10 个政府间联合科技研究项目正在实施，同时，澜湄合作已成为中缅科技合作的新亮点。截至 2021 年 8 月，缅方已有 72 个项目获得澜湄合作专项基金支持，其中一半以上为技术提升或转移项目，成果丰硕，为缅甸民众带来了实实在在的福祉，同时促进了中国成熟技术和标准的转移和辐射。

（执笔人：苏　哲）

◉ 以 色 列

2021年尽管新冠肺炎疫情给全球经济和健康带来了前所未有的巨大挑战，以色列作为全球科技创新先进国家，其高科技行业面对疫情冲击显示了较强的韧性，保持了稳定发展态势。

一、科技创新整体实力

世界知识产权组织发布的《2021全球创新指数报告》显示，以色列全球排第15位，较2020年下滑2位。

著名创新服务机构"Start-Up Nation Central"研究报告显示，以色列高科技产业2020年融资同比增长51%，首次突破100亿美元大关；2021年以色列高科技融资继续保持迅速增长态势，达250亿美元，比上年增长136%，再创历史新高。

以色列全国共有9500家创新型科技企业，独角兽企业有65家，华为、微软、惠普、英特尔、思科、IBM、苹果、三星、西门子等436家跨国科技企业在以色列设立研发机构。

二、主要科技创新战略和规划

（一）面向市场，更好地发挥政府推动创新的重要作用

以色列创新署始终以市场需求为导向，采取自下而上的方式征集创新项目，从怀揣良好创意的大众创业者，到开发尖端技术的初创企业，再到有兴趣与以色列开展技术合作的跨国公司，都有机会申请创新资助。采取市场机制提供创新经费，如果项目失败，则无须偿还，如果项目成功，则需要偿还其年销售收入利润

的 3% ~ 5%，直到本金全额偿还，但创新署不持有公司或资助项目的任何股权或权益。

（二）面向创新链，不断丰富和强化创新生态系统

打造完整、高效、发达的国家创新生态系统一直是以色列在全球市场生存竞争的成功之道，创新署除了以企业创新为主体提供创新项目资助外，还高度重视人才队伍、基础设施、法律法规和友好的投资等创新环境建设。高度重视产学研一体的成果转化和初创企业发展，积极支持技术创新孵化器、创新实验室等创新服务平台，实施创新创业与高科技人才培养计划，积极支持科创中心带动周边地区创新增长，以及帮助传统制造业数字化改造升级。针对企业创新投资与融资面临的新挑战、新需求，修改完善激励创新的政策法规。此外，广泛开展政府部门与私营部门的对话和合作，积极为未来颠覆性技术解决道德和监管方面的障碍奠定立法基础。

（三）面向未来，引领前沿技术研究

根据对 10 ~ 20 年后有望改变人类和主导全球技术经济的战略预判，以色列确定了三大前沿技术领域，并开始加大对这些颠覆性技术的研发投资。

量子技术——以色列国家量子技术计划优先领域包括量子材料、量子传感、量子通信和量子计算。计划的实施汇集了学术界、私营部门、公共部门和国防机构的广泛参与，并积极开展国际合作。

人工智能——以色列启动了涵盖大学、工业、公共部门和私营部门的国家人工智能计划。重点是解决人工智能发展中市场失灵的 3 个问题：①建立数据存储和计算的本土基础设施；②开发支持希伯来语和阿拉伯语的自然语言处理工具；③加快人工智能领域人才教育与培养。

生物融合——借助基因组学、基因治疗、基因测序、人工智能、大数据和纳米等技术领域不断突破，生物融合正在为治疗和诊断领域的卓越创新铺平道路。以色列的愿景是成为生物融合研究的国际科创中心，创建一个新的行业细分市场，在未来 10 年内会有 6 家新的独角兽和数十家中小型科技初创公司。

三、重点领域的专项计划和部署

以色列重点领域重大科技项目（计划）主要面向未来科技研发和当代新兴科技产业发展，积极吸纳和支持本国科技企业等创新生态核心要素参与研发与应用。

（一）实施"智能国度计划"

一是通过数字校园、大数据研究计划的实施加强大学和科研机构人工智能技术研发基础设施建设；二是通过扩充教师队伍、增加学生数量、调整教学方法等方式培养更多的数学、化学和物理学领域人才，以适应未来发展需要；三是实施国家数字计划，加强各领域公共数据开放、共享和应用，为人工智能产业发展积累数据资源；四是通过示范项目推广、加强公共服务部门数字化技术应用、完善法律法规体系的方式，全面推广智能科技在交通、医疗、能源、环境等各领域的应用。

（二）实施"以色列数字健康计划"，强化新兴技术产业研发

以色列国会通过总投入超过 10 亿谢克尔的"以色列数字健康计划"支持预算。该计划由以色列总理府办公室会同财政、卫生、司法、经济、科技、创新署等相关机构和部门共同制定，旨在支持健康领域的企业、研究机构开展医疗健康与数字技术研究，为以色列经济发展提供新的强大引擎，确保以色列医疗健康技术持续占据世界领先地位。

（三）实施"以色列孵化器计划"，支持全社会创新创业

以色列特拉维夫区是以色列核心创新区域，创新优势明显，已形成强烈创新资源聚集效应，对周边地区平衡发展造成影响。为解决该问题，以色列创新署启动食品科技孵化器项目，将在未来 8 年内在北部地区投入 1 亿谢克尔带动以色列食品科技的快速发展。鼓励支持其他国家的企业和机构到以色列通过投资、技术合作等方式共同推进孵化器建设，为当地带来新的经济活力。

（四）实施"国家量子技术计划"，支持全球量子科技创新中心建设

主要内容包括：重点加强量子科技人才资源，如制订学术研究计划、建立研究实验室、吸引海外研究人员等；购买用于量子实验室的云计算时间；在高校和特殊应用研发中心开发国家量子计算基础设施；扩大量子通信系统研究开发；加快实施工业和国防领域的量子传感器重点项目；鼓励企业进入传感器、通信、材料、云计算等新兴领域；建设服务产业界的量子组件基础设施；建立学术机构的硬件基础设施，供不同学科和研究团队共享；巩固国际合作。"国家量子技术计划"已经启动实施，总投资 3.75 亿美元。

四、科技及产业发展动态

2021 年以色列新技术、新经济、新业态呈快速发展态势，为其创新产业持续发展注入新的活力。

（一）医疗健康科技实现数字化飞跃

在以色列政府的积极推动下，其远程医疗、智能机器人、便携式智能医疗设备、智能监控系统、数字成像、激光医疗技术快速发展，创新科技和产品快速进入包括我国在内的国际市场，已成为该国创新产业发展的新的重要引擎。

（二）智能科技加快农业、食品科技升级转型

随着微型卫星、无人机和带有长寿命电池的传感器的应用，许多农场逐步建立农业物联网"数字工具平台"，集成无线传感器、网络技术、先进的算法及各种农业技术，实现作物生长数据的实时收集、存储、分析，为种植者提供动态的、可操作的解决方案，使农业发展不断智能化、精准化，帮助农民提高生产率和盈利能力；将人工智能、大数据分析等技术应用到食品产业，已成为推动全球食品科技创新的重要力量。

（三）网络安全技术创新能力已跻身世界前列

国际上倾向于将以色列与美国、中国、俄罗斯和英国并列为世界排名前五的网络超级大国。2021 年上半年，以色列网络安全初创公司共筹集 34 亿美元，占全球网络安全公司募集资金总额的 41%，是去年同期募集资金的 3 倍。全球网络安全领域 33 家独角兽公司中约有 13 家来自以色列。

（四）自动驾驶技术加速发展

2010 年以来，各国对以色列自动驾驶产业投资持续增加，截至 2021 年，总投资额已超过 180 亿美元。丰田、宝马、英特尔、大众、福特、沃尔沃、保时捷等全球主要汽车巨头公司均将以色列作为自动驾驶技术研发的重要基地。毕马威公司 2020 年度《自动驾驶汽车成熟度指数》显示，在全球自动驾驶创新度排名中，以色列位居全球第一。

以色列凭借人工智能、电子通信、大数据分析、芯片设计制造等领域的传统创新优势，积极推动自动驾驶产业发展，涌现出多家引领国际走向的前沿科技和产品。

（五）能源利用率和新能源研究与开发取得显著进展

2021 年 7 月以色列政府承诺，到 2030 年实现温室气体减排 27%，到 2050 年减排 85% 的国家气候目标。全以色列 100 余家公司拥有众多较为成熟的利用可再生能源的先进技术，涉及太阳能、风能、地热、生物燃料、海浪能源、核能等清洁能源领域，并在太阳能发电、地热发电等方面达到全球领先水平。此外，基于国家新的碳减排目标，以色列炼油公司积极加快转型步伐，提高绿氢生产能力，在全国范围内建设加氢站网络，以及研发生产先进的可回收和生物降解"绿色"聚合物。

（六）量子科技产业蓬勃发展

据有关统计，2021 年以色列量子科技研发活动增加 30% ~ 40%，量子科技创新企业也从不到 10 家跃升至约 50 家，企业规模也正在由小变大。最具代表性的量子科技创新企业包括：量子机器（Quantum Machines），是控制和操作量子计算机的硬件和软件解决方案的创造者，拥有量子编排平台（QOP）核心硬件和 OPX 量子语言编程系统；量子跨越（Quantum Leap），是一家专注于量子即服务（QaaS）解决方案的初创公司，基于物理、数学、计算机和材料工程方面的深厚知识，构建模拟器、算法和全堆栈（full-stack）QaaS 系统，为医疗、化学、金融、物流、新材料及其他领域提供量子技术服务。此外，还有 QuantLR（量子密钥分发）、LightSolver（全光学量子激发设备）、Classiq（量子软件堆栈层）、AccuBeat（铷原子钟）、Nitromia（量子安全交易）和 Random Quantum（量子信息处理）等一批极具前景的科技公司。

五、科技管理体制改革重大举措

（一）对科技创新管理机构进行重组

以色列新政府决定将原所属经济部的创新署并入科技部，加强创新署与国家其他科技创新活动的统筹协调，同时还任命了新一届国家研发理事会新成员，加强国家对新兴科技的战略研究与政策制定能力。

（二）成立首席科学家论坛

由科技部长担任论坛主席，政府各部门聘任的首席科学家为论坛成员。其主要职责是探索完善国家创新体系的主要措施，商讨科技创新政策的重大问题，防止各部门在实施创新活动过程中各行其是，克服多头管理可能引起的弊端，避免科技项目重复立项或遗漏。

（三）加快构建颠覆性技术大规模示范与监管框架

支持在更大范围内实景测试创新技术，帮助政府部门构建颠覆性技术的监管框架。试点项目涵盖航空、农业、能源、环境、交通、电信和医疗卫生等众多领域，也包括十几个政府部门的密切合作。

（四）积极构建支持初创企业创新计划体系

"种子计划"重点支持处于种子阶段初创企业的存活和成长。"技术孵化器计划"支持创业早期的企业，为企业制定商业计划，提供企业发展初期资金，协助企业将创意转化为产品。"技术创新实验室计划"提供基础设施和试验设备，为项目实施初期的创业者实现科创想法提供开发实验环境。"青年创业者计划"重点培训新一代青年创新人才，从创新概念到想法落地，再到生产和销售，全程指导，帮助年轻人熟悉如何创立企业。

六、国际科技合作政策动向

（一）积极参与全球重大问题研究

以色列鼓励本国单位积极参加全球重大科研计划或全球问题的科学研究；成立以色列欧洲创新管理局专项负责与欧洲研发合作对接工作，通过"地平线 2020"计划、"欧洲科技合作计划（European Cooperation of Science and Technology，COST）"等渠道，以色列可以参与欧洲关于重大疾病防治、环境保护、气候变化、社会可持续发展等领域的研究。

（二）积极吸纳和使用海外慈善资金

犹太精英遍及世界各地，积极参与国家建设。特别在科研领域，以色列政府、院校机构持续加强宣传，成立了大量海外募捐组织，吸引海外资本支持国内科研工作。以色列魏茨曼科学研究所是全以色列最重要的基础科研基地，多次入选世界前十顶尖科研机构名单，该院每年约30%科研经费由国际委员会海外筹措所得。

（三）搭建国际研发合作平台

为推动初创企业与大型跨国公司合作，以色列创新署牵头执行"跨国企业研发合作计划"。根据该计划，创新署负责融资，跨国企业负责为初创企业提供技术支持、实验设备等软硬件服务，初创企业负责新型技术应用研发工作，三方共担风险，共同推进未来新兴技术和产品的市场化应用。阿尔斯通、微软、英特尔、奥迪、惠普、IBM、飞利浦、松下等众多跨国公司均是该计划下的合作企业。

（执笔人：李向宾　彭斯震）

埃　　及

　　2021 年，在全球新冠肺炎疫情持续的大背景下，埃及政府采取灵活、动态的政策措施，在确保疫情总体可控的前提下积极恢复经济发展：一方面，推进新冠疫苗自主研发和临床试验，积极拓展商业采购渠道，确保疫苗储备；另一方面，有序实施第二阶段经济改革计划，加速制造业本土化，大力支持私营企业，发展职业教育培训，努力推动经济社会数字化转型。科技创新方面，埃及围绕《2030 愿景》和《国家科技创新战略 2030》设定的目标稳中求进，通过搭建平台、能力培训和国际合作等途径实现科技创新能力的提升；同时，着力发展人工智能等重点领域，取得了一定成效。

一、知识和科技创新能力国际表现

　　根据世界知识产权组织发布的《2021 年全球创新指数报告》，埃及在 132 个经济体中排第 94 位，较 2020 年上升 2 位；在 19 个北非和西亚经济体中排第 17位，在 34 个中低收入经济体中排第 13 位。

　　根据 2021 年 SCImago 对全球 7533 家研究机构的排名显示，埃及共有 48 家机构进入榜单，其中排名靠前的机构包括高能物理网络平台（ENHEP，全球排第 495 位，非洲排第 2 位）、开罗大学（全球排第 527 位，非洲排第 4 位）、国家研究中心（NRC，全球排第 629 位，非洲排第 10 位）、亚历山大大学（全球排第637 位，非洲排第 11 位）和艾因夏姆斯大学（全球排第 640 位，非洲排第 12 位）。

二、科研投入产出情况

　　2021 年 6 月底，埃及政府发布了 2021/2022 财年国家公共财政预算。2021/2022 财年政府用于科学研究的资金达到 640.5 亿埃镑（约合 41 亿美元），较上一财年增加 5100 万埃镑，增长率约为 0.08%。

根据 SCImago 发布的数据，2020 年埃及共发表 32 323 篇科研论文，较 2019 年增加了近 19%，排在全球第 30 位，在非洲大陆排第 1 位，中东地区排第 4 位，阿拉伯国家中排第 2 位。数据显示，埃及的研究领域较为广泛，重点领域包括农业科学、计算机应用和网络、工程和技术、物理科学、医学、兽医学等。埃及在大多数学科领域刊发的论文数量均超过非洲其他国家，但在人工智能和机器人研究方面发表的论文数量落后于摩洛哥。

另据埃及中央公众动员与统计署（CAPMAS）统计，2020 年埃及专利办公室共收到 2207 项专利申请，较 2019 年（2183 项）增长 1.1%，其中本国人提交申请 978 项（2019 年为 1027 项），外国人提交 1229 项（2019 年为 1156 项）。2020 年共授予专利 495 项，较 2019 年（750 项）减少 34%，其中授予本国人 65 项，外国人 430 项。

高技术产品出口方面，埃及 2020 年出口额达到 3.5 亿美元，较 2019 年（3.238 亿美元）增长 8.09%。在全球贸易受新冠肺炎疫情冲击的大背景下，埃及高技术产品出口逆势上扬，显示了政府打造地区制造中心取得了一定成效。

三、科技型初创企业蓬勃发展

非洲创业门户网站 DisruptAfrica 发布的《2021 年埃及创业生态系统报告》显示，截至 2021 年 9 月，埃及至少有 562 家科技型初创企业，创造了近 1.3 万个就业岗位，已成为继南非、尼日利亚和肯尼亚之后非洲第四大创业生态区。报告指出，这些初创企业活跃在各个领域，包括电子商务、金融科技、电子医疗、教育技术、物流、人力资源管理和人工智能/物联网等。报告显示，有近 40% 的埃及科技初创企业得到过某种形式的加速器或孵化器支持，并从当地政产学研合作的创新生态体系中受益。同时，这些初创企业也越来越多地获得风险投资的支持。2015 年以来，至少有 318 家埃及初创公司获得了近 8 亿美元的风险投资，年度投资额由 2015 年的 860 万美元增长到 2020 年的 1.56 亿美元。2021 年前三季度已有 80 多家初创企业获得了超过 4 亿美元的投资，创造了埃及风险投资历史记录。

四、推进平台建设

根据塞西总统指示，埃及将组织力量打造国家基因组中心。该中心由高教科研部下属的科研技术院（ASRT）牵头，国防部（以及医学研究与再生医学中心）、卫生部、通信与信息技术部等参与其中。参加项目建设的还包括 15 所大学、科研单位和民间机构。高教科研部长加法尔表示，组建国家基因组中心是现代埃及最大的科学计划，预计可于 2025 年年初完成。计划目标是绘制埃及的人类基因组图谱，力求发现国家人种各类主要疾病的遗传学特征，推动埃及进入个性化基因治疗手段和用药组合设计的新时代。

2021 年 8 月，塞西总统签署第 923 号命令，宣布正式成立埃及信息技术大学（EUI）。EUI 隶属于通信与信息技术部，是非洲乃至中东地区首个通信和信息技术专业高等学府。EUI 下设计算机与信息科学、工程学、商务信息、数字艺术与设计 4 个学院。学校与美国普渡大学、明尼苏达大学建立了紧密的合作关系，在 EUI 学习 3 年后，学生将有机会赴美国完成本科阶段课程并申请硕士阶段的进修。

继 2020 年亚历山大大学与意大利合作建设埃及首个生物安全三级实验室后，埃及在 2021 年又启动了组建国家传染病研究实验室项目计划。实验室须满足生物安全三级标准，分三个阶段进行：第一个阶段是组建病毒学研究实验室（计划耗时 18 个月），为其配备必要设施和技术管理人员，主要目标包括（但不限于）对重点传染病进行基础／临床前研究、促进药物和疫苗的临床试验与开发、开展与病毒和药物相关专业检测和生物风险评估等，增强对紧急情况和疾病威胁的防范能力，为政府预防和控制病毒感染提供科学建议；第二个阶段计划以实验室为依托，开展病毒学、分子生物学、免疫学、遗传学、生物信息学和流行病学等优先领域的科学研究工作；第三个阶段的任务是扩大病毒学研究实验室的服务范围，以涵盖其他危害公共健康的重要传染性疾病，使实验室成为政府、学界、民间组织和制药企业合作对抗疾病的综合性研发中心。

五、推出气候变化国家战略

在英国格拉斯哥举行的《联合国气候变化框架公约》第 26 次缔约方大会（COP26）期间，埃及环境部长介绍并推出了《埃及国家气候变化战略 2050》。埃及政府高度重视气候变化问题，成立了国家气候变化理事会，由总理担任主席，环境部负责具体事宜的协调。除了传统意义上与气候变化相关的部门外，理事会还将计划和经济发展部、财政部、国际合作部等部门纳入其中。该战略主要希望达到 5 个目标，包括"实现经济可持续增长""提高对气候变化的适应和恢复能力""加强气候变化行动治理""改善气候活动融资的基础设施""促进应对气候变化的科学研究和技术转移，提高不同利益相关者对气候变化的认识"。为推动该战略的实施，埃及将推出配套政策工具来实施国家气候变化战略，如发展绿色债券等创新金融工具，建立国家监测、报告和验证系统用于跟进和规划气候行动，推动利益相关者参与各阶段的战略制定，在各部委设立负责可持续发展和气候变化的部门，将与气候变化相关的问题纳入埃及的环境影响评估研究等。

六、加强国际合作

（一）与美国的合作

2021 年 8 月 31 日，美国驻埃及大使乔纳森·科恩代表美国政府同埃及高教科研部长加法尔续签科技合作协议。协议为期 5 年，主要内容包括促进人文交流，加强环境保护、卫生安全、农业领域的科技创新合作，增强知识产权保护力度；目标是帮助两国前沿科技产业创造高薪就业岗位，促进科技创新，提出解决方案，提升共同应对挑战的能力。

2021 年 9 月 8 日，由美国国家科学院（NAS）、美国国际开发署（USAID）和埃及高教科研部科技创新基金署（STDF）共同管理的美国—埃及科技联合基金启动第 21 轮联合研究与青年科学家交流项目征集。其中，联合研究项目实施期限为 2 ~ 3 年，双方研究团队可分别获得最多 20 万美元的资金支持；青年科学家交流项目支持埃及博士学位获得者（获得博士学位不超过 10 年）赴美国合作单位进行不超过 9 个月的联合研究（每人资助上限 2.55 万美元）。资助领域包括农业、能源、卫生、水技术，以及机器学习 / 人工智能在上述领域的应用。

2021 年 11 月，科恩在接受媒体采访时表示，未来美国还将进一步加强与埃及在环境保护（气候变化）和企业家培育方面的合作。美国支持埃及 2022 年主办《联合国气候变化框架公约》第 27 次缔约方大会（COP27），两国间也成立了气候变化联合工作组。启动"遇见硅谷（Meet Silicon Valley）"项目，组织有潜力的埃及企业家赴硅谷参观并与美国同行会谈，学习美国创新创业生态系统建设经验。

（二）与日本的合作

在埃及—日本科技合作框架下，埃及科技创新基金署与日本学术振兴会（JSPS）于 2021 年 7 月启动第 13 批埃及—日本科技合作项目征集。合作项目执行期为两年，埃方获批单位每年最多可获得 14.5 万埃镑（约合 9250 美元）的资助，重点领域包括水、能源、农业与食品、卫生、信息与通信技术。

为支持埃及的空间发展计划，埃及—日本科技大学（E-JUST）正在建设空间环境研究实验室，旨在参与埃及卫星设计制造项目，提供在线技术咨询来帮助埃及发展空间技术；组织有关卫星和空间科学的讲座、研讨会和培训课程，并与国际机构开展学术交流活动。实验室主要由 5 个部分组成，分别涵盖空间研究与调查、实验与综合项目、本地与国际电子地理信息系统、咨询培训，以及太空监测。实验室还将向埃及航天署（EgSA）和民航部门提供太阳风、磁暴等对通信和导航设备产生影响的空间环境信息服务。

（三）与主要欧洲国家的合作

2021年1月，埃及科技创新基金署与西班牙产业技术发展中心（CDTI）启动第5批研发创新合作项目征集。项目以解决产业需求为导向，执行期为两年，主题包括农业和可持续粮食生产、可持续水资源管理、可负担的包容性医疗保健、可再生能源、环境、建筑、交通、旅游和文物、战略产业（电动汽车，制造业，计算机硬件、机械和电器）等9大领域。

5月，阿拉伯工业化组织与德国DMG MORI公司签署合作协议，在埃及建立非洲首家高精度数控机床工厂。工厂占地面积约6万平方米，年产能可达1000台以上，预计在2023年投入运行。DMG MORI公司还将在埃及成立一家技术学院，为设备生产培训人才。

6月，俄罗斯—埃及经贸与科技联委会第十三次会议在莫斯科召开。双方强调了扩大产业伙伴关系的意愿，特别是在汽车制造领域，推动在埃及组装生产俄罗斯汽车；在埃及建设工业园区，实现俄罗斯先进工业产品在埃及本土化生产并吸引投资。双方还就其他领域合作进行了交流，包括请俄方协助埃及建设海水淡化和污水处理设施；加强能源（石油、天然气勘探开发、碳氢化合物利用）和可再生能源（特别是风电）项目合作；同意签署海关合作协议，加快适航谈判。此外还就金融互通、中小微企业发展、举办展会、在埃及学校开设俄语课程等进行探讨。

（四）与中国的合作

新冠肺炎疫情依然是阻碍中埃科技交流合作的最大障碍。尽管如此，埃及高度重视与中国开展科技交流合作。埃及科研技术院、国家研究中心、科技创新基金署、航天署等相关机构负责人在不同场合均表达了进一步深化合作的意愿，特别是在新能源、人工智能与数字化、人工降雨、智慧农业、医药卫生、水资源管理和卫星等领域开展人员交流培训、联合研究、共建平台（包括P3实验室），以及技术转移和应用合作。

（执笔人：袁　超）

⊙ 阿拉伯联合酋长国

阿拉伯联合酋长国（阿联酋）位于阿拉伯半岛东部，地处海湾进入印度洋的海上交通要冲由 7 个酋长国组成联邦。2020 年阿联酋人口约 928.2 万，其中本国人约占 12.1%，外籍人约占 87.9%。

阿联酋油气资源丰富，石油和天然气储量均排在全球第 6 位，石油产业是阿联酋的支柱产业。与此同时，为减少对石油产业的依赖，降低石油价格波动对经济增长的长期影响，实现可持续发展，阿联酋致力于推行经济多元化政策，崇尚发展绿色经济、数字经济，鼓励创新。根据 2017 年数据，阿联酋经济结构中，油气产业约占 GDP 的 30%，其余行业对 GDP 的贡献均在 10% 左右或以下，科学技术活动产出约占 GDP 的 2.6%。

一、科技发展现状

阿联酋是一个相对年轻的国家，科技事业起步较晚。但十余年来，阿联酋领导层高度重视科技发展，将科技创新确立为国家优先发展事项，立志将阿联酋打造为全球创新孵化器和新技术试验场，并为此制定了多项国家战略及规划，力求从国家层面鼓励支持科技创新。阿联酋现任副总统兼总理、迪拜酋长穆罕默德·本·拉希德·阿勒·马克图姆自 2006 年担任现职以来，高度重视科技创新，主导发起了多项科技创新计划和机构。阿联酋若干科技计划、机制和机构以其名字命名。从最新的阿联酋政府内阁成员层面看，有 5 位部长与科技创新相关性较大，包括工业及先进技术部长、教育部长、气候变化与环境部长、先进技术国务部长，以及 2017 年设置的世界上首位人工智能国务部长。根据世界知识产权组织《2021 年全球创新指数报告》，阿联酋 2021 年全球创新指数排第 33 位。在瑞士洛桑国际管理学院 2020 年版《世界竞争力年度报告》中，阿联酋全球排第 9 位。阿联酋在 2019 年世界经济论坛全球竞争力排名中排第 25 位。2020 年阿联酋研发支出占 GDP 的 1.3%，约合 55 亿美元，2021 年研发支出目标为 GDP 的 1.5%。

2019 年阿联酋本国居民的专利申请量在全球排第 70 位，本国居民和外籍居民申请总量在全球排第 51 位。在阿联酋专利局登记的历年专利申请量如表 1 所示。

表 1　阿联酋历年专利申请量

单位：件

年份	本国国民	外籍居民	海外申请
2011	33	1318	199
2012	29	1327	250
2013	33	1402	386
2014	49	1438	343
2015	61	1714	484
2016	81	1642	703
2017	96	1733	634
2018	92	1723	644
2019	96	1843	693
2020	71	1869	765

数据来源：《世界知识产权组织 2020 年指标》。

二、综合性科技政策

2021 年 7 月，在阿联酋建国 50 周年之际，阿联酋政府相继推出旨在加速经济社会发展的"50 个重大项目"，其中与科技创新领域相关的包括建立第四次工业革命网络、投资 50 亿迪拉姆推动企业采用第四次工业革命技术、每天培养 100 名程序员、2022 年举办全球编程峰会，2028 年发射小行星探测器等。

2021 年 9 月 5 日，阿联酋政府发布《未来 50 年十项基本原则》，其中第七条为阿联酋的数字、技术和科学的进步将定义其国家发展和经济前沿。在这些领域巩固阿联酋作为全球人才、创业和投资中心的地位，将使阿联酋成为未来的全球领导者，该原则进一步反映出阿联酋政府对科技创新的高度重视。

2021 年 9 月 13 日，阿联酋内阁批准《研究与开发治理政策》。作为首个针对研发治理的具体政策，阿联酋旨在培育一个灵活而强健的国家研发生态系统，统一方向，协调努力，将研发要素整合到以知识为基础的经济中。该政策明确了阿联酋研发治理的三级架构，其中第一级为政策与优先领域设置，第二级为协调与经费配置，第三级为执行。为此，阿联酋成立了国家研发最高治理机构——国家研究与开发委员会，作为上述第一级架构的决策机构。该委员会由阿联酋外交与国际合作部长阿卜杜拉·本·扎耶德·阿勒纳哈扬担任首任主席。在该政策下，将启动《衡量政府研发绩效国家指南》，旨在标准化数据并促进收集、分析和衡量绩效的过程，从而确定研发活动的社会经济影响。

三、重点领域专项计划和发展动态

（一）信息通信技术

阿联酋政府致力于采用最先进的信息通信技术打造"数字阿联酋"，为此成立国家数字转型委员会，由联邦和地方政府各相关部门组成协调机制，并设立首席信息官，在数字政府、数字教育、数字健康、数字司法、数字福利、智慧城市等各领域全方位开展信息通信技术应用和监管。

2021 年 7 月，阿联酋启动国家程序员计划，目标是为程序员行业的开发、成长和繁荣创造世界上最好的生态，该计划致力于在 5 年内培养和引进 10 万名程序员，创立 1000 家数字企业。向初创软件企业的投资从 15 亿迪拉姆增加到 40 亿迪拉姆，此外，该计划将加大人才引进力度，为 10 万名外国优秀程序员颁发"黄金签证"。

2021 年 11 月，阿布扎比市政交通局宣布在亚斯岛开展自动驾驶出租车试运营，5 辆自动驾驶出租车在 9 个站点间为乘客提供接送服务（驾驶位依然有人值守，但正常情况下不参与驾驶），技术由 G42 集团子公司 Bayanat 提供。

2021 年 12 月，迪拜酋长国宣布其全部 45 个政府部门实现无纸化办公，1800 项政府服务所涉及的 1 万余项业务均无须打印纸张，如期实现了其 2018 年启动的"迪拜无纸化战略"目标，使其成为全球第一个无纸化政府。

（二）工业创新

在经济多元化转型过程中，阿联酋重视工业部门对国家经济的贡献，并认识到科技创新对提高工业竞争力的关键作用。2020 年 7 月，阿联酋将工业部门从能源与基础设施部剥离，与先进技术国务部长办公室和国家标准与计量局合并成新的工业与先进技术部，意在强化科技对工业转型升级的贡献。

2021 年 3 月，阿联酋启动了《工业和先进技术国家战略》——"3000 亿行动"，核心是通过在工业部门采用先进技术和工业 4.0 解决方案，将阿联酋工业部门产值从目前的 1330 亿迪拉姆提高到 2031 年的 3000 亿迪拉姆。"行动"将聚焦三大类别 11 个优先行业（表 2）。政府将向 13 500 家中小微企业提供资金和政策支持，并撬动更多民间资本投入科技创新。

表 2　"3000 亿行动"优先行业

目标	刺激经济增长	提高工业生产力、促进就业	为未来工业创造竞争环境
优先行业	食品、饮料和农业技术	重工业	氢能
	制药	石化和化学产品	医学技术
	电气设备与电子器件	橡胶与塑料	航天技术
	先进制造业	机械设备	

2021 年 10 月，阿联酋工业与先进技术部宣布了"阿联酋工业 4.0 计划"。该计划是阿联酋"未来 50 年"计划的一部分，旨在向阿联酋制造企业引入自动化、区块链、增材制造等技术，提升本国制造业的数字化能力，同时减少阿联酋工业领域的碳足迹。计划目标是在 10 年内将阿联酋制造业产值提高 30%。为实施该计划，由高技术跨国公司和本土行业巨头组成企业联盟，为阿联酋中小企业提供第四次工业革命技术示范和自动化技术解决方案。初期联盟将协助 200 家企业进行工业 4.0 转型。

（三）清洁能源与气候变化

发展清洁和可再生能源，被阿联酋视为摆脱石油依赖，促进经济多元化转型的重要途径。近 15 年来阿联酋已在清洁能源领域投资超过 400 亿美元，装机容量预计从 2020 年的 2.4 GW 增加到 2030 年的 14 GW。位于阿布扎比的宰夫拉光伏电站总规划装机容量 2 GW，是目前全球最大、电力成本最低的单体光伏电站。

2021 年 10 月，阿联酋发布《阿联酋 2050 年净零排放战略计划》，是中东北非地区率先承诺于 2050 年前实现净零排放的国家。11 月，阿联酋获得 2023 年《联合国气候变化框架公约》第 28 次缔约方大会（COP28）主办权。

同年 11 月，阿联酋发布了《氢能领导地位路线图》，旨在将该国打造成有竞争力的氢能出口国。阿联酋在氢能领域有一定资源优势，包括天然气资源和来自太阳能等可再生能源的清洁电力等。近年来，阿联酋在产氢方面取得较大进展，阿布扎比国家石油公司设施每年可产氢约 30 万吨。此外，穆巴达拉、阿布扎比国家石油公司和阿布扎比 ADQ 投资公司成立了阿布扎比氢能联盟，推进阿联酋在主要领域使用氢能。迪拜电力和水务局、2020 迪拜世博会和西门子能源合作，在迪拜马克图姆太阳能园区开展的绿氢生产项目，是中东地区首个此类项目。

2021年12月，阿联酋阿布扎比实力最强的三家公司——阿布扎比国家石油公司、穆巴达拉投资公司和阿布扎比国家能源公司宣布入股穆巴达拉所属阿布扎比未来能源公司（Masdar），整合三家企业可再生能源和绿氢领域的业务。整合后的公司将拥有超过23 GW现有和承诺的可再生能源装机总量，预计2030年装机总量将超过50 GW。整合交易完成后，Masdar将成为全球最大的清洁能源公司之一。

（四）医药卫生

2019年12月，阿布扎比卫生局宣布启动"全球最综合"的基因组计划，在阿联酋全体公民（100余万人）中开展基因测序，目标是运用大规模人群基因组数据，建立可预测、可预防、个性化治疗的医疗卫生体系。中国华大基因公司参与了测序工作。截至2021年年底，该计划已完成约10%的测序量，预计2022—2023年完成全部测序工作。此外，阿联酋卫生和预防部2021年10月批准了美国Biogen公司开发的用于治疗阿尔茨海默病的药物Aduhelm（aducanumab），使该国成为继美国之后，全球第二个批准注册和使用该药物的国家。

四、国际科技合作政策动向

阿联酋虽然基础科学底子薄，本土高端人才匮乏，但资金实力雄厚，因此更关注引进技术成熟度处于较高阶段的先进技术，致力于将阿联酋打造成全球先进技术的试验场和新兴产业的孵化器。因此，在政府科技政策主导下，国际合作是阿联酋科技发展的主要路径，阿联酋取得的科技成果大多都有国际合作的背景。中阿两国关系友好稳定，阿联酋对与中国开展科技合作态度积极。两国科技合作目前处于起步阶段，合作空间广阔。

（一）与美国等西方国家的合作

美国是阿联酋科技领域最重要的合作伙伴之一。通过美国的大学和企业等机构，双方在科技各领域保持着深度的合作，包括联合研究、技术转移和人才培养等。

阿联酋穆罕默德·本·拉希德航天中心（简称"拉希德航天中心"）与美国科罗拉多大学博尔德分校大气与空间物理实验室、亚利桑那大学和加州伯克利大学等机构联合研制了"希望号"火星探测器，由日本H-2A火箭于2020年7月发射，并于2021年2月成功进入火星轨道。下一步双方将继续开展计划于2028年发射的小行星探测器的联合研制。此外，美国国家航天局与拉希德航天中心签署协议，为阿联酋培养航天员。目前有两位阿联酋准航天员（包括阿联酋第一位女性准航天员）正在美接受为期两年的培训。

阿联酋和美国牵头发起的"气候农业创新使命"在 2021 年 11 月英国格拉斯哥召开的 COP26 上正式启动。"阿联酋工业 4.0 计划"将同微软、霍尼韦尔等美国公司和德国西门子公司等合作，为阿联酋工业企业提供数字和自动化技术解决方案。在清洁能源领域，阿联酋正与韩国、法国等联合建设核电站和太阳能电站。

（二）与俄罗斯合作

2021 年 11 月 17 日，工业与先进技术部和俄罗斯工业与贸易部签署氢能技术合作备忘录，在氢燃料生产、储存和运输技术领域开展合作。合作范围包括设计制造用于生产、氢液化和使用、储运原氢或氢燃料混合物的设备，以及统一相关国家级标准和制定国际标准。

（三）与伊斯兰国家合作

2021 年 6 月，阿联酋作为东道主在阿布扎比举办了第二届伊斯兰合作组织（OTC）科技峰会，该组织的 57 个成员国线上参会。会议通过了《阿布扎比宣言》，承诺采取一切必要措施，创造一个有利于成员国实现科学、技术和创新进步的环境，并努力实施该组织《2026 科学、技术和创新行动计划》。

（四）与以色列合作

以色列是地理上距离阿联酋最近的创新型国家。双方于 2020 年实现关系正常化后，阿联酋积极寻求与以色列在科技领域开展合作。2021 年 9 月，阿联酋工业与先进技术部长与以色列技术部长视频会面，讨论了双方技术转移与研发合作的可能性。同年 12 月以色列总理首度访阿期间，双方讨论了包括科技创新合作在内的相关议题。可以预见今后阿以间的科技合作将进一步密切。

（执笔人：任洪涛）

◉ 乌兹别克斯坦

2021 年，新冠肺炎疫情持续蔓延，乌兹别克斯坦在经济发展压力下解封，努力减少疫情对经济社会和民生的冲击。尽管面临经济下行、失业率并高等严峻挑战，但乌兹别克斯坦政局稳定，重点领域发展得到有力保障。

一、科技创新完成顶层设计

2021 年是乌兹别克斯坦政府《2017—2021 年五大重点发展领域行动战略》收官之年。该战略中鼓励科研创新、建立技术转化机制、在高校和科研机构建立实验室、高技术中心和科技园等工作均得到充分落实，达到目标设定效果。

自 2017 年起，国家财政对科研和创新投入处于持续上升态势，科学职业对青年群体吸引力加强。自引入科学博士（DSc）和哲学博士（PHD）二级培养体系后，公费博士名额一直稳定增加。

为做好科技创新项目征集评选工作，乌兹别克斯坦基于国际通行做法首次引进科技鉴定体系。将专家和项目带头人的"H 指数"作为主要指标，在 16 个重点领域建立起由 400 余名院士、教授和博士组成的学务委员会。评选国际科技合作项目时，积极引入国外专家参与。

为实现可持续发展目标，乌兹别克斯坦制定了两份战略性文件，分别是《乌兹别克斯坦 2030 年前科学发展构想》和《乌兹别克斯坦 2030 年前创新发展战略》，确定国家下一个时期的科学与创新重点发展领域和指标。将上述文件纳入新冠肺炎危机，有助于国家经济恢复，建设具有弹性、透明和包容的创新生态系统的具体计划和措施。

为解决全国科技力量分布不平衡问题，增强地方政府科学和创新功能，在州府一级城市建立创新中心。地方政府联合创新发展部，根据地方民生与实体经济需求，共同对创新项目给予支持。2021 年 4 月，乌兹别克斯坦发布政府条例，批准乌兹别克斯坦及卡拉卡尔帕克斯坦创新带转化区域清单。

乌兹别克斯坦创新发展部成立科技信息中心，负责国家科技与创新信息的搜集与整理，为科技发展快速决策、战略决策提供相应信息支持。该中心负责编制国家科技与创新发展报告，以探索影响国家科技与创新发展的正面和负面因素。

二、2022—2030年创新战略出台

为实现国家2030年前社会经济目标，乌兹别克斯坦于2021年正式施行两份战略性文件，致力于推动科学与创新发展。

第一份是《乌兹别克斯坦2030年前科学发展构想》，其核心内容是针对确定的重点领域，分阶段实现发展。此次纳入的重点措施：提高研发投入占GDP的比例，平衡国有和私有资金对科学的参与；通过加大中青年人才吸引力度，将本国科研人员平均年龄降至39岁；提高专家队伍发表论文和申请专利的积极性；建设国家科学实验室；加强结构性能调整，为增加高科技产业及产品创造条件；推动科技成果向实体经济转移。

第二份是《乌兹别克斯坦2030年前创新发展战略》，同样将时间段设置到2030年，其主要目标是在构建创意经济过程中，发展出"创新—资本—创新"生态体系，将从创建新工作岗位到建立经济价值的所有关键阶段纳入其中，同时这份文件也延续了目前正在进行改革工作，致力于完成进入世界创新50强国家任务。战略中计划解决的问题包括：在创新活动管理中进一步发展人才资源；发展对初创企业的支撑体系（构建基础设施）；提升经济的创新需求；增加创新活跃企业在普通企业中的比重；提高地区创新活力；建立创新产业集群；形成调整资本进入创新领域的机制。

另外，乌兹别克斯坦创新发展部与联合国教科文组织驻乌代表处合作，在伊斯兰发展银行帮助下，正在制定《国家科技与创新政策》，致力于实现科技创新领域未来10年的发展目标，同时也为疫情过后经济快速恢复奠定基础。

三、科技创新改革卓有成效

（一）科研经费投入趋势向好

近年来，乌兹别克斯坦国家财政科学和创新投入稳定，自2019年以来共拨款12 903亿苏姆，用于支持国家科技创新活动。2019—2021年，企业资金参与科技创新取得进展，合计实施63个项目，从企业主体引入4450万美元预算外经费。2021—2023年，计划落实33个投资项目，总金额共计1.851亿美元。

（二）科研成果转化取得进展

根据《关于提高科学及科技成果商业化效率的补充措施》总统令，乌兹别克斯坦应在 2021 年完成科研成果转化体系更新建设，并致力于推动实用科研和创新成果加快转化，提高科技对提升国家经济竞争力的贡献。近 3 年来，乌兹别克斯坦共转化 70 个创新项目，高新技术产品产值为 1636 亿苏姆，形成销售额 1378 亿苏姆。

乌兹别克斯坦国家创新体系升级计划致力于引入鼓励实用研发及成果转化新工具，计划将鼓励创新资金以项目扶持方式在企业层面投入，用于支持公立和私营公司、创新初创企业。在近两年征集遴选的项目中，除传统的能源、低碳技术领域外，有关新冠肺炎问题的项目已成为重点之一。

创新发展部还与世界银行合作，共同推动本国科研成果转化工作。双方为此在 2020 年达成协议，由世界银行提供 5000 万美元资金。

（三）初创企业发展得到关注

根据乌兹别克斯坦《关于进一步完善科研法制基础》政府条例，创新发展部于 2020 年出台《初创企业项目审批、投资和实施程序》规范，对初创项目实施的基本概念和原则做出规定，并通过创新理念与创新发展支持基金、国家财政拨付资金进行支持。初创项目评选一般每年不少于 2 次。

自 2019 年以来，创新发展部科学投资与创新支持基金共支持 58 个项目，投入资金总额达到 468 亿苏姆。其中，初创项目 48 个（406 亿苏姆），创新、研发与试产项目 10 个（62 亿苏姆）。

为支撑科研和创新活动，乌兹别克斯坦近年持续完善创新基础设施建设。目前，已投入使用 46 处相关组织，其中有 3 个创新科技园、8 个 IT 科技园、6 个青年科技园、5 个技术转移中心、3 个企业加速器、5 个企业孵化器、16 个联合办公中心。最早兴建的 Yashnabad 科技园区表现较为突出，已有入驻企业 44 家，创造超过 1000 个就业岗位，实现出口创汇近 400 万美元。

（四）国家创新能力小有提升

2012—2020 年，乌兹别克斯坦被动参与全球创新指数评比，实际并未被列入 GII 排名。2020—2021 年，乌兹别克斯坦开始积极参与该权威评比活动，国家排名也开始稳步上升，从 2012 年的 127 位升至 2021 年 86 位。尽管与其他独联体国家相比，乌兹别克斯坦的排名并不算显眼，但对照分析则可见其提升速度远超俄罗斯等国。分析 7 个领域 80 项指标得分，2021 年乌兹别克斯坦市场发展（+101）、基础设施（+39）、研究机构（+39）、创意性劳动效率（+25）等几个指标的排名与 2012 年相比有较大提升。

四、科技创新成果取得进步

（一）国家科技计划执行绩效显著

2017—2020 年，在各类科技和创新计划框架下，乌兹别克斯坦各单位共执行近 1000 个应用研发和基础研究项目。项目领域分布显示，农业、养殖和生态类占比最大（23.2%），物理化学与力学（15.8%）、医药学（15.7%）、工程学（13.6%）、社会科学（10.6%）、建筑与设计（0.7%）、地球科学（2.6%）、生物学与生物技术（3.0%）、历史与考古（3.1%）等占比较小。项目验收专家意见认为，90% 以上的项目达到较高绩效，大部分项目执行单位展现出较高科研水准。90% 基础研究项目、87% 应用研发项目被认定为成效显著。

乌兹别克斯坦创新发展部按经济、社会和生态效益，以及市场化前景等指标评选出 146 项成果，涵盖新技术、新材料、新方法等各个方面。其中，化工技术46 项，农业和农机技术 44 项，医药技术 38 项，能源、节能和替代性能源技术10 项，信息通信技术 7 项，旅游业项目 1 项。现已推出专门的高新技术项目电子目录，向企业、科研机构及其他实体经济领域的创新活动参与者推介。

（二）论文发表积极性向好

在乌兹别克斯坦创新发展部和高等教育部的推动下，论文发表作为科研绩效评估重要指标得到科教领域高度重视。据创新发展部统计，2017—2020 年，全国各部委下辖科研机构共发表论文 33 175 篇。其中，大部分论文都发表在国内刊物中，20 338 篇国内期刊论文大约占论文总数的 61.3%，在国际期刊发表的论文比重只有 38.7%。乌兹别克斯坦学者在各层级学术会议上发表学术论文数量为62 470 篇，其中，70% 被收录在国内学术会议论文集中。

2020 年年初，创新发展部与国际大型科学数据库签订协议，使本国学者可以自由登录 Springer Link、Wiley 等电子平台，有效扩大了本国学者获取外部信息的渠道，并对国家论文发表产生正面影响。

目前，乌兹别克斯坦只有 2 份杂志被纳入国际知名数据库，分别是 *Applied Solar Energy* 和 *Chemistry of natural compounds*。对于乌兹别克斯坦这种规模的国家来说，仅有 2 份被国际认可的高水平学术期刊，数量上明显偏少。在创新发展部的推动下，有关提高本国学术期刊水平，争取纳入国际权威数据库的工作现已全面展开。

（三）专利申请工作活力不足

2020 年，乌兹别克斯坦专利申请数量有所下降。国家知识产权局年内共收到 7483 份注册申请，完成审查 6938 份，登记 3066 份。与 2019 年（全年）相比，这三项指标分别下降 2659 份、1763 份和 1390 份。同 2019 年一样，乌兹别克斯坦科学院和高校是发明专利和实用新型专利申请大户，企业表现不突出。如果考虑到乌兹别克斯坦科研队伍规模、全国科研投入数量，乌兹别克斯坦实际专利绩效水平明显无法达到创新型国家建设要求。

（执笔人：刘　宇）

◎ 巴 基 斯 坦

2020—2021 财年，巴基斯坦平衡抗疫和经济社会发展，经济 V 型恢复，GDP 同比增长 3.94%，科技发展稳中有进。

一、科技创新整体实力

在世界知识产权组织联合发布的《2021 年全球创新指数报告》中，巴基斯坦在 132 个经济体中排第 99 位（2020 年在 131 个经济体中排第 107 位）。在南亚地区仅高于尼泊尔和孟加拉国，其中创新投入分指数全球排第 117 位，创新产出分指数排第 77 位，创新综合表现符合经济发展预期。

巴基斯坦研发投入主要来自于政府和高校，联合国教科文组织最新数据显示，2017 年，巴基斯坦研发总支出为 754.22 亿卢比（1 元人民币约合 27.4 卢比），研发强度 0.24%。2021—2022 财年，巴基斯坦科技部发展预算 83.41 亿卢比，同比增长 87.1%。

科技人力资源方面，联合国教科文组织最新数据显示，2017 年巴基斯坦研发人员 18.95 万人，全时当量 10.14 万人年；其中，研究人员 12.99 万人，全时当量 6.98 万人年，每百万人口研究人员 424.6 人，全时当量 335.6 人年。

研发产出方面，2020 年巴基斯坦科学家在国际期刊上发表论文 23 522 篇，同比增长 12%；知识产权收入 1.83 亿现价美元；支出 1100 万现价美元；高技术出口产值 3.09 亿现价美元，同比下降 22.8%，占制成品出口的 2%，同比持平。2019 年居民专利申请量 313 件，同比增长 2.3%；非居民专利申请量 561 件，同比减少 4.3%。居民商标申请量 32 741 件，同比增长 7.2%；非居民商标申请量 5591 件，同比下降 24.8%。

二、继续落实综合性科技创新规划

2021年，巴基斯坦继续贯彻落实《"十二五"（2019—2024）规划》。该规划指出，在科技创新方面，一要聚焦开放公共科研平台，推进产学研互动与融合，二要发力电动汽车、农作物新品种、国产卫星、生物技术、纳米技术和机器人等高科技领域。

三、加强网络安全治理

出台《国家网络安全政策2021》，这是巴基斯坦首个有关国家网络安全的政策文件，旨在推动建立安全、有活力、持续改善的国家数字生态，确保数字资产的可靠、私密、完整和可及。文件指出，针对一国能源、电信、卫生、给排水等关键基础设施的网络攻击是对其国家主权的侵犯，国家应采取必要措施确保这些关键基础设施的安全。文件规定要建立国家级机构监督国家网络安全政策的执行，并协调解决政府部门间相关问题。

举办网络战和网络安全国际会议，创建巴基斯坦首个网络安全学院，举办网络安全产业展，在国家航空科技园内筹建网络科技园和网络研究卓越中心。举办首届全国网络安全黑客马拉松大赛，巴基斯坦总统阿尔维出席上述会议和大赛。

四、重要科技发展动态和主要成就

（一）巴基斯坦科学家屡获国际大奖

2021年9月30日，巴基斯坦著名科学教育专家、科学基金会前主席、经济合作组织科学基金会主席苏姆洛教授因积极投身"一带一路"科学教育合作、为提高中国在该领域影响力做出突出贡献而荣获2020年度、2021年度中国政府友谊奖。该奖项是中国最高外国人才奖，表彰在中国现代化建设和改革开放事业中做出突出贡献的外国专家。

10月21日，巴基斯坦著名生物化学和天然产物化学家、卡拉奇大学教授、伊斯兰合作组织常设部长级科技合作委员会秘书长乔杜里教授，其因在包括传统草药在内的有机生物化学领域的卓越贡献荣获2021年姆斯塔法奖。该奖项是伊斯兰国家的顶级科学技术奖，被誉为穆斯林世界的诺贝尔奖。

（二）重大基础设施建设取得成效

巴基斯坦依托中巴合作实施重大基础工程，消化吸收先进工程技术的卡拉奇 2 号核电机组并网发电并通过国家验收。该机组每年发电近 100 亿度，可满足当地 100 万人口年度生产和生活用电需求。采用中国具有完全自主知识产权的三代核电技术，创新采用"能动和非能动"相结合的安全系统及双层安全壳等先进安全技术，提升巴基斯坦核电科技应用和产业发展水平，促进当地民生和经济发展。

高等级电网工程竣工。中巴经济走廊项下巴基斯坦默拉 ±660 千伏直流输电工程启动送电并竣工，这是巴基斯坦国家电网电压等级最高、输电容量最大、输送距离最长（886 千米）的输电大通道。默拉直流项目是中巴能源合作里程碑，项目的高标准、高质量竣工标志着巴基斯坦电网系统骨干网升级改造完成，迈入交直流电混联电网时代。这一南北输电"大动脉"输送功率占全网 1/6 左右，可有力支撑巴基斯坦经济社会发展。

中巴经济走廊大型水电投资项目卡洛特水电站下闸蓄水，为实现 2022 年上半年全部机组投产发电奠定坚实基础。项目建成后，将年均发电 32 亿千瓦时，为巴基斯坦提供具有市场竞争力的清洁能源供应，年均节约标准煤约 140 万吨，减少二氧化碳排放约 350 万吨，在推动巴基斯坦能源建设和经济社会发展同时，助力实现全球碳中和目标。

五、国际科技合作政策动向

（一）双边合作

巴基斯坦政府继续加强与中国、美国、德国、瑞士、韩国等国双边科技创新合作。

中巴科技创新合作机制进一步完善。中巴经济走廊联委会增设信息技术产业联合工作组，中巴政府科技联委会第 19 次会议召开，双方确定新兴技术、可再生能源、科技信息管理等 9 个未来合作研究领域。中巴政府间联合资助项目稳步推进，双方科技部继续推进联合筛选出的 13 个合作研究项目，2022 年将开始新一轮征集。2021—2023 年，中国国家自然科学基金委员会与巴基斯坦科学基金会在能源、资源及环境工程领域联合资助 12 项合作研究项目。中巴科普合作稳步推进，开展建交 70 周年青少年科学教育活动，中国科协青少年科技中心和巴基斯坦科学基金会签署科学教育合作意向书，启动科学教育三年合作项目。巴基斯坦近 300 名师生积极参加第五届"一带一路"青少年创客营与教师研讨活动，浙江省科协和中国科协中国国际科技交流中心主办中巴科学传播研讨会。疫情下双方科研机构保持交流热度，成立中巴中医药中心，积极开展线上研讨和培训，加强联合研究和合著论文。

美国国际开发署继续支持巴美水资源、能源、农业与食品安全、气候变化 4 个高级研究中心建设，支持开展巴基斯坦农业转移活动项目，实现 450 项农业技术商业化，巴基斯坦农业技术销售增值 3132 万美元。美国国务院教育与文化事务局陆续在 19 个巴基斯坦美国之窗（American Spaces）开设创客实验室，面向巴基斯坦青年科研人员和公众开展 3D 打印、基础机器人、虚拟现实等科普教育。

德国联邦经济与能源部与巴基斯坦经济事务部签署总额 1.29 亿欧元的金融合作协议，未来德国将支持巴基斯坦开展数字治理、创新创业、太阳能、水电等可再生能源，以及促进妇女就业、社会保护等项目。巴基斯坦外交部与瑞士驻巴基斯坦使馆联合举办可持续农业创新技术论坛暨农业生物和农业技术初创企业展示会。巴基斯坦利用韩国进出口银行贷款兴建的伊斯兰堡信息技术园区于 2021 年 11 月奠基，园区将配备先进电信基础设施，建成后可吸引 1.5 万名信息技术科研和从业人员入驻。

（二）多边合作

加入沙特主导的数字合作组织并发挥积极作用。2020 年 11 月，巴基斯坦与沙特、科威特、巴林、约旦联合创建数字合作组织，旨在数字经济中追求共同价值观，通过数字经济和公共部门数字化转型提供增长机会，促进成员国实现经济多样化、社会繁荣的共同数字愿景。2021 年 4 月，该组织召开首次部长级理事会，接纳尼日利亚和阿曼成为联合创始国，启动五项数字倡议；11 月，巴基斯坦政府与数字合作组织宣布共同发起"巴基斯坦创新挑战"计划，开展青少年线上数字教育和创新大赛，提升 100 万巴基斯坦青少年数字技能。

巴基斯坦主导的南方科技促进可持续发展委员会（COMSATS）积极促进成员国生物技术研发和产业发展。2021 年 4 月，与中科院天津工业生物技术研究所联合成立 COMSATS 工业生物技术联合中心，宣布成立生物制造产业（人才）联盟；10 月，该中心举办首期专题学术研讨会，主题为传统植物药技术创新；12 月，该中心举办工业合成生物技术国际培训班，面向"一带一路"沿线国家青年科技人员开展技术培训。

巴基斯坦科学基金会与北京工商大学巴基斯坦科技与经济研究中心联合成立的"一带一路"科技与经济合作联合培训中心开展 3 期线上国际培训，主题分别为低碳发展与新能源交通、数字化转型及科技创新政策，来自 10 多个国家近 500 名科研人员参训，扩大了联培中心的知名度和影响力。

（执笔人：贾　伟）

澳 大 利 亚

2021 年澳大利亚经历了新冠肺炎疫情波动，并于 11 月迎来悉尼、墨尔本两大都市的全面解封，澳大利亚正式步入与新冠共存的国家行列。受疫情影响，澳大利亚政府科研投入持续不足，整体科技创新实力继续下滑，国际科技合作强调"共同价值观"原则。

一、科技创新整体实力

全球创新指数排名继续下滑。根据世界知识产权组织发布的 2021 年全球创新指数，澳大利亚全球排第 25 位，较上一年再次下滑 2 位。在 49 个高收入经济体中排第 24 位，较上一年下滑 2 位。

数字竞争力连年下滑。2021 年澳大利亚在瑞士国际管理发展学院（IMD）全球数字竞争力排名中排第 20 位，连续 3 年下降，2015 年最高排第 5 位。

研发强度仍保持较低水平。2021 年 9 月，澳大利亚统计局（ABS）发布的数据显示，2019—2020 年澳大利亚全社会研发支出（GERD）为 356.02 亿澳元，在过去两年间增长了 25.4 亿澳元（8%），但研发强度（GERD 占 GDP 比重）仍为 1.79%，与 2017—2018 年相同，低于 2011—2012 年的 2.11%。

通过研发税收减免措施刺激澳大利亚医疗技术和生物技术行业投资。2021年，澳大利亚政府推出"专利盒（Patent box）"计划，有针对性地减免税收，刺激澳大利亚医疗技术和生物技术行业投资。该计划预计拨款 2.064 亿澳元，企业利用在澳大利亚开发的新专利获得的收入可享受 17% 的所得税率。目前，澳大利亚大型企业所得税率为 30%，中小型企业为 25%。该计划从 2022 年 7 月 1 日起生效，适用于所有医疗和生物技术专利收入，并考虑推广至清洁能源等领域。

二、发布《关键技术蓝图》

2021 年 11 月，澳大利亚政府发布《关键技术蓝图》及配套行动计划，明确了先进材料与制造，人工智能、计算与通信，生物技术、基因技术与疫苗，能源与环境，量子技术，传感、授时与导航，交通、机器人与太空等七大领域的 63 项关键技术，并以"最大限度地把握关键技术提供的机会，最大限度地规避关键技术可能带来的风险"为愿景，明确了七大行动支柱，阐明了发展和保护关键技术已有和未来将采取的措施。

支柱 1：确保澳大利亚国民拥有适当的与关键技术相关的知识和技能，特别是数字能力。

支柱 2：投资关键技术研究与商业化。

支柱 3：构建安全可靠的关键技术供应链。包括：设立专业机构保障关键技术供应链稳定；加强国际合作，与国际伙伴共同绘制关键技术供应链地图，发现关键技术供应链的薄弱环节，并开发有针对性的解决方案，从而降低关键技术供应链风险等。

支柱 4：确保在关键系统、网络和基础设施上部署安全可靠的技术。澳大利亚政府将通过加强关键系统、网络和基础设施的安全性与韧性，保护澳大利亚国民所依赖的基本必要服务。

支柱 5：制定"目标导向"的关键技术政策、法规和标准。包括：废止或更新过时的法规；针对新兴技术设立了专业监管机构，以确保对新兴技术的监管符合国家利益和价值观；在国际标准机构中发挥领导作用，以制定创新、透明、安全、可互操作的全球关键技术标准和法规。

支柱 6：将国家利益纳入关键技术投资考量。包括制定并出台《外商投资改革法》，对外商投资制度进行重大改革，加强对敏感领域投资的审查，特别是会为国家安全带来风险的敏感投资。

支柱 7：加强对关键技术风险与机会的识别与应对，保护关键技术知识产权和资产。

三、重点领域的专项计划和部署

（一）新兴技术

——发布《国家合成生物学路线图》。澳大利亚联邦科工组织（CSIRO）发布《国家合成生物学路线图》报告。报告指出，预计到 2040 年全球合成生物学市场将达到 7000 亿澳元，澳大利亚近年来已投资 8000 万澳元用于提升其合成生物学能力，该领域将为食品农业、医药健康领域带来巨大收益，为澳大利亚增加270亿澳元收入和44 000个工作岗位。

——发布《澳大利亚人工智能行动计划》。2021年6月，澳大利亚工业、科学、能源与资源部（DISER）发布《澳大利亚人工智能行动计划》。该计划旨在将澳大利亚建设成为开发和采用可信、安全、负责任的人工智能（AI）技术的全球领导者，确定了AI发展的4个重点领域，分别是推动用技术开发应用以促进就业、培养和吸引世界一流AI人才、利用AI技术解决澳大利亚面临的挑战和确保AI技术发展符合澳大利亚价值观。自2018年以来，澳大利亚政府在AI领域投资已近50亿澳元。

（二）清洁能源技术

——12亿澳元预算用于投资新兴低排放技术。在澳大利亚2021—2022年预算案中，澳大利亚政府表示将继续坚持通过技术而非税收减少排放，将优先投资新兴低排放技术，预计将累计拨款12亿澳元。

——出台《二氧化碳利用路线图》。2021年8月，CSIRO编制发布了《二氧化碳利用路线图》。报告认为澳大利亚在该领域有4个机会方向，分别为二氧化碳直接利用、矿物碳酸化、将二氧化碳转化为化学品和燃料以及生物转化。

——出台《国家循环经济发展路线图》。2021年1月，CSIRO编制了《国家循环经济发展路线图》，通过技术和商业模式创新，为废弃物开拓澳大利亚国内和出口市场。

——出台《澳大利亚长期减排计划》。2021年10月，澳大利亚总理莫里森出席《联合国气候变化框架公约》第26次缔约方大会前承诺将在2050年实现净零排放，并发布了《澳大利亚长期减排计划》。该计划提出了五大原则：技术而非税收、扩大消费者选择而非强制、降低新技术成本、保持电力供应可负担性和可靠性，以及进展可验证。明确了4个重点方向：降低技术成本、规模化部署、把握市场机遇和促进全球合作。确定了优先发展的低排放技术：清洁氢、超低价太阳能、能源储存、低排放材料、碳捕捉与封存技术、土壤碳测定等。

——更新《国家低排放技术声明》。2021年11月初，澳大利亚更新了国家低排放技术声明（LETS2021）。除去年确定的5项优先技术外，LETS2021增加了超低价太阳能发电作为新的优先技术，计划将其成本控制在每兆瓦时15澳元以下，约为当前成本的1/3。政府将投资技术研发示范和早期商业化，并建设电池充电和加氢站、数字电网等相关基础设施，促进消费者和企业资源选择低排放技术。此外，LETS2021更新了低排放新兴技术清单，将能够减少农业甲烷排放的牲畜饲料添加剂、低排放水泥作为优先支持的新兴技术。

——编制生物能源路线图。澳大利亚工业、科学、能源与资源部委托澳大利亚可再生能源局编制了澳大利亚首个生物能源路线图，确定了 4 个重点领域：一是难以减排领域，包括利用制造业产生的可再生热量为可持续航空提供燃料、利用生物甲烷等可再生气体替代电网中的化石天然气等；二是与其他市场互补，包括生物燃料对氢能、太阳能的替代补充；三是通过科技创新挖掘澳大利亚生物能源资源潜力；四是加强行业与联邦、州政府之间的合作，制定行业标准或指南，促进成熟技术商业化。

四、国际科技合作政策动向

（一）积极宣介"澳大利亚模式"

澳大利亚政府在国际社会，特别是"五眼联盟"国家积极推广宣传其限制与我国科技创新合作的政策措施，力图将其国内政策推广为"澳大利亚模式"。澳大利亚与其他"五眼联盟"国家及德国就外国干涉对科研领域国家安全的影响建立了战略对话机制，澳大利亚被视为该领域的领导者，多国对澳大利亚大学应对外国干涉工作组（UFIT）模式表示认可和赞同，将其视为成功案例。

（二）构建新的科技合作核心圈 AUKUS

2021 年 9 月，澳大利亚与美、英两国共同宣布建立新安全伙伴关系 AUKUS，澳大利亚除了将获得核动力潜艇外，还将与美、英建立更加紧密的科技各作关系，在网络、人工智能、量子技术及深海技术等新兴领域增强合作，此举进一步深化了澳美战略同盟关系。

（执笔人：石　坤　蔡嘉宁　曾　炯）

◎ 南　　非

2021 年，新冠肺炎疫情逐渐好转，南非经济发展逐渐恢复，虽然研发投入、科研基础设施水平、创新产出等略有下降，但优势领域科研和国际合作活动时有亮点闪现。南非开始制定《2021—2031 年科技创新十年规划》，规划未来的科技创新发展战略，利用科学技术为南非未来的教育需求和社会发展做准备，力求建立一个影响和造福南非人民的科技创新体系，以实现南非经济重振和复苏。

一、科技创新整体实力

（一）全球创新指数排名

据世界知识产权组织报告，2021 年南非的全球创新指数排名第 61 位，在撒南非洲排名落后于毛里求斯（第 52 位），较 2020 年下降 1 位，较 2019 年上升 2 位。在各分项指标中，排名最高的为"市场成熟度"，列全球第 23 位；其余指标中，"商业成熟度"列全球第 51 位；"创新制度"列全球第 55 位；"知识和技术产出"列全球第 61 位；"创新人力资本"列全球第 67 位；排名最低的为"创新产出"和"科研基础设施"，分列全球第 79 位和第 83 位。

（二）国家研发投入

南非科学创新部（DSI）2021—2022 财年预算中，科技创新总预算为 89.32 亿兰特（1 元人民币约合 2.3 兰特），其中包括经常性支付 5.66 亿兰特、转移支付和补贴 83.64 亿兰特、固定资产支付 290 万兰特。总预算包括行政管理、技术创新、国际合作和资源、研发支持、社会经济创新伙伴关系五大类。行政管理预算为 3.28 亿兰特，技术创新预算为 17.8 亿兰特，国际合作和资源预算为 1.46 亿兰特，研发支持预算为 49.49 亿兰特，社会经济创新伙伴关系预算为 17.29 亿兰特。

根据 DSI 发布的《2020—2021 财年报告》，2020—2021 财年科技创新实际支出 71.65 亿兰特，低于 2019—2020 财年的 80.52 亿兰特。据南非国家创新咨询委员会（NACI）发布的《2021 年科学、技术和创新指标报告》，2020 年南非国家研究基金会（NRF）资助拨款 13.86 亿兰特，2019—2020 财年技术创新署（TIA）资助拨款 4.48 亿兰特，2019 年企业风险投资 12.3 亿兰特，2018—2019 财年商业领域提供的研发支出 93.21 亿兰特，占国内研发经费总额的 39.3%。

（三）研发人员

根据《2021 年科学、技术和创新指标报告》，2018—2019 财年南非全职研发人员全时当量为 13 527.4 人年。2019—2020 财年 19 523 名专业工程师在南非工程理事会（ECSA）注册，即每 10 万人中就有 33 名专业工程师。2019 年南非共毕业博士研究生 3445 名，其中 1841 名为科技工程类，占比为 53.4%。

（四）创新产出

根据《2021 年科学、技术和创新指标报告》，2019 年南非每百万人口论文发表数量为 476 篇，高于 2018 年的 451 篇。在第四次工业革命（4IR）相关技术领域，2019 年南非在人工智能、物联网和纳米技术领域的论文份额相对较高，分别占世界总量的 0.72%、0.65% 和 0.64%；2019 年南非每百万人口专利申请数量为 26 项，低于 2018 年的 32 项，1990—2016 年南非共拥有 39 项 4IR 方面的欧洲专利，处于非洲领先。

（五）高技术产品出口

2019 年南非高技术产品出口额约为 20.43 亿美元，占制造业出口总额的 5.5%，远低于全世界范围内中等收入国家和其他可比国家的平均水平。

二、综合性科技创新战略和规划

2021 年 6 月 1 日，DSI 公布《2021—2031 年科技创新十年规划》的编制进展情况，将科技创新分为 3 个阶段：2012—2017 年是注重加大研发支出，强调与现有行业相关的科研机会；2018—2023 年是为快速提高生产率奠定基础，同时跨省、跨行业和跨社会部门的创新开始普及；2023—2030 年是强调创新、提高生产力、更集中地追求知识经济和更好地利用一体化大陆的比较和竞争优势来巩固上一阶段的成果。

《2021—2031 年科技创新十年规划》的主题重点领域包括：循环经济、数字经济、面向未来的教育、可持续能源、未来社会、健康领域创新、高科技工业化（农业、矿业、制造业、生物等）、ICT 和智能系统、营养安全和水安全。其系统性目标包括：包容和连贯的国家创新体系（NSI）、渐进和面向未来的人力技能、扩充和改良的研究体系、良好的创新环境、增加的资金和拨款效率。

三、重点领域的专项计划和经费分配情况

（一）专项经费情况

根据《2020—2021 财年 NRF 年度报告》，2021 年 NRF 研究经费支出减少了 11%，从 2020 年的 23.99 亿兰特（占 NRF 总支出的 61.3%）降至 21.27 亿兰特（占 NRF 总支出的 59.3%），主要原因是研究创新的支持推进项目（RISA）拨款未被使用，以及由于新冠肺炎疫情导致 DSI 拨款合同支出滞后。

（二）经费分布

2021 年 NRF 总支出 35.82 亿兰特中，1.27 亿兰特分配给合作经费，0.67 亿兰特分配给南非科学和技术促进会，22.28 亿兰特分配给 RISA，3 亿兰特分配给 iThemba 加速器实验室，0.51 亿兰特分配给南非水生物多样性研究所，0.76 亿兰特分配给南非环境观测网，1.34 亿兰特分配给南非天文台，5.99 亿兰特分配给南非射电天文台。

根据《2021 年科学、技术和创新指标报告》，2020 年研究基础设施获得 NRF 资助最多的为物理学（1444.02 万兰特），其次为化学（1087.33 万兰特）、生物科学（335.21 万兰特）、技术与应用科学（334.33 万兰特）、基础医学（309.36 万兰特）、农业科学（183.61 万兰特）、工程学（84.38 万兰特）、健康学（39.48 万兰特）、地球与海洋科学（22.89 万兰特）、信息与计算机科学（1.9 万兰特）等。

四、重点领域科学、技术及产业发展动态和趋势

（一）传统优势领域

一是天文学及平方公里阵列射电望远镜（SKA）。2020 年 12 月 17 日，南非射电天文台（SARAO）与德国马普学会共同发表声明宣布意大利国家天文研究所（INAF）加入 SKA 先导项目 MeerKAT 扩建与优化工程（MeerKAT+）。INAF 此次入股投资将超过 600 万欧元，作为交换条件，INAF 将享有科研基础设施和数据的优先使用权。2021 年 10 月 14 日，SKA 观测组织（SKAO）与南非签署东道国协议（HCA），正式确定了在东道国南非建设和运行 SKA 望远镜的安排。HCA 中

包括将 64 座 MeerKAT 射电望远镜纳入 SKA-Mid 阵列的细节，是南非对 SKA 的一项实物贡献。

二是矿业科技。2021 年 1 月 28 日，金山大学地球科学学院的地震研究中心发明了具有成本效益和环境友好的地震技术，用于获取矿山工作面前方的信息，如隧道地震预测（TSP）。这种创新的主动—被动地震方法使用创新仪器的组合，在 300 ～ 3500 米深嘈杂的近矿井环境中进行勘探，能够降低钻井成本和勘探成本，最大限度地保证矿山安全，增加找到新矿藏的可能性，提高矿山的寿命。

三是生物科技。2021 年 3 月 7 日，约翰内斯堡一家生物科技公司"生物入侵解决方案"（EcoInvader Solutions）以锯末为原料，利用纳米技术，发明了一种命名为"溶解塑料"的生物塑料。根据制成品形态不同，如吸管、餐具与塑料外包装等，"溶解塑料"在水中能于 36 ～ 72 小时内完全降解，地表降解约需要 61 天，在工业发酵设施中能显著缩短降解时间。2021 年 11 月，科学和工业研究理事会（CSIR）和生物技术公司"Sawubona 菌丝体"用液体培养法生产蘑菇，并能够提取出一种含有葡聚糖的高价值化合物。这种化合物作为一种有效的保湿剂可以用于生物基化妆品，并且对药妆配方中使用的皮肤微生物群有益。

（二）新启动科技项目

一是极地研究基础设施项目。2021 年 9 月 30 日，DSI 和 NRF 启动南非极地研究基础设施（SAPRI）实施阶段的合同协议。SAPRI 的目标是实现极地学科研究的平衡增长，并维持和进一步扩大已经建立的世界级长期观测数据集合，促进对南非极地地区的接触和认知，有利于南非政府制定南极和次南极岛屿战略。

二是空间气象项目。2021 年 8 月 4 日，在 DSI 的支持下南非航天局（SANSA）成立国际民用航空组织（ICAO）的南非区域空间气象中心，依照国际民航组织的标准提供空间天气信息。目前已完成开发非洲总电子含量预测模型（AfriTEC），正在推进升级为可运行的 24/7 不间断空间天气能力。

三是光子学原型试验设施。2021 年 3 月 5 日，CSIR 宣布启用世界先进的光子学原型试验设施（PPF），该设施主要用于优化光子学产品研发与上市前测试。该设施能提供 1000 级别光学净室、大部分波段的电子机械与诊断设备领域的技术与光学设备，将根据市场需求，加速光子学技术、产品与设备研发，同时解决南非在该领域设备和产品短缺问题。

四是氢谷项目。2021 年 10 月 1 日，DSI 提交了建立"氢谷"的最终报告，氢谷将作为一个区域产业集群，将多种氢应用结合在一起，形成一个完整的氢生态系统。南非国家能源发展研究所（SANEDI）将具体负责氢谷项目推进。作为 2020 年成立的铂金谷的后续行动，氢谷计划也同样覆盖约翰内斯堡至德班走廊。氢谷将创建一个平台，促进公募知识产权的商业化，同时为铂族金属的选矿做出贡献。该平台还将吸引公共和私营部门对清洁能源项目的投资，并根据《科技创新白皮书》加强政府和私营部门对创新的参与度。

五、国际科技合作政策动向

（一）与欧盟合作

2021年4月，DSI与欧盟合作实施"服务提供计划中创新的可行性和有效性验证"（VVISDP）项目，以演示、试验和评估技术和创新的适用性，用于改善市政基本服务的绩效和职能。该项目旨在建立技术开发人员与市政当局之间的伙伴关系，促进技术转让，鼓励采用创新做法和技术，以提高城市基本服务的质量。

（二）与美国合作

一是抗疫合作。2021年3月18日，南非国有疫苗企业Biovac与美国ImmunityBio公司达成协议，以促进Biovac发展生产原料药能力，目前Biovac和Aspen等南非本地药品生产企业还不能生产原料药，只能进行疫苗封装。ImmunityBio公司正在美国和南非对其实验性hAd5-T细胞疫苗进行I期安全性试验。该疫苗是第二代新冠疫苗，使用Ad5腺病毒携带新冠病毒的两个基因，一个用于刺突蛋白，另一个用于更稳定的内部核衣壳蛋白。2021年4月9日，DSI宣布CSIR和南部非洲开发银行（DBSA）计划与肯塔基生物工艺公司（KBP）开展疫苗技术转移，以促进疫苗本地化生产，同时KBP将与南非卫生产品监管局（SAHPRA）合作开展高价值生物技术药物研究。2021年10月29日，美国Oramed制药公司获得SAHPRA批准，在南非进行口服Covid-19疫苗的初步临床试验，开始招募患者进行第一阶段的测试。该口服Covid-19疫苗是利用类似病毒的粒子，作用于新冠病毒表面3种蛋白质，包括不易发生突变的蛋白质，可能会更有效地抵御未来的新冠病毒变种。

二是信息通信科技（ICT）合作。2021年10月26日，美国Vantage数据中心公司（Vantage Data Centers）计划在瀑布城建设约翰内斯堡园区，该园区有望成为非洲最大的超大规模数据园区，占地30英亩（12公顷），拥有3个数据中心，能提供80兆瓦的关键IT负荷，计划2022年夏季投入运营。2021年11月17日，南非通讯运营商Telkom的Openserve部门宣布，将作为谷歌在南非的大型伊奎亚诺（Equiano）海底电缆系统的登陆站合作伙伴。该部门表示，150 Tbit/s（设计能力）伊奎亚诺系统将在开普敦北部小镇Melkbosstrand登陆，这里也是其他海底电缆的登陆地点。谷歌非洲总经理NitinGajria表示，伊奎亚诺将提供大约20倍于上一条为南非服务的电缆的网络容量，互联网价格将下降21%，南非网速将提高到之前的 3 倍。

三是生物基因合作。2021 年 9 月 30 日，南非流行病应对和创新中心（CERI）创始人兼主任图里奥·德·奥利维拉教授表示，CERI 利用美国因美纳（Illumina）公司的基因测序技术不仅可以减少确定变异和遗传多样性之间的周转时间，而且还可以使人们能够采取一种全面的方法来为未来的疫情做准备。之前，Illumina 曾向非洲疾病控制与预防中心（Africa CDC）捐赠 140 万美元的基因测序系统和相关耗材，用于在 10 个非洲国家扩大 SARS-CoV-2 测序能力，这些国家包括刚果民主共和国、埃及、埃塞俄比亚、加纳、肯尼亚、马里、尼日利亚、塞内加尔、南非和乌干达。

（三）与中国合作

一是抗疫合作。2021 年 7 月 3 日，SAHPRA 网站发布消息正式授权科兴疫苗在南非附条件紧急使用，并批复进口 250 万剂。2021 年 8 月 6 日，南非国家新冠指挥委员会（NCCC）批准在新冠疫苗接种计划中使用科兴疫苗。

二是卫星和导航领域合作。2021 年 8 月 18 日，中国国家航天局与巴西航天局、俄罗斯国家航天集团、印度空间研究组织和南非国家航天局举行视频会议签署了《关于金砖国家遥感卫星星座合作的协定》。金砖国家航天机构之间建立"遥感卫星虚拟星座"，建立数据共享机制，将有助于应对人类面临的全球气候变化、重大灾害和环境保护等挑战。2021 年 12 月 1 日，《中国卫星导航系统管理办公室与南非国家航天局关于卫星导航用于和平目的合作谅解备忘录》于"中南北斗 /GNSS 应用研讨会"期间线上签署，后续双方将落实首届中非北斗合作论坛上发布的《促进中非北斗卫星导航领域合作构想》，在增强系统、高精度应用、非洲区域北斗 /GNSS 中心建设、人才交流等领域继续深入合作。

（四）与其他国家合作

一是与加拿大合作培养科技人才。2021 年 5 月 18 日，NRF 与加拿大非营利组织 Mitacs 签订协议，旨在为加拿大和南非的研究和工业机构输送学生和博士后研究员。通过这一协议，合格的研究生和博士后研究员将被招募到工业界进行联合实习，将进一步加强南非和加拿大公司和大学之间的国际研究合作。该协议将从 2022 年开始实施。

二是与韩国合作开展癌症早期检测。2021 年 10 月 14 日，南非核能公司宣布与韩国原子能研究所签署了一份技术合作谅解备忘录。该谅解备忘录将为扩大在核技术、医用同位素生产、氟基化学品以及人力资源管理等领域的互利贸易关系打开大门。与商定主题有关的合作包括交换信息、参观设施和对关键项目的联合研究和开发，预计将在以锆–89为基础的放射性药物上进行合作，用于癌症的早期检测。

三是与俄罗斯合作。2021年7月，俄罗斯"精密仪器制造系统"科研生产集团公司与SANSA签署太空垃圾探测光电综合体的合同。该综合体用于在高度120～40 000千米的近地轨道上自动探测航天器和"太空垃圾"。在南非的综合体将是为俄罗斯近地宇宙空间危险情况自动预警系统创建的四个光电综合体中的第二个，计划于2021年年底投入使用。第一个综合体安装在巴西。

（执笔人：谢　炜）

🦉 肯 尼 亚

2021 年，肯尼亚经济稳中向好，社会生活基本稳定。肯雅塔总统表示，在政府财政刺激措施的干预下，新冠肺炎疫情对肯尼亚经济的影响要比对全球经济的影响小 14 倍，肯尼亚经济逆势增长了 0.3%。

一、科技创新整体实力

（一）创新指数

在《2021 年全球创新指数报告》评估的 132 个经济体中，肯尼亚排名第 85 位，位于中下。其中创新投入排名第 89 位，高于去年的第 92 位；在创新产出方面，肯尼亚排名第 76 位，高于去年的第 78 位和前年的第 64 位。总体上，创新产出比创新投入表现更好。

在创新绩效方面，相对于其发展水平，肯尼亚的创新表现高于预期；在将创新投资有效转化为创新产出方面，相对于其创新投资水平，肯尼亚产生的创新产出更多。

肯尼亚在市场成熟度方面表现最好，其次是知识与技术产出、商业成熟度、制度环境，最弱的是基础设施，其次是创造性产出、人力资本与研究。

（二）数字生活质量

在《世界数字生活质量指数 2021》的 110 个国家中，肯尼亚排名第 79 位，在电子安全（第 54 位）和电子基础设施（第 58 位）方面得分最高，但在互联网负担能力（第 101 位）、互联网质量（第 108 位）和电子政务（第 71 位）方面的成绩相对较低。

（三）内罗毕入选非洲最具创新精神城市

《2021—2022年非洲地平线报告》显示，肯尼亚首都内罗毕因在研究机构数量、现有创新资金和创新活动以及便利经营之间取得良好平衡而当选非洲最佳创新城市亚军。

二、完成科技园十年规划

肯尼亚2021年完成了肯科技园十年规划，拟沿3条技术走廊建设6家科技园。位于内罗毕技术走廊的孔扎科技城建设进展顺利，孔扎科技城发展管理局总部和国家数据中心于7月落成揭幕，标志着孔扎科技城开发进入第二阶段。第二阶段战略计划以业务发展、知识经济和创新以及智慧城市服务这三大支柱为前提，将建设数字媒体城、智能疫苗制造倡议、与教育部和迪拜多种商品中心合作的科技园等，肯尼亚和韩国合作建设的肯尼亚科学技术院也将设在孔扎科技城。

三、重点领域的专项计划和部署

可再生能源与应对气候变化。肯雅塔总统宣布肯尼亚承诺到2030年将温室气体排放量减少32%，到2050年完全转向可再生能源。此外，肯尼亚正在制定2050年温室气体排放战略。

医疗卫生。肯尼亚将斥资3亿肯先令（1元人民币约合18先令），在国家公共卫生实验室建立全基因组测序设施，使肯尼亚能够参与筛查和鉴定变异菌株和包括新冠病毒以及艾滋病毒、结核病、疟疾、流感和其他被忽视的热带病等在内的菌株和病原体。

四、国际科技合作政策动向

肯尼亚和伊朗加强科技创新合作。2021年1月，伊朗负责科技事务的副总统索瑞纳·萨塔里率团访问肯尼亚，讨论伊肯科技创新生态系统合作事宜。双方商定在政府间和机构间两个层面开展合作。双方还商定设立协调小组，由肯尼亚教育部负责大学教育和研究事务的副部长担任主席，秘书处放在肯尼亚国家科学技术创新委员会。秘书处将指导两国合作和合作计划的推出。此外，伊还在内罗毕建立一个大型创新中心"伊朗创新和技术之家"，为肯尼亚企业提供办公场所和技术基础设施。

肯尼亚政府和韩国政府签署了一项价值94亿肯先令的合同，合作建设肯尼亚科学技术院。该院将设在孔扎科技城，由 10 所研究实验室组成，预计两年内建成。肯尼亚政府希望该院能够提供各种尖端工程技术和先进科学领域的专门研究和培训，以帮助肯尼亚加快现代化进程。

法国开发署与肯尼亚内罗毕大学签署了价值 46 亿肯先令的融资协议，资助内罗毕大学开展科学、技术、工程和数学培训，其中 40 亿肯先令将支持内罗毕大学设计、建设和装备工程科学综合大楼。

肯尼亚和意大利开展航天和医疗合作。肯意联合项目成功入选联合国 / 中国围绕中国空间站开展空间科学实验的首批项目。肯尼亚航天局还与罗马大学合作，从肯尼亚马林迪航天中心使用高空气球发射两枚小型火箭。此外，肯尼亚政府与意最大的私立医院集团圣多纳托集团和圣拉斐尔生命健康大学签署建立远程医疗合作伙伴关系的协议。

（执笔人：田　中）

第四部分

附　录

本部分主要介绍最新的科技统计数据，其中包括研发投入、研发人员、专利、科技论文等。

科技统计表

附表1　2021年、2020年主要经济体世界竞争力排名

经济体	2021年	2020年	经济体	2021年	2020年
瑞士	1	3	冰岛	21	21
瑞典	2	6	澳大利亚	22	18
丹麦	3	2	韩国	23	23
荷兰	4	4	比利时	24	25
新加坡	5	1	马来西亚	25	27
挪威	6	7	爱沙尼亚	26	28
中国香港	7	5	以色列	27	26
中国台湾	8	11	泰国	28	29
阿联酋	9	9	法国	29	32
美国	10	10	立陶宛	30	31
芬兰	11	13	日本	31	34
卢森堡	12	15	沙特阿拉伯	32	24
爱尔兰	13	12	塞浦路斯	33	30
加拿大	14	8	捷克	34	33
德国	15	17	哈萨克斯坦	35	42
中国大陆	16	20	葡萄牙	36	37
卡塔尔	17	14	印度尼西亚	37	40
英国	18	19	拉脱维亚	38	41
奥地利	19	16	西班牙	39	36
新西兰	20	22	斯洛文尼亚	40	35

续表

经济体	2021 年	2020 年	经济体	2021 年	2020 年
意大利	41	44	保加利亚	53	48
匈牙利	42	47	乌克兰	54	55
印度	43	43	墨西哥	55	53
智利	44	38	哥伦比亚	56	54
俄罗斯	45	50	巴西	57	56
希腊	46	49	秘鲁	58	52
波兰	47	39	克罗地亚	59	60
罗马尼亚	48	51	蒙古	60	61
约旦	49	58	博茨瓦纳	61	—
斯洛伐克	50	57	南非	62	59
土耳其	51	46	阿根廷	63	62
菲律宾	52	45	委内瑞拉	64	63

数据来源：瑞士洛桑国际管理学院《2021 年世界竞争力年鉴》。

附表 2　全球创新指数 2021

经济体	得分	名次	收入群组	名次	所属地区	名次
瑞士	65.5	1	高收入	1	EUR	1
瑞典	63.1	2	高收入	2	EUR	2
美国	61.3	3	高收入	3	NAC	1
英国	59.8	4	高收入	4	EUR	3
韩国	59.3	5	高收入	5	SEAO	1
荷兰	58.6	6	高收入	6	EUR	4
芬兰	58.4	7	高收入	7	EUR	5
新加坡	57.8	8	高收入	8	SEAO	2
丹麦	57.3	9	高收入	9	EUR	6
德国	57.3	10	高收入	10	EUR	7
法国	55.0	11	高收入	11	EUR	8
中国大陆	54.8	12	中高收入	1	SEAO	3
日本	54.5	13	高收入	12	SEAO	4
中国香港	53.7	14	高收入	13	SEAO	5
以色列	53.4	15	高收入	14	NAWA	1

经济体	得分	名次	收入群组	名次	所属地区	名次
加拿大	53.1	16	高收入	15	NAC	2
冰岛	51.8	17	高收入	16	EUR	9
奥地利	50.9	18	高收入	17	EUR	10
爱尔兰	50.7	19	高收入	18	EUR	11
挪威	50.4	20	高收入	19	EUR	12
爱沙尼亚	49.9	21	高收入	20	EUR	13
比利时	49.2	22	高收入	21	EUR	14
卢森堡	49.0	23	高收入	22	EUR	15
捷克	49.0	24	高收入	23	EUR	16
澳大利亚	48.3	25	高收入	24	SEAO	6
新西兰	47.5	26	高收入	25	SEAO	7
马耳他	47.1	27	高收入	26	EUR	17
塞浦路斯	46.7	28	高收入	27	NAWA	2
意大利	45.7	29	高收入	28	EUR	18
西班牙	45.4	30	高收入	29	EUR	19
葡萄牙	44.2	31	高收入	30	EUR	20
斯洛文尼亚	44.1	32	高收入	31	EUR	21
阿联酋	43.0	33	高收入	32	NAWA	3
匈牙利	42.7	34	高收入	33	EUR	22
保加利亚	42.4	35	中高收入	2	EUR	23
马来西亚	41.9	36	中高收入	3	SEAO	8
斯洛伐克	40.2	37	高收入	34	EUR	24
拉脱维亚	40.0	38	高收入	35	EUR	25
立陶宛	39.9	39	高收入	36	EUR	26
波兰	39.9	40	高收入	37	EUR	27
土耳其	38.3	41	中高收入	4	NAWA	4
克罗地亚	37.3	42	高收入	38	EUR	28
泰国	37.2	43	中高收入	5	SEAO	9
越南	37.0	44	中低收入	1	SEAO	10
俄罗斯	36.6	45	中高收入	6	EUR	29
印度	36.4	46	中低收入	2	CSA	1
希腊	36.3	47	高收入	39	EUR	30

经济体	得分	名次	收入群组	名次	所属地区	名次
罗马尼亚	35.6	48	高收入	40	EUR	31
乌克兰	35.6	49	中低收入	3	EUR	32
黑山	35.4	50	中高收入	7	EUR	33
菲律宾	35.3	51	中低收入	4	SEAO	11
毛里求斯	35.2	52	高收入	41	SSF	1
智利	35.1	53	高收入	42	LCN	1
塞尔维亚	35.0	54	中高收入	8	EUR	34
墨西哥	34.5	55	中高收入	9	LCN	2
哥斯达黎加	34.5	56	中高收入	10	LCN	3
巴西	34.2	57	中高收入	11	LCN	4
蒙古	34.2	58	中低收入	5	SEAO	12
北马其顿	34.1	59	中高收入	12	EUR	35
伊朗	32.9	60	中高收入	13	CSA	2
南非	32.7	61	中高收入	14	SSF	2
白俄罗斯	32.6	62	中高收入	15	EUR	36
格鲁吉亚	32.4	63	中高收入	16	NAWA	5
摩尔多瓦	32.3	64	中低收入	6	EUR	37
乌拉圭	32.2	65	高收入	43	LCN	5
沙特阿拉伯	31.8	66	高收入	44	NAWA	6
哥伦比亚	31.7	67	中高收入	17	LCN	6
卡塔尔	31.5	68	高收入	45	NAWA	7
亚美尼亚	31.4	69	中高收入	18	NAWA	8
秘鲁	31.2	70	中高收入	19	LCN	7
突尼斯	30.7	71	中低收入	7	NAWA	9
科威特	29.9	72	高收入	46	NAWA	10
阿根廷	29.8	73	中高收入	20	LCN	8
牙买加	29.6	74	中高收入	21	LCN	9
波黑	29.6	75	中高收入	22	EUR	38
阿曼	29.4	76	高收入	47	NAWA	11
摩洛哥	29.3	77	中低收入	8	NAWA	12
巴林	28.8	78	高收入	48	NAWA	13
哈萨克斯坦	28.6	79	中高收入	23	CSA	3

经济体	得分	名次	收入群组	名次	所属地区	名次
阿塞拜疆	28.4	80	中高收入	24	NAWA	14
约旦	28.3	81	中高收入	25	NAWA	15
文莱	28.2	82	高收入	49	SEAO	13
巴拿马	28.0	83	高收入	50	LCN	10
阿尔巴尼亚	28.0	84	中高收入	26	EUR	39
肯尼亚	27.5	85	中低收入	9	SSF	3
乌兹别克斯坦	27.4	86	中低收入	10	CSA	4
印度尼西亚	27.1	87	中高收入	27	SEAO	14
巴拉圭	26.4	88	中高收入	28	LCN	11
佛得角	25.7	89	中低收入	11	SSF	4
坦桑尼亚	25.6	90	中低收入	12	SSF	5
厄瓜多尔	25.4	91	中高收入	29	LCN	12
黎巴嫩	25.1	92	中高收入	30	NAWA	16
多米尼克	25.1	93	中高收入	31	LCN	13
埃及	25.1	94	中低收入	13	NAWA	17
斯里兰卡	25.1	95	中低收入	14	CSA	5
萨尔瓦多	25.0	96	中低收入	15	LCN	14
特立尼达和多巴哥	24.8	97	高收入	51	LCN	15
吉尔吉斯斯坦	24.5	98	中低收入	16	CSA	6
巴基斯坦	24.4	99	中低收入	17	CSA	7
纳米比亚	24.3	100	中高收入	32	SSF	6
危地马拉	24.1	101	中高收入	33	LCN	16
卢旺达	23.9	102	低收入	1	SSF	7
塔吉克斯坦	23.9	103	低收入	2	CSA	8
玻利维亚	23.4	104	中低收入	18	LCN	17
塞内加尔	23.3	105	中低收入	19	SSF	8
博茨瓦纳	22.9	106	中高收入	34	SSF	9
马拉维	22.9	107	低收入	3	SSF	10
洪都拉斯	22.8	108	中低收入	20	LCN	18
柬埔寨	22.8	109	中低收入	21	SEAO	15
马达加斯加	22.5	110	低收入	4	SSF	11
尼泊尔	22.5	111	中低收入	22	CSA	9

续表

经济体	得分	名次	收入群组	名次	所属地区	名次
加纳	22.3	112	中低收入	23	SSF	12
津巴布韦	21.9	113	中低收入	24	SSF	13
科特迪瓦	21.0	114	中低收入	25	SSF	14
布基纳法索	20.5	115	低收入	5	SSF	15
孟加拉	20.2	116	中低收入	26	CSA	10
老挝	20.2	117	中低收入	27	SEAO	16
尼日利亚	20.1	118	中低收入	28	SSF	16
乌干达	20.0	119	低收入	6	SSF	17
阿尔及利亚	19.9	120	中低收入	29	NAWA	18
赞比亚	19.8	121	中低收入	30	SSF	18
莫桑比克	19.7	122	低收入	7	SSF	19
喀麦隆	19.7	123	中低收入	31	SSF	20
马里	19.5	124	低收入	8	SSF	21
多哥	19.3	125	低收入	9	SSF	22
埃塞俄比亚	18.6	126	低收入	10	SSF	23
缅甸	18.4	127	中低收入	32	SEAO	17
贝宁	18.0	128	中低收入	33	SSF	24
尼日尔	17.8	129	低收入	11	SSF	25
几内亚	16.7	130	低收入	12	SSF	26
也门	15.4	131	低收入	16	NAWA	19
安哥拉	15.0	132	中低收入	34	SSF	27

注：收入分组依据世界银行（2013 年 7 月）。地区划分依据联合国划分法：EUR ＝欧洲；NAC ＝北美；LCN ＝拉美和加勒比海地区；CSA ＝中亚和南亚；SEAO ＝东南亚和大洋洲；NAWA ＝北非和西亚；SSF ＝撒哈拉以南非洲地区。

数据来源：世界知识产权组织、美国康奈尔大学和欧洲工商管理学院《全球创新指数 2021》。

附表 3　主要经济体研发总支出（2019 年或最新数据）

经济体	国内研发总支出					
	当前购买力平价 /百万美元	经费来源占比 /%		执行部门占比 /%		
		企业	政府	企业	高校	政府
奥地利	15 885.78ʳ	54.85	26.97	70.32	21.79	7.34
比利时	19 938.16	64.29	17.82	73.75	16.7	8.8

续表

经济体	国内研发总支出					
	当前购买力平价 / 百万美元	经费来源占比 /%		执行部门占比 /%		
		企业	政府	企业	高校	政府
加拿大	30 312.65^p	41.90^{pr}	32.86^{epr}	50.97^{pr}	41.17^{pr}	7.49^{pr}
智利	1623.39^{pq}	29.90^{pq}	48.09^{pq}	33.60^{pq}	47.36^{pq}	12.63^{pq}
哥伦比亚	2514.23^e	49.91^e	27.00^e	47.83^e	23.93^e	7.73^e
捷克	8911.23	38.18	33.67	61.64	21.79	16.28
丹麦	10 216.21^p	59.56^p	28.70^{dp}	62.57^p	34.12^p	2.91^p
爱沙尼亚	829.96	49.11	37.23	53.31	35.28	10.25
芬兰	7956.43	54.33	27.79	65.64	25.38	8.09
法国	73 286.51^p	56.66^p	32.54^p	65.79^p	20.08^p	12.37^p
德国	148 149.80	64.46^d	27.80^d	68.92	17.43	13.65^d
希腊	4218.26	41.43	41.14	46.11	30.63	22.41
匈牙利	4902.53	52.9	33.28	75.09^d	14.20^d	10.00^d
冰岛	503.73	38.89	29.83	68.72^d	28.08	3.2
爱尔兰	5420.02^e	50.47^{eq}	24.71^{eq}	74.46^e	21.78^e	3.76^e
以色列	18 740.65^{de}	36.56^{deq}	10.44^{deq}	88.91^{de}	8.66^{de}	1.47^{de}
意大利	39 279.40	55.94	32.32	63.17	22.46^e	12.59
日本	173 267.15	78.91	14.67^e	79.15	11.69	7.81
韩国	102 521.44	76.95	20.68	80.3	8.28	9.99
拉脱维亚	393	24.28	35.4	26.28	54.82	18.9
立陶宛	1078.52	34	32.28	43.25	36.37	20.38
卢森堡	849.55^{ep}	52.11^{ep}	42.67^{ep}	55.71^{ep}	20.40^{ep}	23.89^{ep}
墨西哥	7292.77^{er}	17.79^{er}	76.89^{er}	21.55^{er}	50.90^{er}	26.26^{er}
荷兰	22 609.35	57.6	29.4	66.7	27.59	5.71^d
新西兰	3159.43^p	49.95^p	31.13^p	59.55^p	23.79^p	16.66^p
挪威	7869.35	43.23	46.97	52.99	34.28	12.73
波兰	17 164.09	53.19^q	35.42^q	62.84	35.59	1.27
葡萄牙	5303.76	48.26	40.24	52.49	40.46	5.13
斯洛伐克	1468.58	46.76	40.45	54.83	25.19	19.95
斯洛文尼亚	1761.19	61.51	24.72	73.81	11.78	13.79
西班牙	24 874.16	49.09	37.89	56.13	26.59	17
瑞典	19 268.97^e	—	—	71.70^e	23.67^{be}	4.51^{be}

续表

经济体	国内研发总支出					
	当前购买力平价 / 百万美元	经费来源占比 /%		执行部门占比 /%		
		企业	政府	企业	高校	政府
土耳其	24 243.40	56.34	29.35	64.2	29.18	6.63^d
英国	56 935.75^p	54.80^q	25.94^q	66.63^p	23.08^p	6.59^p
美国	657 459.00^de	63.31^de	22.09^dep	73.89^de	11.97^dep	9.88^de
欧盟 27 国	440 336.57^e	58.25^e	30.01^e	66.23^e	21.62^e	11.38^e
经合组织	1 564 092.16^e	62.83^e	24.47^e	71.25^e	16.54^e	9.68^e
阿根廷	4811.46	26.46	60.79	36.09	23.7	39.07
中国大陆	525 693.44	76.26	20.49	76.42	8.11	15.47
中国台湾	44 014.27	81.01	18.17	80.9	8.41	10.56
罗马尼亚	2995.13	54.58	34.39	57.8	10.21	31.79
俄罗斯	44 500.51	30.21	66.29	60.66	10.63	28.29
新加坡	10 530.53^q	53.08^q	36.99^q	60.75^q	27.73^q	11.52^q

注：b. 序列中断；d. 定义不同；e. 估计值；p. 暂定值；q.2018 年数据；r.2020 年数据。

数据来源：经合组织《主要科技指标》数据库，2022 年 1 月。

附表 4　2019 年主要经济体研发支出与排名

经济体	总支出 / 百万美元	排名	总支出 GDP 占比 /%	排名	人均支出 / 美元	排名
美国	657 459	1	3.07	9	2002	3
中国大陆	320 532	2	2.24	14	229	35
日本	164 709	3	3.2	5	1306	14
德国	122 632	4	3.18	8	1476	10
韩国	76 412	5	4.64	2	1478	9
法国	59 509	6	2.19	15	886	20
英国	49 707	7	1.76	22	744	21
意大利	29 005	8	1.45	26	481	26
加拿大	26 787	9	1.52	24	718	22
澳大利亚	25 340^b	10	1.83^b	21	1030^b	17
瑞士	22 394^b	11	3.18^b	7	2659.6^b	1
巴西	21 879^a	12	1.17^a	35	104.9^a	44
中国台湾	21 366	13	3.49	3	905	19
荷兰	19 618	14	2.16	16	1135	16

经济体	总支出/百万美元	排名	总支出GDP占比/%	排名	人均支出/美元	排名
以色列	19 474	15	4.93	1	2153	2
印度	18 109[a]	16	0.65[a]	47	14.0[a]	56
瑞典	18 086	17	3.4	4	1751	5
俄罗斯	17 529	18	1.04	39	119	41
西班牙	17 432	19	1.25	33	370	30
比利时	15 405	20	2.89	11	1344	13
奥地利	14 205	21	3.19	6	1600	8
丹麦	10 350	22	2.96	10	1783	4
挪威	8731	23	2.15	17	1630	6
土耳其	8099	24	1.06	38	97	45
波兰	7888	25	1.34	29	206	36
芬兰	7517	26	2.79	12	1362	12
新加坡	6881[a]	27	1.83[a]	20	1220.4[a]	15
泰国	6219	28	1.14	36	93	46
阿联酋	5478	29	1.31	30	576	24
爱尔兰	4896	30	1.26	32	995	18
捷克	4867	31	1.94	19	455	27
马来西亚	3636	32	1	40	112	43
墨西哥	3603	33	0.29	55	29	53
阿根廷	3581[b]	34	0.56[b]	49	81.3[b]	48
中国香港	3361	35	0.92	42	448	28
葡萄牙	3349	36	1.4	27	326	32
南非	2906[b]	37	0.83[b]	44	51.4[b]	51
新西兰	2767[b]	38	1.36[b]	28	580.4[b]	23
希腊	2616	39	1.27	31	244	34
匈牙利	2416	40	1.5	25	247	33
印度尼西亚	2359[a]	41	0.23[a]	57	8.9[a]	59
罗马尼亚	1195	42	0.48	52	62	49
斯洛文尼亚	1107	43	2.04	18	530	25
智利	1043[a]	44	0.35[a]	54	55.6[a]	50
卡塔尔	974[a]	45	0.53[a]	51	353.0[a]	31
哥伦比亚	908	46	0.28	56	19	54

续表

经济体	总支出/百万美元	排名	总支出 GDP 占比/%	排名	人均支出/美元	排名
斯洛伐克	869	47	0.83	45	160	39
卢森堡	847	48	1.19	34	1380	11
克罗地亚	673	49	1.11	37	166	38
乌克兰	617ᵃ	50	0.47ᵃ	53	14.6ᵃ	55
冰岛	578	51	2.33	13	1618	7
保加利亚	574	52	0.84	43	82	47
立陶宛	542	53	0.99	41	194	37
菲律宾	515ᵇ	54	0.16ᵇ	58	4.9ᵇ	61
爱沙尼亚	507	55	1.61	23	382	29
委内瑞拉	287ᶜ	56	0.10ᶜ	62	9.3ᶜ	58
约旦	277ᶜ	57	0.72ᶜ	46	28.7ᶜ	52
秘鲁	255ᵇ	58	0.12ᵇ	59	8.0ᵇ	60
拉脱维亚	218	59	0.64	48	114	42
哈萨克斯坦	215	60	0.12	60	12	57
塞浦路斯	137ᵃ	61	0.54ᵃ	50	157.2ᵃ	40
蒙古	13ᵃ	62	0.10ᵃ	61	4.1ᵃ	62

注：a.2018 年数据；b.2017 年数据；c.2016 年数据。

数据来源：瑞士洛桑国际管理学院《2021 年世界竞争力年鉴》。

附表 5　主要经济体近年研发支出 GDP 占比

经济体	2014 年	2015 年	2016 年	2017 年	2018 年	2019 年
澳大利亚	—	1.88%ᵉ	—	1.79%ᵉ	—	—
奥地利	3.08%ᵉ	3.05%	3.12%ᵉ	3.06%	3.09%	3.13%
比利时	2.37%	2.43%	2.52%	2.67%	2.86%	3.17%
加拿大	1.71%ᵇ	1.69%	1.73%	1.69%	1.68%	1.59%ᵖ
智利	0.38%ᵇ	0.38%	0.37%ᵇ	0.36%	0.35%ᵖ	—
哥伦比亚	0.3%	0.37%	0.27%	0.26%	0.31%	0.32%ᵉ
捷克	1.96%	1.92%	1.67%	1.77%	1.9%	1.94%
丹麦	2.91%	3.05%	3.09%	2.93%	2.97%	2.91%ᵖ
爱沙尼亚	1.42%	1.46%	1.23%	1.28%	1.41%	1.61%
芬兰	3.15%	2.87%	2.72%	2.73%	2.75%	2.79%

续表

经济体	2014 年	2015 年	2016 年	2017 年	2018 年	2019 年
法国	2.28%[b]	2.27%	2.22%	2.20%[p]	2.19%[p]	2.20%[p]
德国	2.88%	2.93%	2.94%	3.05%	3.12%	3.19%
希腊	0.84%	0.97%	1.01%	1.15%	1.21%	1.27%
匈牙利	1.35%	1.34%	1.18%	1.32%	1.51%[b]	1.48%
冰岛	1.94%[e]	2.18%	2.11%[e]	2.08%	2.00%[e]	2.33%
爱尔兰	1.52%[e]	1.18%[e]	1.17%[e]	1.22%[e]	1.17%[e]	1.23%[e]
以色列	4.17%[d]	4.26%[d]	4.52%[d]	4.69%[de]	4.85%[de]	4.93%[de]
意大利	1.34%[e]	1.34%	1.37%[b]	1.37%	1.42%	1.47%
日本	3.37%	3.24%	3.11%	3.17%	3.22%[b]	3.2%
韩国	4.08%	3.98%	3.99%	4.29%	4.52%	4.64%
拉脱维亚	1.03%	1.04%	0.84%	0.9%	0.94%	1%
立陶宛	0.69%	0.62%	0.44%	0.51%	0.64%	0.64%
卢森堡	1.26%	1.3%	1.3%	1.27%	1.17%[e]	1.13%[ep]
墨西哥	0.44%	0.43%	0.39%	0.33%[e]	0.31%[e]	0.28%[e]
荷兰	2.17%	2.15%	2.15%	2.18%	2.14%	2.18%
新西兰	—	1.23%	—	1.35%	—	1.41%[p]
挪威	1.72%	1.94%	2.04%	2.1%	2.05%	2.15%
波兰	0.94%	1%	0.96%	1.03%	1.21%	1.32%
葡萄牙	1.29%	1.24%	1.28%	1.32%	1.35%	1.4%
斯洛伐克	0.88%	1.16%	0.79%	0.89%	0.84%	0.83%
斯洛文尼亚	2.37%	2.2%	2.01%	1.87%	1.95%	2.05%
西班牙	1.24%	1.22%	1.19%	1.21%	1.24%	1.25%
瑞典	3.10%[e]	3.22%[v]	3.25%[e]	3.36%[v]	3.32%[e]	3.39%[e]
瑞士	—	3.26%	—	3.18%	—	—
土耳其	0.86%	0.88%	0.94%	0.95%	1.03%	1.06%
英国	1.64%[e]	1.65%	1.66%[e]	1.68%	1.73%	1.76%[p]
美国	2.72%[d]	2.72%[d]	2.79%[d]	2.85%[d]	2.95%[d]	3.07%[de]
欧盟 27 国	2.00%[e]	2.01%[e]	1.99%[e]	2.03%[e]	2.07%[e]	2.12%[e]
经合组织	2.32%[e]	2.31%[e]	2.31%[e]	2.35%[e]	2.42%[e]	2.48%[e]
阿根廷	0.59%[p]	0.62%	0.53%	0.56%	0.5%	0.46%
中国大陆	2.02%	2.06%	2.1%	2.12%	2.14%	2.23%

续表

经济体	2014 年	2015 年	2016 年	2017 年	2018 年	2019 年
中国台湾	2.98%	3%	3.09%	3.19%	3.35%	3.49%
罗马尼亚	0.38%	0.49%	0.48%	0.5%	0.5%	0.48%
俄罗斯	1.07%	1.1%	1.1%	1.11%	0.99%	1.04%
新加坡	2.08%	2.18%	2.08%	1.92%	1.84%	—
南非	0.77%	0.8%	0.82%	0.83%	—	—

注：b. 序列中断；d. 定义不同；e. 估计值；p. 临时数据；v. 未包含细类总额。

数据来源：经合组织《主要科技指标》数据库，2022 年 1 月。

附表 6　主要经济体近年研究人员统计（全时当量）

单位：人年

经济体	2015 年	2016 年	2017 年	2018 年	2019 年
奥地利	43 562.00[d]	46 992.60[de]	47 521.00[d]	50 484.30[dp]	52 794.30[d]
比利时	53 178.00[b]	54 280.00[e]	54 010.31	57 456.19	60 618.52
加拿大	162 960.00	158 980.00	162 450.00	167 440.00	—
智利	8175.33[d]	8985.42[d]	9098.92[d]	9204.67[dp]	—
捷克	38 081.00	37 337.72	39 180.64	41 198.13	42 500.34
丹麦	42 826.00	44 815.00	43 966.00	43 924.00	44 671.00[p]
爱沙尼亚	4187.00	4338.00	4674.00	4967.80	4995.30
芬兰	37 515.80	35 908.20	37 046.50	37 891.20	39 983.90
法国	277 631.50	285 488.00	295 754.00[p]	305 243.45[p]	314 100.88[e]
德国	387 982.00	399 605.00	419 617.00	433 685.04	450 697.27
希腊	34 708.00[d]	29 403.00[d]	35 000.19[d]	36 688.08[d]	39 076.94[d]
匈牙利	25 316.00	25 804.00	28 426.00	37 606.00[d]	39 295.00[d]
冰岛	1944.44[b]	—	2050.00		—
爱尔兰	24 521.35[e]	24 315.70[e]	25 672.63[e]	25 264.93[e]	25 892.20
意大利	125 875.00[d]	133 706.00[bd]	140 378.00[d]	152 522.60[d]	160 823.60[d]
日本	662 071.00[d]	665 566.00[d]	676 292.00[d]	678 134.00[bd]	681 821.00[d]
韩国	356 447.29	361 291.53	383 100.28	408 370.46	430 690.01
拉脱维亚	8167.00[d]	8525.00[d]	8741.10[d]	8937.70[d]	9629.80[d]
立陶宛	3613.00	3152.00	3482.00	3456.00	3632.00
卢森堡	2609.80	2766.90	2936.00	2863.20	2942.30[rp]
墨西哥	34 281.68	38 883.29	39 125.47[e]	39 189.46[e]	41 744.93[e]

经济体	2015 年	2016 年	2017 年	2018 年	2019 年
荷兰	83 488.00	87 612.00	91 023.00	95 475.00	97 713.00
新西兰	25 000.00	—	24 000.00	—	28 000.00
挪威	30 632.00	31 913.00	33 632.00	34 337.00	35 898.00
波兰	82 594.00	88 165.00	114 585.00[d]	117 788.50[d]	120 780.30[d]
葡萄牙	38 671.60	41 349.41	44 937.54	47 651.65	50 166.46
斯洛伐克	14 405.50[d]	14 149.00[d]	15 226.00[d]	16 337.00[d]	16 976.92[d]
斯洛文尼亚	7900.00	8119.00	9301.00[d]	10 068.00[d]	10 507.00[d]
西班牙	122 437.00[d]	126 633.39[d]	133 213.19[d]	140 120.10[d]	143 973.90[d]
瑞典	66 734.00[e]	70 372.00[e]	73 132.00	75 151.00	77 629.00
瑞士	43 740.00	—	46 088.00	—	—
土耳其	95 160.76	100 158.00	111 893.00	126 249.14	135 514.84
英国	284 483.00	288 922.00[e]	295 934.00[e]	305 794.50[e]	317 472.00[p]
美国	1 370 627.27[e]	1 373 550.67[e]	1 435 904.51[e]	1 554 899.56[e]	—
欧盟 27 国	1 565 746.71[e]	1 616 028.81[e]	1 710 326.10[e]	1 788 622.88[e]	1 854 754.77[e]
经合组织	4 786 149.04[e]	4 862 288.16[e]	5 085 172.20[e]	5 346 698.77[e]	—
阿根廷	52 970.00	54 805.00	53 184.00	54 307.00	55 114.00
中国大陆	1 619 027.70	1 692 175.80	1 740 442.20	1 866 108.80	2 109 459.80
中国台湾	144 836.49	147 140.93	149 886.03	153 998.39	159 160.25
罗马尼亚	17 459.00	18 046.00	17 518.00	17 213.00	17 350.00
俄罗斯	449 180.00	428 884.00	410 617.00	405 772.00	400 663.00
新加坡	39 182.14	39 207.45	38 898.16	39 272.39	—
南非	26 159.40	27 656.20	29 515.22	—	—

注：b. 序列中断；d. 定义不同；e. 估计值；p. 临时数据。

数据来源：经合组织《主要科技指标》数据库，2022 年 1 月。

附表 7　2019 年主要经济体研发人员统计

经济体	全时当量/千人年	排名	每千人研发人员数/人年	排名
中国大陆	4800.8	1	3.43	36
日本	903.4	2	7.16	20
俄罗斯	753.8	3	5.14	24
德国	734.2	4	8.84	11
印度	553.0[a]	5	0.43[a]	53

续表

经济体	全时当量/千人年	排名	每千人研发人员数/人年	排名
韩国	525.7	6	10.17	3
英国	486.1	7	7.28	19
法国	463.7	8	6.91	21
意大利	355.4	9	5.89	24
中国台湾	271.6	10	11.51	1
西班牙	231.4	11	4.91	28
加拿大	229.2[b]	12	6.27[b]	22
土耳其	182.8	13	2.20	41
泰国	166.8	14	2.51	40
波兰	164.0	15	4.27	33
荷兰	160.2	16	9.27	9
比利时	96.2	17	8.39	13
瑞典	91.2	18	8.83	12
奥地利	84.1	19	9.47	6
马来西亚	83.8	20	2.58	39
瑞士	81.8[b]	21	9.71[b]	4
阿根廷	80.0[b]	22	1.82[b]	43
捷克	79.2	23	7.41	18
印度尼西亚	74.9[a]	24	0.28[a]	55
墨西哥	67.0	25	0.53	52
乌克兰	65.6[a]	26	1.56[a]	45
葡萄牙	61.5	27	5.99	23
丹麦	60.6	28	10.44	2
匈牙利	56.9	29	5.83	25
希腊	54.8	30	5.11	27
哥伦比亚	54.1	31	1.10	48
芬兰	51.5	32	9.33	8
挪威	48.7	33	9.09	10
新加坡	44.8[a]	34	7.95[a]	15
南非	43.8[a]	35	0.76[a]	51
阿联酋	41.0	36	4.31	32

经济体	全时当量 / 千人年	排名	每千人研发人员数 / 人年	排名
爱尔兰	36.9	37	7.50	17
新西兰	36.0[b]	38	7.55[b]	16
中国香港	35.4	39	4.72	30
罗马尼亚	31.7	40	1.63	44
菲律宾	27.8[b]	41	0.27[b]	56
保加利亚	26.4	42	3.77	35
斯洛伐克	21.2	43	3.89	34
斯洛文尼亚	17.0	44	8.13	14
哈萨克斯坦	16.1[a]	45	0.88[a]	49
智利	15.6[a]	46	0.83[a]	50
克罗地亚	13.4	47	3.29	37
立陶宛	12.6	48	4.63	31
爱沙尼亚	6.4	49	4.86	29
拉脱维亚	5.9	50	3.08	38
卢森堡	5.9	51	9.60	5
秘鲁	5.4[c]	52	0.17[c]	57
蒙古	4.3	53	1.29	46
约旦	3.3[c]	54	0.36[c]	54
卡塔尔	3.3[a]	55	1.21[a]	47
冰岛	3.2[b]	56	9.37[b]	7
塞浦路斯	1.6[a]	58	1.85[a]	42

注：a.2018 年数据；b.2017 年数据；c.2015 年数据。

数据来源：瑞士洛桑国际管理学院《2021 年世界竞争力年鉴》。

附表 8　1950—2020 年诺贝尔物理学、化学、生理学或医学及经济学奖获奖统计

经济体	总数 / 个	总数排名	每百万人获奖数 / 个	每百万人获奖数排名
美国	306	1	0.93	5
英国	73	2	1.09	3
德国	36	3	0.43	10
法国	24	4	0.36	13
日本	20	5	0.16	18

续表

经济体	总数/个	总数排名	每百万人获奖数/个	每百万人获奖数排名
瑞士	15	6	1.74	1
加拿大	10	7	0.26	16
俄罗斯	10	7	0.07	23
瑞典	10	7	0.96	4
荷兰	9	10	0.52	8
澳大利亚	8	11	0.31	15
以色列	8	11	0.86	6
挪威	8	11	1.48	2
意大利	5	14	0.08	22
奥地利	4	15	0.45	9
比利时	4	15	0.35	14
丹麦	4	15	0.69	7
中国大陆	3	18	0.00	27
印度	2	19	0.00	28
爱尔兰	2	19	0.41	11
中国台湾	2	19	0.08	21
阿根廷	1	22	0.02	24
捷克	1	22	0.09	20
芬兰	1	22	0.18	17
中国香港	1	22	0.13	19
立陶宛	1	22	0.36	12
南非	1	22	0.02	25
土耳其	1	22	0.01	26

数据来源：瑞士洛桑国际管理学院《2021年世界竞争力年鉴》。

附表 9-1 2019 年主要经济体专利统计（按申请人国籍统计）

经济体	申请数/件	排名	每10万居民申请数/件	排名	专利授予数（2017—2019年均值）/件	排名	每10万居民有效数/件	排名
中国大陆	1 327 847	1	94.84	19	376 583	1	153.0	26
美国	521 145	2	158.66	13	294 827	2	908.6	12
日本	452 130	3	358.41	4	284 659	3	2404.8	3

经济体	申请数/件	排名	每10万居民申请数/件	排名	专利授予数（2017—2019年均值）/件	排名	每10万居民有效数/件	排名
韩国	248 427	4	480.43	2	135 014	4	2276.9	4
德国	178 184	5	214.44	8	101 898	5	1173.6	10
法国	67 294	6	100.22	18	49 938	6	770.4	14
英国	54 762	7	81.98	20	26 679	8	383.2	22
中国台湾	54 281	8	229.98	6	36 181	7	1347.3	7
瑞士	45 988	9	538.19	1	26 543	9	3386.7	1
荷兰	35 359	10	204.60	10	23 506	11	1196.6	8
印度	34 015	11	2.59	54	8889	16	4.3	54
意大利	32 001	12	53.02	23	22 312	12	671.5	16
俄罗斯	29 711	13	20.24	34	23 945	10	119.8	30
瑞典	27 721	14	268.41	5	17 012	13	1599.0	5
加拿大	24 469	15	65.63	22	14 010	14	415.3	21
以色列	16 078	16	177.72	11	7484	19	786.2	13
奥地利	14 459	17	162.86	12	9052	15	1015.1	11
比利时	14 195	18	123.84	16	8265	18	714.5	15
丹麦	13 163	19	226.71	7	6654	20	1176.7	9
澳大利亚	12 568	20	49.55	24	5764	22	240.0	25
芬兰	11 470	21	207.74	9	8552	17	1549.1	6
土耳其	10 043	22	12.08	37	3193	26	20.2	45
西班牙	9920	23	21.06	31	6063	21	148.7	27
巴西	7409	24	3.53	51	1819	30	6.1	53
沙特阿拉伯	7401	25	21.72	29	3116	28	41.8	38
新加坡	7354	26	128.94	15	3339	25	509.8	19
爱尔兰	6484	27	131.76	14	3192	27	646.2	18
挪威	6225	28	116.20	17	3608	24	648.0	17
波兰	6174	29	16.09	35	3958	23	60.0	34
印度尼西亚	3141	30	1.18	59	436	44	0.1	64
卢森堡	2701	31	439.97	3	2143	29	3102.9	2
墨西哥	2534	32	2.01	56	1137	36	8.4	52
乌克兰	2467	33	5.89	48	1511	31	28.1	40
捷克	2267	34	21.20	30	1446	33	96.2	31

续表

经济体	申请数 / 件	排名	每 10 万居民申请数 / 件	排名	专利授予数（2017—2019年均值）/ 件	排名	每 10 万居民有效数 / 件	排名
中国香港	2180	35	29.04	27	1174	35	139.4	28
新西兰	2173	36	43.58	25	1187	34	264.8	24
葡萄牙	2148	37	20.93	33	520	42	51.3	36
马来西亚	2122	38	6.53	46	1032	37	23.6	42
泰国	1766	39	2.65	53	367	46	4.2	55
智利	1657	40	8.67	42	470	43	18.7	46
南非	1514	41	2.58	55	1476	32	25.6	41
匈牙利	1443	42	14.77	36	643	39	62.3	33
罗马尼亚	1181	43	6.10	47	528	41	11.8	50
希腊	1164	44	10.85	38	587	40	57.8	35
哈萨克斯坦	902	45	4.87	49	804	38	1.3	59
阿根廷	815	46	1.81	57	337	47	4.1	56
阿联酋	791	47	8.32	43	327	48	18.4	47
菲律宾	674	48	0.63	60	143	56	0.8	62
哥伦比亚	638	49	1.30	58	317	49	3.5	57
斯洛伐克	568	50	10.42	39	224	51	23.2	43
斯洛文尼亚	515	51	24.65	28	393	45	134.6	29
保加利亚	466	52	6.66	45	279	50	21.8	44
塞浦路斯	354	53	40.14	26	217	52	271.4	23
克罗地亚	327	54	8.04	44	66	58	14.4	48
爱沙尼亚	278	55	20.95	32	145	55	81.6	32
冰岛	252	56	70.59	21	171	53	458.8	20
立陶宛	246	57	8.80	41	159	54	32.0	39
秘鲁	182	58	0.56	61	52	61	0.9	61
拉脱维亚	177	59	9.22	40	134	57	48.9	37
卡塔尔	130	60	4.65	50	66	59	10.9	51
蒙古	90	61	2.73	52	49	62	12.6	49
约旦	49	62	0.46	62	56	60	2.4	58
委内瑞拉	23	63	0.08	64	15	63	0.8	63
博茨瓦纳	3	64	0.13	63	1	64	1.1	60

数据来源：瑞士洛桑国际管理学院《2021 年世界竞争力年鉴》。

附表 9-2　2017—2019 年主要经济体三方专利族统计

经济体	2017 年		2018 年		2019 年	
	专利数 / 件	占比 /%	专利数 / 件	占比 /%	专利数 / 件	占比 /%
澳大利亚	363.17	0.66	370.21	0.66	365.59	0.64
奥地利	372.52	0.68	383.06	0.68	384.71	0.67
比利时	431.22	0.78	437.79	0.78	437.35	0.77
加拿大	663.48	1.20	682.13	1.21	692.67	1.21
智利	8.56	0.02	8.84	0.02	9.31	0.02
哥伦比亚	6.25	0.01	6.95	0.01	6.69	0.01
捷克	57.95	0.11	58.87	0.10	57.97	0.10
丹麦	316.21	0.57	325.09	0.58	323.72	0.57
爱沙尼亚	4.35	0.01	4.60	0.01	4.85	0.01
芬兰	268.96	0.49	272.42	0.48	272.15	0.48
法国	1978.41	3.59	1915.36	3.40	1856.57	3.26
德国	4757.24	8.64	4771.61	8.46	4620.67	8.10
希腊	16.08	0.03	18.48	0.03	18.17	0.03
匈牙利	45.33	0.08	46.96	0.08	48.58	0.09
冰岛	2.80	0.01	2.50	0.00	2.98	0.01
爱尔兰	107.75	0.20	110.63	0.20	110.16	0.19
以色列	502.39	0.91	521.33	0.92	517.01	0.91
意大利	918.67	1.67	942.94	1.67	947.41	1.66
日本	17 596.01	31.95	17 648.71	31.28	17 702.38	31.04
韩国	2287.02	4.15	2409.67	4.27	2558.01	4.49
拉脱维亚	7.83	0.01	8.37	0.01	8.41	0.01
立陶宛	7.48	0.01	6.54	0.01	7.29	0.01
卢森堡	35.24	0.06	36.61	0.06	38.30	0.07
墨西哥	26.52	0.05	25.50	0.05	25.03	0.04
荷兰	990.01	1.80	979.45	1.74	957.29	1.68
新西兰	59.79	0.11	61.12	0.11	61.82	0.11
挪威	147.88	0.27	152.36	0.27	149.28	0.26
波兰	84.56	0.15	88.40	0.16	87.68	0.15
葡萄牙	50.55	0.09	53.12	0.09	54.37	0.10
斯洛伐克	10.77	0.02	11.15	0.02	11.36	0.02

续表

经济体	2017 年		2018 年		2019 年	
	专利数 / 件	占比 /%	专利数 / 件	占比 /%	专利数 / 件	占比 /%
斯洛文尼亚	9.14	0.02	9.71	0.02	9.62	0.02
西班牙	325.02	0.59	337.61	0.60	342.80	0.60
瑞典	768.05	1.39	819.94	1.45	852.05	1.49
瑞士	1223.53	2.22	1235.57	2.19	1225.30	2.15
土耳其	72.63	0.13	78.11	0.14	79.73	0.14
英国	1649.80	3.00	1677.17	2.97	1690.12	2.96
美国	12 970.57	23.55	12 887.92	22.85	12 881.39	22.59
欧盟 28 国	11 597.17	21.05	11 675.65	20.70	11 491.14	20.15
经合组织	49 143.97	89.22	49 407.01	87.58	49 419.02	86.65
阿根廷	13.76	0.02	13.09	0.02	12.44	0.02
中国大陆	4052.31	7.36	5014.40	8.89	5596.60	9.81
中国台湾	691.69	1.26	724.42	1.28	737.31	1.29
罗马尼亚	12.76	0.02	13.94	0.02	14.39	0.03
俄罗斯	94.29	0.17	99.45	0.18	100.14	0.18
新加坡	134.46	0.24	138.31	0.25	137.89	0.24
南非	24.89	0.05	26.20	0.05	24.71	0.04

注：2018 年、2019 年数据为估算值。

数据来源：经合组织"主要科技指标"数据库，2022 年 1 月。

附表 10-1 2018 年主要经济体科技论文统计

排名	经济体	论文数 / 篇	排名	经济体	论文数 / 篇
1	中国大陆	528 263	10	法国	66 352
2	美国	422 808	11	巴西	60 148
3	印度	135 788	12	加拿大	59 968
4	德国	104 396	13	西班牙	54 537
5	日本	987 93	14	澳大利亚	53 610
6	英国	97 681	15	波兰	35 663
7	俄罗斯	81 579	16	土耳其	33 536
8	意大利	71 240	17	荷兰	30 457
9	韩国	66 376	18	印度尼西亚	26 948

排名	经济体	论文数 / 篇	排名	经济体	论文数 / 篇
19	中国台湾	26 093	42	哥伦比亚	7195
20	马来西亚	23 661	43	爱尔兰	7174
21	瑞士	21 379	44	智利	7122
22	瑞典	20 421	45	匈牙利	6701
23	中国香港	18 726	46	斯洛伐克	5322
24	墨西哥	16 346	47	克罗地亚	4277
25	比利时	15 688	48	保加利亚	3311
26	捷克	15 577	49	斯洛文尼亚	3206
27	葡萄牙	14 295	50	阿联酋	3145
28	丹麦	13 979	51	约旦	2627
29	南非	13 009	52	哈萨克斯坦	2367
30	泰国	12 514	53	立陶宛	2267
31	奥地利	12 362	54	菲律宾	2237
32	以色列	12 235	55	秘鲁	1630
33	挪威	11 803	56	卡塔尔	1503
34	新加坡	11 459	57	拉脱维亚	1418
35	希腊	10 907	58	爱沙尼亚	1415
36	沙特阿拉伯	10 898	59	塞浦路斯	1245
37	芬兰	10 599	60	卢森堡	869
38	乌克兰	10 380	61	冰岛	681
39	罗马尼亚	10 345	62	委内瑞拉	639
40	阿根廷	8811	63	蒙古	141
41	新西兰	7889			

数据来源：瑞士洛桑国际管理学院《2021 年世界竞争力年鉴》。

附表 10-2　2011—2021 年发表 SCI 科技论文 20 万篇以上的国家（地区）及被引情况

国家（地区）	论文数		被引用次数		篇均被引用次数	
	篇数	位次	次数	位次	次数	位次
美国	4 294 755	1	84 015 147	1	19.56	6
中国	3 365 919	2	43 322 811	2	12.87	16

国家（地区）	论文数		被引用次数		篇均被引用次数	
	篇数	位次	次数	位次	次数	位次
英国	1 336 775	3	27 900 662	3	20.47	4
德国	1 161 802	4	21 880 293	4	18.83	8
日本	858 238	5	11 860 079	9	13.82	13
法国	787 288	6	14 583 352	5	18.52	10
意大利	740 367	7	12 838 984	7	17.34	11
加拿大	735 681	8	13 897 736	6	18.89	7
印度	707 261	9	7 756 801	14	10.97	18
澳大利亚	674 444	10	12 653 887	8	18.76	9
西班牙	637 558	11	10 747 184	10	16.86	12
韩国	614 774	12	8 072 438	12	13.13	14
巴西	491 509	13	5 197 916	16	10.58	19
荷兰	434 530	14	9 945 220	11	22.89	2
俄罗斯	370 502	15	3 083 361	21	8.32	22
伊朗	356 247	16	3 736 516	18	10.49	20
瑞士	327 641	17	7 856 255	13	23.98	1
土耳其	314 854	18	2 750 984	22	8.74	21
波兰	297 166	19	3 303 135	20	11.12	17
瑞典	295 599	20	6 028 208	15	20.39	5
中国台湾	285 658	21	3 699 154	19	12.95	15
比利时	239 147	22	5 042 114	17	21.08	3

数据来源：中国科学技术信息研究所《中国科技论文统计结果 2021》。

附表 11　2018 年主要经济体中高技术附加值占制造业总附加值的比例

排名	经济体	占比 /%	排名	经济体	占比 /%
1	新加坡	80.46	7	日本	56.57
2	中国台湾	69.53[a]	8	丹麦	55.34
3	瑞士	64.56	9	爱尔兰	54.51
4	韩国	63.83	10	捷克	52.82
5	德国	61.70	11	瑞典	52.34
6	匈牙利	57.43	12	荷兰	49.89

续表

排名	经济体	占比 /%	排名	经济体	占比 /%
13	斯洛伐克	49.80	39	委内瑞拉	34.28
14	比利时	49.53	40	波兰	34.00
15	法国	49.47	41	土耳其	32.15
16	卡塔尔	47.86	42	俄罗斯	30.49
17	斯洛文尼亚	47.78	43	保加利亚	30.32
18	美国	47.44	44	澳大利亚	28.13
19	芬兰	46.03	45	爱沙尼亚	27.68
20	罗马尼亚	46.02	46	阿根廷	27.42
21	奥地利	45.95	47	克罗地亚	27.27
22	英国	44.43	48	立陶宛	26.97
23	马来西亚	44.01	49	乌克兰	26.71
24	意大利	43.74	50	塞浦路斯	26.55
25	墨西哥	42.56	51	葡萄牙	25.52
26	菲律宾	42.33	52	南非	24.43
27	印度	41.47	53	约旦	23.66
28	中国大陆	41.45	54	拉脱维亚	23.43
29	泰国	41.36	55	哥伦比亚	23.27
30	挪威	40.20	56	卢森堡	19.87
31	西班牙	39.79	57	希腊	19.65
32	以色列	39.30	58	智利	18.70
33	中国香港	38.47	59	新西兰	18.53
34	加拿大	36.88	60	秘鲁	15.73
35	阿联酋	36.63	61	哈萨克斯坦	14.51
36	沙特阿拉伯	35.38	62	冰岛	11.31
37	印度尼西亚	35.35	63	博茨瓦纳	7.76
38	巴西	35.02	64	蒙古	4.70

注：a.2017 年数据。

数据来源：瑞士洛桑国际管理学院《2021 年世界竞争力年鉴》。

附表 12-1　2015—2019 财年美国整体研发支出及来源情况

单位：10 亿美元

年份	总计	企业	高等教育	联邦政府	非联邦政府和其他非营利组织
2015	494.4	333.2	17.3	119.5	24.4
2016	521.7	360.0	18.4	116.9	26.4
2017	555.3	386.1	19.6	121.6	28.0
2018	606.1	426.0	20.7	129.6	29.8
2019	656.0	463.7	21.8	138.9	31.6

数据来源：美国《科学和工程学指标 2022》表 17。

附表 12-2　2019 年美国 STEM 劳动力数量及学历情况统计

指标	数量 / 千人	占比 /%
劳动力总数	155 423	100
STEM 劳动力	36 094	23.2
有学士学位或更高学位	16 241	10.4
科学与工程职位	6559	4.2
科学与工程相关职位	7917	5.1
中等技能职位	1765	1.1
无学士学位	19 853	12.8
科学与工程职位	2017	1.3
科学与工程相关职位	5180	3.3
中等技能职位	12 657	8.1
非 STEM 劳动力	119 329	76.8
有学士学位或更高学位	40 287	25.9
无学士学位	79 042	50.9

注：STEM 指科学、工程、技术和数学。学位指最高学位。

数据来源：美国《科学和工程学指标 2022》表 8。

附表 13-1　2015—2019 年德国国内研发支出统计

单位：百万欧元

主体		2015 年	2016 年	2017 年	2018 年	2019 年
按执行主体分	企业	60 952	62 826	68 787	72 101	75 830
	国家和公益性私营机构	12 486	12 721	13 484	14 168	15 022
	高校	15 344	16 627	17 282	18 400	19 173

主体		2015 年	2016 年	2017 年	2018 年	2019 年
按来源分	企业	58 239	60 116	65 884	69 090	70 919
	国家	24 762	26 267	27 596	29 149	30 592
	公益性私营机构	319	332	344	362	396
	外国	5462	5458	5729	6069	8118
总支出		88 782	92 174	99 554	104 669	110 025
占 GDP 比例 /%		2.93	2.94	3.05	3.11	3.17

数据来源：德国联邦教育与研究部数据平台，2022 年 2 月。

附表 13-2　2015—2019 年德国研发人员统计（按所属部门统计）

单位：人年

部门	2015 年	2016 年	2017 年	2018 年	2019 年
经济部门	404 767	413 027	436 571	451 057	475 676
国家部门	101 717	103 206	106 025	109 487	112 592
高校部门	134 032	141 661	143 753	147 160	147 316
合计	640 515	657 894	686 349	707 704	735 584

数据来源：德国联邦教育与研究部数据平台，2022 年 2 月。

附表 14-1　2018—2020 年欧盟及部分非欧盟国家研发支出统计

经济体	2018 年			2019 年			2020 年		
	总支出 / 百万欧元	人均支出 / 欧元	研发强度 /%	总支出 / 百万欧元	人均支出 / 欧元	研发强度 /%	总支出 / 百万欧元	人均支出 / 欧元	研发强度 /%
欧盟 27 国（2020 年起）	295 743[e]	662.8[e]	2.19[e]	311 892[e]	698.6[e]	2.23[e]	310 711[p]	694.6[p]	2.32[p]
欧盟 28 国（2013— 2020 年）	337 646[e]	658.8[e]	2.12[e]	356 256[e]	694.3[e]	2.15[e]	—	—	—
欧元区 19 国（2015 年起）	257 118[e]	753.5[e]	2.22[e]	270 895[e]	793.2[e]	2.26[e]	268 641[p]	784.6[p]	2.36[p]
比利时	13 158	1154.4	2.86	15 110	1 319	3.17	15 887[p]	1378.8[p]	3.52[p]
保加利亚	424	60.1	0.76	512	73.2	0.84	523[p]	75.3[p]	0.86[p]
捷克	4006	377.6	1.9	4348	408.3	1.93	4286[p]	400.8[p]	1.99[p]
丹麦	8967	1551.1	2.97	9108[p]	1568.6[p]	2.93[p]	9461[p]	1624.8[p]	3.03[p]
德国	104 669	1264.2	3.11	110 025	1325.3	3.17	105 596[p]	1269.7[p]	3.14[p]

经济体	2018 年			2019 年			2020 年		
	总支出/ 百万欧元	人均支 出/欧元	研发强 度/%	总支出/ 百万欧元	人均支 出/欧元	研发强 度/%	总支出/ 百万欧元	人均支 出/欧元	研发强 度/%
爱沙尼亚	366	277.2	1.42	453	341.9	1.63	481	361.9	1.79
爱尔兰	3812e	789.3e	1.17e	4371	891.2	1.23	4595p	925.6p	1.23p
希腊	2179	202.9	1.21	2338	218	1.27	2473p	230.8p	1.49p
西班牙	14 946	320.3	1.24	15 572	331.8	1.25	15 768p	333.1p	1.41p
法国	51 914	774.5	2.2	53 428	795.3	2.19	54 231ep	805.6ep	2.35ep
克罗地亚	502	122.2	0.97	601	147.4	1.11	627	154.4	1.27
意大利	25 232	417.2	1.42	26 260	439	1.47	25 364p	425.3p	1.54p
塞浦路斯	133	154	0.62	164	187.7	0.74	177p	199.5p	0.85p
拉脱维亚	186	96.3	0.64	195	101.7	0.64	205p	107.4p	0.7p
立陶宛	426	151.8	0.94	486	173.9	1	572p	204.7p	1.17p
卢森堡	705	1170.3	1.17	738	1201.8	1.16	725p	1157.6p	1.13p
匈牙利	2051b	209.8b	1.51b	2159	220.9	1.48	2196	224.8	1.62
马耳他	75	156.9	0.57	80	162.2	0.57	86	166.3	0.66
荷兰	16 554	963.5	2.14	17 760	1027.6	2.18	18 356p	1054.5p	2.29p
奥地利	11 912e	1350.2e	3.09e	12 441	1404.4	3.13	12 143p	1364.2p	3.22p
波兰	6018	158.5	1.21	7047	185.6	1.32	7290p	192p	1.39p
葡萄牙	2769	269.1	1.35	2992	291.1	1.4	3203p	311.1p	1.58p
罗马尼亚	1025	52.5	0.5	1067	55	0.48	1026p	53.1p	0.47p
斯洛文尼亚	893	431.9	1.95	991	476.1	2.05	1007p	480.7p	2.15p
斯洛伐克	751	138	0.84	777	142.5	0.83	839	153.7	0.92
芬兰	6438	1167.7	2.76	6715	1217	2.8	6933	1254.7	2.94
瑞典	15 631	1544.6	3.32	16 154	1579.1	3.39	16 661p	1613.3p	3.51p
冰岛	445	1276.8	2	516	1444.8	2.32	470	1291.4	2.47
挪威	7583	1431.9	2.05	7799	1463.7	2.15	7309p	1361.7p	2.3p
瑞士	—	—	—	20 572	2407.6	3.15			
英国	41 903	632.3	1.73	44 364p	665.7p	1.76p	—	—	—
黑山	23	37.7	0.5						
北马其顿	39	18.8	0.36	41	19.9	0.37	—	—	—
塞尔维亚	394	56.3	0.92	408	58.6	0.89	424	61.2	0.91
土耳其	6751	83.5	1.03	7228	88.1	1.06	—	—	—

续表

经济体	2018 年			2019 年			2020 年		
	总支出/百万欧元	人均支出/欧元	研发强度/%	总支出/百万欧元	人均支出/欧元	研发强度/%	总支出/百万欧元	人均支出/欧元	研发强度/%
波黑	—			35		0.19	—		
俄罗斯	13 887	—	0.99	15 662	—	1.04	—	—	—
美国	514 373[d]	1573.3[d]	2.96[d]	587 279[de]	1787.6[de]	3.08[de]	—	—	—
中国（除香港）	252 019	—	2.14	286 259	—	2.23	—	—	—
日本	137 416[b]	1086.8[b]	3.22[b]	147 159	1166.6	3.2	—	—	—
韩国	65 992	1278.7	4.52	68 219	1319.3	4.64	—	—	—

注：b.序列中断；d.定义不同；e.估值；p.临时数据。

数据来源：欧盟统计局，2022 年 2 月。

附表 14-2　2018—2020 年欧盟及部分非欧盟国家研发人员统计

单位：人年

经济体	2018 年	2019 年	2020 年
欧盟 27 国（2020 年起）	2 831 817[e]	2 921 544[e]	2 963 754[p]
欧盟 28 国（2013—2020 年）	3 295 293[e]	3 407 632[e]	—
欧元区 19 国（2015 年起）	2 317 640[e]	2 394 394[e]	2 416 954[p]
比利时	88 594	93 524	102 966[p]
保加利亚	25 809	26 399	26 085[p]
捷克	74 969	79 245	80 958[p]
丹麦	59 778	62 229[p]	62 049[p]
德国	707 704	735 584	734 544[p]
爱沙尼亚	6183	6394	6491
爱尔兰	31 396[e]	32 170	32 560[p]
希腊	51 279	53 932	57 059[p]
西班牙	225 696	231 413	231 769[p]
法国	453 387	461 891	470 586[rp]
克罗地亚	13 029	14 492	15 517
意大利	345 625	355 854	349 836[p]
塞浦路斯	1826	2121	2205[p]
拉脱维亚	5806	5924	6536[p]
立陶宛	11 956	12 998	14 396[p]

续表

经济体	2018 年	2019 年	2020 年
卢森堡	5468	5790	5685ᵖ
匈牙利	54 654ᵇ	56 943	59 628
马耳他	1530	1588	1867
荷兰	156 875	160 422	161 564ᵖ
奥地利	80 198ᵉ	83 660	81 808ᵖ
波兰	161 993	164 006	173 202ᵖ
葡萄牙	58 154	61 455	65 356ᵖ
罗马尼亚	31 933	31 665	33 189ᵖ
斯洛文尼亚	15 686	16 983	15 802ᵖ
斯洛伐克	20 268	21 196	22 405
芬兰	50 011	51 494	53 519
瑞典	92 011	92 172	96 173ᵖ
冰岛	3172	—	—
挪威	46 601	48 723	50 552ᵖ
瑞士	—	85 853	—
英国	463 476ᵉ	486 088ᵖ	—
黑山	682	685	
北马其顿	1995	1930	
塞尔维亚	20 868	20 545	21 063
土耳其	172 119	182 847	—
波黑	—	2037	
俄罗斯	758 462	753 796	
中国（除香港）	4 381 444	4 800 768	—
日本	896 901ᵇᵈ	903 367ᵈ	
韩国	501 175	525 675	—

注：b.序列中断；d.定义不同；e.估值；p.临时数据。

数据来源：欧盟统计局，2022 年 2 月。

附表 15-1　2014—2019 年英国研发支出统计

单位：百万英镑

执行部门	2014 年	2015 年	2016 年	2017 年	2018 年	2019 年
政府	1391	1321	1335	1339	1495	1539
研究理事会	819	771	837	866	1109	1123

续表

执行部门	2014 年	2015 年	2016 年	2017 年	2018 年	2019 年
企业	19 982	21 018	22 580	23 669	25 126	25 948
高等教育	7489	7670	7707	8144	8740	9067
非营利私营机构	605	697	722	754	794	843
总支出	30 286	31 477	33 180	34 773	37 264	38 520
占 GDP 比例 /%	1.62	1.63	1.64	1.67	1.72	1.74

数据来源：英国国家统计局，2022 年 2 月。

附表 15-2　2015—2019 年英国研发人员统计

单位：人年

部门	2015 年	2016 年	2017 年	2018 年	2019 年
企业	206 153	209 584	231 234	250 059	262 579
政府	14 615	14 531	14 698	14 631	14 665[p]
高等教育	167 463	167 519	170 971	171 527	191 795[p]
非营利私营机构	6368	6505[e]	7586	8260	9212[p]
合计	413 860	417 390[e]	443 597[e]	463 476[e]	486 088[p]

注：e. 估计值；p. 暂定值。

数据来源：经合组织数据库，2022 年 2 月。

附表 16-1　2016—2021 年加拿大研发支出统计

单位：百万美元

执行部门	2016 年	2017 年	2018 年	2019 年	2020 年	2021 年
联邦政府	2003	2207	2329	2317	3182	2459
省政府	290	300	339	348	344	331
省研究组织	34	34	38	39	42	41
企业	18 723	19 032	20 857	21 653	20 957	20 972
高等教育	13 816	14 365	15 105	15 801	15 981	16 141
非营利私营机构	156	175	171	187	140	122
总支出	35 023	36 113	38 838	40 344	40 646	40 066
占 GDP 比例 /%	1.7	1.7	1.7	1.6	—	—

数据来源：加拿大统计局，2022 年 2 月。

附表 16-2　2017—2022 年加拿大研发人员统计

单位：人

类型	2017—2018 年	2018—2019 年	2019—2020 年	2020—2021 年	2021—2022 年
科学和专业人员	20 407	20 660	21 128	20 099	20 197
技术人员	6874	7057	7089	7291	7332
其他人员	9036	9184	9529	9352	9340
合计	36 317	36 902	37 746	36 742	36 869

数据来源：加拿大统计局，2022 年 2 月。

附表 17　俄罗斯研发支出与人员统计

项目		2000 年	2010 年	2015 年	2018 年	2019 年	2020 年
研发人员 / 万人		88.77	73.65	73.89	68.26	68.25	67.93
联邦科技投入 / 亿卢布	基础研究	82	822	1202	1496	1925	2032
	应用研究	92	1555	3192	2709	2967	3464
	合计	174	2376	4394	4205	4892	5496
	财政投入占比 /%	1.69	2.35	2.81	2.52	2.69	2.41
	GDP 占比 /%	0.24	0.51	0.53	0.40	0.44	0.51
科研内部经费 / 亿卢布	现行货币	767	5234	9147	10 282	11 348	11 745
	GDP 占比 /%	1.05	1.13	1.10	1.00	1.04	1.10

数据来源：俄罗斯联邦统计局《国家统计年鉴 2021》。

附表 18　2016—2020 年中国公共部门研发支出统计

年份	科学技术 支出	基础研究支出		应用研究支出		技术研究与开发支出		其他 *	
		支出 / 亿元	占比 /%	支出 / 亿元	占比 /%	支出 / 亿元	占比 /%	支出 / 亿元	占比 /%
2016	6563.96	569.69	8.68	1619.55	24.67	1592.56	24.26	2782.16	42.39
2017	7266.98	605.04	8.33	1575.66	21.68	1779.66	24.49	3306.62	45.50
2018	8326.65	649.33	7.80	1757.54	21.11	1960.03	23.54	3959.75	47.56
2019	9470.79	822.52	8.68	1934.52	20.43	2160.55	22.81	4553.20	48.08
2020	9018.34	880.55	9.76	1859.40	20.62	1797.89	19.94	4480.50	49.68

注：* 表示其他包括在科技条件与服务、社会科学、科学技术普及、科技交流与合作、科学技术管理事务等方面的支出。

数据来源：中国财政部《全国一般公共预算支出决算表》。

附表 19-1　2015—2019 年韩国研发支出统计

单位：百万韩元

执行部门	2015 年	2016 年	2017 年	2018 年	2019 年
企业	51 136 421	53 952 471	62 563 447	68 834 432	71 506 662
政府	7 745 313	8 012 527	8 429 716	8 636 202	8 898 118
高等教育	5 998 872	6 339 888	6 682 523	7 050 415	7 371 649
非营利私营机构	1 078 766	1 100 644	1 113 501	1 207 666	1 270 648
合计	65 959 372	69 405 530	78 789 187	85 728 715	89 047 077

数据来源：经合组织数据库，2022 年 2 月。

附表 19-2　2015—2019 年韩国研发人员统计

单位：人年

部门	2015 年	2016 年	2017 年	2018 年	2019 年
政府	38 173.87	38 119.08	37 577.93	38 737.98	40 363.75
高等教育	72 745.48	72 482.33	70 037.38	71 333.35	71 726.80
企业	323 651.81	328 948.30	355 600.83	383 321.49	405 212.40
非营利私营机构	7455.90	7858.50	7985.05	7781.71	8371.96
合计	442 027.05	447 408.20	471 201.19	501 174.53	525 674.91

数据来源：经合组织数据库，2022 年 2 月。

附表 20-1　2016—2020 年日本研发支出统计

单位：百万日元

年份	企业	非营利组织公立机构	大学等	合计
2016	133 183	15 102	36 042	184 326
2017	137 989	16 097	36 418	190 504
2018	142 316	16 160	36 784	195 260
2019	142 121	16 435	37 202	195 757
2020	138 608	16 997	36 760	192 365

数据来源：日本总务省统计局《2021 年科学技术研究调查结果》。

附表 20-2　2016—2020 年日本相关从业者统计

单位：百人

年份	研究人员	研究辅助人员	技术人员	其他相关从业人员	合计
2016	8537	642	538	888	10 605
2017	8670	664	570	911	10 814

年份	研究人员	研究辅助人员	技术人员	其他相关从业人员	合计
2018	8748	667	577	944	10 936
2019	8810	694	585	937	11 025
2020	8905	678	592	947	11 123

数据来源：日本总务省统计局《2021年科学技术研究调查结果》。

附表 21   2011—2020 年澳大利亚研发投入统计

单位：百万美元

执行部门	2011—2012 年	2013—2014 年	2015—2016 年	2017—2018 年	2019—2020 年
企业	18 321	18 849	16 659	17 438	18 171
政府	3549	3752	3959	3329	3384
高等教育	8885	9919	9549	11 235	12 714
私营非营利机构	944	952	1011	1060	1333
总计	31 699	33 472	31 179	33 062	35 602
占 GDP 比例 /%	2.11	2.09	1.88	1.79	1.79

数据来源：澳大利亚统计局，2022 年 2 月。